한국산업인력공단의 출제기준에 의한
용접·특수용접기능사 필기

Craftsman Inert Gas Arc Welding / Craftsman Welding

2022 | **용접분야 완벽대비 수험서**

기본원리부터 정답에 이르기까지 명확하고 풍부한 해설을 통해 자신감은 물론 모든 문제에 탄력적으로 대응할 수 있는 능력을 키워줍니다.

저자 용접문제연구회

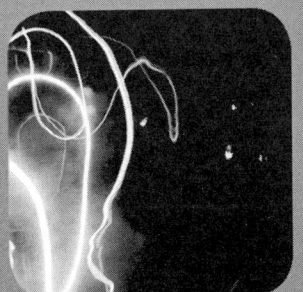

엔플북스

머리말

요즈음은 자격증 시대이다.

평생직장의 개념이 사라지고 경제적인 불황이 점점 길어지면서 한때 주춤했던 자격증 열풍이 되살아나고 있는 것이다. 국가기술자격시험장에 감독위원으로 나갈 때마다 수검자가 대폭 증가된 것을 보면 자격증 열풍을 실감할 수 있다.

필자는 강산이 두 번 바뀌는 동안 용접직종에서 일선 교육현장을 지켜왔고 현재도 계속해서 용접교육을 시키고 있다. 예전과 비교해서 요즘에 달라진 점이 있다면 용접교육을 받는 연령층이 아주 다양해지면서 대체적으로 높아졌다는 것이다. 연령층이 높아진 만큼이나 빠른 시간 내에 최소의 노력으로 자격증을 취득하고자 하는 사람 또한 많아졌다. 필자에게 교육을 받았던 학생들을 보면 대체적으로 이론시험을 준비하는 데 2주 정도의 시간을 투자하면 충분히 합격하는 것으로 조사되었다. 어느 시험이건간에 합격의 지름길은 열심히 노력하는 것이다. 그러나 어떻게 열심히 하는가에 따라 그 결과는 많이 달라진다.

본 수험서는 이론적인 내용을 배제하고 과거 출제되었던 문제들에 대하여 거의 매 문항마다 해설을 부연 설명함으로써 부족한 이론을 보충하게 하였다. 여러분이 2주 정도의 기간에 하루에 1~2시간 정도만 투자한다면 이 수험서를 최소 2번 이상은 풀어볼 수 있을 것이고 문제를 풀면서 덧붙인 해설의 내용을 숙지하면 시험에 합격하는 데 큰 어려움이 없을 것이라 생각된다. 자격증 시험은 고득점을 해야 되는 것이 아니고 60점을 넘으면 된다. 이 수험서는 여러분이 60점 이상을 맞힐 수 있도록 만들어진 책이라 자신할 수 있다. 모든 수검자 여러분의 건투를 빌며 끝으로 이 수험서가 나오기까지 도와주신 모든 분들께 감사드린다.

2010. 1. 저자 씀

목차

제1편 용접공학　　1

1장 총론　2
1. 용접의 원리 ··· 2
2. 용접의 역사 ··· 2
3. 용접법의 분류 ·· 3
4. 용접의 특징 ··· 4
5. 용접자세 ··· 4
6. 전기 기초 ··· 5

2장 피복 아크 용접　7

1절 아크 용접의 개요 ·· 7
1. 피복 아크 용접의 원리 ··· 7

2절 아크의 성질 ··· 9
1. 아크 ··· 9
2. 정극성과 역극성(극성 효과) ································ 10
3. 용접입열 ·· 12
4. 용융속도 ·· 12

3절 아크용접기 ·· 13
1. 아크용접기의 분류 ··· 13
2. 용접기의 특성 ·· 13
3. 용접기의 구비조건 ··· 14
4. 직류 아크용접기 ·· 14
5. 교류 아크용접기 ·· 15
6. 용접기의 사용률 ·· 18
7. 용접기의 보수 및 점검 ······································· 19
8. 교류와 직류 아크용접기의 차이점 ························ 20
9. 아크용접용 기구 ·· 20

목차

4절 피복 아크 용접봉 ························· 22
    1. 피복제의 역할과 성분 ························· 22
    2. 연강용 피복 아크 용접봉 ························· 23
    3. 아크 쏠림 ························· 25
    4. 용접결함 및 방지책 ························· 25

3장 가스 용접   28

1절 개요 ························· 28
    1. 가스 용접의 원리 ························· 28
    2. 가스 용접의 특징 ························· 28

2절 용접용 가스 및 불꽃 ························· 29
    1. 용접용 가스의 종류 ························· 29
    2. 산소-아세틸렌 불꽃 ························· 31

3절 가스 용접 장치 및 기구 ························· 32
    1. 산소용기 ························· 32
    2. 아세틸렌 용기 ························· 33
    3. 가스 용접 토치 ························· 34

4절 가스 용접 재료 및 용접법 ························· 36
    1. 용접봉 ························· 36
    2. 용 제 ························· 36
    3. 용착기법(전진법과 후진법) ························· 37
    4. 역류, 역화, 인화 ························· 38

5절 납땜법 ························· 38
    1. 납땜의 종류 ························· 39
    2. 납땜의 용제 ························· 39
    3. 납땜법 ························· 40

목차

4장 절단 및 가스 가공   41
    1. 종류 ·· 41
    2. 가스절단 ·· 41
    3. 가스절단 장치 ·· 43
    4. 각종 절단법 ·· 44

5장 특수용접   48

1절 불활성가스 텅스텐 아크 용접(TIG 용접) ························· 48
    1. 원리와 특징 ·· 48
    2. 전원에 따른 특성 ·· 49
    3. 용접장치 및 구성 ·· 50

2절 불활성가스 금속 아크 용접(MIG 용접) ···························· 53
    1. 원리와 특징 ·· 53
    2. 용접장치 ·· 53
    3. 제어장치 ·· 54
    4. 용융금속의 이동 형태(용적이행) ··· 54
    5. 보호가스 ·· 55

3절 탄산가스 아크 용접 ·· 56
    1. 원리 ·· 56
    2. 종류 ·· 57
    3. 특징 ·· 57
    4. 용접장치 및 보호가스 설비 ·· 58
    5. CO_2 와이어 ·· 59

4절 서브머지드 아크 용접 ·· 60
    1. 원리 ·· 60
    2. 특징 ·· 60
    3. 용접장치 ·· 61

  4. 용접기의 종류 ·· 61
  5. 용제 ·· 62

5절 기타 특수용접법 ·· 63
  1. 일렉트로 슬래그 용접 ·· 63
  2. 일렉트로 가스 용접 ·· 63
  3. 테르밋 용접 ·· 64
  4. 플라즈마 아크 용접 ·· 64
  5. 스터드 용접 ·· 65
  6. 전자 빔 용접 ·· 65

6장 전기저항용접   67

1절 전기저항용접의 개요 ·· 67
  1. 저항용접의 원리 ·· 67
  2. 분류(이음 형상에 의한 분류) ·· 67
  3. 특징 ·· 68

2절 저항용접의 종류 ·· 69
  1. 점 용접(spot welding) ··· 69
  2. 심 용접(seam welding) ·· 69
  3. 프로젝션 용접(projection welding) ······························ 70
  4. 업셋 용접(upset welding) ·· 71
  5. 플래시 버트 용접(flash butt welding) ························ 71
  6. 퍼커션 용접 ·· 72

7장 각종 금속의 용접성   73
  1. 탄소강 용접 ·· 73
  2. 주철 용접 ·· 73
  3. 스테인리스강 용접 ·· 74

목차

  4. 알루미늄과 그 합금 용접 ·· 75
  5. 구리 및 구리합금의 용접 ·· 76

8장 용접설계 및 시공   77

1절 용접설계의 개요 ·· 77
  1. 용접 이음의 장단점 ·· 77
  2. 이음의 종류와 홈의 형태 ·· 78

2절 용접의 강도와 안전율 ·· 79
  1. 맞대기 이음 ·· 79
  2. 필릿 이음 ·· 79
  3. 안전율 ·· 80
  4. 용접 설계상의 주의점 ·· 80

3절 용접부의 기호 ·· 81
  1. 용접부의 기본기호 표시방법 ·· 85
  2. 비파괴 시험 기호 표시방법 ·· 86

4절 용접시공 및 준비 ·· 87
  1. 일반준비 ·· 87
  2. 이음 준비 ·· 87

5절 용접작업 ·· 89
  1. 용착순서와 용착법 ·· 89
  2. 용접부의 예열 ·· 90

6절 용접 후 처리 ·· 90
  1. 응력 제거방법 ·· 90
  2. 변형의 방지와 교정 ·· 90
  3. 결함 보수방법 ·· 91

목차

9장 용접부의 시험과 검사　92
1. 작업검사 …………………………………………………… 92
2. 완성 검사 …………………………………………………… 92
3. 용접부 검사법의 종류 …………………………………… 93
4. 기계적 검사법 ……………………………………………… 93
5. 비파괴 검사법 ……………………………………………… 96
6. 화학적 시험법 및 금속학적 시험법 …………………… 97
7. 용접성 시험 ………………………………………………… 98

10장 산업안전　100
1. 안전사고 원인 및 종류 ………………………………… 100
2. 작업 환경 ………………………………………………… 101
3. 수공구류의 안전 수칙 ………………………………… 102
4. 화재 및 폭발 재해 ……………………………………… 102
5. 응급 조치 ………………………………………………… 103
6. 아크 용접 작업의 안전 ………………………………… 104
7. 가스 용접 작업의 안전 ………………………………… 105
8. 가스절단 작업 안전 ……………………………………… 106

제2편　기계재료　107

1장 금속재료의 개요 및 성질　108
1. 금속의 일반적 특징 ……………………………………… 108
2. 합금 ………………………………………………………… 108
3. 금속 재료의 성질 ………………………………………… 109
4. 금속의 응고 ……………………………………………… 111
5. 금속의 결정 구조 ………………………………………… 111
6. 금속의 변태 ……………………………………………… 113

목차

    7. 금속의 재결정과 소성가공의 종류 ················ 114

2장 철강의 제조 및 탄소강   116

    1. 선철의 제조(제철법) ················ 116
    2. 철강의 제조(제강법) ················ 116
    3. 강괴(ingot) ················ 118
    4. 탄소강 ················ 118

3장 특수강   123

    1. 합금강(특수강)의 분류와 합금원소의 영향 ················ 123
    2. 구조용 특수강 ················ 124
    3. 공구용 특수강 ················ 126
    4. 특수 용도 특수강 ················ 128

4장 주철   131

    1. 개요 ················ 131
    2. 주철의 성장과 흑연화 ················ 131
    3. 주철의 조직 ················ 132
    4. 주철의 종류와 용도 ················ 133

5장 비철금속   136

1절 구리(Cu) ················ 136

    1. 구리의 제조 ················ 136
    2. 순동의 종류 ················ 136
    3. 구리의 성질 ················ 136
    4. 구리합금 ················ 137

2절 알루미늄과 그 합금 · 139
1. 알루미늄 개요 · 139
2. 알루미늄 합금의 종류 · 140

3절 기타 비철금속 및 그 합금 · 140
1. 마그네슘(Mg)과 그 합금 · 140
2. 니켈 합금 · 141
3. 아연, 주석, 납 및 그 합금 · 142
4. 베어링 합금 · 143

6장 강의 열처리   144

1절 일반 열처리 · 144
1. 정의 · 144
2. 분류 · 144
3. 종류 · 144

2절 강의 표면 경화법 · 146
1. 정의 · 146
2. 종류 · 146

제3편 기계제도   149

1장 기계제도의 통칙   150
1. 제도의 정의 · 150
2. 제도의 규격 · 150
3. 도면의 종류 · 151
4. 도면의 양식 · 153
5. 척도 및 척도의 기입 · 154

목차

2장 선과 문자   156
     1. 선의 종류 ·· 156
     2. 문자의 종류 ·· 158
     3. 표제란과 부품표 ·· 159

3장 투상도법   161
     1. 투상도의 종류 ·· 161
     2. 정투상도 ·· 162
     3. 도면의 표시법 ·· 165
     4. 특수 방법에 의한 투상도 ·· 165
     5. 단면도법 ·· 167

4장 치수기입법 및 스케치도   172
     1. 치수의 기입 ·· 172
     2. 각종 도형의 치수 기입 ·· 174
     3. 스케치 ·· 176

5장 기계요소 및 배관제도   178
     1. 나사의 제도 ·· 178
     2. 배관 제도 ·· 179

→ **과년도문제**   1

→ **CBT 대비 모의고사**   1

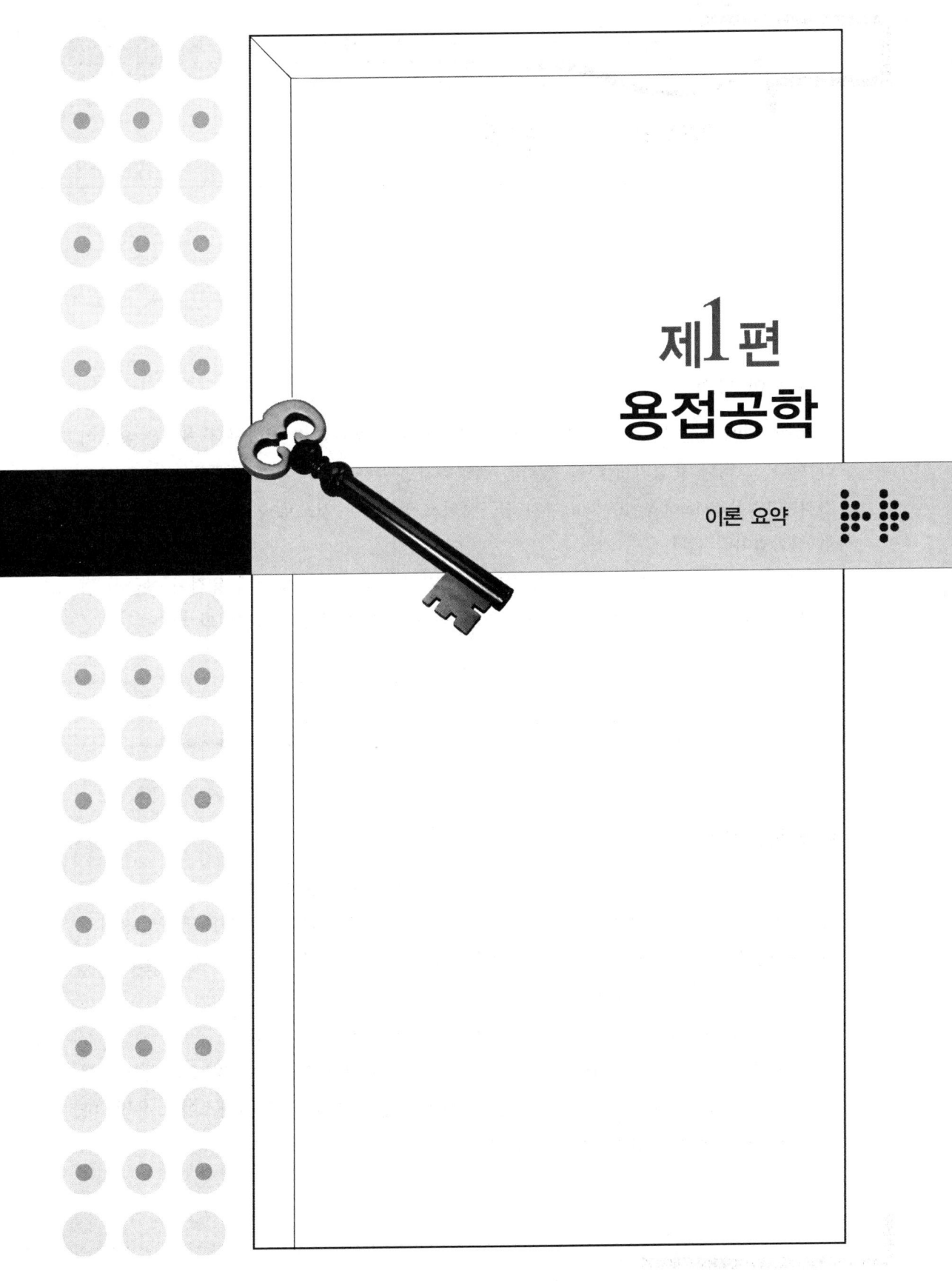

제1편 용접공학

이론 요약

제1장 총론

1. 용접의 원리

고체상태에 있는 두 개의 금속재료를 열이나 압력을 이용하여 접합하는 기술을 용접이라 한다. 그러나 용접의 원리를 정확히 설명하자면 두 금속 사이에 존재하는 원자 간의 거리를 1억분의 1cm($Å=10^{-8}$cm)까지 접근시켜서 접합하는 것으로 이와 같은 방법을 야금적 접합법이라 한다.

금속을 접합하는 방법에는 야금적 접합법과 기계적 접합법이 있는데 용접이 야금적 접합법이라면 나사이음, 리벳이음, 접어잇기(seam) 등을 기계적 접합법이라 한다.

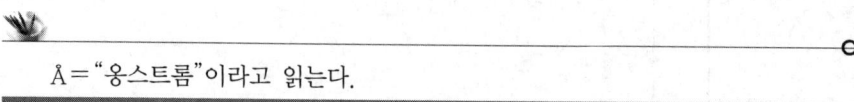
$Å=$ "옹스트롬"이라고 읽는다.

2. 용접의 역사

용접의 역사는 고대 미술공예품의 조립에 납땜을 이용하는 것으로부터 시작하여 농기구 제작 시 단접을 일부 사용하여 실시했으나, 근대적인 의미에서의 용접은 18세기말 전기의 사용과 아크를 발견하면서 본격적으로 연구되기 시작하였다. 주요 용접법 및 기별로 나누어 본 용접의 역사는 다음과 같다.

① 제1기(1885~1902년) : 탄소아크 용접, 금속아크 용접, 가스 용접
② 제2기(1926~1936년) : 원자수소 용접, 불활성가스아크 용접, 서브머지드 용접, 경납땜
③ 제3기(1948~1958년) : 고주파 용접, 일렉트로 슬래그 용접, 탄산가스아크 용접, 마찰 용접, 초음파 용접, 전자빔 용접

3. 용접법의 분류

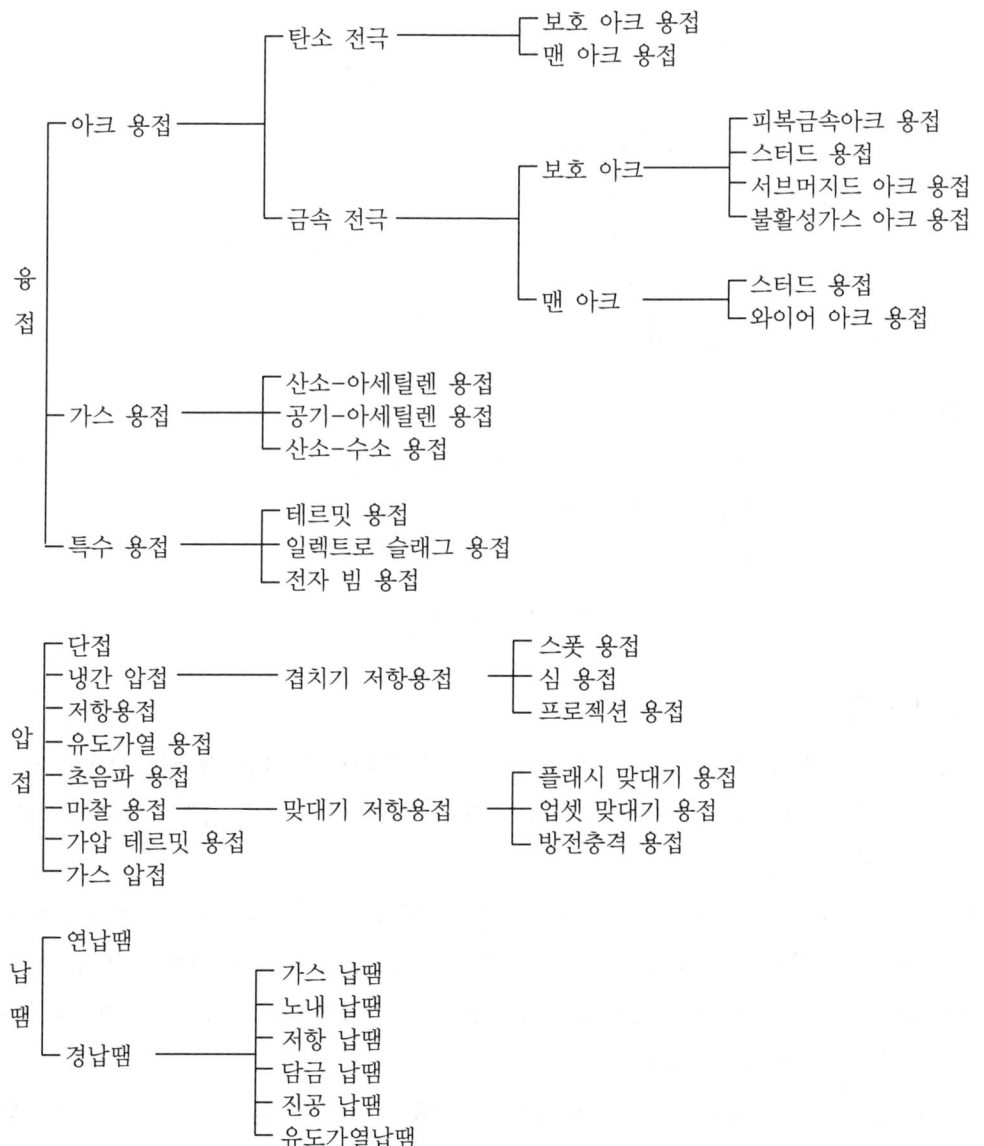

4. 용접의 특징

(1) 장점
① 재료가 절약되며 무게가 가벼워진다.
② 기밀, 수밀, 유밀성이 우수하며 이음효율이 높다.
③ 작업 공정이 줄어 경제적이다.
④ 재료의 두께에 제한이 없다.
⑤ 제품의 성능과 수명이 향상되며 이종 재료 접합이 가능하다.
⑥ 복잡한 구조물도 비교적 쉽게 제작할 수 있다.
⑦ 보수와 수리가 용이하다.

(2) 단점
① 재질이 변형을 일으키며 잔류응력이 발생한다.
② 용접 후 품질검사가 곤란하다.
③ 저온취성의 위험성이 크다.
④ 용접사의 숙련도에 따라 품질이 좌우된다.

5. 용접자세

용접자세는 4가지 기본자세가 있으며 작업 요소에 따라 알맞은 자세를 선택한다.

(1) 아래보기 자세(flat position : F) : 모재를 수평으로 놓고 용접봉을 아래로 향하여 용접하는 자세

(2) 수직 자세(vertical position : V) : 모재는 수평면과 45°~ 90° 사이에 위치하며 용접선은 수직면에 대하여 0°~45°의 경사를 가지고 상진 또는 하진하는 용접 자세

(3) 수평 자세(horizontal position : H) : 모재가 수평면과 45°~ 90° 사이에 위치하며 용접선은 수평을 유지하는 자세

(4) 위보기 자세(overhead position : O) : 모재가 눈 위에 위치하고 있으며 용접봉을 위로 향하게 하여 용접하는 자세

(5) 전 자세(all position : AP) : 아래보기, 수직, 수평, 위보기 중 2가지 이상의 자세가 필요하거나 4가지 전부를 응용하는 자세

 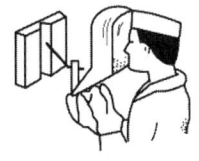  

　　(a) 아래보기　　　　(b) 수 직　　　　(c) 수 평　　　　(d) 위보기
[각종 용접 자세]

6. 전기 기초

일반적으로 어떤 물체에 다른 물질을 마찰시키면 흡인력을 갖게 되는데 이와 같은 현상은 전기가 발생되었기 때문에 나타나는 현상이며 이러한 현상을 대전되었다고 한다.

전기에서 전하가 흐르는 현상을 전류라 하는데 전류가 흐르는 형식에 따라 직류와 교류로 구분한다.

(1) 전기 용어

① 전하 : 물체가 띠고 있는 정전기의 양으로 모든 전기현상의 근원이 되는 실체이다. 양전하와 음전하가 있다.

② 전류(I) : 물이 높은 곳에서 낮은 곳으로 흐르듯이 전하가 높은 곳에서 낮은 곳으로 연속적으로 이동하는 현상으로 단위는 A(암페어)이다.

③ 전압(E) : 도체 내의 두 점 사이에 있는 전기적인 위치에너지의 차이로 위치 차이가 클수록 전압은 높아지며 작을수록 작아진다. 단위는 V(볼트)이다.

④ 저항(R) : 도체에서 전류의 흐름을 방해하는 작용을 저항이라 하며 단위는 Ω(옴)이다.

⑤ 전력(P) : 1초 동안에 전달되는 일률을 나타내는 것으로 단위는 W(watt : 와트)이다. R(Ω)의 저항에 전류 I(A)가 흐르고 그때의 전압이 E(V)이면 소비되는 전력 P는 $P = EI = I^2 R$(W)이다.

(2) 옴의 법칙

전압, 전류, 저항 사이의 관계를 나타내는 법칙으로 "전류는 전압에 비례하고 저항에 반비례한다"이다. 이 법칙을 밝힌 사람의 이름을 따서 옴의 법칙이라 한다.

$R = \dfrac{E}{I}$ (Ω) 또는 $E = IR$(V)이다.

(3) 저항의 접속

① 직렬접속

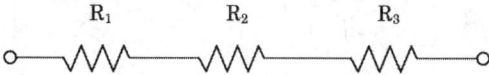

위의 그림과 같이 2개 이상의 저항을 1열로 접속하는 것을 말하는 것으로 이때의 합성저항 R은

$$R = R_1 + R_2 + R_3$$

이다.

② 병렬접속

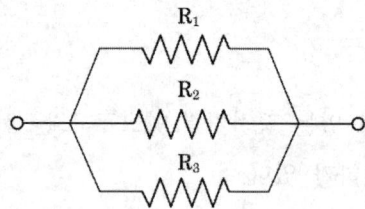

2개 이상의 저항을 위의 그림과 같이 연결하는 것으로 이때의 합성저항 R은

$$\frac{1}{R} = \frac{1}{R_1} + \frac{1}{R_2} + \frac{1}{R_3}$$

$$R = \frac{1}{\frac{1}{R_1} + \frac{1}{R_2} + \frac{1}{R_3}}$$

이다.

제2장 피복 아크 용접

1절 아크 용접의 개요

1. 피복 아크 용접의 원리

피복 아크 용접은 현재 사용되는 용접 방식 중 가장 많이 사용되는 용접방법으로 피복제를 바른 용접봉과 모재 사이에 전기적인 접촉을 가하면 아크가 발생하고 이때 발생되는 열에 의해 모재의 일부와 용접봉을 녹여서 접합하는 용극식(소모식) 용접법으로 일반적으로 전기용접이라고도 부른다.

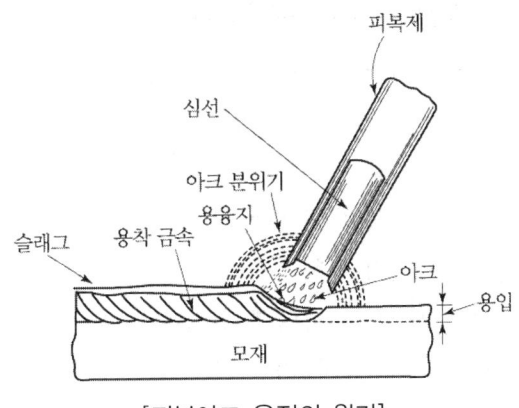

[피복아크 용접의 원리]

(1) 용어 설명

① 용착금속 : 모재와 용접봉이 녹아서 이루어진 금속
② 용입 : 모재가 녹은 깊이

③ 용적 : 용접봉이 녹아 모재로 이행되는 과정
④ 용융지 : 용접봉과 모재가 녹으면서 이루어지는 쇳물 부분
⑤ 슬래그 : 피복제가 녹아서 형성된 것으로 용착금속 위에 형성되어 용착금속을 보호한다.
⑥ 비드(bead) : 용접작업에서 모재와 용접봉이 용융된 후 모재위에 만들어진 가늘고 긴 띠 모양의 용착금속을 말한다.

(2) 용접회로

피복 아크 용접회로는 용접할 때 전기가 흐르는 경로를 말하는 것으로 용접기 → 전극케이블 → 용접봉 → 아크 → 모재 → 접지케이블 → 용접기로 이어진다.

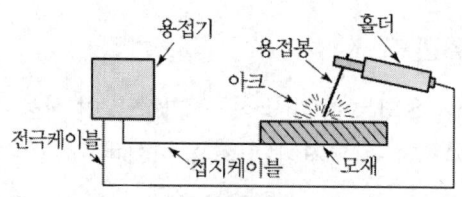

[피복 아크 용접회로]

(3) 피복 아크 용접의 특징(가스용접에 비해)

① 열효율이 높고 집중성이 좋아 효율적인 용접이 가능하다.
② 용접시간이 짧아 모재가 받는 열 영향이 적다.
③ 변형이 적고 기계적 강도가 우수하다.
④ 열원으로 전기를 사용하므로 가스에 의한 폭발위험이 없다.
⑤ 전기를 사용하므로 전격의 위험이 있다.
⑥ 유해광선의 발생이 많아서 결막염의 위험이 있다.
⑦ 전기가 없는 곳에서 사용이 불가능하다.

2절 아크의 성질

1. 아크

(1) 아크 현상

두 전극 사이에 적당한 거리를 두고 전류를 통하면 전극 사이에 호상(둥근 활 모양의 곡선현상)의 불꽃 방전이 일어나는 현상을 아크(arc)라 한다.

이 아크는 강한 빛과 열을 발생하는데 이때의 온도는 약 3,500 ~ 5,000℃로 매우 높다. 아크를 세분하면 아크 코어, 아크 기둥, 아크 불꽃으로 구성되는데 아크 코어 부분의 온도가 가장 높다.

(2) 직류 아크 중의 전압 분포

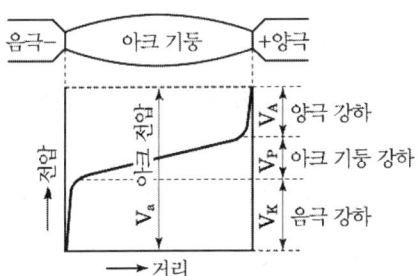

[직류 아크 중의 전압 분포]

두 개의 텅스텐 전극을 살짝 접촉시켰다 떼면 아크가 발생되는데 전원의 (+)극에 연결된 쪽을 양극, (-)극에 연결된 쪽을 음극이라 하며 두 극 사이를 아크 기둥(arc plasma)이라 한다.

위 그림과 같이 아크를 발생시켜 놓고 전압을 측정해보면 (+)극과 (-)극 부근에서는 급격한 전압강하가 있고 기둥부분에서는 아크 길이에 따라 일정 비율의 전압강하가 있다. 이와 같이 양극에서의 전압강하를 양극전압강하(V_A), 음극에서의 전압강하를 음극전압강하(V_K), 아크 기둥 부근에서의 전압강하를 아크기둥강하(V_P)라 하고 이 전체의 전압을 아크전압이라 한다면 다음과 같이 나타낼 수 있다.

아크전압(V_a)= $V_A + V_K + V_P$이다.

(3) 아크의 특성
① 부저항 특성(부특성)

일반적인 전기회로에서는 옴의 법칙에 따라 동일 저항에 흐르는 전류는 전압에 비례관계이지만(즉, 전류가 증가하면 전압도 증가함) 아크의 경우는 그 반대로 전류가 증가하면 저항이 감소해서 전압도 감소하는데 이러한 현상을 부저항특성이라 한다. 이 부저항특성은 전류밀도가 작을 때 나타난다.

② 아크길이 자기제어 특성

아크전류가 일정할 때 아크전압이 높아지면(아크길이가 길어지면) 용접봉의 용융속도가 늦어지고 전압이 감소하면(아크길이가 짧아지면) 용융속도가 빨라져서 아크의 안정을 도모하는데 이와 같은 특성을 아크길이 자기제어 특성이라 한다. 이 아크길이 자기제어 특성은 전류밀도가 클 때 잘 나타난다.

2. 정극성과 역극성(극성 효과)

직류 아크 용접에서 아크 발생 시 발생되는 총열량의 60~70%는 보통 (+)극에서 발생되고, 30~40%는 (−)극에서 발생한다. 이와 같이 발생되는 열량이 다른 점을 이용하여 모재와 용접봉에 어떤 방식으로 연결하느냐에 따라 그 성질이 달라지는데 모재에 (+)극을 연결하고 용접봉에 (−)극을 연결하는 방식을 직류정극성(DCSP), 반대로 모재에 (−)극을 연결하고 용접봉에 (+)극을 연결하는 방식을 직류역극성(DCRP)이라 한다.

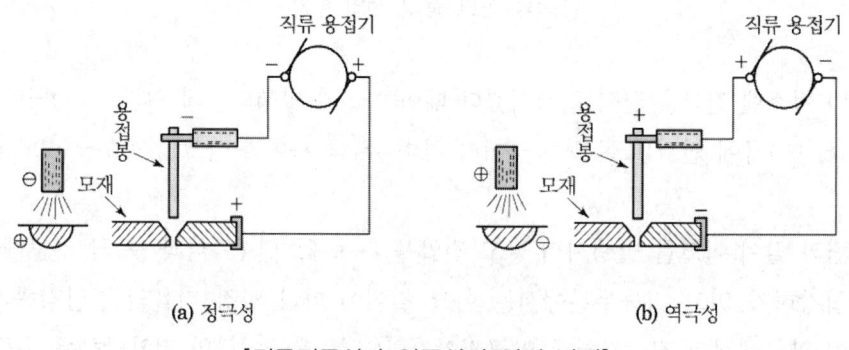

(a) 정극성   (b) 역극성

[직류정극성과 역극성의 연결 방법]

(1) 직류(DC : direct current) : 전기가 흐르는 방향이 항상 일정하게 흐르는 전원이다.
(2) 교류(AC : alternative current) : 시간에 따라서 전기가 주파수만큼 변화하면서 흐

르는 전원, 즉 cycle을 형성하면서 흐르는 전원으로 전류값이 1cycle 당 2회 "0"이 된다.

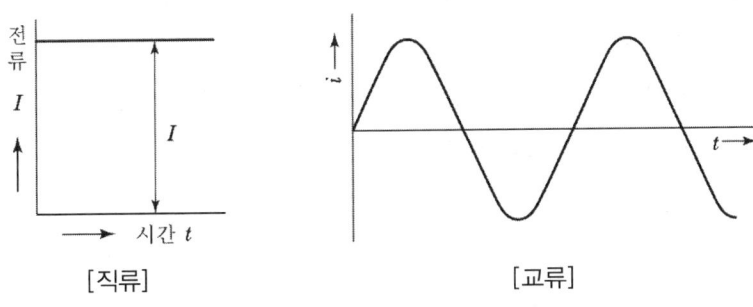

[직류]　　　　　　　　　　　　[교류]

(1) 정극성과 역극성의 비교

구 분	직류정극성(DCSP)	직류역극성(DCRP)
연결방식	모재(+)극, 용접봉(-)극	모재(-)극, 용접봉(+)극
열분배	모재 : 70%, 용접봉 : 30%	모재 : 30%, 용접봉 : 70%
용 입	용입이 깊다.	용입이 얕다.
비드 형태	비드 폭이 좁고 깊다.	비드폭이 넓고 얕다.
적용금속	철강류(일반적으로 사용)	박판, 주철, 비철금속 등
녹는 속도	모재가 빨리 녹고 용접봉의 녹음이 느리다.	용접봉이 빨리 녹고 모재의 녹음이 느리다.

(2) 교류용접과 극성

교류용접에서는 전류의 방향이 주파수만큼 변화하므로 극성의 구분이 없다. 따라서 열량분포도 비슷하므로 모재와 용접봉에 주어지는 열량이 비슷하다.

용입의 깊이 비교 : DCSP > AC > DCRP

3. 용접입열

용접 시 용접부 외부에서 주어지는 열량을 용접입열이라 하며 좋은 용접부를 얻기 위해서는 용접입열이 충분해야 하며 충분치 못할 경우에는 용입불량, 용융불량 등의 결함이 발생한다. 일반적으로 모재에 흡수되는 용접입열량은 전체열량의 75~85% 정도이다.

피복아크 용접에서 단위 길이당 주어지는 용접입열량은 다음과 같이 구할 수 있다.

$$H = \frac{60EI}{v} \text{(J/cm)}$$

여기서, H : 용접입열(전기적 에너지)
  v : 용접속도(cm/min)
  E : 전압(V)
  I : 전류(A)

4. 용융속도

(1) 용접봉의 용융속도

용접봉의 용융속도는 단위 시간당 소비되는 용접봉의 무게 또는 길이로 표시한다.

  용융속도=아크 전류×용접봉 쪽 전압강하

용접봉의 용융속도는 전류값과 비례하고 아크전압과는 관계가 없다.

(2) 용적 이행(용착현상)

용적 이행(용착현상)이란 용접봉이 녹아서 모재로 옮겨가는 현상을 말하는 것으로 다음의 세 가지로 분류한다.

① 단락형(short circuit type)

  용적이 용융지에 접촉하여 단락되고 표면장력의 작용으로 모재로 이행되는 형태를 말하는 것으로 맨 용접봉(비피복봉)이나 저수소계 용접봉 사용 시 나타난다.

② 스프레이형(spray type)

  피복제의 일부가 가스화하여 가스를 뿜어냄으로써 미세한 용적이 스프레이와 같이 날려서 모재로 이행되는 형식으로 저수소계를 제외한 피복아크 용접봉 사용

시 나타난다.
③ 글로뷸러형(globular type)
큰 용적이 단락되지 않고 모재로 이행되는 형식으로 서브머지드 용접과 같이 대전류 사용 시 나타난다. 일명 핀치효과형이라 한다.

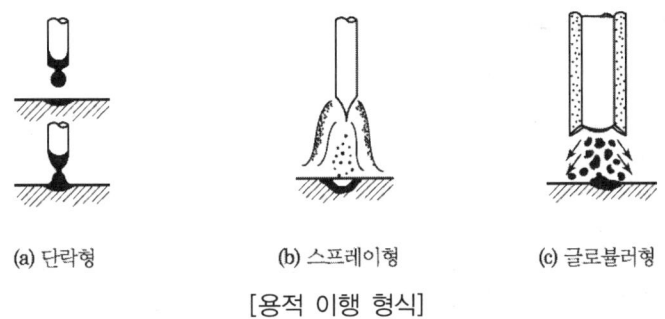

(a) 단락형   (b) 스프레이형   (c) 글로뷸러형

[용적 이행 형식]

3절 아크 용접기

1. 아크 용접기의 분류

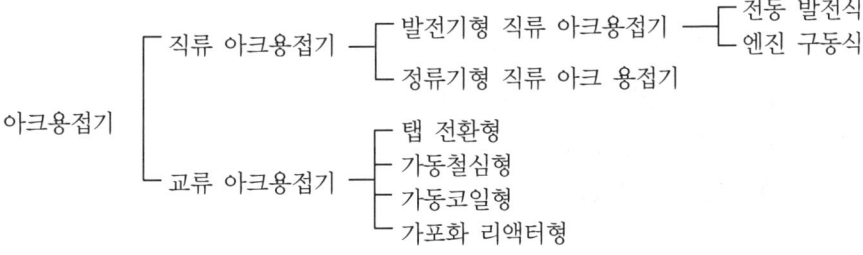

2. 용접기의 특성

(1) 수하 특성

부하전류가 증가하면 단자전압이 저하하는 특성으로 전압의 변동이 있어도 전류의 변동

은 그다지 변동되지 않는 특성으로 아크의 안정을 위해 필요한 특성이다.

(2) 정전류 특성

수하 특성 곡선에서 경사가 급격한 부분의 특성을 정전류 특성이라 하며 전압의 변화(아크길이의 변화)와 관계없이 항상 일정한 전류를 흘려보내 아크 안정을 도모한다.

(3) 정전압 특성과 상승 특성

부하전류가 변해도 단자전압은 거의 변하지 않는 특성을 정전압 특성(일명, CP 특성)이라 하며, 부하전류의 증가와 더불어 단자전압도 약간씩 상승하는 특성을 상승 특성이라 한다.

> 수하 특성과 정전류 특성은 수동 아크용접에 필요한 특성이며, 정전압 특성과 상승 특성은 자동 및 반자동 용접기에 필요한 특성이다.

3. 용접기의 구비 조건

(1) 구조 및 취급이 간단해야 한다.
(2) 전류 조정이 용이하고 전류값이 일정하게 흘러야 한다.
(3) 아크 발생이 원활하도록 무부하전압이 유지되어야 한다.(교류 아크용접기 : 70~85V, 직류 아크용접기 : 40~60V)
(4) 아크 발생 및 유지가 용이하고 아크가 안정돼야 한다.
(5) 용접기 사용 중에 온도 상승이 작아야 한다.
(6) 가격이 저렴하고 사용 유지비가 적게 들어야 한다.
(7) 역률 및 효율이 좋아야 한다.

4. 직류 아크용접기

(1) 발전형 직류 아크용접기

엔진구동형과 전동발전식(모터구동식)으로 구별된다.

① 엔진구동형 : 가솔린이나 디젤엔진을 이용하여 직접 전기를 발생시켜 전원을 얻는 것으로 전기가 없는 야외 작업 시 사용한다.

② 전동발전식 : 3상 교류 전동기로 직류발전기를 회전시켜 직류전원을 얻는 것으로 전기가 없는 곳에서는 사용이 불가하다.

(2) 정류기형 직류 아크용접기

정류기형 직류 아크용접기는 교류전원을 정류하여 직류를 얻는 용접기이며 정류자로 사용되는 재료로는 Se, Si, Ge이 있다.

(3) 직류 아크용접기의 특징

정류기형 직류 아크용접기	발전기형 직류 아크용접기(전동형, 구동형)
완전한 직류를 얻지 못한다.(교류를 직류로 정류하므로)	완전한 직류를 얻는다.
소음이 없다.	옥외나 전원이 없는 곳에서 사용이 가능하다.
취급이 간단하고 가격이 저렴하다.	회전부가 있어서 고장과 소음이 크다.
온도상승에 따른 정류자의 파손에 유의해야 한다.	구동부로 되어 있어서 고가이다.
정류자 파손온도 : Se : 80℃, Si : 150℃	보수와 점검이 어렵다.
보수점검이 간단하다.	

5. 교류 아크용접기

현재 일반적으로 많이 쓰이고 있으며 1차측에 220V의 전원을 받아서 2차측의 무부하전압을 70~85V로 유지되게끔 제작된 일종의 변압기로서 전류조정방법에 의해 4가지가 있다.

(1) 가동철심형 교류 아크용접기

1차 코일과 2차 코일 사이에 위치한 철심을 움직여서 전류를 조정하는 방법으로 철심이 양 코일 중앙에 위치할 때 전류가 최소치가 되고 철심이 양 코일에서 벗어났을 때 전류는 최대가 된다.

※ 특징
① 전류의 연속적인 세부조정이 가능하다.
② 철심의 진동에 의해 아크가 불안정하다.
③ 가동부분의 마모에 의해 용접 중 철심의 진동으로 인해 소음이 발생한다.

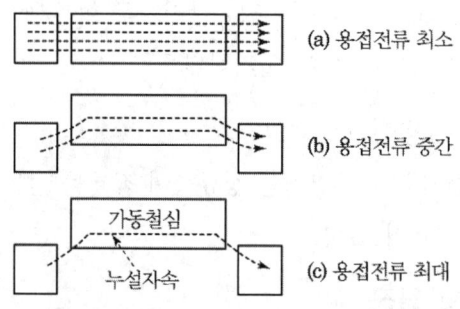

[가동철심의 위치에 따른 전류 변화]

(2) 가동코일형 교류 아크용접기

이동이 가능한 1차 코일과 고정된 2차 코일 사이의 간격을 조정해서 전류를 조절하는 방식으로 코일과 코일 사이가 가까워질수록 전류는 증가한다.

※ 특징
　① 아크 안정도가 높고 소음이 없다.
　② 가격이 비싸 현재 거의 사용하지 않는다.

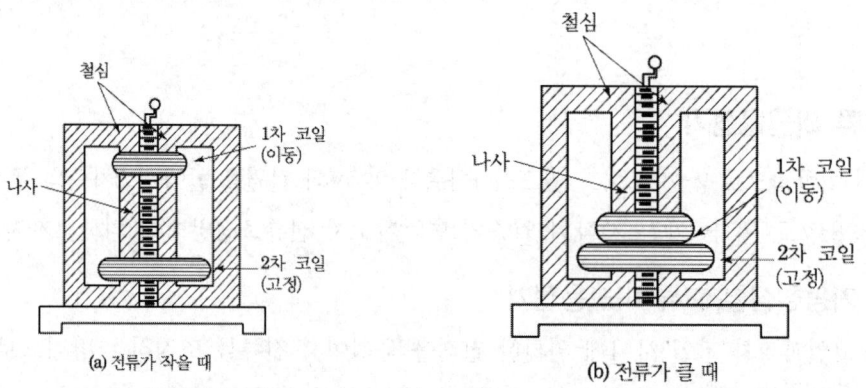

[가동 코일의 위치에 따른 전류 변화]

(3) 탭 전환형 교류 아크용접기

철심에 감겨진 코일의 권수비를 변화시켜(탭을 전환하여) 전류를 조정하는 방식의 용접기이다.

※ 특징
  ① 전류의 연속적인 조정이 불가능하다.
  ② 저전류 상태에서는 무부하전압이 높아져서 전격의 위험이 크다.
  ③ 소형 용접기에는 일부 사용되나 최근에는 거의 사용하지 않는다.

(4) 가포화 리액터형 교류 아크용접기

전류조정 방식이 물리적인 힘을 가하는 기계적인 방법이 아니라 가변저항의 원리를 이용해서 전기적으로 전류를 조정하는 방식의 용접기이다.

※ 특징
  ① 가변저항의 원리를 이용하므로 전류조정이 용이하다.
  ② 전류의 전기적인 조정으로 이동 부분이 없어 기계 수명이 길다.
  ③ 조작이 간단하고 전류를 원격으로 조정할 수 있다.

(5) 교류 아크용접기의 규격(KS C 9602)

종류	정격 2차전류(A)	정격 사용률(%)	최고 2차무부하 전압(V)	종류	정격 2차전류(A)	정격 사용률(%)	최고 2차무부하 전압(V)
AW-200	200	40	85 이하	AW-400	400	40	85 이하
AW-300	300	40	85 이하	AW-500	500	60	95 이하

① 용어 설명
   AW-200 : AW : 교류 아크용접기, 200 : 정격 2차 전류(단위 : A)
② 교류 아크용접기의 전류 조정 범위
   교류 아크용접기의 전류를 조정할 수 있는 범위는 정격 2차 전류의 20~110%이다.
   (AW-200인 용접기의 전류조정범위는 40~220A이며, AW-300인 용접기는 60~330A 이다.)

(6) 교류 아크용접기의 부속 장치

① 전격 방지장치
   교류 아크용접기의 무부하전압은 70~85V 정도로 높은 관계로 전격의 위험이 존재하기 때문에 용접사의 보호를 위해 용접을 하지 않을 때 무부하전압을 20~

30V로 유지해주는 장치이다.
② 핫 스타트 장치
아크 발생 초기에 대전류를 흘려 보내 아크 발생을 쉽게 하는 장치로 다음과 같은 이점이 있다.
㉠ 아크 발생을 쉽게 하고 기공을 방지한다.
㉡ 비드모양을 개선한다.
㉢ 아크 발생 초기의 용입을 양호하게 한다.
③ 고주파 발생 장치
전류의 흐름이 불안정한 교류 아크용접에서 고주파를 이용해서 아크의 불안정성을 해소하고 안정된 아크를 유지하게 해주는 장치이다.
④ 원격제어 장치
용접기 본체에서 멀리 떨어져 작업할 경우 원격으로 조정할 수 있도록 한 장치로 무선방식이 아닌 유선방식을 사용해서 조정한다.

6. 용접기의 사용률

(1) 사용률과 허용사용률

용접작업 시 실제 아크 발생시간과 아크 발생시간에 휴식시간을 더하여 나눈 값을 사용률이라 하며 사용률 계산 시 기준 시간은 10분이고, 전류는 정격 2차 전류를 사용했다고 가정한다.

$$사용률(\%) = \frac{아크\ 발생시간}{아크\ 발생시간 + 휴식시간} \times 100$$

그러나 현장에서 실제 용접 작업 시에는 정격 2차 전류보다 낮은 전류를 사용하여 용접하기 때문에 용접기의 실제 사용능력을 판단할 때에는 허용사용률을 이용한다.

$$허용사용률(\%) = \frac{(정격\ 2차\ 전류)^2}{(실제\ 용접전류)^2} \times 정격사용률(\%)$$

(2) 역률과 효율

전원입력에 대한 소비전력의 비율을 역률이라 하며 소비전력에 대한 아크출력의 비를 효율이라 한다.

$$효율(\%) = \frac{아크출력(kW)}{소비전력(kW)} \times 100(\%)$$

$$역률(\%) = \frac{소비전력(kW)}{전원입력(kVA)} \times 100(\%)$$

아크출력 = 아크전류 × 아크전압

소비전력 = (아크전류 × 아크전압) + 내부손실

전원입력 = 아크전류 × 무부하전압

역률 계산에서 수치가 높은 답이 나올수록 효율은 나쁜 용접기이며, 용접기의 내부 손실이 전혀 없다면 그 용접기의 효율은 100%이다.

7. 용접기의 보수 및 점검

용접기의 보수 및 점검 시는 다음 사항을 준수한다.

(1) 습기나 먼지가 많은 장소는 가급적 설치를 피한다.

(2) 2차측 단자의 한쪽과 용접기 케이스는 접지를 확실히 해 둔다.

(3) 회전부분, 베어링, 축 등에는 주유를 해 준다.(기타 부분 주유 금지)

(4) 용접 케이블 등의 파손으로 전선이 노출된 경우 절연테이프로 감아 준다.

(5) 다음 장소에는 용접기 설치를 피한다.

① 비바람이 부는 곳, 수증기 또는 습도가 높은 곳

② 먼지가 매우 많은 곳

③ 휘발성 기름, 유해한 가스, 부식성 가스, 폭발성 가스가 있는 곳

④ 진동이나 충격을 받는 곳

⑤ 주위 온도가 −10℃ 이하인 곳

8. 교류와 직류아크 용접기의 차이점

[교류 및 직류 아크용접기의 항목 비교]

비교 항목	직류 아크용접기	교류 아크용접기
아크 안정성	우수함	직류에 비해 떨어짐
극성 변화	가능(정극성과 역극성이 있음)	불가능함
비피복봉 사용	가능함	불가능함
무부하 전압	낮음(40~60V)	높음(70~85V)
자기쏠림 방지	불가능함	거의 없음(가능)
전격 위험	적음(무부하전압이 낮으므로)	높음
구조	복잡	간단
유지보수	고장이 많고 유지보수 약간 어려움	고장이 적고 유지보수 용이
역율	매우 양호	불량
가격	고가(엔진형 및 전동발전형)	저렴함

9. 아크 용접용 기구

(1) 용접 홀더

용접봉을 물고 케이블에서 용접봉까지 전류를 통하게 하는 기구로 절연방식에 따라 A형과 B형으로 구분한다.

① A형 : 손잡이뿐만 아니라 손잡이 외 부분까지 절연체로 절연시킨 홀더
② B형 : 손잡이 외의 부분은 절연되지 않고 노출된 상태의 홀더
※ 용접봉 홀더의 호칭에서 홀더가 100호라 함은 정격용접전류가 100A인 용접기에 적합한 홀더를 말하는 것으로 KS규격에 정해진 홀더의 종류로는 125호, 160호, 200호, 250호, 300호, 400호, 500호가 있다.

(2) 용접용 케이블

① 용접기에 전기를 공급하는 1차 케이블과 용접기에서 홀더 또는 접지선을 연결하는 2차 케이블로 나누어진다.

② 1차 케이블은 저전류 고전압에 맞게 지름이 수mm인 단선이며, 2차 케이블은 저전압 고전류에 맞게 비교적 굵은 캡타이어 전선(지름이 0.2~0.5mm인 전선을 수천 가닥 꼬아서 만든 선)으로 구성된다.

[용접기 케이블 규격]

용접기 규격(정격2차 전류)	200A	300A	400A
1차 케이블(지름, mm)	5.5	8	14
2차 케이블(단면적, mm^2)	38	50	60

(3) 용접헬멧과 핸드 실드

용접 작업 시 아크의 빛 및 스패터로부터 신체를 보호하기 위한 기구이며, 머리에 쓰고 양손을 자유롭게 움직일 수 있는 것이 헬멧이고 한손으로 잡고 사용할 수 있는 것이 핸드 실드이다.

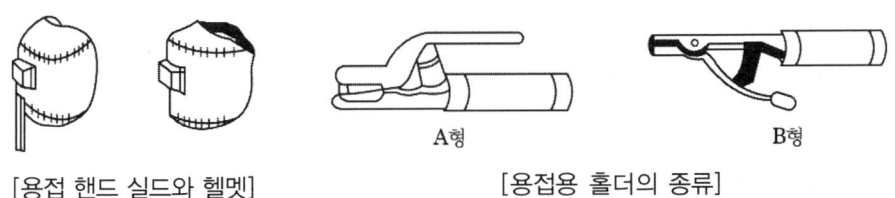

[용접 핸드 실드와 헬멧]   [용접용 홀더의 종류]

(4) 차광유리(filter lens)

작업자의 눈을 아크 불빛의 적외선, 자외선으로부터 보호하기 위하여 사용하는 것으로 피복아크 용접에서는 10~11번 정도, 가스용접에서는 4~6번을 사용한다.

4절 피복 아크 용접봉

용접봉은 일명 용가재 또는 전극봉이라고도 하며 모재의 틈을 메워 용접을 완성하는 데 사용된다.

아크 용접에서 주로 사용되는 피복봉과 자동 및 반자동에서 사용되는 비피복봉으로 구별되며, 피복 아크 용접봉 길이는 350~900mm까지 있으며 지름은 1~10mm까지 있다.

1. 피복제의 역할과 성분

(1) 피복제의 역할

① 아크를 안정시킨다.
② 중성 또는 환원성 분위기를 조성해서 공기 중의 유해물질로부터 용접부를 보호한다.
③ 용융금속의 용적을 미세화하여 용착효율을 높인다.
④ 용융된 피복제는 슬래그를 만들어 용착금속의 급랭을 방지하고 불순물 침입을 차단한다.
⑤ 모재 표면의 산화물을 제거하고 양호한 용접부를 만든다.
⑥ 스패터의 발생을 적게 하고 전기절연작용을 한다.
⑦ 용착금속에 필요한 합금원소를 첨가시킨다.

(2) 피복 배합제의 성분

① 아크 안정제 : 산화티탄, 규산나트륨, 석회석, 규산칼륨 등이 사용된다.
② 가스 발생제 : 녹말, 톱밥, 석회석, 탄산바륨, 셀룰로오스 등이 사용된다.
③ 슬래그 생성제 : 산화철, 일미나이트, 석회석, 규사, 장석, 형성 등이 사용된다.
④ 탈산제 : 규소철, 망간철, 티탄철, 알루미늄 등이 사용된다.
⑤ 고착제 : 규산나트륨, 규산칼륨 등의 수용액이 사용된다.
⑥ 합금첨가제 : 망간, 실리콘, 니켈, 몰리브덴, 크롬, 구리 등이 사용된다.

2. 연강용 피복 아크 용접봉

(1) 연강용 피복 아크 용접봉의 규격

E 43 ○○

E : 전기 용접봉(Electrode : E)의 뜻

43 : 용착금속의 최저인장강도(kgf/mm^2)

○○ : 피복제의 계통 표시

(2) 연강용 피복 아크 용접봉의 종류와 특징

① 일미나이트계(E4301)

일미나이트를 약 30% 이상 함유한 용접봉으로 슬래그 생성계이며 작업성과 용접성이 우수하고 값도 싸며 조선, 철도차량 및 일반구조물 용접에 널리 사용된다.

② 라임티타니아계(E4303)

피복이 비교적 두껍고 전자세 용접에 우수한 성질을 나타내며 일미나이트계의 작업성과 고산화티탄계의 기계적 성질을 개선시킨 용접봉이다.

③ 고셀룰로오스계(E4311)

가스 실드계의 대표적 용접봉으로 발생가스가 다량이고 슬래그가 적어 비드가 거칠다.

④ 고산화티탄계(E4313)

피복제 중에 산화티탄을 약 35% 정도 함유한 용접봉으로 작업성이 우수하나 기계적 성질이 다른 용접봉에 비해 낮은 편이고 고온균열을 일으키기 쉽다. 기계적 성질이 우수하지 못하므로 비교적 가벼운 구조물 용접에 사용되나 슬래그의 박리성이 좋고 비드 표면이 매끈하게 형성된다.

⑤ 저수소계(E4316)

㉠ 용착금속의 수소함유량이 타 용접봉의 1/10 정도로 적으며 기계적 성질이 매우 우수하다.

㉡ 작업성은 매우 불량하나 기계적 성질이 우수해서 고압용기, 후판중구조물, 탄소당량이 높은 기계구조용 강 등에 사용된다.

⑥ 철분 함유형 용접봉(E4324, E4326, E4327)

철분산화티탄계(E4324), 철분저수소계(E4326), 철분산화철계(E4327)로 대표되는 철분 함유형 피복 아크 용접봉은 일반적인 피복 아크 용접봉에 비해 작업성을 개선시킨 피복 아크 용접봉이다.

⑦ 특수계(E4340)

피복제의 계통이 특별히 규정되어 있지 않고 제조회사가 권장하는 방법으로 사용한다.

(3) 피복 아크 용접봉의 선택과 관리

① 용접봉이 습기에 노출되었을 때 재건조 온도

저수소계 용접봉은 300~350℃로 1~2시간 건조 후에 사용하고 기타 피복 아크 용접봉은 70~100℃로 30~60분 동안 재건조하여 사용한다.

② 용접봉 편심률

용접봉의 편심이 심할 경우 용접부에 결함 발생이 우려되므로 용접봉의 편심률은 3% 이내이어야 한다.

③ 용접봉의 내균열성

저수소계 > 일미나이트계 > 고셀룰로오스계 > 티탄계의 순으로 내균열성이 우수하다.

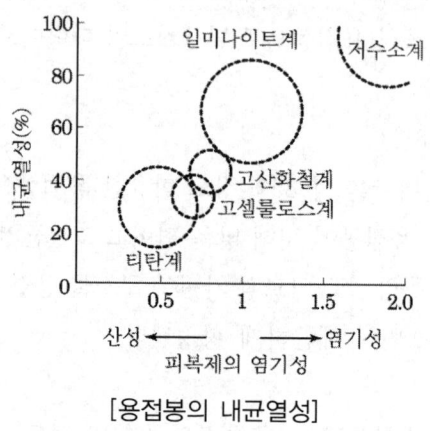

[용접봉의 내균열성]

④ 용접 전류

용접 시 적정전류는 모재의 재질, 두께, 용접봉의 지름, 종류, 용접 자세, 용접 속도 등에 따라 달라지며 용접봉 단면적 $1mm^2$당 10~13A 정도가 적당하다.

3. 아크 쏠림

아크 쏠림은 용접 중에 아크가 한쪽으로 쏠리는 현상을 말하는 것으로 이 현상은 직류 아크 용접에서 비피복봉을 사용할 때 가장 심하게 나타난다. 교류를 사용할 경우에는 나타나지 않는 현상으로 아크 쏠림 방지책은 다음과 같다.

① 직류 전원 대신 교류를 사용할 것
② 용접선이 길 경우에는 후퇴법을 사용할 것
③ 접지점을 될 수 있는 대로 용접부에서 멀리 할 것
④ 짧은 아크를 사용할 것
⑤ 용접의 시작과 끝에 엔드 탭을 사용할 것

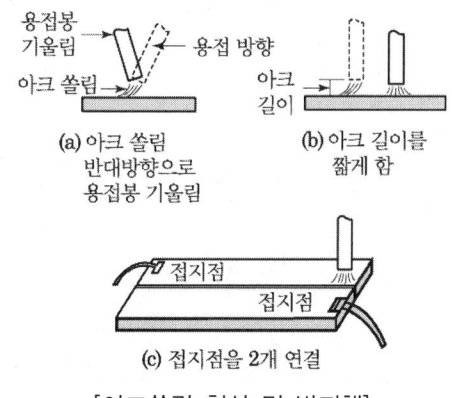

[아크쏠림 현상 및 방지책]

4. 용접결함 및 방지책

용접결함은 용접조건이 맞지 않거나 용접 기술이 미숙함으로써 생기는 것으로 결함의 종류 및 방지책은 다음과 같다.

(1) 결함의 종류

① 구조상 결함 : 언더컷, 오버랩, 기공, 슬래그 섞임, 선상 조직, 피트, 은점, 스패터, 균열
② 성질상 결함 : 기계적 성질(강도, 경도 저하), 화학적 성질 변화(부식)
③ 치수상 결함 : 변형

[용접결함의 종류와 방지책]

결함의 종류	결함의 모양	원 인	방 지 대 책
용입불량		① 이음 설계의 결함 ② 용접 속도가 너무 빠를 때 ③ 용접 전류가 낮을 때 ④ 용접봉 선택 불량	① 루트 간격 및 치수를 크게 한다. ② 용접 속도를 빠르지 않게 한다. ③ 슬래그가 벗겨지지 않는 한도 내로 전류를 높인다. ④ 용접봉의 선택을 잘한다.
언더컷		① 전류가 너무 높을 때 ② 아크 길이가 너무 길 때 ③ 부적당한 용접봉을 사용했을 때 ④ 용접 속도가 적당하지 않을 때 ⑤ 용접봉 선택 불량	① 낮은 전류를 사용한다. ② 짧은 아크 길이를 유지한다. ③ 유지 각도를 바꾼다. ④ 용접 속도를 늦춘다. ⑤ 적정봉을 선택한다.
오버랩		① 용접 전류가 너무 낮을 때 ② 운봉 및 봉의 유지 각도 불량 ③ 용접봉의 선택 불량	① 적정 전류를 선택한다. ② 수평 필릿의 경우는 봉의 각도를 잘 선택한다. ③ 적정봉을 선택한다.
선상조직		① 용착 금속의 냉각 속도가 빠를 때 ② 모재 재질 불량	① 급랭을 피한다. ② 모재의 재질에 맞는 적정봉을 선택한다.
균열		① 이음의 강성이 큰 경우 ② 부적당한 용접봉 사용 ③ 모재의 탄소, 망간 등의 합금 원소 함량이 많을 때 ④ 과대 전류, 과대 속도 ⑤ 모재의 유황 함량이 많을 때	① 예열, 피닝 작업을 하거나 용접 비드 배치법 변경, 비드 단면적을 넓힌다. ② 적정봉을 선택한다. ③ 예열, 후열을 한다. ④ 적절한 속도로 운봉한다. ⑤ 저수소계봉을 쓴다.
기공		① 용접 분위기 가운데 수소 또는 일산화탄소의 과잉 ② 용접부의 급속한 응고 ③ 모재 가운데 유황 함유량 과대 ④ 강재에 부착되어 있는 기름, 페인트, 녹 등 ⑤ 아크 길이, 전류 조작의 부적당 ⑥ 과대 전류의 사용 ⑦ 용접 속도가 빠르다.	① 용접봉을 바꾼다. ② 위빙을 하여 열량을 늘리거나 예열을 충분히 한다. ③ 충분히 건조한 저수소계 용접봉을 사용한다. ④ 이음의 표면을 깨끗이 한다. ⑤ 정해진 범위 안의 전류로 좀 긴 아크를 사용하거나 용접법을 조절한다. ⑥ 적당한 전류로 조절한다. ⑦ 용접 속도를 줄인다.

[표 계속]

결함의 종류	결함의 모양	원 인	방 지 대 책
슬래그 섞임		① 전층의 슬래그 제거 불완전 ② 전류 과소, 운봉 조작 불완전 ③ 용접 이음의 부적당 ④ 슬래그 유동성이 좋고 냉각하기 쉬울 때 ⑤ 봉의 각도 부적당 ⑥ 운봉 속도가 느릴 때	① 슬래그를 깨끗이 제거한다. ② 전류를 약간 세게, 운봉 조작을 적절히 한다. ③ 루트 간격이 넓은 설계로 한다. ④ 용접부 예열을 한다. ⑤ 봉의 유지 각도가 용접 방향에 적절하게 한다. ⑥ 슬래그가 앞지르지 않도록 운봉 속도를 유지한다.
피트		① 모재 가운데 탄소, 망간 등의 합금 원소가 많을 때 ② 습기가 많거나 기름, 녹, 페인트가 묻었을 때 ③ 후판 또는 급랭되는 용접의 경우 ④ 모재 가운데 황 함유량이 많을 때	① 염기도가 높은 봉을 선택한다. ② 이음부를 청소한다. ③ 봉을 건조시킨다. ④ 예열을 한다. ⑤ 저수소계봉을 사용한다.
스패터		① 전류가 높을 때 ② 건조되지 않은 용접봉을 사용했을 때 ③ 아크 길이가 너무 길 때	① 모재의 두께 봉지름에 맞는 최소 전류로 용접 ② 건조된 용접봉 사용 ③ 위빙을 크게 하지 말고 적당한 아크 길이로 한다.

제3장 가스 용접

1절 개요

1. 가스 용접의 원리

가스 용접은 가연성 가스와 지연성(조연성) 가스의 혼합불꽃을 이용한 용접법으로 그 중 산소-아세틸렌 용접이 많이 사용되고 있다. 1895년 르 샤틀리에가 산소-아세틸렌의 불꽃 온도가 3000℃ 이상의 열을 발산한다고 발표하면서 20C 초에 푸세와 피카르가 토치를 고안함으로써 급속한 발전을 보았다.

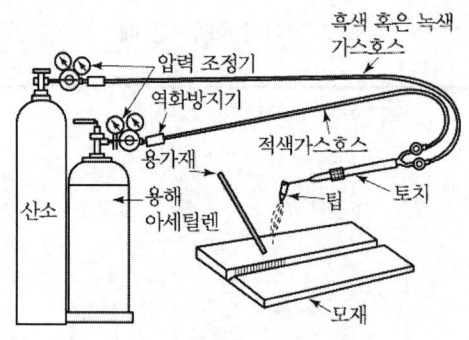

[산소-아세틸렌 용접 장치]

2. 가스 용접의 특징

(1) 장점

① 응용범위가 넓으며 운반이 편리하다.

② 열량조절이 비교적 자유로워 박판(얇은 판) 용접에 적당하다.
③ 전원이 없는 곳에서도 쉽게 설치가 가능하고 설치비가 저렴하다.
④ 유해광선의 발생이 적고 가시광선이다.

(2) 단점
① 아크 용접에 비해 불꽃의 온도가 낮다.
② 열 집중성이 나빠서 용접효율이 떨어진다.
③ 가열범위가 넓고 가열시간이 길기 때문에 용접에 의한 열응력이 매우 크다.
④ 용접변형이 크고 기계적 성질이 저하된다.
⑤ 아크 용접에 비해 일반적으로 신뢰성이 떨어진다.

2절 용접용 가스 및 불꽃

1. 용접용 가스의 종류

(1) 산소(oxygen : O_2)
① 산소의 성질
   ㉠ 무색, 무미, 무취의 기체이며 비중은 1.105이고 비등점은 −183℃, 용융점은 −219℃이다.
   ㉡ 스스로는 타지 않고 타는 것을 도와주는 지연성 가스이다.
   ㉢ 금, 백금, 수은 등을 제외한 모든 원소와 화합 시 산화물을 생성한다.
   ㉣ 액체산소는 보통 연한 청색을 띠며 1리터의 중량은 0℃ 1기압에서 1.429g이다.

(2) 아세틸렌(acetylene : C_2H_2)
아세틸렌가스는 가스용접 시 가장 많이 이용되는 가연성 가스로 카바이드와 물을 혼합 시 생성된다.

카바이드(CaC_2)

① 석회석과 석탄 또는 코크스를 56 : 36의 무게비로 혼합하여 전기로에서 약 3,000℃의 고온으로 가열하여 제조한 것
② 순수한 것은 무색투명한 덩어리이지만 시판 중인 것은 불순물을 함유하고 있어서 흑회색을 띠며 냄새가 난다.
③ 비중은 2.2~2.3으로 순수한 것은 1kg당 348리터의 아세틸렌가스를 발생한다.

① 아세틸렌가스의 성질
  ㉠ 순수한 것은 무색 무취의 기체이나 시판 중인 가스에는 인화수소, 황화수소, 암모니아 같은 불순물을 함유하고 있다.
  ㉡ 비중은 0.906으로 공기보다 가볍고 15℃ 1기압에서 1리터의 무게는 1.176g으로 산소보다 가볍다.
  ㉢ 각종 액체에 대한 용해도는 물 1배, 석유 2배, 벤젠 4배, 알코올 6배, 아세톤 25배이다.
  ㉣ 산소와 혼합하여 연소시키면 높은 열을 발생한다.
② 아세틸렌가스의 폭발성
  ㉠ 온도 : 406~408℃가 되면 자연발화하고 505~515℃가 되면 폭발하며 780℃ 이상에서는 산소 없이도 자연폭발한다.
  ㉡ 압력 : 15℃ 1.5기압 이상이면 폭발위험이 있고 2기압 이상이면 분해폭발을 일으킬 수 있다.
  ㉢ 혼합가스 : 산소와 혼합하면 폭발성이 증가하며 아세틸렌 15%, 산소 85%일 때 폭발위험이 가장 크다.
  ㉣ 화합물 : 구리 또는 구리합금(62% 이상 구리), 은, 수은 등과 접촉하면 120℃ 부근에서 폭발성이 있는 화합물을 생성한다.

(3) 액화석유가스(LPG : liquefied petroleum gas)

석유 정제 시 나오는 부산물로 종류로는 프로판, 프로필렌, 부탄, 부틸렌 등이 있으며 이 중 프로판이 일반적으로 가장 많이 사용된다.

① 프로판가스의 성질
  ㉠ 액화가 쉽고 용기에 넣어 수송이 편리하다.

ⓒ 상온에서는 기체상태이고 무색투명하고 약간의 냄새가 난다.

ⓒ 쉽게 기화하며 발열량이 높다.

ⓓ 폭발 한계가 좁아 안전도가 높고 관리가 쉽다.

ⓔ 연소할 때 필요한 산소의 양은 1 : 4.5이다.

ⓕ 가스절단용 가스로 경제적이며 취사용 연료로도 많이 쓰인다.

(4) 수소(hydrogen : H_2)

물을 전기분해해서 고압용기에 충전(35℃ 150기압)하여 사용하는 가스로 무광의 불꽃으로 인해 불꽃조절이 어려우나 수중절단용 가스로 많이 사용된다.

① 수소의 성질

ⓐ 폭발범위가 넓은 가연성 가스로 무색, 무취, 무미이며 인체에 해가 없다.

ⓑ 모든 가스 중에서 가장 가볍고(비중 : 0.0695) 확산 속도가 빨라 누설되기 쉽고 열전도도가 가장 크다.

ⓒ 고온고압에서 수소 취성이 일어난다.

ⓓ 가장 가벼운 가스이므로 풍선 등의 부양을 위해 사용된다.

2. 산소-아세틸렌 불꽃

산소-아세틸렌 불꽃은 혼합가스 중 가장 높은 불꽃 온도(3,000℃ 정도)로 현재 가장 많이 이용되고 있으며 아세틸렌을 완전연소하기 위해 필요한 산소의 양은 이론적으로 2.5배이지만 실제로는 1.2~1.3배의 산소가 필요하다.

(1) 불꽃의 구성

산소-아세틸렌 불꽃은 불꽃심(백심)과 속불꽃(내염), 겉불꽃(외염) 등 3부분으로 구성되어 있다.

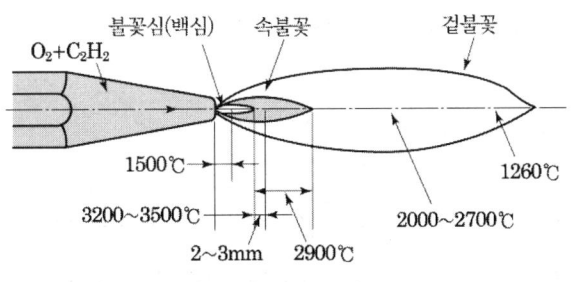

[산소-아세틸렌 불꽃 조성]

(2) 불꽃의 종류

산소와 아세틸렌을 연소시킬 때 산소량의 과소에 따라 3종류로 구분된다.

① 탄화불꽃(아세틸렌 과잉 불꽃)

산소보다 아세틸렌의 분출량이 많은 상태의 불꽃으로 적용금속으로는 산화의 염려가 없는 스테인리스강, 스텔라이트, 모넬메탈 등을 용접할 때 사용하는 불꽃이다.

② 중성불꽃(표준불꽃)

산소와 아세틸렌의 비율이 1 : 1인 불꽃으로 용접할 때에는 백심에서 2~3mm 부근에서 용접이 이루어지며 연강, 주철, 구리, 청동, 알루미늄 등을 용접할 때 사용하는 불꽃이다.

③ 산화불꽃(산소 과잉 불꽃)

아세틸렌보다 산소의 분출량이 많은 불꽃으로 산화의 염려 때문에 일반적인 용접시에는 거의 사용하지 않으며 주로 황동이나 청동을 용접할 때 사용하는 불꽃이다.

3절 가스 용접 장치 및 기구

1. 산소용기

산소용기는 무이음매 강관으로 인장강도 57kgf/mm^2 이상, 연신율 18% 이상의 재질로 제작되었으며 35℃ 150kgf/cm^2 이상의 고압으로 충전하여 사용한다. 크기는 내용적 기준으로 33.7l, 40.7l, 46.7l가 있으며 이를 대기 중에 분출량으로 환산하면 5,000l, 6,000l, 7,000l가 된다.

(1) 산소용기 취급상 주의사항

① 용기 운반 시 밸브 보호캡을 씌워서 이동할 것
② 기름이 묻은 손이나 장갑을 끼고 취급하지 말 것
③ 누설검사는 반드시 비눗물을 사용할 것
④ 각종 화기로부터 5m 이상 거리를 둘 것
⑤ 통풍이 잘 되고 직사광선이 없는 곳에 보관하며 항상 40℃ 이하의 온도를 유지할 것
⑥ 용기 내의 압력이 너무 상승(150kgf/cm^2)하지 않도록 주의할 것

⑦ 산소 밸브가 얼었을 경우 따뜻한 물을 사용하여 해동시킬 것

(2) 용기의 형상 및 각인

산소용기의 밑부분의 형상은 3가지 형태(凹형, 스커트형, 凸형)로 되어 있으며 용기 윗부분에 각인된 내용 중 중요한 것은 다음과 같다.

① V : 내용적(l)
② W : 용기 중량(kg)
③ TP : 용기 내압시험 압력(kgf/cm^2)
④ FP : 최고 충전 압력(kgf/cm^2)

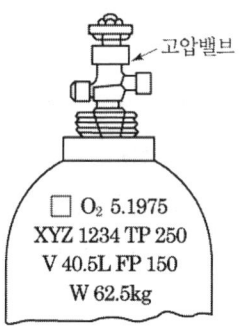

[산소 용기의 각인 설명]

(3) 각종 용기 검사 압력

① 산소용기 : 충전압력(35℃, $150kgf/cm^2$)×5/3 이상
② 아세틸렌 용기 : 충전압력(15℃, $15kgf/cm^2$)×3 이상
③ 프로판 용기 : $30kgf/cm^2$ 이상

2. 아세틸렌 용기

아세틸렌 용기는 산소용기와 달리 고압으로 충전하지 않기 때문에 이음매 있는 용기를 사용하며 용기의 크기는 내용적에 따라 $15l$, $30l$, $40l$, $50l$가 있으며 $30l$가 일반적으로 널리 사용된다.

(1) 용해 아세틸렌의 양

용해 아세틸렌이란 아세틸렌 용기 내에 다공성 물질(목탄, 규조토 등)을 넣고 아세틸렌을 25배까지 용해할 수 있는 아세톤을 침윤시킨 후 아세틸렌가스를 주입한 것으로 충전기 압은 15℃, 15kgf/cm^{2}이다. 그러므로 용기 내의 아세톤 1l는 375l의 아세틸렌가스를 용해한다. (25×15kgf/cm^2=375l)

또한 용해 아세틸렌 1kg이 기화하면 905l의 아세틸렌가스가 발생하므로 다음 식에 의해 아세틸렌가스의 양을 계산할 수 있다.

아세틸렌가스의 양=905×(충전 후의 용기 중량-빈병의 중량) 또는 905×(사용 전 용기 중량-사용 후 용기 중량)

(2) 용해 아세틸렌 취급 시 주의사항

① 저장 장소는 통풍이 잘 되고 화기로부터 떨어져 있어야 한다.
② 용기는 아세톤 유출을 방지하기 위해 세워서 보관한다.
③ 밸브 또는 충전구가 동결 시는 35℃ 이하의 온수로 녹여야 한다.
④ 가스 누설검사는 비눗물을 사용하고 사용 후에는 약간의 잔압을 남겨 두어야 한다.

3. 가스 용접 토치

가스 용접용 토치는 아세틸렌과 산소의 혼합가스를 연소시켜 용접작업에 사용하는 기구로서 손잡이, 혼합실, 팁으로 구성되어 있다.

(1) 토치의 종류

가스 용접 토치는 아세틸렌가스의 압력에 따라 저압식, 중압식, 고압식으로 구분되며 토치의 구조에 따라 불변압식(독일식 : A형)과 가변압식(프랑스식 : B형)으로 구분된다.

① 저압식 토치

저압의 아세틸렌 가스(발생기식 : 0.07kgf/cm^2, 용해식 : 0.2kgf/cm^2)를 고압의 산소가 빨아내는 인젝터 장치를 가지고 있어 일명 인젝터식이라 하며 토치의 구조에 따라 가변압식과 불변압식이 있다.

㉠ 불변압식(독일식 : A형) : 분출구멍의 크기가 일정한 토치로 팁의 능력이 일정하기 때문에 불꽃 조절이 불가능한 토치로 다음과 같은 특징이 있다.

ⓐ 팁의 교환이 가변압식에 비해 불편하다.

ⓑ 산소의 압력조정은 조정기에 부착되어 있는 밸브를 이용해 조절한다.
ⓒ 토치의 구조가 복잡해서 토치가 무겁다.
ⓓ 압력변화가 적어서 한번 조정한 불꽃은 안정적으로 사용이 가능하다.
ⓔ 팁의 번호가 뜻하는 것은 용접 가능한 모재의 판 두께를 표시한다.
ⓒ 가변압식(프랑스식 : B형) : 산소분출구에 니들 밸브가 있어서 노즐의 단면적을 변화시켜 압력을 조정하는 것으로 다음과 같은 특징이 있다.
ⓐ 팁의 교환이 편리하고 작업성이 우수하다.
ⓑ 토치의 구조가 비교적 간단하고 가볍다.
ⓒ 팁의 번호가 뜻하는 것은 표준불꽃으로 용접 시 1시간당 소비되는 아세틸렌가스의 양을 l로 표시한다.

② 중압식 토치
아세틸렌가스 압력이 $0.07 \sim 1.3 kgf/cm^2$의 범위에서 사용하는 토치로 등압식이라 한다.

③ 고압식 토치
아세틸렌가스의 압력이 $1.3 kgf/cm^2$ 이상인 토치로 일반적으로 사용하지 않는다.

(2) 팁의 능력

불변압식 토치의 팁의 능력은 용접하는 강판의 두께를 표시하고(연강판의 두께가 1mm인 경우 적당한 팁의 번호는 1번), 가변압식 토치의 팁의 번호는 표준불꽃 사용 시 1시간당 소비되는 아세틸렌가스의 양(팁의 번호가 100번이라면 표준불꽃으로 용접 시 1시간당 소비되는 아세틸렌가스의 양이 $100l$)을 나타낸다.

(3) 용접용 호스

산소에 이용되는 가스호스는 흑색 또는 녹색이며 아세틸렌용은 적색 호스가 사용된다. 내경은 6.3, 7.9, 9.5mm의 세 종류가 있으며 7.9mm가 일반적으로 사용되고 호스의 내압시험압력은 산소 $90 kgf/cm^2$, 아세틸렌 $10 kgf/cm^2$이다.

4절 가스 용접 재료 및 용접법

1. 용접봉

가스 용접봉은 원칙적으로 모재와 같은 용착금속을 얻기 위해 모재와 조성이 동일하거나 비슷한 것이 사용되며 일명 용가재라고도 한다. 비피복봉이 주로 사용되지만 용제를 혼합한 것을 사용하기도 한다.

(1) 용접봉의 표시방법

GA 46

① GA 또는 GB : 용접봉의 종류
② 46 : 용착금속의 최소인장강도(kg/mm^2)
③ SR : 625℃±25℃에서 응력을 제거한 것
④ NSR : 응력을 제거하지 않은 것

(2) 용접봉의 규격

① 지름 : 1.0, 1.6, 2.0, 2.6, 3.2, 4.0, 5.0, 6.0mm
② 길이 : 1,000mm

(3) 모재 두께에 따른 용접봉 선택 방법

$$D = \frac{T}{2} + 1$$

여기서, D : 용접봉의 지름(mm)
T : 모재의 두께(mm)

2. 용제

용접 중에 생기는 금속의 산화물 및 비금속 개재물을 용해하여 이것과 결합해 용융온도가 낮은 슬래그를 만들고 용착금속의 성질을 양호하게 하는 역할을 한다. 용제는 주로 분말형태이며 용융온도는 모재의 용융점보다 낮은 것이 좋다.

(1) 각종 금속별 용제

① 연강 : 사용하지 않음

② 반경강 : 중탄산소다+탄산소다

③ 주철 : 탄산나트륨 15%+붕사 15%+중탄산나트륨 70%

④ 구리합금 : 붕사 75%+염화리튬 25%

⑤ 알루미늄 : 염화나트륨+염화칼륨+염화리튬+플루오르화칼륨+황산칼륨

3. 용착기법(전진법과 후진법)

(1) 전진법(좌진법)

오른손에 토치를 들고 왼손에 용접봉을 들고서 우측에서 시작해 좌측으로 진행하는 방법으로 얇은 판 용접 시 사용되며 용가재가 토치보다 선행하는 방법이다.

(2) 후진법(우진법)

전진법과 반대의 방향으로 용접하며 전진법에 비해 두꺼운 판 용접 시 사용되고 우진법이라고도 한다.

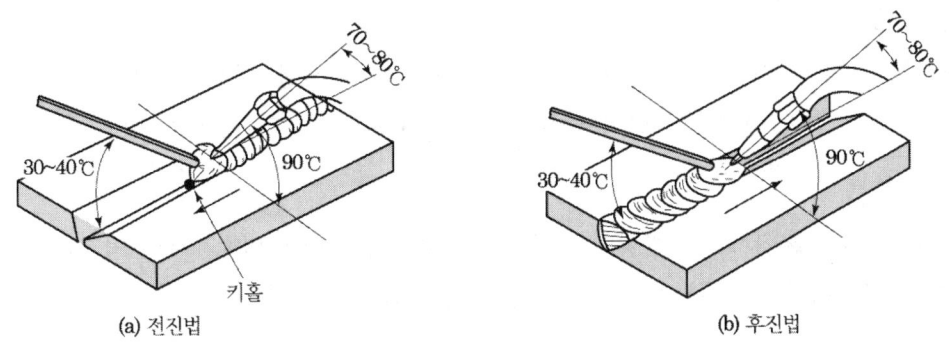

[전진법과 후진법]

[전진법과 후진법의 비교]

비교항목	전진법	후진법
열 이용률	나쁘다	좋다
용접속도	느리다	빠르다
비드모양	보기 좋다(파형이 곱다)	거칠다
홈 각도	크다(80°)	작다(60°)

[전진법과 후진법의 비교 : 계속]

용접변형	많다	적다
판 두께	얇다(5mm까지)	두껍다
용착금속 냉각속도	급랭	서냉
산화의 정도	심하다	약하다

4. 역류, 역화, 인화

(1) 역류

토치 내부의 가스 통로에 막힘이 생겨 고압의 산소가 저압의 아세틸렌 호스 속으로 거꾸로 흐르는 현상을 말하는 것으로 방지법은 팁을 깨끗이 청소할 것, 산소를 차단한 후 아세틸렌을 차단하는 것이다.

(2) 역화

팁 끝이 모재에 닿아 순간적으로 팁 끝이 막히거나 팁의 과열, 사용가스의 압력이 부적당할 때 "펑" 하는 폭발음이 나며 불꽃이 꺼졌다가 다시 나타나는 현상이다.

(3) 인화

팁 끝이 막혀 혼합가스의 불꽃이 혼합실까지 들어가 토치가 벌겋게 달구어지는 현상으로 방지법은 아세틸렌 밸브를 차단한 후 산소밸브를 차단한다.

5절 납땜법

같은 종류 또는 서로 다른 금속을 접합할 때 이들 모재보다 용융점이 낮은 땜납재를 사용해서 접합하는 용접법이다.

1. 납땜의 종류

(1) 연납땜

땜납재의 용융점이 450℃ 이하인 온도에서 납땜하는 것으로 종류로는 주석-납, 납-카드뮴납, 납-은납, 저융점 땜납, 카드뮴-아연납 등이 있다.

(2) 경납땜

땜납재의 용융점이 450℃ 이상인 온도에서 납땜하는 것으로 종류로는 은납, 황동납, 인동납, 망간납, 양은납, 알루미늄납 등이 있다.

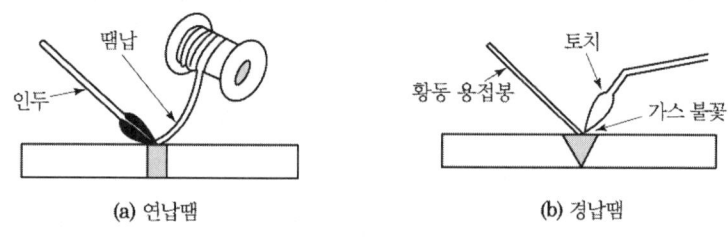

[연납땜과 경납땜]

2. 납땜의 용제

납땜 시 모재의 불순물을 제거하고 땜납재의 유동성을 좋게 하기 위해 사용하는 것

(1) 용제가 갖추어야 할 조건

① 모재 표면의 불순물을 제거하고 유동성이 좋을 것
② 청정한 금속표면의 산화막을 방지할 것
③ 모재와의 친화도를 높일 것
④ 납땜 후 슬래그 제거가 용이할 것
⑤ 인체에 해가 없을 것

(2) 용제의 종류

① 연납용 용제 : 염화아연, 염산, 염화암모늄, 인산, 수지(동물유)
② 경납용 용제 : 붕사, 붕산, 붕산염, 불화물, 알칼리

3. 납땜법

(1) 인두납땜 : 연납땜 시 사용하는 것으로 인두는 구리제품을 사용한다.

(2) 가스납땜 : 토치 램프나 산소-아세틸렌 불꽃 등을 이용하여 납땜하는 방법

(3) 담금납땜 : 이음면에 땜납을 삽입하여, 미리 가열된 염욕에 침지하여 그 열에 의해 납땜하는 방법

(4) 저항납땜 : 납땜할 이음부에 용제를 바르고 납땜재를 삽입하여 저항열에 의해 납땜하는 방법

(5) 노내납땜 : 전열이나 가스 불꽃 등으로 가열된 노내에서 납땜하는 방법

(6) 유도가열 납땜 : 땜납과 용재를 삽입한 틈을 고주파 전류를 이용하여 가열 후 납땜하는 방법

제4장 절단 및 가스가공

 절단(cutting)은 용접을 하기 전에 재료를 필요한 모양으로 가공하거나 용접 후에 발생되는 각종 결함의 제거에 사용되는 중요한 작업으로서 용접에서는 없어서는 안 될 공작법이다. 절단은 보통 가스절단과 아크절단으로 구분되는데, 가스절단은 산소와 금속과의 산화반응을 이용한 절단법이고, 아크절단은 아크의 열로써 모재를 용융시켜 절단하는 방법으로 압축공기나 산소기류를 이용하면 더욱 능률적이다. 아크절단은 가스절단에 비해 정밀도가 떨어지나 가스절단이 곤란한 금속의 절단에 사용되는 이점이 있다.

1. 종류

(1) 가스절단
보통가스절단, 분말절단(철분절단, 용제절단), 가스 시공(가스가우징, 스카핑)

(2) 아크절단
탄소아크절단, 금속아크절단, 불활성가스 아크절단(TIG 절단, MIG 절단), 아크 에어 가우징, 산소아크절단, 플라즈마 절단

2. 가스절단

 강 또는 합금강의 절단에 널리 이용되는 방법으로 산소와 철(Fe)과의 화학반응을 이용한 절단법이다. 이 방법은 절단하고자 하는 소재를 산소-아세틸렌 불꽃으로 800~900℃까지 예열한 후 고압의 산소를 불어 주어 절단하는 방법으로 탄소강이나 저합금강에 주로 사용되며, 주철이나 비철금속, 스테인리스강 등은 절단이 곤란하므로 일반적으로 사용하지 않는다.

(1) 가스절단의 조건
가스절단 시 양호한 절단면을 얻기 위해서는 다음과 같은 조건을 충족시켜야 한다.
① 드래그(drag)가 가능한 한 작을 것
② 절단면이 평활하며 드래그의 홈이 낮고 노치(notch) 등이 없을 것
③ 절단면의 모서리가 둥그스름하지 하지 않고 예리하게 각이 질 것
④ 슬래그의 이탈이 매우 쉬울 것
⑤ 경제적인 절단이 이루어질 것

> **가스절단이 원활하게 이루어지기 위한 조건**
> ① 산화반응이 격렬하고 다량의 열을 발생할 것
> ② 모재 중에 불연소물이 적게 포함될 것
> ③ 모재의 연소온도가 모재의 용융온도보다 낮을 것(철의 연소온도 1350℃, 철의 용융온도 1539℃)
> ④ 산화물 또는 슬래그의 유동성이 좋고, 모재에서 쉽게 이탈할 것
> ⑤ 산화물 또는 슬래그의 용융온도가 모재의 용융온도보다 낮을 것

(2) 가스절단용 가스
① 산소

절단용 산소는 절단부를 연소시키면서 산화물을 깨끗이 분리시켜주는 역할을 하는 가스로 산소절단의 순도 및 압력은 절단속도에 큰 영향을 미친다. 산소의 순도(99.5% 이상)가 높으면 절단속도가 빠르고 절단면이 양호하며, 순도가 낮으면 절단면이 거칠고, 절단속도가 늦어지며, 산소의 소비량이 많아지고, 슬래그의 이탈성이 떨어지며, 절단부 홈의 폭이 넓어지는 나쁜 결과를 초래한다.

② 예열용 가스

가스절단 시 예열용 가스로는 아세틸렌, 프로판, 수소, 천연가스 등이 있으나 특별한 경우를 제외하고는 아세틸렌가스가 많이 쓰인다. 프로판가스는 발열량이 높고 저렴하여 일반적으로 널리 사용되며 수소가스는 고압에서도 액화하지 않고 완전히 연소하므로 수중절단용 가스로 사용된다.

[아세틸렌가스와 프로판가스의 절단 비교 사항]

아세틸렌(C_2H_2)	프로판(C_3H_8)
점화하기 쉽다.	절단 상부 모양이 깨끗하다.
중성불꽃을 만들기 쉽다.	절단면이 미세하고 깨끗하다.
절단 개시까지 시간이 빠르다.	슬래그 제거가 용이하다.
모재 표면에 영향이 적다.	포갬절단 속도가 아세틸렌보다 빠르다.
박판 절단 시 빠르다.	후판절단 시 아세틸렌보다 빠르다.
산소소비량이 프로판보다 적다.	산소소비량이 아세틸렌보다 많다.

(3) 드래그(drag)

가스절단을 하게 되면 절단면에는 일정한 간격의 곡선이 절단 진행 방향으로 나타나게 되는데 이것을 드래그 라인이라 하며, 하나의 드래그 라인 시작부터 끝나는 점까지의 수평 거리를 드래그 길이(drag length) 또는 드래그(drag)라 한다. 이 드래그는 절단속도, 산소 소비량 등에 의해 변화되는데 표준 드래그(드래그 길이)는 보통 판 두께의 20% 정도이다. 예를 들면 두께가 10mm인 모재의 표준드래그는 2mm이다.

드래그(%) = 드래그 길이(mm) / 판 두께(mm) × 100

3. 가스절단 장치

(1) 절단 토치와 팁

① 저압식 토치

아세틸렌 게이지 압력이 0.07kg/cm^2 이하이며 니들 밸브를 갖고 있어 산소의 흐르는 양을 가감할 수 있는 가변압식과 불변압식이 있다.

② 중압식 토치

아세틸렌의 압력이 0.07~1.3kg/cm^{2}이며 팁 혼합식과 토치 혼합식이 있다.

③ 팁의 종류

㉠ 동심형 : 전후좌우 이동이 가능하여 곡선 절단도 매우 능률적이다.

㉡ 이심형 : 예열불꽃과 압력산소의 분출구멍이 따로따로 되어 있어서 직선 절단에 아주 우수한 특징을 가지고 있다.

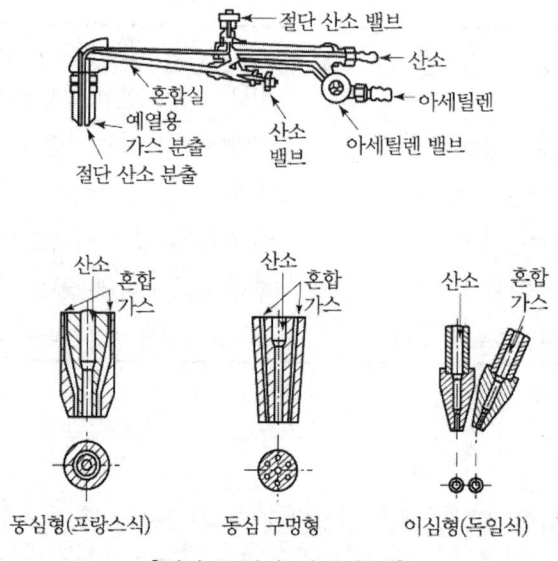

[절단 토치와 팁의 형태]

4. 각종 절단법

(1) 탄소 아크절단

탄소 또는 흑연 전극봉과 모재와의 사이에 아크를 일으켜서 절단하는 방법
  ① 용접봉으로는 탄소가 많이 사용되나 소모성이 크며, 흑연봉은 전기적 저항이 작고 높은 전류에 적합하다.
  ② 전극은 직류, 교류가 모두 사용되나 주로 직류정극성을 많이 사용한다.

(2) 금속 아크절단

탄소 전극봉 대신 절단 전용의 특수 피복을 입힌 피복봉을 사용하여 절단하는 방법이다.
  ① 전원은 직류정극성이 적합하나 교류도 사용한다.
  ② 소요장비는 피복 아크 용접장비와 동일하다.
  ③ 피복제는 발열량이 많고 산화성이 풍부한 것으로 되어 있으므로 심선 및 피복제의 용융물은 유동성이 좋아야 한다.
  ④ 절단 조작 원리는 탄소아크와 동일하고 절단면은 가스절단면에 비해 거칠다.

(3) 산소 아크절단

속이 빈 용접봉(중공의 용접봉)과 모재 사이에 아크를 발생시켜 이 아크열을 이용한 절단법을 산소 아크절단이라 한다.

① 전원은 직류정극성이 사용되나 교류도 가능하다.
② 가스절단에 비해 절단면은 거칠지만 속도가 빠르다.
③ 절단 가능한 금속은 고크롬강, 스테인리스강, 고합금강 비철금속 등이다.
④ 특수하게 결합되는 전극 홀더와 산소 토치가 필요하며 정전류 용접기와 특수하게 관 모양으로 피복을 덮은 전극봉이 사용된다.

(4) 불활성 가스 아크절단

① 티그 절단
텅스텐과 모재 사이에 아크를 발생시켜 모재를 용융하여 절단하는 방법이다.
  ㉠ 전원은 직류정극성을 사용하며 냉각용 가스로는 아르곤과 수소의 혼합 가스가 사용된다.
  ㉡ 알루미늄, 마그네슘, 구리 및 구리합금 등의 절단에 사용된다.

② 미그 절단
모재의 절단부를 불활성 가스로 보호하고 금속 와이어에 대전류를 흐르게 하여 절단하는 방법이다.
  ㉠ 전원은 직류역극성이 사용되며 보호가스로는 아르곤에 10~15% 산소를 사용한다.
  ㉡ 산화성이 강한 알루미늄 등의 절단에 사용한다.

(5) 플라즈마 절단

약 10,000℃~30,000℃의 고온도를 가진 플라즈마를 이용하여 절단하는 방법으로 전기적인 접촉이 필요 없으므로 금속 및 비금속의 절단에도 사용된다.

① 플라즈마 절단 작동 가스는 알루미늄 등의 경금속 절단에는 아르곤과 수소의 혼합 가스가 사용되며, 스테인리스강에 대해서는 질소와 수소의 혼합가스가 사용된다.
② 절단 장치의 전원은 직류가 사용되지만 아크 전압이 높으므로 무부하 전압이 높은 것이 필요하다.

(6) 아크 에어 가우징

탄소 아크절단 장치에 압축공기를 사용하는 방법으로 홈파기 작업, 용접의 결함부 제거, 절단 및 구멍뚫기 등에 사용한다. 전원은 직류역극성이 사용되며 정전류 특성의 용접기가 가장 적합하다.

① 그라인딩이나 치핑 또는 가스가우징보다 작업 능률이 2~3배 높다.
② 장비가 간단하고 작업 방법도 비교적 용이하며 활용 범위가 넓어 비철금속의 작업에도 사용된다.
③ 가우징 토치는 일반 피복 아크 용접봉 홀더와 비슷하나 부수적으로 압축공기를 내보내는 공기통로와 분출구가 마련되어 있다.
④ 가우징봉은 탄소와 흑연의 혼합물인 탄소화흑연으로 만들어지며 표면에 구리도금한 것이 사용되고 사용전원의 종류에 따라 교류 또는 직류용이 있다.
⑤ 압축공기의 압력은 5~7kgf/cm² 정도가 좋으며, 5kgf/cm² 이하의 경우에는 작업 결과가 좋지 못하다.
⑥ 콤프레셔를 사용할 경우 최소 3마력 이상이어야 하고 압축탱크의 크기도 충분해야 한다.
⑦ 압축공기가 없을 경우 용기에 압축된 질소나 아르곤을 대신 사용할 수 있다.

(7) 분말 절단

절단 부위에 철분이나 용제의 미세한 분말을 압축 공기 또는 압축 질소와 같이 연속적으로 팁을 통해 분출시키고 예열불꽃과 가스와의 연소반응을 이용하여 절단하는 방법으로 철분 절단과 용제 절단이 있다.

① 철분 절단 : 200메시 정도의 철분에 알루미늄 분말을 배합하여 절단하는 방법
② 용제 절단 : 융점이 높은 크롬-산화물을 제거하는 약품을 절단산소와 함께 공급하여 절단하는 방법

(8) 산소창 절단

토치의 팁 대신에 안지름 3.2~6mm, 길이 1.5~3m 정도의 강관에 산소를 공급하여 강관이 산화 연소할 때의 반응열로 금속을 절단하는 방법이다.

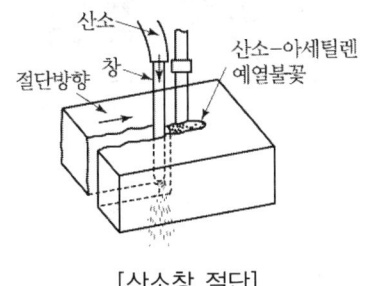

[산소창 절단]

(9) 수중 절단

침몰선의 해체나 교량의 개조, 항만의 방파제 공사 등에 사용되는 절단법으로 수중 40m까지 절단이 가능하며 절단가스로는 주로 수소가 사용된다.

(10) 가스 가공

① 가스 가우징

산소와 혼합가스가 분출되는 토치를 사용하여 용접 홈파기, 결함 제거 등에 사용되는 가스가공법이다.

② 스카핑

가스 가우징과 달리 모재 표면의 결함 제거, 얕은 홈파기 등에 사용된다.

제5장 특수 용접

1절 불활성가스 텅스텐 아크 용접(TIG 용접)

1. 원리와 특징

아르곤이나 헬륨과 같이 금속과 반응하지 않는 불활성가스의 분위기 속에서 텅스텐 전극봉과 모재 사이에 아크를 발생시켜 용접하는 비용극식(비소모식) 용접법이다.

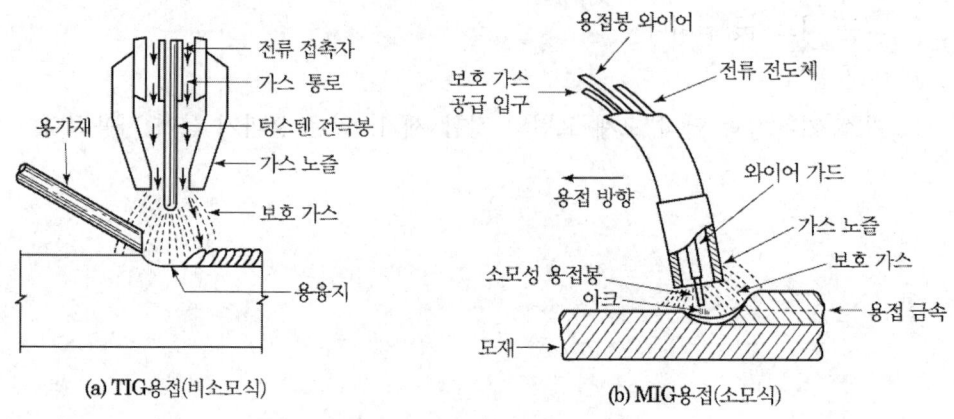

[불활성가스 아크용접의 원리]

불활성가스(inert gas)

불활성가스란 어떤 상태에서도 다른 어떤 물질과 화학적으로 반응하지 않는 가스를 말한다. 불활성가스 아크 용접은 이와 같은 불활성가스의 특징으로 인해 용제나 피복제 없이도 결함이 발생하지 않는 깨끗한 용접부를 얻을 수 있으며, 가스의 종류로는 아르곤(Ar), 헬륨(He), 네온(Ne)이 있다. 이 중 Ar이 용접에 주로 사용된다.

(1) 장점

① 불활성가스의 보호 아래 용접이 이루어지므로 산화 및 질화를 방지할 수 있다.
② 피복제 및 용제가 불필요하고 청정작용이 있다.
③ 아크가 안정되고 스패터가 매우 적어 조작이 용이하다.
④ 전자세 용접이 용이하고 고능률이다.
⑤ 다른 용접법에 비해 연성, 강도, 기밀성 및 내열성이 우수하다.
⑥ 거의 모든 금속에 적용이 가능하므로 응용범위가 넓다.

(2) 단점

① 용접기 및 가스의 값이 고가이므로 설치비 및 운영비가 높다.
② 후판용접에서는 다른 용접에 비해 능률이 저하된다.
③ 풍속이 0.5m/sec 이상에서는 방풍대책이 필요하다.

2. 전원에 따른 특성

TIG 용접은 교류와 직류 모두가 사용되며 직류는 정극성과 역극성으로 구분한다. 직류 전원은 극성에 따라 성질이 달라지므로 모재의 종류에 따라 적절한 극성을 선택해서 사용한다.

(1) 직류정극성(DCSP)

용접기의 양극(+)에 모재를, 음극(-)에 토치를 연결한 방식으로 전체 발열량의 70% 정도가 모재에서 발생하므로 모재의 용입이 깊고 비드 폭이 좁은 용접이 이루어진다. 또한 토치가 음극(-)에 연결된 관계로 전극봉의 소모가 적은 특징이 있다.

(2) 직류역극성(DCRP)

용접기의 양극(+)에 토치를, 음극(-)에 모재를 연결한 방식으로 전체 발열량의 70% 정도가 토치에서 발생하므로 모재의 용입이 얕고 비드 폭이 넓은 용접이 이루어진다. 또한 직류역극성의 특징은 청정작용(cleaning action)으로 산화피막이 있는 금속용접에 적합하다. 일반적으로 직류역극성은 동일한 전류에서 직류정극성과 비교했을 때 전극봉이 받는 열량이 훨씬 크므로 직경이 4배 정도 되는 전극봉을 사용해야 전극봉이 소손되지 않으면서 용접을 할 수 있다.

청정작용(cleaning action)

아크 발생 시 가속된 가스이온이 모재에 충돌하여 모재 표면의 산화피막을 제거하는 현상이다. 알루미늄 표면에 존재하는 산화알루미늄(Al_2O_3)은 용융점이 2050℃로 알루미늄의 용융점(660℃)보다 훨씬 높아 아크용접이나 가스용접이 곤란한 반면 TIG 용접에서 직류역극성이나 교류를 사용하면 용제(flux) 없이도 바로 용접이 가능해진다. 이와 같은 현상을 청정작용이라 한다.

(3) 교류(AC)

산화성이 큰 금속(알루미늄, 마그네슘 등)은 청정작용이 있는 직류역극성을 사용해서 용접을 해야 한다. 하지만 실제로는 전극봉의 소손을 막기 위해 직경이 매우 굵기 때문에 현실적으로 직류역극성을 사용해서 용접하기가 어렵다. 이러한 관계로 직류정극성과 직류역극성의 중간 형태의 용입과 비드폭을 얻을 수 있으며, 청정효과가 있는 교류전원을 사용하게 된다. 실제 용접 시에는 고주파장치가 부착된 고주파 교류 전원을 주로 사용한다.

고주파 교류 사용 시 이점(일반 교류에 비한)

① 텅스텐 전극봉을 모재에 접촉시키지 않고 아크를 발생시키므로 용착금속에 텅스텐으로 인한 오염을 방지할 수 있다.
② 텅스텐 전극봉의 수명이 길다.
③ 아크가 안정적으로 흐르므로 작업 중 아크길이가 다소 길어져도 아크가 끊기지 않는다.
④ 텅스텐 전극봉의 열 발생이 적다.
⑤ 전극봉의 굵기에 비해 사용범위가 넓으므로 전 전류의 용접이 가능하다.
⑥ 전 자세 용접에 사용된다.

3. 용접장치 및 구성

(1) TIG 용접 토치

① 용접장치에 따른 분류
  ㉠ 수동식 토치 : 일반적으로 사용되며 토치의 이송과 용가재의 공급이 모두 수동으로 이루어진다.

ⓛ 반자동식 토치 : 토치는 수동으로 이동하고 용가재는 와이어 형태로 자동 공급된다.
ⓒ 자동식 토치 : 토치의 이동과 용가재의 공급이 모두 자동으로 이루어진다.
② 냉각방식에 따른 분류
　㉠ 공랭식 : 용접전류가 200A 이하일 때 주로 사용되며 수냉식에 비해 가볍고 취급이 용이하다.
　ⓛ 수냉식 : 용접전류가 200A 이상 650A까지 사용 가능하며 냉각수로 토치에 발생되는 열을 냉각시킨다.
③ 형태에 따른 분류
　일반적으로 가장 많이 사용되는 T형과 협소한 장소에서 쓰이는 직선형, 원하는 대로 헤드부분의 각도를 조절할 수 있는 플렉시블형이 있다.

(2) 전극봉

TIG 용접에서 전극봉이란 아크를 발생시키기 위한 도구로서 텅스텐 및 텅스텐에 다른 금속을 소량 첨가하여 제작한 것이다. 봉의 지름으로는 0.5, 1.0, 1.6, 2.4, 3.2, 4.0, 5.0, 6.4, 8.0, 10.0mm로 10종이 있으며, 길이는 75mm, 150mm 등이 있다.

① 전극봉의 종류
　㉠ 순 텅스텐 전극봉 : 순수한 텅스텐 금속으로만 제작된 것으로 교류용접에서 알루미늄이나 마그네슘 합금 등의 용접에 사용된다.
　ⓛ 토륨 텅스텐 전극봉 : 순수한 텅스텐에 토륨(Th)을 1~2% 함유해서 만든 것으로 전자방사 능력이 뛰어난 장점이 있다. 직류정극성에서 주로 사용하고 강이나 스테인리스강, 동합금 용접에 사용된다.
　ⓒ 지르코늄 텅스텐 전극봉 : 순 텅스텐 전극봉의 단점을 보완한 것으로 알루미늄이나 마그네슘 합금의 용접에 사용된다.
　㉣ 산화란탄 전극봉 : 순수한 텅스텐에 0.9~2.2%의 란탄(La)을 함유한 것으로 직류정극성과 교류에 사용되며 탄소강 및 스테인리스강 용접에 사용되며 교류용접 시 낮은 전류에서도 용접이 가능하다.
　㉤ 산화 셀륨 전극봉 : 순수한 텅스텐에 0.9~2.2%의 셀륨(Ce)을 첨가한 것으로 작고 까다로운 부분의 용접이나 복잡한 부분의 용접과 탄소강, 스테인리스강, 니켈합금 및 티타늄 용접에 활용된다.

② 전극봉 가공방법

용접 시 사용하는 전류, 즉 직류와 교류 또는 직류정극성과 직류역극성을 사용할 때의 가공방법이 다르다.

㉠ 직류정극성 : 끝을 뾰족하게 가공하며 길이와 너비의 비율은 2~3 : 1이다.

㉡ 교류 및 직류역극성 : 전극봉이 받는 열량이 많으므로 끝을 구형으로 가공하며 구의 지름은 일반적으로 전극봉 지름의 1/2이다.

[텅스텐 전극봉의 종류 및 용도]

전극봉의 종류	기호		색		적용금속
	KS	AWS	KS	AWS	
순 텅스텐	YWP	EWP	녹색	green	알루미늄, 마그네슘 합금
1% 토륨 텅스텐	YWWTh-1	EWTh-1	황색	yellow	스테인리스강, 니켈 및 티타늄 합금
2% 토륨 텅스텐	YWTh-2	EWTh-2	적색	red	
1% 산화란탄 텅스텐	YWLa-1	EWLa-1	흑색	black	탄소강, 스테인리스강
2% 산화란탄 텅스텐	YWLa-2	EWLa-2	황록색	blue	
1% 산화셀륨 텅스텐	YWCe-1		분홍색		탄소강, 스테인리스강, 니켈합금, 티타늄
2% 산화셀륨 텅스텐	YWCe-2	EWCe-2	회색	orange	
지르코늄 텅스텐		EWZr-1		brown	알루미늄, 마그네슘 합금

(3) 보호가스 공급장치

TIG 용접에 주로 사용되는 아르곤은 1기압하에서 약 6,500리터의 양을 140기압으로 용기에 충전해서 사용하며 감압조정기를 통해 1차로 3~4기압으로 감압한 뒤 유량계를 통해 10~15리터의 가스를 방출하면서 용접이 이루어진다.

① 아르곤 가스의 특징

㉠ 무색, 무취, 무미의 무독성가스로 다른 원소와 화학적으로 결합하지 않는다.

㉡ 공기 중에 약 1% 정도가 함유되어 있다.

㉢ 비중이 1.784로 공기보다 무겁다.

2절 불활성가스 금속 아크 용접(MIG 용접)

1. 원리와 특징

불활성가스를 사용하여 연속적으로 공급되는 와이어와 모재 사이에서 발생하는 아크열로 용접하는 용극식 용접방법이다. 불활성가스를 사용하기 때문에 TIG 용접과 비슷하나 MIG 용접에서는 비소모성 전극봉인 텅스텐봉 대신에 소모성 용접봉(와이어)를 사용한다.

(1) 장점
① 수동 아크 용접에 비해 용착효율이 높아 고능률이다.
② 후판에서 TIG 용접에 비해 작업능률이 높다.
③ 전류밀도는 교류 아크 용접에 비해 6~8배, TIG 용접에 비해 2배 가량 높다.
④ 스프레이 이행으로 비드가 깨끗하고 스패터 발생이 거의 없다.
⑤ 각종 금속 용접에 다양하게 적용할 수 있다.
⑥ 용접봉 교환이 필요 없으므로 용접속도가 빠르고 용접 시작 시 발생하기 쉬운 슬래그 혼입, 용입 불량, 용융 불량 등의 결함 발생이 없다.
⑦ 전자세 용접이 가능하며, 필릿 용접에서는 작은 사이즈로도 충분한 강도를 확보할 수 있고, 용접속도가 빠르므로 변형이 거의 없으며 전체 작업시간은 수동용접에 비해 1/2 정도로 감소된다.

(2) 단점
① 보호가스의 가격이 비싸 연강용접에는 부적당하다.
② 바람의 영향이 있으므로 방풍대책이 필요하다.
③ 박판(3mm) 용접에는 적용이 곤란하다.

2. 용접장치

(1) MIG 용접기는 전원장치, 송급장치, 토치, 제어장치로 구성되어 있다.
(2) 반자동식과 자동식이 있으며 그 중 반자동용접기가 작업범위가 넓어 많이 사용된다.
(3) 와이어를 공급하는 방식으로는 푸시식, 풀식, 푸시풀식, 더블 푸시식이 있다.
(4) 토치는 커브형과 피스톨형으로 구분한다.

(5) MIG 용접기는 아크 자기제어 특성을 가진 정전압, 상승특성의 직류용접기이다.

3. 제어장치

MIG 용접의 제어장치로는 용접전류 및 보호가스 공급, 냉각수를 사용하는 경우 냉각수 공급 등을 제어하고 대부분 토치 스위치를 누를 경우 작동되며 타이머에 의해 제어된다. MIG 용접에서 필요로 하는 각종 제어장치는 다음과 같다.

(1) 예비가스 유출시간(pre-flow time)
아크가 발생되기 전 보호가스를 흐르게 하여 아크 발생으로 인한 초기 결함을 방지하기 위한 기능이다.

(2) 스타트 시간
아크가 발생되는 순간 높은 전류와 전압을 발생시켜 아크 발생과 모재의 융합을 돕는 핫 스타트(hot start) 기능과 와이어 송급 속도를 아크가 발생하기 전 천천히 송급시켜 와이어가 모재에서 튕기는 것을 방지하는 슬로우 다운(slow down) 기능이 있다.

(3) 크레이터 처리 시간(crater fill time)
크레이터 처리를 위해 용접이 끝나기 전에 스위치를 누르게 되면 전류와 전압이 낮아져 크레이터부에 생기는 결함을 방지할 수 있다.

(4) 번 백 시간(burn back time)
크레이터 처리 기능에 의해 낮아진 전류가 서서히 줄면서 아크가 끊어지는 기능으로 용접 끝 부분이 녹아내리는 것을 방지하는 기능이다.

(5) 가스 지연 유출시간(post-flow time)
용접이 끝난 후에도 가스가 몇 초 동안 흐르게 하여 용접이 끝나는 부분이 냉각 도중 산화로 인해 결함이 발생하는 것을 방지해주는 기능이다.

4. 용융금속의 이동 형태(용적이행)

(1) 단락형(short circuit transfer)
단락형은 용접봉이 1초에 20~200회 정도로 용융지에 접촉되면서 이행하는 형태로 가는 와이어를 사용하고 사용전류가 낮으며 짧은 아크를 유지할 때 나타난다. 이 이행 형태는 용융지가 작고 빨리 굳기 때문에 일반적으로 박판의 전자세(all position) 용접과 루트 간격이 넓은 용접에 적합하다. 또한 후판의 수직과 위보기에도 적합하다.

(2) 글로뷸러형(globular transfer)

입상이행, 구상이행이라고도 하며, 비교적 큰 쇳물 방울이 모재로 이행하는 형태로 단락형의 최대 전류값보다 높은 전류와 전압을 사용하면 나타나는 형태이다. 이 이행 형태는 낮은 전류와 탄산가스를 사용하는 박판 연강용접에 적합하다.

(3) 스프레이형(spray transfer)

분무형태로 작은 입자가 이행하는 형태로 입상이행보다 전류와 전압을 증가시키면 나타난다. 이와 같이 스프레이 이행이 나타나는 최소 전류값을 천이 전류(transition current)라 하며 이 이행 형태는 스패터가 거의 없고 용착속도가 빠르며 용입이 깊기 때문에 두꺼운 용접에 적합하며 알루미늄과 구리 이외의 금속에서는 아래보기 자세 용접만 사용된다.

(4) 맥동 스프레이형(pulsed spray transfer)

스프레이 이행과 글로뷸러 이행 전류 사이의 맥동전류에 의해 이루어지는 이행 형태로 스프레이 이행보다 낮은 전류에서 용접이 이루어지므로 용락이 생길 염려가 있는 박판 용접에 적합하다.

5. 보호가스

MIG 용접에서는 아르곤(Ar)을 기본으로 헬륨(He), 탄산가스(CO_2)를 사용하며 이들을 한 가지 또는 2가지 이상 혼합해서 사용할 수 있다. 알루미늄, 마그네슘 같은 비철금속 용접 시 주로 사용한다.

(1) 아르곤(Ar)

불활성가스로서 다른 물질과 화학적으로 결합하지 않아 용접 결과가 양호해지며 비드폭이 좁고 깊은 모양의 비드를 형성한다.

(2) 헬륨(He)

헬륨 역시 불활성가스로 공기보다 가벼우며 높은 열전도성으로 인해 아르곤을 사용할 때보다 용입이 얕고 넓은 비드를 형성한다. 알루미늄, 마그네슘, 구리 같은 비철금속 용접 시 사용한다.

(3) 아르곤 - 헬륨

모재의 용입과 아크 안정성을 확보할 수 있으며 헬륨에 아르곤을 25% 정도 함유한 혼합 가스를 사용할 경우 아르곤가스만 사용할 때보다 용입이 깊은 비드를 얻을 수 있다.

(4) 아르곤 - 탄산가스

아르곤에 탄산가스를 혼합하면 아크의 안정과 스패터 감소 효과가 있다. 연강, 저합금강, 스테인리스강 용접 시 사용한다.

(5) 헬륨 - 아르곤 - 탄산가스

이 혼합 가스는 오스테나이트계 스테인리스강 용접 시 사용하며 헬륨 90%, 아르곤 7.5%, 탄산가스 2.5%로 혼합된다. 주로 스테인리스강 파이프 용접 시 사용한다.

(6) 아르곤 - 산소

강이나 스테인리스강 용접 시 발생할 수 있는 언더컷 방지를 위해 아르곤과 산소를 혼합하여 사용하며 스테인리스강 용접 시 주로 사용하며 연강이나 저합금강 용접 시에도 사용 가능하다.

3절 탄산가스 아크 용접

1. 원리

CO_2 가스 아크 용접은 값비싼 불활성가스 대신에 탄산가스를 보호가스로 사용해서 연속적으로 공급되는 와이어와 모재 간에 발생하는 아크열을 이용해서 용접하는 특수용접법이다.

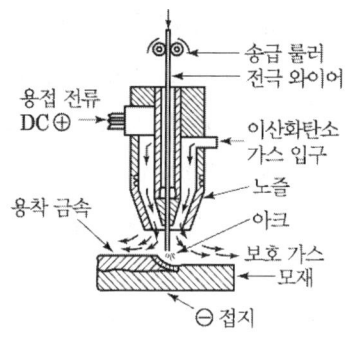

[탄산가스 아크 용접의 원리]

2. 종류

탄산가스 아크 용접은 사용하는 와이어와 가스의 종류에 따라 다음과 같이 구분한다.

(1) 솔리드 와이어법
① 사용하는 가스 : CO_2 가스
② 사용하는 와이어 : 탈산성 원소가 주성분인 솔리드 와이어(solid wire)

(2) 솔리드 와이어 혼합가스법
① 사용하는 가스 : CO_2-O_2, CO_2-CO, CO_2-Ar, CO_2-Ar-O_2법
② 사용하는 와이어 : 탈산성 원소가 주성분인 솔리드 와이어

(3) 복합 와이어법
① 사용하는 가스 : CO_2
② 사용하는 와이어 : 용제를 함유한 복합 와이어(flux cored wire) ⇒ 아코스 아크법, 퓨즈 아크법, NCG법, 유니언 아크법

3. 특징

(1) 산화나 질화가 거의 없어 양호한 용착금속을 얻을 수 있다.
(2) 용착금속의 기계적 성질이 매우 우수하다. 또한 가시 아크이므로 용접상태를 확인하면서 용접할 수 있으므로 시공이 편리하다.
(3) 저렴한 탄산가스를 사용하므로 경제적이다.

(4) 용접봉을 갈아 끼울 필요가 없으므로 고능률이다.(작업시간이 단축된다.)
(5) 탄소강에서는 매우 우수한 용접성으로 성능이 탁월하다.
(6) 솔리드 와이어에서는 용제를 사용하지 않으므로 결함이 매우 적다.
(7) 적용금속이 철 계통으로 한정되어 있다.
(8) 풍속이 2m/sec 이상이면 방풍대책이 필요하다.

4. 용접장치 및 보호가스 설비

(1) 용접장치

① 수동, 반자동, 전자동식이 있으며 수동은 거의 사용하지 않는다. 또한 용접기는 일반적으로 직류 정전압 특성이나 상승 특성의 용접전원이 사용되며 와이어 송급은 정속도 송급방식이다.
② 용접토치는 전자동식과 반자동식이 있으며 노즐, 콘택트 팁, 오리피스, 인슐레이터, 가스 디퓨저, 라이너 스프링으로 구성되어 있다.
③ CO_2 가스 아크 용접 시 전류와 전압은 다음 식에 의해 조정한다.
  ㉠ 박판의 아크전압=0.04×전류+15.5±1.5
  ㉡ 후판의 아크전압=0.04×전류+20.0±2.0
④ 와이어 돌출 길이 : 아크길이를 제외한 팁에서 모재 간의 길이로써 용접의 결과를 결정짓는 중요한 요인으로 전류의 세기에 의해 결정된다.
  ㉠ 200A 이하 : 10~15mm 정도
  ㉡ 200A 이상 : 15~20mm 정도

(2) 보호가스 설비

① 용접용 탄산가스는 용기에 액체상태로 충전하여 사용한다.
② 용기의 크기는 25kg, 30kg, 35kg이 있으며 액화탄산가스 1kg을 대기 중으로 방출하면 약 508l의 가스를 방출한다.
③ 용접용 탄산가스는 순도 99.5% 이상, 수분 0.05% 이하의 가스가 사용된다.
④ 용기 내에 있는 탄산가스를 대기로 방출 시 온도가 낮아져 가스 출구가 막히므로 히터가 부착된 감압기를 사용한다.

(3) 탄산가스 및 일산화탄소의 위험도

① 탄산가스의 위험도(대기 농도에 의한 분류)
- ㉠ 3~4% : 두통 발생, 뇌빈혈
- ㉡ 15% 이상 : 위험함
- ㉢ 30% 이상 : 매우 위험(30분 이상 노출 시 사망할 수 있음)

② 일산화탄소의 위험도(중독작용에 의한 분류)
- ㉠ 0.01% 이상 : 유해함
- ㉡ 0.02~0.05% : 중독 작용
- ㉢ 0.1% 이상 : 수 시간 호흡 시 위험
- ㉣ 0.2% 이상 : 30분 이상 호흡 시 극히 위험

5. CO_2 와이어

피복 아크 용접에서 사용하는 용접봉과 같은 역할을 하는 것으로, 탄산가스 아크 용접은 반자동 및 자동용접에 주로 사용되기 때문에 릴에 감겨진 와이어를 용가재로 사용한다. 와이어 지름은 0.8, 0.9, 1.0, 1.2, 1.6, 2.0, 2.4, 3.2mm로 8종이 있으며, 크기(무게)로는 10kg, 12.5kg, 15kg, 20kg으로 구성되어 있다. 또한 사용 용도에 따라 솔리드 와이어(solid wire)와 복합 와이어(flux cored wire)로 구분된다.

(1) 솔리드 와이어

와이어 전체가 강재로 이루어진 와이어로 표면은 녹 방지와 원활한 전류공급을 위하여 구리도금 되어 있다. 이 와이어는 박판과 후판에 널리 이용되며 CO_2에 아르곤(Ar) 가스를 혼합하면 아크가 안정되고 스패터가 감소하는 효과를 얻을 수 있다.

(2) 복합 와이어

복합 와이어는 강재에 탈산제, 아크안정제 등의 용제를 혼합한 와이어로 솔리드 와이어에 비해 안정된 아크를 유지할 수 있고, 스패터가 적으며, 깨끗하고 매끈한 비드를 얻을 수 있다. 용제를 넣는 방식에 따라 NCG 와이어, 아코스 와이어, Y관상 와이어, S관상 와이어로 구분된다.

4절 서브머지드 아크 용접

1. 원리

모재 이음부에 와이어보다 앞서 용제를 살포하면서 전극 와이어를 연속적으로 공급하여 용제 속에서 용접이 진행되는 자동용접법이다. 용제 속에서 용접이 되는 관계로 아크를 볼 수 없어서 불가시 아크 용접 또는 잠호 용접이라고도 하며 상품명으로는 유니언멜트 용접, 링컨 용접, 케네디 용접이라고도 한다.

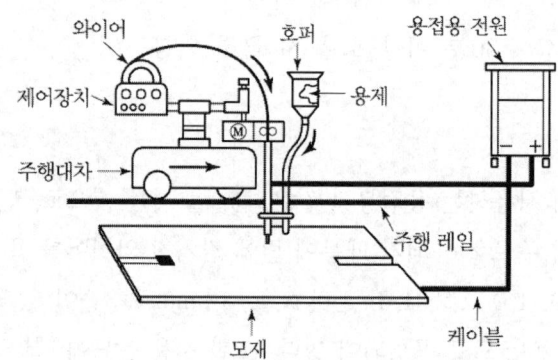

[서브머지드 아크 용접의 개요]

2. 특징

(1) 장점

① 용접속도가 빠르고 용입이 깊으며 비드가 아름답다.
② 작업능률이 수동용접에 비해 2~12배로 높다.
③ 개선각(루트각)을 적게 하여 용접 패스 수를 줄일 수 있다.
④ 기계적 성질(강도, 연신율, 충격치, 균일성)이 우수하다.
⑤ 유해광선 및 유해가스 등이 적게 발생되어 작업환경이 깨끗하다.

(2) 단점

① 설비비가 고가이다.
② 짧은 용접이나 곡선부의 경우 수동에 비해 비능률적이다.

③ 개선홈의 정밀이 요구된다.(뒷댐판 미사용 시 0.8mm 이하의 간격 필요)
④ 용접이 잘 되는지 여부를 파악하기 곤란하다.
⑤ 적용재료 및 자세에 제한을 받는다.

3. 용접장치

(1) 와이어 송급장치, 제어장치, 접촉 팁, 용제 호퍼, 주행대차로 구성되며 이 중 주행대차를 제외한 나머지 부분을 통틀어 용접 헤드라 한다.
(2) 용접전원으로 직류와 교류 모두 사용되며 직류는 400A 이하의 낮은 전류 사용 시 주로 이용한다.
(3) 아래보기 전용 자동 용접법이다.

4. 용접기의 종류

(1) 전원용량에 의한 분류

① 대형 용접기(M형) : 최대전류 4,000A로 1회에 75mm 두께의 판재를 용접할 수 있다.
② 표준만능형 용접기(UZ형, USW형) : 최대전류 2,000A
③ 경량형 용접기(PS형, SW형) : 최대전류 1,500A
④ 반자동형 용접기(SMW형, FSW형) : 최대전류 900A

(2) 전극에 의한 분류

단전극식과 다전극식이 있으며 다전극식의 종류는 다음과 같다.
① 탠덤식 : 독립된 전원을 공급하여 2개의 전극와이어를 용접선에 일렬로 하여 동시에 아크를 발생시키는 방법
② 횡병렬식 : 한 종류의 전원에 2개의 와이어를 병렬로 연결하여 용접하는 방법으로 용입이 깊다.
③ 횡직렬식 : 두 개의 와이어에 전류를 직렬로 연결하여 용접하는 방법으로 박판이나 스테인리스강 용접 시 많이 사용된다.

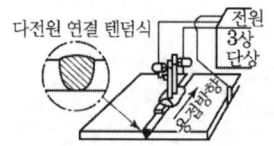 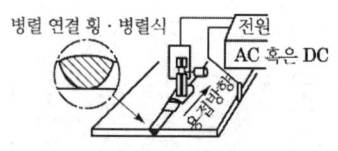 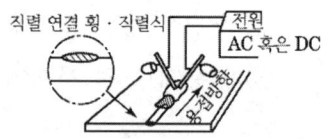

[다전극 방식의 종류]

5. 용제

(1) 정의
용접부를 대기로부터 보호하면서 아크 안정과 동시에 용착금속의 재질을 개선하기 위한 광물성 분말로 사용 후에는 회수해서 재사용이 가능하다.

(2) 구비 조건
① 안정적인 아크 발생과 안정된 용접을 할 수 있을 것
② 양호한 비드 형성을 도울 수 있는 특성을 갖출 것
③ 적당한 입도를 가져 아크 보호 성능이 좋을 것
④ 용접 후 슬래그의 이탈성이 좋을 것

(3) 종류
① 용융형 용제
  ㉠ 제조방법 : 광물질의 원재료를 1,200℃ 이상으로 용융시킨 후 냉각시켜서 적당한 입도로 만든 유리질의 재질이다.
  ㉡ 특징
    ⓐ 고전류일수록 가는 입자의 용제를 사용할 것
    ⓑ 비드 외관이 깨끗하고 흡습성이 없으므로 재건조가 불필요함
    ⓒ 미용융 용제는 재사용이 가능하며 화학적 균일성이 양호하다.
    ⓓ 주로 탄소강 용접 시 사용한다.
② 소결형 용제
  ㉠ 제조방법 : 광물질과 각종 탈산성 원소를 첨가하여 용융되지 않을 정도의 온도로 소결시켜 만든 용제이다.

ⓒ 특징
　　ⓐ 강력한 탈산작용으로 용착금속의 기계적 성질의 조정이 자유롭다.
　　ⓑ 스테인리스강, 고장력강 등에 사용된다.
　　ⓒ 흡습성이 높으므로 사용 전에 150~200℃ 정도로 재건조 후에 사용한다.
　　ⓓ 용융형 용제에 비해 용제의 소모량이 적다.
　　ⓔ 전류의 세기에 관계없이 동일한 크기의 입자를 가진 용제로 용접이 가능하다.
ⓒ 소결형 용제의 종류
　　ⓐ 고온소결형 : 800~1,000℃에서 제조
　　ⓑ 저온소결형 : 500~600℃에서 제조

5절 기타 특수용접법

1. 일렉트로 슬래그 용접

(1) 원리
노즐을 통해 연속적으로 공급되는 와이어와 용융슬래그 및 모재 사이에 발생하는 전기저항열을 이용하여 용접하는 단층 수직상진 전용 용접법이다.

(2) 특징
① 현재 사용 중인 용접법 중 가장 두꺼운 판 용접이 가능하다.
② 홈 형상이 I형이므로 별도의 가공이 불필요하다.
③ 가공에 따른 비용이 발생하지 않으므로 두꺼울수록 경제적이다.
④ 작업시간의 경우 서브머지드 아크 용접에 비해 1/3 정도 절약이 가능하다.
⑤ 최소한의 변형과 최단시간의 용접법이다.
⑥ 박판용접에는 적용이 불가능하고 장비가 비싸다.

2. 일렉트로 가스 용접

(1) 원리
일렉트로 슬래그 용접과 탄산가스 아크 용접을 조합한 용접법으로 용제를 사용하지 않고 탄산가스를 보호가스로 사용하는 것으로 일명 이산화탄소 인클로즈드 아크 용접이라 한다.

(2) 특징
① 수동용접에 비해 4~5배의 용융속도와 10배 이상의 용착속도를 가진다.
② 판 두께에 관계없이 단층으로 상진 용접한다.
③ 별도의 홈 가공이 필요없고 용접공의 기량에 의한 차이가 없다.
④ 스패터 및 가스발생이 많고 바람의 영향을 받는다.

3. 테르밋 용접

(1) 원리
산화철 분말과 알루미늄 분말을 3~4 : 1의 중량비로 혼합한 테르밋제에 과산화바륨과 같은 점화제를 사용하여 점화하면 테르밋반응이 발생하고 이때 발생하는 2,800℃의 열에 의해 용융상태가 되면서 용접이 이루어지는 것이다.

(2) 특징
① 용접 작업이 단순하고 용접결과의 재현성이 높다.
② 용접용 기구가 간단하고 설비비가 싸다.
③ 용접 시간이 짧고 용접 후 변형이 적다.
④ 전기가 필요 없다.

(3) 용도
테르밋 용접법은 주로 레일의 접합, 차축, 선박의 프레임 등 비교적 큰 단면을 가진 주조나 단조품의 맞대기 용접 및 보수용접에 쓰인다.

4. 플라즈마 아크 용접

(1) 원리
기체를 수천도의 높은 온도로 가열하면 그 속의 가스원자가 원자핵과 전자로 분리되는 플라즈마 상태가 되는데 이때 발생하는 아크의 온도는 10,000~20,000℃이고 이 아크열을 이용하여 용접하는 방법을 플라즈마 용접이라 한다.

(2) 특징
① 전류밀도가 높아서 용입이 깊고 비드 폭이 좁고 용접속도가 빠르다.
② 1층으로 용접할 수 있으므로 능률적이다.
③ 용접부의 기계적 성질이 좋으며 변형도 적다.
④ 설비비가 비싸고 무부하 전압이 높다.(일반 아크 용접기의 2~5배)

5. 스터드 용접

(1) 원리
스터드 용접은 볼트나 환봉, 핀 등의 고정구를 철판에 접합하고자 할 때 사용되는 용접법으로 스터드를 모재에 눌러 융합시켜 용접하는 자동 아크 용접법이다.

(2) 특징
① 볼트나 환봉 등을 별도의 구멍뚫기 작업 없이 용접할 수 있다.
② 단시간에 용접하므로 용접변형이 극히 적다.
③ 용접 후에 냉각속도가 빠르므로 열영향부가 경화되는 경향이 크다.
④ 철강재 외에 구리, 황동, 알루미늄 등도 용접이 가능하다.

> **페룰(ferrule)**
> 페룰이란 내열성의 도가니로 만든 것으로 스터드 용접 시 모재와 스터드 사이에 위치해서 아크를 보호하며 용융금속의 산화 및 유출을 막아준다.

6. 전자 빔 용접

(1) 원리
전자 빔을 모아서 그 에너지를 이용하는 용접법으로 $10^{-4} \sim 10^{-6}$ mmHg 정도의 고진공속에서 용접의 진행이 이루어진다.

(2) 특징
① 진공상태에서 용접이 이루어지므로 고순도의 용접이 가능하다.

② 얇은 판에서부터 두꺼운 판까지 용접이 가능하다.
③ 고융점재료 또는 열전도율이 다른 이종 금속의 용접이 가능하다.
④ 용접변형이 적고 정밀용접이 가능하다.
⑤ 진공상태에서 용접해야 하므로 모재의 크기에 제한을 받는다.

제6장 전기저항용접

1절 전기저항용접의 개요

1. 저항용접의 원리

용접부에 대전류를 직접 흐르게 하고 이때 발생하는 줄열(Joule's heat)을 열원으로 접합부를 가열과 동시에 큰 압력을 가해 금속을 접합하는 용접법으로 1886년 톰슨에 의해 최초로 개발되었으며 용접 시 발생하는 줄열은 다음과 같이 구할 수 있다.

$$H = 0.24 I^2 R t \text{(cal)}$$

여기서, H : 발열량(cal)
I : 용접전류
R : 저항
t : 통전시간(sec)

2. 분류(이음 형상에 의한 분류)

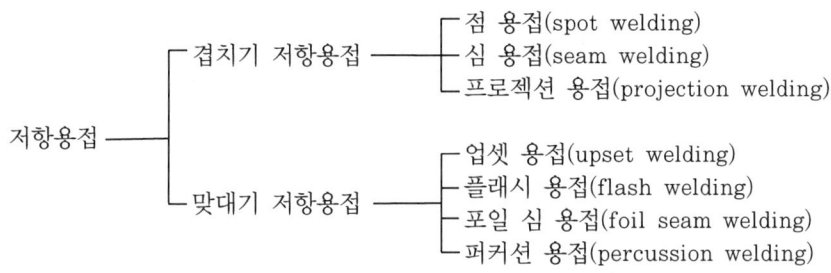

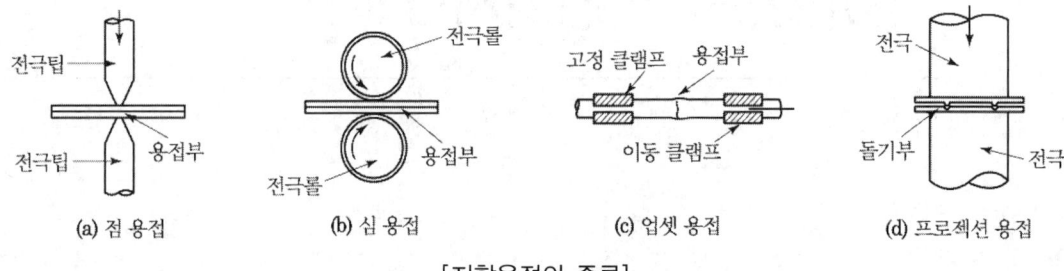

[저항용접의 종류]

3. 특징

(1) 장점

① 작업속도가 빠르고 대량생산에 적합하다.
② 열손실이 적고 용접부에 집중열을 가할 수 있다.
③ 산화 및 변질부분이 적다.
④ 접합강도가 비교적 크고 가압 효과로 조직이 치밀해진다.
⑤ 용접봉, 용제 등이 필요 없다.
⑥ 작업자의 숙련이 불필요하다.

(2) 단점

① 대전류를 필요로 하며 설비가 복잡하고 값이 비싸다.
② 용접부의 급랭에 의한 경화현상으로 후열처리가 필요하다.
③ 용접부의 위치, 형상 등에 영향을 받는다.
④ 적당한 비파괴검사가 어렵다.
⑤ 다른 금속 간 접합이 어렵다.

2절 저항용접의 종류

1. 점 용접(spot welding)

(1) 원리
접합하고자 하는 재료를 2개의 전극 사이에 끼워 놓고 압력을 가한 상태에서 전류를 통하면 접촉면이 저항열에 의해 발열되면서 용접이 이루어진다. 이때 전류를 통전하는 시간은 1/100초에서 수초 동안이며 점 용접에서 전류의 세기, 통전 시간, 가압력을 3대 요소라 한다.

(2) 특징
① 이음부 표면에 돌기가 없어 평활한 이음이 이루어진다.
② 용접봉이나 용제가 불필요하다.
③ 모재 가열시간이 짧아 변형, 응력이 적다.
④ 용접부의 산화, 질화가 적다.
⑤ 얇은 판의 대량생산에 적합하다.(0.4~3mm)
⑥ 아크용접에 비해 대전류를 필요로 하므로 용접기의 용량이 커진다.
⑦ 기밀, 수밀이 불량하다.

(3) 종류
① 단극식 점 용접
② 다전극 점 용접
③ 직렬식 점 용접
④ 맥동식 점 용접

2. 심 용접(seam welding)

(1) 원리
원형의 롤러 전극 사이에 용접할 모재를 맞대거나 겹쳐놓고 롤러를 회전시키면서 연속적인 점 용접을 하는 방법의 용접으로 선 모양의 용접부를 얻을 수 있다.

(2) 특징

① 기밀, 수밀이 요구되는 용기제작에 많이 쓰인다.
② 점 용접에 비해 전류는 1.5~2.0배, 가압력은 1.2~1.6배가 높은 정도를 필요로 한다.
③ 전류의 통전방법에는 뜀 통전법, 맥동 통전법, 연속 통전법이 있다.

(3) 종류

① 맞대기 심 용접 : 주로 파이프를 만들 때 사용하는 용접법이다.
② 메시 심 용접 : 모재 두께 정도로 겹쳐진 부분을 가압 통전하여 접합하는 방법이다.
③ 포일 심 용접 : 모재를 맞대어 놓고 동일 재질의 박판을 대고 가압 통전하여 접합하는 방법이다.

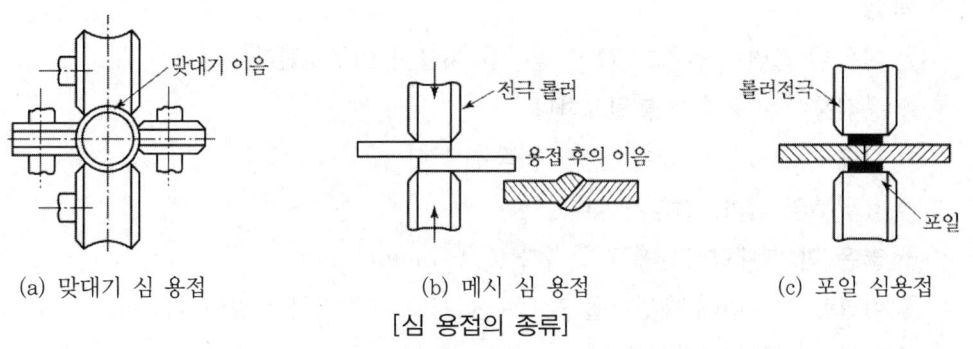

(a) 맞대기 심 용접   (b) 메시 심 용접   (c) 포일 심용접

[심 용접의 종류]

3. 프로젝션 용접(projection welding)

(1) 원리

모재의 한쪽 또는 양쪽에 돌기를 만든 후 가압과 동시에 전류를 통전시키면 이 부분에 전류가 집중되어 접합되는 용접법으로 1개의 돌기보다는 2개 이상의 돌기를 만들어 1회에 용접을 완성할 수 있는 장점이 있다.

(2) 특징

① 판 두께가 서로 다른 금속의 용접이 용이하다.
② 열용량이나 열전도도가 다른 금속도 쉽게 용접할 수 있다.
③ 용접속도가 빠르고 용접 피치를 작게 할 수 있다.

④ 여러 가지 변형적인 저항용접이 가능하다.
⑤ 모재 용접부에 정밀도가 높은 돌기를 만들어야 정확한 용접이 가능하다.

4. 업셋 용접(upset welding)

(1) 원리 및 특징

용접할 두 모재를 서로 맞대어 놓고 대전류를 통하여 이음부에 적당한 온도가 되면 축 방향으로 큰 압력을 주어 접합하는 저항용접법으로 얇은 관이나 판 등은 가압력에 의해 구부러지기 때문에 용접이 곤란한 경향이 있다.

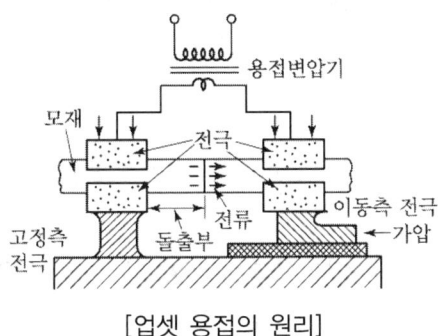

[업셋 용접의 원리]

5. 플래시 버트 용접(flash butt welding)

(1) 원리 및 특징

업셋 용접과 비슷한 용접법으로 용접할 두 모재를 접촉과 단락을 반복하면서 적당한 온도에 도달했을 때 강한 압력을 주어 용접을 완료하는 것으로 예열 - 플래시 - 업셋을 플래시 버트 용접의 3단계라 한다.

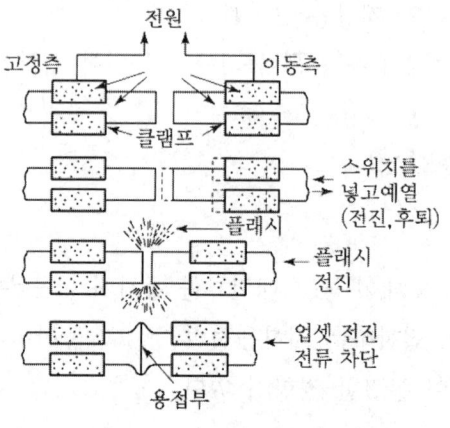

[플래시 버트 용접의 원리]

6. 퍼커션 용접

(1) 원리 및 특징

지름이 가는 용접물을 접합하는 데 사용되는 용접법으로 전원은 축전된 직류를 사용하며 일명 충돌용접이라 한다.

제7장 각종 금속의 용접성

1. 탄소강 용접

(1) 저탄소강(0.3% C 이하)의 용접성
① 모든 용접법의 적용이 가능하며, 용접작업이 비교적 쉽다.
② 판 두께가 두껍고 구속이 큰 경우에는 결함발생 방지를 위해 저수소계 용접봉을 사용한다.
③ 판 두께가 두껍고 탄소당량이 높은 경우에는 적절한 예열 필요
④ 일반적으로 판 두께 25mm까지는 예열 불필요

(2) 중탄소강(0.3~0.5% C)의 용접성
① 탄소량 증가에 따른 균열발생 방지를 위해 100~200℃로 예열 실시
② 탄소량이 0.4% 이상인 경우에는 후열처리도 필요

(3) 고탄소강(0.5% C 이상)의 용접성
① 용접부의 경화가 현저하고 균열발생 위험이 매우 높아 용접성이 매우 불량
② 주로 보수용접, 마모 부위의 덧살용접, 레일 용접 등으로 한정해서 이용
③ 용접 시 200℃ 이상의 예열 및 650℃ 이상의 후열처리 필요
④ 피복아크 용접 시 용접봉은 균열방지를 위해 저수소계 용접봉 사용

2. 주철 용접

(1) 주철의 용접성
① 연강에 비해 취성이 높고 급랭에 의한 백선화로 수축에 의한 균열 발생으로 인해 용접성 저하

② 일산화탄소 가스가 발생하여 용착금속에 기공이 많이 발생한다.
③ 모재 전체를 500~600℃로 예열 및 후열처리할 수 있는 설비 필요
④ 주철의 보수용접으로는 스터드법, 비녀장법, 버터링법, 로킹법 등이 있다.

(2) 주철 보수용접 시 주의사항

① 보수용접을 할 경우에는 본 바닥이 나타날 때까지 가공 후 용접한다.
② 균열부의 보수는 균열의 진행을 방지하기 위해 정지구멍(stop hole)을 뚫어준다.
③ 과대전류는 피하고 지나친 용입은 삼간다.
④ 용접봉은 지름이 가는 것을 사용한다.
⑤ 비드 배치는 짧게 해서 여러 번의 조작으로 완료한다.
⑥ 가열되어 있을 때 피닝 작업을 하여 변형을 줄이는 것이 좋다.
⑦ 큰 물건, 두께가 다른 것, 복잡한 모양의 용접에는 예열 및 후열처리 후 서냉시킨다.

3. 스테인리스강 용접

스테인리스강의 종류 : 마텐자이트계, 페라이트계, 오스테나이트계 스테인리스강

(1) 마텐자이트계 스테인리스강의 용접

① 용접에 의해 급열, 급랭으로 균열 발생이 쉬워 용접하기가 매우 곤란하다.
② 용접봉으로는 Al이 소량 첨가된 비자경성인 12Cr강을 쓴다.
③ 200~400℃의 예열과 함께 층간온도를 유지한다.
④ 용접 직후 700~800℃로 가열 유지 후 서냉(공랭)한다.

(2) 페라이트계 스테인리스강의 용접

① 용접에 의한 경화현상은 없으나 열영향부는 조대화되어 부스러지기 쉽다.
② 가능한 한 가는 용접봉 사용과 저전류 용접으로 입열량을 최소화시킨다.
③ 200℃의 예열과 함께 층간온도는 80% 정도를 유지한다.

(3) 오스테나이트계 스테인리스강의 용접

① 예열을 하지 말고 층간온도가 320℃ 이상을 넘어서는 안 된다.
② 짧은 아크 사용과 반드시 크레이터 처리를 한다.
③ 용접봉은 모재의 재질과 동일한 것을 사용하고 될수록 가는 용접봉을 사용한다.
④ 낮은 전류를 사용하여 입열량을 억제한다.

4. 알루미늄과 그 합금 용접

알루미늄은 철강 다음으로 많이 쓰이는 재료로서 가볍고 내식성과 가공성이 우수하며, 열전도도가 높고 표면이 아름다워 널리 쓰인다. 알루미늄 합금의 용접은 불활성가스 아크 용접을 이용하면 비교적 쉽게 용접이 이루어지나 용접 균열 및 기공 발생 등에 주의해야 한다.

(1) 알루미늄 및 알루미늄 합금의 용접성

알루미늄 및 그 합금은 용접성이 대체적으로 불량하며 그 이유는 다음과 같다.
① 비열과 열전도도가 높아서 단시간 내에 용융온도까지 이르기가 쉽지 않다.
② 용융점이 660℃로 낮고 색채에 따라 가열온도의 판단이 어려워서 과열되기 쉽다.
③ 알루미늄 표면에 형성되는 산화알루미늄의 온도가 알루미늄의 온도보다 높아서 (2050℃) 용접성이 떨어진다.
④ 알루미늄보다 표면에 존재하는 산화알루미늄의 비중이 높아서 용융 시 산화알루미늄이 표면으로 떠오르기가 어렵다.
⑤ 용접 후의 변형이 크며 균열이 생기기 쉽다.(강에 비해 응고 수축율이 1.5배 높음)
⑥ 용융 응고 시에 수소 가스를 흡수하여 기공이 발생되기 쉽다.

(2) 가스 용접법

① 불꽃은 약간 아세틸렌 과잉 불꽃을 사용한다.
② 200~400℃로 예열을 한다.
③ 박판의 경우 변형방지를 위해 스킵법을 사용하여 용접한다.
④ 용융점이 낮으므로 빠른 속도로 용접하는 것이 좋다.

(3) 불활성가스 용접법

① 용제 사용 및 슬래그의 제거가 필요 없다.
② 텅스텐 전극봉과 모재의 접촉을 피하기 위해 고주파 교류 전원을 사용한다.
③ 아크열의 집중성이 우수하므로 예열이 불필요하다.
④ 고주파 교류를 사용할 경우 청정작용으로 양호한 용접이 이루어진다.

5. 구리 및 구리합금의 용접

(1) 구리 및 구리합금의 용접성

① 용접성에 영향을 주는 것은 열전도도, 열팽창계수, 용융온도, 재결정 온도 등이다.
② 순구리의 열전도도는 연강의 8배 이상이므로 국부적 가열이 어렵다. 이에 충분한 용입을 위해 예열을 해야 한다.
③ 구리의 열팽창계수가 높기 때문에 용접 후 응고 수축 시 변형이 생기기 쉽다.
④ 구리합금의 경우 과열에 의한 아연 증발로 용접사가 중독을 일으킬 위험이 있다.
⑤ 가스용접 시 수소 분위기에서 가열하면 산화물이 환원되어 수분을 생성시킨다.
⑥ 순 구리의 경우 구리에 납이 불순물로 존재하면 균열이 발생할 우려가 있다.
⑦ 가스용접 시 황동은 산화 불꽃으로, 순수한 동은 중성 불꽃으로 용접한다.
⑧ 가스용접 시 용제로는 붕사, 붕산, 플루오르화나트륨, 규산나트륨이 쓰인다.
⑨ 아크 용접의 경우 직류역극성이 좋으며 예열온도는 250℃, 층간 온도는 450~550℃ 정도가 필요하다.
⑩ 불활성가스 용접 시 6mm 이하는 TIG로, 이상은 MIG 용접이 적합하다.
⑪ TIG 용접 시 500℃, MIG 용접 시 300~500℃로 예열하는 것이 좋다.
⑫ TIG 용접은 직류정극성을 사용하며 용가재는 탈산된 구리봉을 사용한다.

제8장 용접설계 및 시공

1절 용접설계의 개요

용접설계란 용접을 이용하여 제품을 만들고자 할 때 재료선정, 이음형상 및 용접순서, 용접 후의 검사 등을 포함하여 사용 목적에 맞게 제작할 수 있도록 종합적으로 결정하는 것을 말한다.

1. 용접 이음의 장·단점

(1) 장점

① 이음 효율이 높다.(용접 이음 효율 100%, 리벳 이음 효율 80%)
② 수밀, 기밀을 얻기 쉽다.
③ 신뢰성이 높고 우수한 기계적 성질의 제품이 된다.
④ 주강품이나 단조품보다 가볍게 할 수 있다.
⑤ 공정수가 감소되고 설비도 간단하므로 경제적이다.
⑥ 작업할 때 소음발생이 적으며 자동화가 용이하다.

(2) 단점

① 급열, 급랭에 의한 수축, 변형 및 잔류응력이 발생한다.
② 열영향에 의한 결함발생이 많으므로 모재 선택에 주의가 필요하다.
③ 리벳 구조물에 비해 응력집중이 생기기 쉽다.
④ 노치부 등에 균열이 발생하기 쉽다.

2. 이음의 종류와 홈의 형태

(1) 이음의 종류

① 용접이음의 형태는 맞대기 이음과 필릿 이음을 기본으로 하여 구조물의 조건에 맞게 여러 가지 형태로 이음을 할 수 있다.

② 종류 : 맞대기 이음, 모서리 이음, 변두리 이음, 겹치기 이음, T이음, 십자 이음, 전면 필릿 이음, 측면 필릿 이음, 양면 덮개판 이음이 있다.

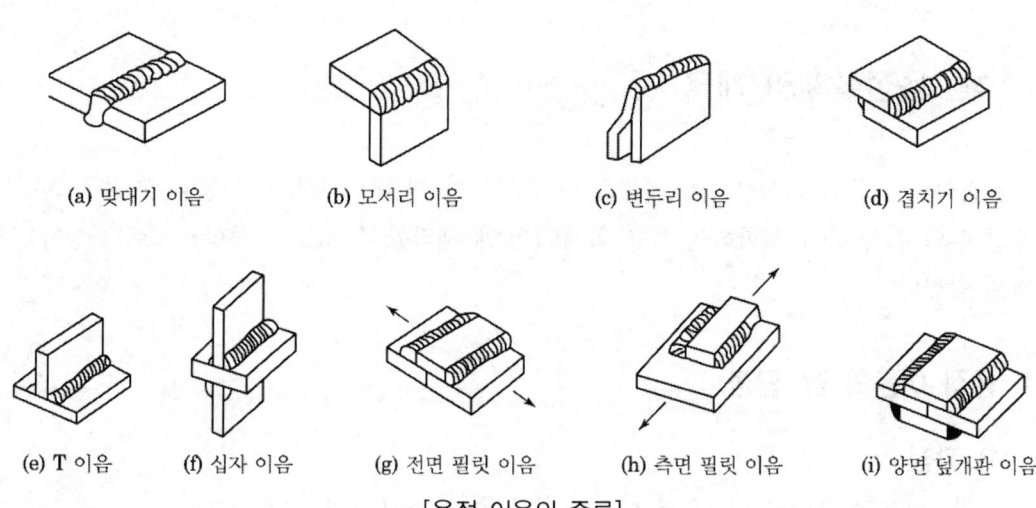

[용접 이음의 종류]

(2) 이음 홈의 형상

① 용접 이음을 이용하여 구조물의 충분한 강도를 얻기 위해서는 모재의 두께에 따라 홈의 형상이 달라야 하며 홈의 형상은 다음과 같다.

② 종류 : I형, V형, U형, J형, K형, H형, 양면 J형 등이 있다.

(3) 홈의 특징과 선택

① I형 홈 : 판 두께가 6mm 이하인 경우에 사용한다.

② V형 홈 : 판 두께가 6~200mm인 경우에 사용한다.

③ X형 홈 : 판 두께 15~40mm 정도에 사용한다.

④ U형 홈 : 두꺼운 판의 양면용접이 불가능할 경우 사용한다.

⑤ H, K, 양면 J형 홈 : 모두 두꺼운 판에서 충분한 용입을 얻고자 하는 경우에 사용

한다.

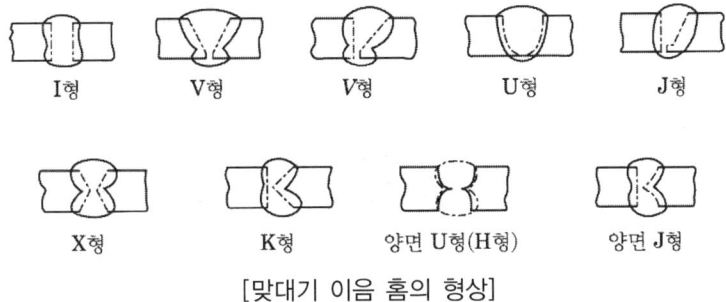

[맞대기 이음 홈의 형상]

2절 용접의 강도와 안전율

1. 맞대기 이음

맞대기 이음에서 비드 높이는 모재보다 조금 높게 형성시키는 것이 일반적이며 이음 효율은 다음과 같다.

$$\text{이음 효율} = \frac{\text{용접시험편의 인장강도}}{\text{모재의 인장강도}} \times 100(\%)$$

$$\text{인장강도} = \frac{\text{하중}}{\text{단면적}} \quad \text{(단면적은 모재두께} \times \text{용접의 길이)이므로}$$

$P = \sigma \times A (A = t \times l)$이므로 $P = \sigma t l$이다.

2. 필릿 이음

(1) 전면필릿 이음

$$\sigma = \frac{P}{ht \cdot l}$$

여기서, ht : 이론 목두께
l : 용접선의 길이

(2) 측면필릿 이음

$$\tau = \frac{P}{ht \cdot l} = \frac{1.414P}{hl}$$

여기서, h : 각장

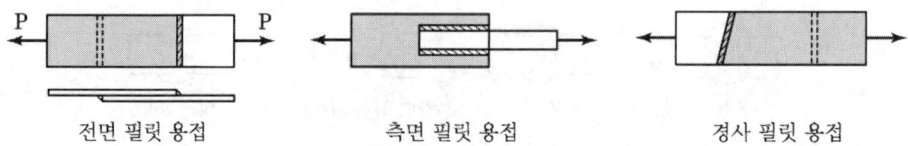

[하중의 방향에 따른 필릿 용접의 종류]

전면 필릿 용접   측면 필릿 용접   경사 필릿 용접

3. 안전율

용접구조물 설계에서는 사용응력과 허용응력과의 사이에 적당한 균형을 유지할 수 있는 인자가 필요한데 이러한 관련성을 나타내는 지수를 안전율이라 한다.

$$안전율(s) = \frac{허용응력}{사용응력} = \frac{극한강도}{허용응력}$$

[하중의 종류에 따른 용접 이음의 안전율]

하중의 종류	정하중	동하중		충격 하중
		단진 하중	교번 하중	
안전율	3	5	8	12

4. 용접 설계상의 주의점

용접설계에 있어서 일반적인 주의사항은 다음과 같다.

① 용접에 적합한 구조로 설계할 것
② 용접길이는 가능한 한 짧게, 용착량도 강도상 필요한 최소한으로 한다.
③ 용접이음의 특성을 고려하여 설계할 것
④ 용접하기 쉽도록 설계할 것

⑤ 용접이음이 한 곳으로 집중되거나 너무 근접하지 않도록 할 것
⑥ 결함이 생기기 쉬운 용접 방법은 피할 것
⑦ 강도가 약한 필릿용접은 가능한 한 피할 것
⑧ 반복하중을 받는 이음에서는 이음부 표면을 평평하게 할 것
⑨ 구조상의 노치부를 피할 것
⑩ 가능한 한 맞대기 용접을 할 것

3절 용접부의 기호

 용접구조물의 제작 도명에 설계자가 생각하고 있는 이음의 종류와 홈의 형상, 용접의 길이 등을 표시하기 위해 제정된 용접기호를 기본기호, 보조기호로 구분하여 표시한다.

[용접부의 기본 기호]

번호	명 칭	도 시	기 호
1	양면 플랜지형 맞대기 이음 용접[1]		人
2	평면형 평행 맞대기 이음 용접		∥
3	한쪽면 V형 맞대기 이음 용접		V
4	한쪽면 K형 맞대기 이음 용접		V
5	부분 용입 한쪽면 V형 맞대기 이음 용접		Y
6	부분 용입 한쪽면 K형 맞대기 이음 용접		Y
7	한쪽면 U형 홈 맞대기 이음 용접 (평행면 또는 경사면)		Y

[용접부의 기본 기호 : 계속]

번호	명 칭	도 시	기 호
8	한쪽면 J형 맞대기 이음 용접		
9	뒷면 용접		
10	필릿 용접		
11	플러그 용접 : 플러그 또는 슬롯 용접		
12	스폿 용접		
13	심 용접		
14	급경사면(스팁 플랭크) 한쪽면 V형 홈 맞대기 이음 용접		
15	급경사면 한쪽면 K형 맞대기 이음 용접		
16	가장자리 용접		
17	서페이싱		

[용접부의 기본 기호 : 계속]

번호	명 칭	도 시	기 호
18	서페이싱 이음		=
19	경사 이음		//
20	겹침 이음		⊃

1) 판의 맞대기 이음 용접에서 완전히 용입되지 않는 경우에는 표와 같이 용입 깊이 S를 지시한 플랜지형 맞대기 용접부와 같은 기호로 표시한다.

[대칭형상 용접부의 조합 기호]

명 칭	도 시	기 호
양면 V형 맞대기 용접(X형 이음)		X
양면 K형 맞대기 용접		K
부분 용입 양면 V형 맞대기 용접 (부분 용입 X형 이음)		Y
부분 용입 양면 K형 맞대기 용접 (부분 용입 K형 이음)		K
양면 U형 맞대기 용접(H형 이음)		⋈

[보조 기호]

용접부 및 용접부 표면의 형상	기 호
(a) 평면(동일 평면으로 다듬질)	─
(b) 凸형	⌒
(c) 凹형	⌣
(d) 끝단부를 매끄럽게 함	⌣⌣
(e) 영구적인 덮개 판을 사용	M
(f) 제거 가능한 덮개 판을 사용	MR

[보조 기호 적용 예]

명 칭	도 시	기 호
한쪽면 V형 맞대기 용접 – 평면(동일면) 다듬질		
양면 V형 용접 凸형 다듬질		
필릿 용접 – 凹형 다듬질		
뒤쪽면 용접을 하는 한쪽면 V형 맞대기 용접 – 양면 평면(동일면) 다듬질		
뒤쪽면 용접과 넓은 루트면을 가진 한쪽면 V형(Y이음) 맞대기 용접 – 용접한 대로		
한쪽면 V형 다듬질 맞대기 용접 – 동일면 다듬질		1)
필릿 용접 끝단부를 매끄럽게 다듬질		

1) 기호는 ISO 1302에 따름 : 이 기호 대신 √ 기호를 사용할 수 있음

1. 용접부의 기본기호 표시방법

(1) 설명선

설명선은 용접부를 기호로 표시하기 위하여 사용하는 선으로 기준선, 지시선, 꼬리로 구성되어 있다.

기준선은 실선과 파선으로 구성되어 있으며 지시선(화살표)은 기준선에 대하여 60°의 각도를 가지며 직선으로 긋는다. 꼬리에는 특별한 지시사항을 기재하며 필요 없을 경우에는 생략한다.

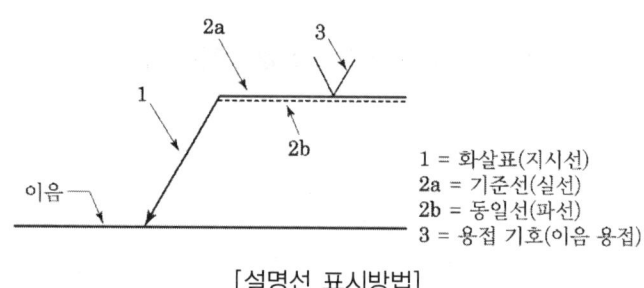

[설명선 표시방법]

(2) 기본기호 기재방법

기본기호는 기준선 위, 아래 중 한쪽에 표시한다. 만일 용접부가 화살표 쪽일 경우에는 실선 쪽에 표시하고 화살표 반대쪽일 경우에는 파선 쪽에 기본기호를 위치하게 한다.

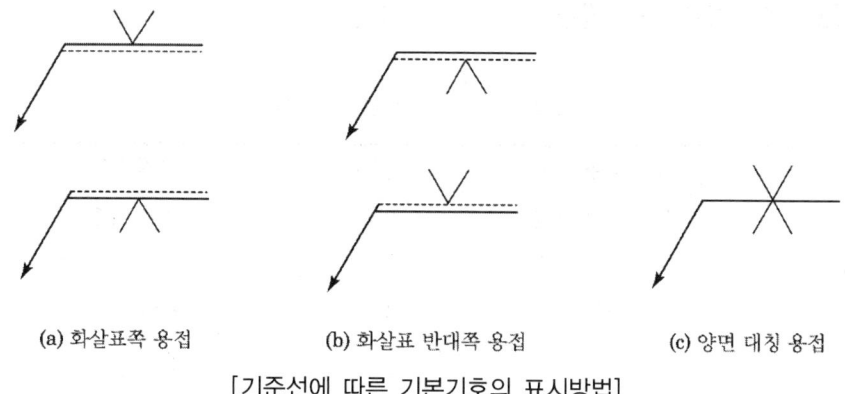

(a) 화살표쪽 용접 (b) 화살표 반대쪽 용접 (c) 양면 대칭 용접

[기준선에 따른 기본기호의 표시방법]

(3) 보조기호 및 보조 지시

용접부의 보조기호로는 치수, 강도, 용접방법 등이 있으며 보조 지시는 각종 특성을 상세히 지시하기 위해 필요하다.

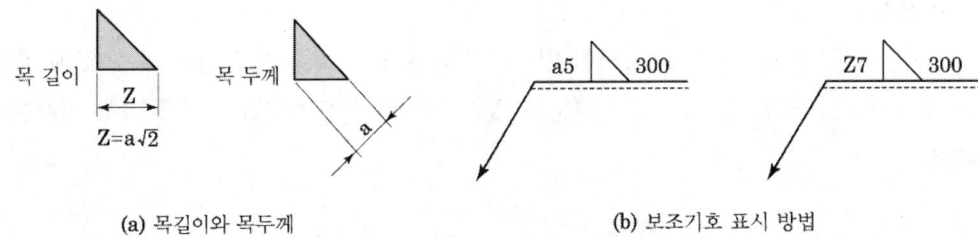

[보조기호 표시방법(필릿용접의 치수기입법)]

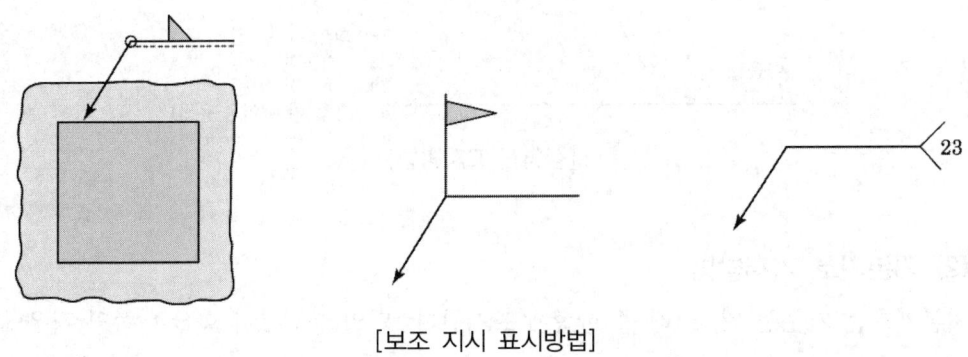

[보조 지시 표시방법]

2. 비파괴 시험 기호 표시방법

[용접부 비파괴 시험의 기본기호]

기 호	시험의 종류	기 호	시험의 종류
RT	방사선 투과 시험	LT	누설 시험
UT	초음파 탐상 시험	ST	변형도 측정 시험
MT	자분 탐상 시험	VT	육안 탐상 시험
PT	침투 탐상 시험	PRT	내압 시험
ET	와류 탐상 시험	AET	어코스틱 에미션 시험(음향탐상시험)

4절 용접시공 및 준비

용접시공이란 시방서에 따라서 필요한 구조물을 제작하는 방법으로 보통 작품제작 순서는 설계 → 재료 적산(재료 산출) → 시공 → 검사의 순서를 따른다.

> **시방서**
> 설계·제조·시공 등 도면으로 나타낼 수 없는 사항을 문서로 적어서 규정한 것으로 사양서라고도 한다.(설계부터 최종 완성품까지의 제작과정 등을 기록한 문서)

1. 일반준비

(1) 용접 전 준비사항
① 도면을 충분히 숙지하고 제작과정을 검토한다.
② 재료의 선정, 재료의 특성을 충분히 파악한다.
③ 용접이음의 종류와 홈을 선택한다.
④ 용접기를 비롯한 공구 준비상태를 파악한다.
⑤ 용접전류, 순서, 비드 배치방법을 재료의 특성에 맞게 미리 정한다.
⑥ 예열 및 후열처리 여부, 기름, 녹 등을 제거한다.

2. 이음 준비

(1) 홈 가공
① 모재의 두께에 따라 홈의 형태를 결정한다.
② 가능한 한 열에 의한 변형과 응력을 고려해서 최소의 용입이 되도록 가공한다.
③ 자동용접일 경우에는 수동용접에 비해 홈 가공의 정밀도를 높게 한다.

(2) 조립 및 가접
① 가접은 본 용접 못지 않게 중요한 용접임을 명심할 것
② 중요한 부분(시, 종점) 및 강도가 요구되는 곳은 피할 것

③ 본 용접 전에 가공을 해서 결함을 발생하지 않도록 할 것
④ 본 용접보다 가는 용접봉을 사용할 것
⑤ 포지셔너 등의 지그를 사용해서 가능한 한 아래보기 자세로 용접할 것
⑥ 변형을 억제하기 위해서는 정반이나 스트롱백을 사용할 것

(3) 보수방법(루트 간격에 따른)

① 맞대기 용접
　㉠ 6mm일 경우 : 한쪽에 덧살용접을 한 후 재용접
　㉡ 6~16mm : 뒷댐판을 댄 후 용접
　㉢ 16mm 이상 : 다른 판으로 대체 후 용접

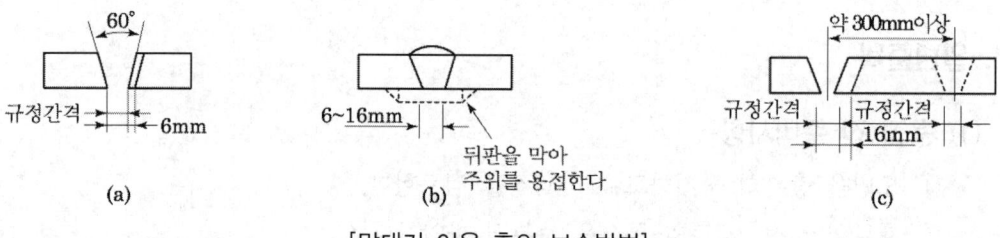

[맞대기 이음 홈의 보수방법]

② 필릿 용접
　㉠ 1.5mm 이하 : 규정대로 용접(규정된 각장 유지)
　㉡ 1.5~4.5mm : 그대로 용접하되 넓혀진 만큼 각장을 증가시킬 것
　㉢ 4.5mm 이상 : 라이너를 넣든지 다른 판으로 대체할 것

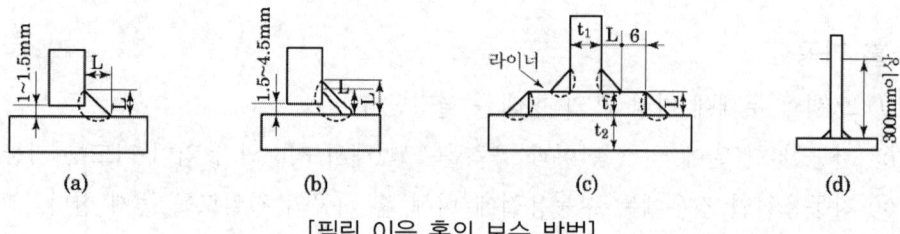

[필릿 이음 홈의 보수 방법]

5절 용접 작업

1. 용착순서와 용착법

(1) 용접순서
① 용접이 불가능한 부분이 발생하지 않도록 조립순서를 정할 것
② 판 중심에 대해 항상 대칭으로 용접할 것(자유단을 향하도록 할 것)
③ 용접이 겹치지 않도록 할 것(리브 등의 가공을 할 것)
④ 수축이 큰 이음을 먼저 용접할 것

(2) 용착법
① 비드 만드는 방법
　전진법, 후진법, 대칭법, 스킵법(비석법)

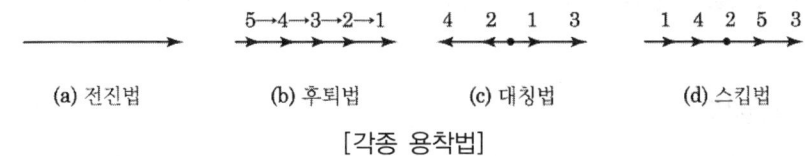

[각종 용착법]

② 비드 덧쌓기 방법
　덧살 올림법, 캐스케이드법, 전진블록법

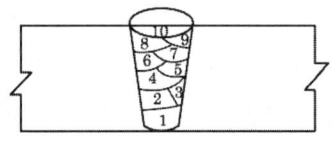

(a) 덧살 올림법

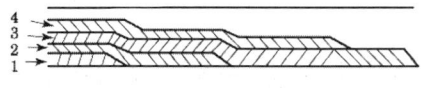

(b) 캐스케이드법(용접중심선 단면도)

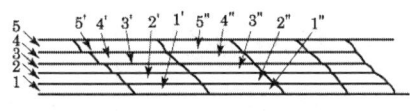

(c) 전진 블록법(용접중심선 단면도)

[비드 덧쌓기 순서]

2. 용접부의 예열

(1) 냉각속도
① 두꺼운 금속이 얇은 금속보다 냉각속도가 빠르다.
② 열전도율이 높은 금속이 냉각속도가 빠르다.
③ T이음이 맞대기 이음보다 냉각속도가 빠르다.
④ 냉각속도가 빠를수록 변형은 적다.

(2) 예열온도
① 고장력강, 주철, 저합금강, 연강(25mm 이상) : 50~350℃로 예열
② 0℃ 이하의 온도에서 연강 용접 시 : 양쪽 폭 100mm를 40~75℃로 예열
③ 열전도가 높은 금속(구리, 알미늄) : 200~400℃

6절 용접 후 처리

1. 응력 제거방법
(1) 노 내 풀림법 : 제품 전체를 가열로 안에 넣고 적당한 온도에서 일정시간 유지 후 서냉하는 것으로 일반구조용압연강재의 경우 625℃±25℃에서 1시간 정도 풀림 유지한다.
(2) 국부 풀림법 : 큰 물건이나 현장에서 사용하는 방법으로 판두께의 12배 이상의 범위를 가스불꽃 등으로 노 내 풀림과 같은 온도 및 시간으로 처리한다.
(3) 저온응력완화법 : 가스불꽃에 의해 150~200℃로 가열 후 수냉하는 방법
(4) 기계적 응력완화법 : 제품에 하중을 가해서 소성변형을 이용해 응력을 완화하는 방법
(5) 피닝법 : 구면의 해머를 이용해 두드려서 응력을 제거한다.

2. 변형의 방지와 교정
강도상 중요하거나 후판의 경우에는 잔류응력 경감법에 주안점을 주고 박판의 경우 변형방지에 주안점을 주고 시공한다.

(1) 변형방지법
① 용접 전 : 억제법, 역변형법
② 용접 중 : 대칭법, 후진법, 비석법, 도열법
③ 용접 후 : 피닝법

3. 결함 보수방법
(1) 기공, 슬래그섞임 : 기공이나 슬래그섞임이 있는 결함부를 깎아낸 후 재용접한다.
(2) 균열 : 균열부는 균열의 시작점과 끝점에 정지구멍(stop hole)을 뚫고 균열부를 제거한 후 재용접한다.
(3) 언더컷 : 지름이 가는 용접봉을 사용하여 재용접한다.
(4) 오버랩 : 오버랩된 부분을 깎아낸 후 재용접한다.

제9장 용접부의 시험과 검사

일반적으로 용접검사는 크게 작업검사와 완성검사로 구분할 수 있으며, 작업검사는 용접 전, 용접 중 및 용접 후의 검사이고 완성검사는 용접 후에 제품이 요구대로 완성되었나를 검사하는 것이다.

1. 작업검사

(1) 용접 전 작업검사
① 용접기, 용접 지그, 보호 기구, 부속 기구 등의 적합성 검사
② 용접금속의 화학적, 기계적, 물리적 성질 및 열처리 상태 등의 검사
③ 홈 가공 상태, 루트간격, 루트각, 이음부의 청정상태 등 검사
④ 용접사의 기량, 용접시공에 따른 용접 조건 등의 검사

(2) 용접 중 작업검사
① 비드의 형태, 융합 상태, 용입 부족, 슬래그 섞임 등 외관 검사
② 침투탐상, 와류탐상, 자기탐상, 방사선 투과 등 비파괴 검사
③ 용접전류, 용접 속도, 용착 순서, 운봉법, 용접 자세 등 용접조건과의 일치여부 검사

(3) 용접 후 작업검사
후열처리방법 및 상태, 변형 교정, 균열, 치수 등이 요구대로 이행되었는지 등을 검사

2. 완성 검사

용접물이 완성된 다음 용접 구조물 전체로서의 결함 유무를 조사하는 검사로 크게 비파괴검사와 파괴검사로 분류한다.

3. 용접부 검사법의 종류

(1) 파괴검사
① 기계적 시험 : 인장 시험, 굽힘 시험, 충격 시험, 경도 시험, 피로 시험
② 물리적 시험 : 물성 시험, 열특성 시험, 전기(자기)특성 시험
③ 화학적 시험 : 부식 시험, 수소 시험
④ 야금학적 시험 : 육안조직 시험, 현미 시험, 파면 시험, 설퍼프린트 시험
⑤ 용접성 시험 : 노치취성 시험, 용접경화성 시험, 연성 시험, 균열 시험

(2) 비파괴검사
외관 시험, 누설 시험, 침투 시험, 형광 시험, 음향 시험, 초음파 시험, 와류 시험, 방사선 투과 시험

4. 기계적 검사법

(1) 인장강도 검사
정의 : 재료를 축 방향으로 인장하여 파단될 때까지 외력(外力)에 대한 재료의 저항크기를 측정하는 시험법

① 표준시험편(KS B 0801) : 4호 시험편(棒狀)

지름(D)	표점거리(L)	평행부 거리(P)	어깨부 반지름(R)
14mm	50mm	60mm	15mm 이상

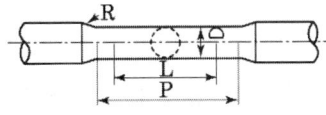

[표준 인장 시험편]

② 하중-변형 선도
  ㉠ 비례한도 : 하중의 증가와 비례하여 변형이 발생(정비례 관계)
  ㉡ 탄성한도 : 하중의 증가와 더불어 변형이 발생(정비례 관계가 아님, 하중제거 시 원상태 회복)

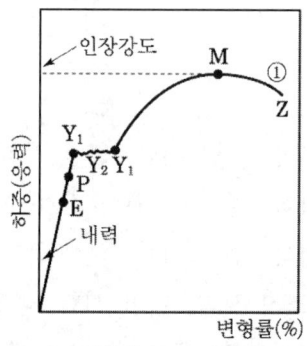
[하중-변형 선도]

　　ⓒ 항복점 : 탄성한도를 지난 하중을 증가시키면 Y_1점에서는 하중의 증가 없이 연신율만 증가 ※ 명백한 영구변형이 시작되는 점

　　ⓔ 극한강도 : 재료가 파괴되는 점

　③ 각종 공식

　　㉠ 인장강도 : 시험편이 견딘 최대 하중을 원단면적으로 나눈 값

$$\sigma = \frac{W_{\max}}{A_o}(\mathrm{kgf/mm^2})$$

　　㉡ 연신율 : 시험편의 늘어난 길이의 비율

$$\delta = \frac{\text{변형 후 길이} - \text{처음길이}}{\text{처음길이}} \times 100(\%) = \frac{l - l_0}{l_0} \times 100(\%)$$

　　㉢ 단면수축률 : 원단면적과 절단 후 단면적의 차이의 비율

$$\phi = \frac{\text{원단면적} - \text{변형 후 단면적}}{\text{원단면적}} \times 100(\%)$$

(2) 경도시험검사

정의 : 타 물체로 눌렀을 때 그 물체의 변형에 대한 저항력의 크기로 금속표면의 단단한 정도를 나타냄

　① 시험방법에 의한 분류

　　㉠ 압입에 의한 방법 : 브리넬, 로크웰, 비커스, 마이어경도

　　㉡ 스크래치에 의한 방법 : 모스, 마르텐스 경도

　　㉢ 반발높이에 의한 방법 : 쇼어 경도, 에코팁 경도

② 시험법의 종류
  ㉠ 브리넬 경도(HB)
    ⓐ 특수강으로 된 강구로 압입 후 시험편 표면의 지름과 파인 깊이로 경도 측정

    $$HB = \frac{W}{\pi Dh}$$

      W=하중, D=강구 지름, h=파인 깊이
      ※ D=10mm, 5mm 2가지 사용
        W=경금속 : 3,000kg, 연금속 : 500kg
        적용범위 : HB 450 이하의 금속에 적용함
      ※ HB와 인장강도와의 관계식 : 0.04~0.86%C의 탄소강(HB=$\sigma \times 2.8$)

  ㉡ 비커스 경도(HV), 누프 경도(knoop)
    ⓐ 정사각추의 다이아몬드 압입자를 시험편에 압입 후 자국의 표면적으로 경도 측정

    $$HV = \frac{W}{d^2} \times 1.8544$$

    ⓑ 경질, 연질, 침탄, 질화강의 정확한 경도값 측정이 가능

  ㉢ 로크웰 경도(HR)
    ⓐ 압입자가 강구(지름 : 1.588mm) 형태인 B스케일과 원뿔(꼭지각이 120°) 형태인 C스케일이 있다.
    ⓑ 시험편에 기준하중 10kg을 건 후 시험하중을 가함(강구 100kg, 원뿔 150kg)
      $HrB = 130 - 150t$, $HrC = 100 - 500t$
        t=들어간 깊이

  ㉣ 쇼어 경도(HS)
    ⓐ 추를 낙하시켜 반발높이로 경도 측정

    $$HS = \frac{10,000}{65} \times \frac{h}{h_0}$$

      h : 튀어오른 높이
      h_0 : 원래의 높이

    ※ 재료의 탄성 여부 측정이 가능하며 소형으로 휴대가 편리

(3) 그 밖의 검사 방법

① 충격시험
  ㉠ 재료의 인성과 취성값을 알기 위한 측정법으로 동적 시험이다.
  ㉡ 종류 : 샤르피, 아이조드 충격시험법
② 피로시험
  파괴하중보다 훨씬 적은 하중을 반복적으로 가해 피로 한도를 알아보기 위한 시험(S-N 곡선)
③ 에릭센 시험(커핑)
  재료의 연성을 알아보기 위한 시험법

5. 비파괴검사법

(1) 외관 검사(VT)

용접부 외관의 양, 부를 검사하는 것으로서 비드 외관, 비드 넓이, 언더컷, 오버랩, 표면 균열 등을 검사할 수 있다.

(2) 누수 검사(LT)

저장 탱크, 용기 등의 기밀, 수밀 및 내압을 측정할 때 사용되는 검사법으로 대개는 수압 내지 공기압이 사용되나 할로겐이나 헬륨 가스 등을 사용하기도 한다.

(3) 침투탐상 검사(PT)

자기탐상 검사가 되지 않는 금속재료에 사용하는 방법으로서 용접부 표면을 깨끗이 세척한 다음 침투성이 강한 액체를 표면에 칠한 후 최소 20분 정도 시간이 경과하면 깨끗이 씻어내고 현상제를 바른 다음 수은등이나 형광등 아래에서 결함유무를 판단할 수 있는 검사법이다.

(4) 초음파 탐상 검사(UT)

파장이 짧은 음파(0.5~15MHz)를 검사물의 내부에 침투시켜 용접부 내의 결함유무를 검사하는 방법으로 미세한 부분의 결함 검출도 가능하다. 탐상법의 종류로는 투과법, 펄스반사법, 공진법이 있다.

(5) 자분 탐상 검사(MT)

강자성체인 금속에만 적용이 가능한 검사법으로 시험체를 자화시켜 자속을 흐르게 하면 결함이 있는 부분에서 자력선의 방향이 흐트러지게 되고 이때 시험체 표면에는 자분이 응집되는 현상이 발생하게 된다. 이와 같은 현상을 관찰하여 결함유무를 판단할 수 있는 검사법이다.

(6) 방사선 투과 검사(RT)

X선, γ선 등의 방사선을 이용하여 용접결함 유무를 시험하는 방법으로 비파괴 검사법 중에서 가장 신뢰성이 높은 관계로 널리 사용되고 있는 검사법이다.

(7) 와류 탐상 검사(ET)

교류전류가 흐르는 코일을 시험체에 가까이 가져가면 자계의 작용으로 시험체에 발생하는 와전류가 결함이나 재질의 영향으로 변화하는 것을 관찰하여 결함유무를 검사하는 방법이다.

6. 화학적 시험법 및 금속학적 시험법

- 화학적 시험법 : 화학 분석, 부식 시험, 수소 시험
- 금속학적 시험법 : 파면 시험, 매크로 조직 시험, 현미경 시험법

(1) 화학적 시험법

① 화학 분석 : 재료에서 시험 재료를 깎아내어 화학 분석법에 의해 금속 또는 합금 중에 포함되는 각 성분을 알기 위해 금속을 분석하는 것으로서 금속 중에 들어 있는 불순물, 가스 조성과 양 등을 알 수 있으나 편석의 존재 여부는 알 수 없다.

② 부식 시험 : 이 시험법은 용접부가 해수, 유기산, 무기산, 알칼리 등에 접촉되어 부식되는 상태에 대해 시험하는 습부식 시험과 고온의 증기, 가스 등과 반응하여 부식하는 상태를 알 수 있는 건부식 시험, 응력하의 부식 상태를 알 수 있는 응력 부식시험이 있다.

③ 수소 시험 : 용접부에 포함된 수소는 기공, 비드 및 균열, 은점, 선상 조직 등 결함의 주요 요인으로 용접 중 용융금속 중에 용해되는 수소량의 측정은 주요한 시험법으로 함유 수소량의 측정에는 글리세린 치환법과 진공 가열법이 있다.

(2) 금속학적 시험

① 파면 시험 : 맞대기 시험편의 인장 파면, 충격 파면 또는 모서리 용접, 필릿 용접의 파면 검사에 주로 쓰이는 검사법으로 파단면의 용입 부족, 균열, 슬래그 섞임, 기공, 결정의 조밀성, 선상 조직, 은점 등을 육안으로 검사하는 방법이다.

② 매크로 조직 시험 : 용접부의 단면을 연삭기나 사포 등으로 연마한 후 적당한 매크로에칭(macro-etching : 육안 조직의 검출이나 결함검출용으로 각각 특정 시약을 사용하여 철강을 부식시키는 행위)을 해서 육안 또는 저배율의 확대경으로 관찰하여 용입의 적부, 모양, 다층 용접에 있어서의 각층의 형태, 열 영향부의 범위, 결함의 유무 등을 검사하는 방법이다.

③ 현미경 시험 : 시험편을 사포 등으로 연마한 후 그 위에 연마포로 충분히 광택을 낸 다음 적당한 매크로 부식액으로 부식시켜 50~2,000배의 현미경으로 조직이나 미세한 결함 등을 검사하는 방법이다.

7. 용접성 시험

(1) 노치 취성 시험

구조용강의 용접성을 판정하는데 중요한 요소로 시험방법으로는 샤르피 충격시험, 슈나트 시험, 토퍼 시험, 카안인열 시험 등이 있다. 샤르피 충격시험은 충격값과 연성파면을 구할 수 있어서 노치 취성시험으로 가장 많이 이용되며, 토퍼 시험은 저온에서 시험편을 인장 파단시켜서 파면의 천이온도를 구하는 시험이다.

(2) 용접 연성 시험

용접부의 연성 시험으로는 세로 굽힘 시험으로, 시험편의 표면에 반원형의 작은 홈을 만들고, 그 위에 일정한 조건으로 용접 비드를 만들어 정해진 지그(jig)를 사용해 구부려서 용접부의 연성을 시험하는 방법인 코머렐(kommerell) 시험과, 세로비드(bead) 굽힘 시험으로 시험편 표면에 세로 길이로 비드 용접한 후 이에 직각으로 노치를 붙인 시험편을 구부려 시험하는 킨젤(kinzel)시험이 있다. 코머렐 시험은 오스트리아에서 규격으로 채용하고 있어서 오스트리아 시험이라고도 하며, 킨젤 시험은 미국에서 많이 사용하는 용접부 연성 시험법이다.

(3) 용접 균열 시험

용접 이음의 성능에 큰 영향을 미치는 균열은 구조물의 파괴에 직접적인 영향이 있기 때문에 시험 재료는 균열에 대해 감수성이 좋은 재료를 선정하며, 이 시험법은 균열의 발생 시기에 의해서 저온 균열 시험인 리하이형 구속 균열 시험과 고온 균열 시험인 피스코 균열 시험이 있다.

(4) 열영향부 경도 시험

이 시험법은 모재 위에 비드 용접을 하여 그 직각 단면 본드(bond : 비드와 모재와의 경계부분)부의 최고 경도를 측정하는 시험법이다.

제10장 산업안전

1. 안전사고 원인 및 종류

(1) 인적 사고 원인

① 선천적 원인
  ㉠ 체력 : 체력의 한계를 넘은 작업 시 일어나는 재해
  ㉡ 신체 결함 : 부자유스러운 사지나 난청, 난시로 인한 재해
  ㉢ 질병 : 신체가 허약하여 병 중이거나 병 후에 주의력 결핍으로 인한 재해
  ㉣ 수면부족 : 수면부족으로 졸린 상태에서 일어나는 재해
  ㉤ 음주 : 과음 후 술이 덜 깬 상태에서 일어나는 재해

② 후천적 원인
  ㉠ 무지 : 기계의 특성 및 취급방법을 알지 못하는 데서 일어나는 재해
  ㉡ 과실 : 취급, 조작 잘못 및 부주의로 인한 재해
  ㉢ 미숙련 : 기능이 미숙한 데서 오는 재해
  ㉣ 고의 : 안전수칙 무시, 위험을 인지하고도 일으키는 재해

(2) 물적 사고 원인

① 건물 : 구조, 환기, 통로의 불량 등에 의해 일어나는 재해
② 시설 : 불안전한 기계, 안전장치 불량, 불량공구 등에 의해 일어나는 재해
③ 취급품 : 불안전한 재료, 가공품, 제품 등에 의해서 일어나는 재해

(3) 재해의 경향

① 계절 : 1년 중 여름(8월)에 재해 발생률이 가장 높다.
② 시간 : 하루 중에 오후 3시가 가장 높다.
③ 휴일 : 휴일 다음날에 사고가 가장 높다.

④ 숙련도 : 1년 미만인 근로자가 가장 높다.
⑤ 위험 직업 : 제조업 분야가 가장 높고 건설업이 그 다음이다.

2. 작업 환경

(1) 채광과 조명
① 채광 : 자연광선이 태양광선에 의해서 조명을 얻는 경우를 채광이라고 하며 창의 크기는 바닥 면적의 1/5 이상으로 하면 조명도와 환기의 상태가 양호하게 된다. 천장창은 벽창에 비하여 약 3배의 채광 효과가 있다.
② 조도 : 빛을 받는 면의 밝기를 조도라 하며 단위로는 럭스(Lux)를 사용한다.

[조도의 기준]

공 장		사 무 실	
장 소	조 도	장 소	조 도
초정밀 작업	700~1500	정밀 사무	700~1500
정밀 작업	300~700	일반 사무	300~1700
거친 작업	70~150	응접실, 서재	50~1300

(2) 소음
일반적으로 듣는 사람에게 불쾌감을 주는 소리를 말하며 데시벨이 높을 때에는 고막에 대한 에너지 전달이 과잉 상태로 되고 오랜 시간 되풀이되면 청각에 장해 현상을 주게 된다.

[소음의 측정(예시)]

음의 종류	음의 크기(dB)
나뭇잎이 바람에 흔들리는 소리	20
조용한 사무실 내	50
보통 회화할 때	60
전화벨 소리, 시장 내	70
기차의 객실 내부	80
큰소리로 하는 독창, 소음나는 공장 내	90
자동차의 쌍 클랙슨(2m 전방)	110
비행기의 엔진 소리	120

(3) 안전표지 색채

① 빨강 : 방화, 금지, 정지, 고도의 위험
② 황적 : 위험, 항해, 항공의 보안시설
③ 노랑 : 주의(충돌, 추락, 걸려서 넘어지는 광고)
④ 녹색 : 안전, 피난, 위생 및 구호, 진행
⑤ 청색 : 지시, 주의(보호구 착용 등 안전 위생을 위한 지시)
⑥ 자주 : 방사능
⑦ 흰색 : 통로, 정리정돈
⑧ 검정 : 위험 표지의 문자, 유도 표지의 화살표

3. 수공구류의 안전 수칙

(1) 수공구 재해의 원인과 방지

① 공구의 성능을 완전히 익힐 것
② 공구의 사용 목적에 따른 올바른 사용법을 익힐 것
③ 공구의 기본적 취급 방법을 익힐 것
④ 사용 전에 작업에 적합성 여부 등을 확인할 것

(2) 수공구 사용상의 유의사항

① 공구의 성능을 충분히 알고 있을 것
② 결함이 있는 것은 절대로 사용하지 않을 것
③ 본래의 용도 이외에는 절대로 사용하지 않을 것
④ 올바른 방법으로 사용할 것
⑤ 반드시 지정된 장소에 보관할 것

4. 화재 및 폭발 재해

(1) 화재

화재 또는 연소는 어떤 물질이 산소와 결합하면서 열을 방출시키는 산화반응을 말하며 다음과 같이 분류한다.

① A급 화재(일반 화재) : 연소 후 재를 남기는 화재(종이, 목재, 석탄 등)

② B급 화재(유류 화재) : 액상 또는 기체상의 연료성 화재(휘발유, 벤젠 등)
③ C급 화재(전기 화재) : 전기 에너지가 발화원이 되는 화재로 전기 시설의 화재
④ D급 화재(금속 화재) : 금속칼륨, 금속나트륨, 유황, 탄산알루미늄 등의 화재
⑤ E급 화재(가스 화재) : 가연성 가스에 의해 발화원이 되는 화재

(2) 폭발

석유화학, 가스, 정유 관련 공장 및 저장소 등에서는 여러 위험물질을 취급함으로써 폭발로 인한 화재나 가스 중독 등의 위험을 내포하고 있으므로 다음과 같은 방지 조치를 취한다.
① 인화성 액체의 반응 또는 취급은 폭발 한계 범위 이외의 농도로 할 것
② 배관 또는 기기에서 가연성 증기의 누출 여부를 철저히 점검할 것
③ 필요한 곳에 화재를 진화하기 위한 방화 설비를 설치할 것
④ 대기 중에 가연성 가스를 누설 또는 방출시키지 말 것

(3) 소화기의 종류 및 용도

① 포말소화기 : 목재, 섬유류 등의 일반 화재(A급 화재)나 소규모 유류 화재에 사용
② 분말소화기 : 모든 종류의 화재에 사용이 가능하며 유류 화재(B급)나 전기 화재(C급)에 소화력이 강함
③ CO_2 가스 소화기 : 소규모의 인화성 액체 화재나 전기 화재의 초기 진화에 유효

5. 응급 조치

(1) 개요

각종 안전사고 시에 상해 정도에 따른 응급조치를 말하며 상처 보호, 쇼크 방지, 기도 유지를 3요소라 한다.

(2) 현장 구급 용품

① 삼각 수건 및 지혈봉, 부목
② 붕대 및 탈지면
③ 솜, 반창고 및 가제
④ 기본 의료 기구 : 가위, 핀셋 등
⑤ 기본 의약품 : 알코올, 요오드액, 암모니아수, 붕산수 등

(3) 타박상

여러 가지 물체와의 충돌 또는 부딪침으로 인해 생기는 손상으로 피부 표면에 창상이 없는 것을 말하며 좌상과 거의 같은 뜻으로 사용한다.

(4) 창상

피부조직이 손상을 입는 것으로 불결한 것에 닿지 않게 하고 상처 주위를 소독한 후 요오드액 등을 바른 후 붕대로 감는 응급조치가 필요하다.

(5) 화상

화상은 열 때문에 세포가 파괴되고 조직이 괴사된 상태로 열상이라고도 하며, 화상의 정도에 따라 1도에서 4도까지로 분류한다.

(6) 출혈

혈액은 30% 이상을 출혈하면 위험하고 50% 이상을 출혈하면 사망하므로 출혈이 있을 시에는 압박 붕대 등을 이용해 지혈시킨 후 신속하게 의사의 조치를 받는다.

6. 아크 용접 작업의 안전

(1) 광선에 의한 재해

아크광선에는 다량의 자외선과 소량의 적외선이 있으므로 헬멧을 착용하지 않으면 전광성 안염 또는 전안염이라고 하는 눈병이 발생한다. 또한 피부가 노출될 경우 붉게 타는 현상이 발생하면서 시간이 흐르면 벗겨지는 경우가 있다. 만일 전안염이 생겼을 경우에는 냉습포로 찜질을 실시하고 피부는 노출되지 않도록 조치한다.

(2) 전격에 의한 재해

용접 작업 중에 사망사고는 대부분 전격에 의한 것이 많다. 따라서 작업 전에 철저하게 전격방지를 위한 복장이 되도록 신경을 쓰고 전류에 따른 인체의 반응은 다음과 같다.

[전류가 인체에 미치는 영향]

허용전류(mA)	인체 작용
1	반응을 느낀다.
8	위험을 수반하지 않는다.
8~15	고통을 수반한 쇼크를 느낀다.
15~20	고통을 느끼고 가까운 근육이 저려서 움직이지 않는다.
20~50	고통을 느끼고 강한 근육 수축이 일어나며 호흡이 곤란하다.
50~100	순간적으로 사망할 위험이 있다.
100~200	순간적으로 확실히 사망한다.

(3) 가스 중독에 의한 재해

논가스 와이어, 탄산가스 복합 와이어, 피복 아크 용접 등은 산화철, 규산 등의 가스를 발생시키며 알루미늄, 스테인리스강 등은 불소 화합물, 내열강 등은 산화크롬 등이 발생하므로 환기대책이 필요하다. 특히 질소를 이용한 플라즈마 절단에서는 산화질소를 생성하므로 철저한 환기장치가 필요하다.

7. 가스 용접 작업의 안전

(1) 화재, 폭발 예방
① 용접 작업은 가연성 물질이 없는 안전한 장소를 선택한다.
② 작업 중에는 소화기를 준비하여 만일의 사고에 대비한다.
③ 가연성 가스 또는 인화성 액체가 들어 있는 용기 등은 완전히 청소한 후 통풍 구멍을 개방하고 작업한다.

(2) 산소, 아세틸렌 용기 취급
① 산소병 밸브, 조정기, 도관 등은 기름을 묻히지 않는다.
② 산소병은 40℃ 이하의 장소에 보관하고 직사광선을 피한다.
③ 산소병 내에 다른 가스를 혼합해서는 안 된다.
④ 산소병 운반 시는 반드시 캡을 씌워 운반한다.

⑤ 아세틸렌병 가까이서 불똥을 튀지 않는다.
⑥ 누설시험은 반드시 비눗물을 사용한다.

8. 가스절단 작업 안전

(1) 호스가 꼬여 있는지, 혹은 막혀 있는지 확인한다.
(2) 가스절단에 알맞은 보호구를 착용한다.
(3) 절단 진행 중에 시선은 절단면을 떠나서는 안 된다.
(4) 절단부가 예리하므로 상처를 입지 않도록 주의한다.

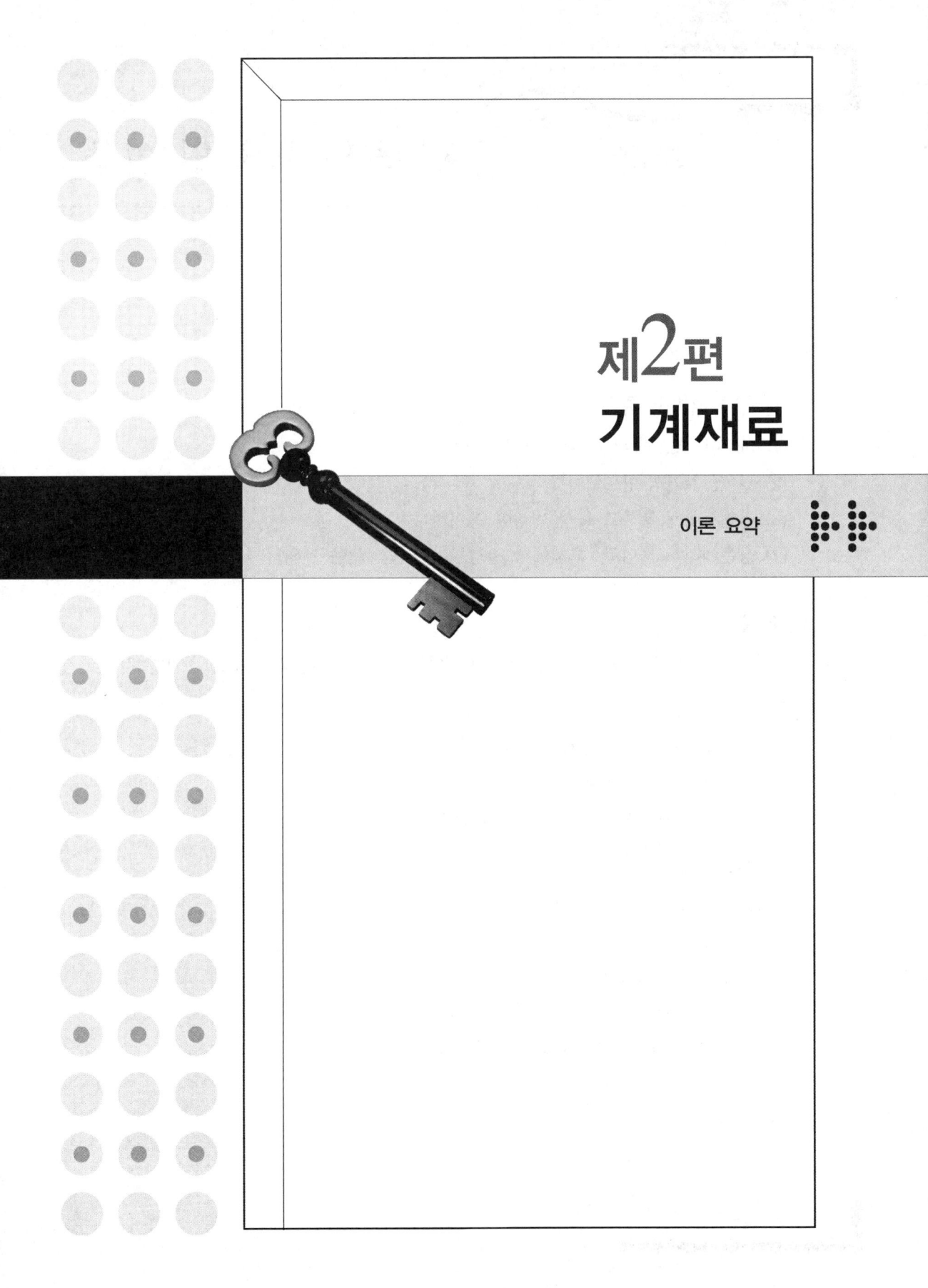

제2편 기계재료

이론 요약

제1장 금속재료의 개요 및 성질

1. 금속의 일반적 특징
(1) 비중이 크고 금속 특유의 광택이 있다.
(2) 열 및 전기의 양도체이다.
(3) 전연성이 풍부하고 소성 변형이 용이하다.
(4) 상온에서 고체이고, 고체에서 결정체이다.(단, 수은 제외)

2. 합금
합금이란 금속 원소에 1종 또는 2종 이상의 금속 혹은 비금속 원소를 첨가한 것이다.

(1) 제조 방법
① 용융상태에서 융합시키는 방법
② 압축소결하여 제조하는 방법
③ 확산을 이용하여 부분적으로 합금을 만드는 방법

(2) 합금의 특징
① 일반적으로 성분 금속보다 강도 및 경도가 증가
② 주조성이 좋아진다.
③ 전연성은 불량해진다.
④ 금속의 색은 비율에 따라 달라진다.
⑤ 전기 및 열전도율, 용융점이 감소한다.

3. 금속재료의 성질

(1) 물리적 성질

① 비중

어떤 물질의 단위 용적 무게와 표준물질(4℃의 물)의 무게와의 비로 단조 압연한 것은 주조한 것보다 크다.

　㉠ 실용금속 중 가장 가벼운 금속 : Mg(1.74)

　㉡ 비중이 가장 큰 금속 : Ir(22.4)

　㉢ 비중이 가장 작은 금속 : Li(0.54)

　※ 비중이 4.5 이상을 중금속, 이하를 경금속이라 한다.

② 용융점

금속에 열을 가했을 때 고체에서 액체로 변화하는 온도를 말한다.

　㉠ 용융점이 가장 높은 금속 : W(3410℃)

　㉡ 용융점이 가장 낮은 금속 : Hg(-38.9℃)

금속의 용융온도를 기준으로 저융점 합금과 고융점 합금으로 구분하는데 그 기준이 되는 금속은 주석(Sn)이며, 온도는 231.9℃이다.

③ 비열

금속의 단위 중량(1g)의 온도를 1℃ 올리는 데 필요한 열량(kcal/kg·deg)

주요금속의 비열 순서로는 Mg>Al>Cr>Fe>Ni>Cu 순이다.

④ 선팽창계수

금속의 단위 길이에 대하여 1℃의 온도가 올라감에 따라 길이가 늘어나는 양

　㉠ 선팽창계수가 큰 금속 : Pb, Mg, Sn

　㉡ 선팽창계수가 작은 금속 : Ir, Mo, W

⑤ 전기전도율

길이 1cm에 대하여 1℃의 온도차가 있을 때 $1cm^2$의 단면적을 지나 1초간에 이동되는 전기량을 말하는 것으로 단위는 cal/cm·sec·℃ 이며, 금속에 불순물이 적을수록 전기전도율이 좋고 고유저항이 적을수록 좋다.

주요금속의 전기전도율 순서 : Ag > Cu > Au > Al > Mg > Zn > Ni > Fe > Pb > Sb
⑥ 자성 : 금속이 자석에 붙는 성질 또는 자화되는 성질
  ㉠ 강자성체 금속 : Fe, Ni, Co
  ㉡ 상자성체 금속 : Al, Pt, Sn, Mn
  ㉢ 비자성체 금속 : Cu, Zn, Sb, Ag, Au

(2) 기계적 성질

① 연성 : 물체를 길이 방향으로 탄성한계를 넘는 힘을 가했을 때 가늘고 길게 늘어나는 성질, 전성과 함께 물체를 가공하는데 있어서 아주 중요한 성질로, 연성의 정도는 연신율로 표시되며 같은 금속이라도 온도에 따라 큰 편차를 보이는데 온도가 올라갈수록 연성이 증가한다. 주요 금속의 연성의 크기는 다음과 같다.
주요 금속의 연성 순서 : Au > Ag > Al > Cu > Pt > Pb > Zn > Fe

② 전성 : 물체에 강하게 압력을 가하거나 해머 등을 사용해서 타격을 가했을 때 찢어지거나 깨지지 않고 얇고 넓게 펴져서 판 또는 박(예 : 은박지)으로 만들 수 있는 성질로, 부드러운 금속일수록, 불순물이 적게 함유된 금속일수록 전성이 크며, 주요 금속의 전성은 다음과 같다.
주요 금속의 전성 순서 : Au > Ag > Pt > A > Fe > Ni > Cu > Zn

③ 강도 : 물체에 외력을 가했을 때 그 물체가 파괴되기 전까지 견디는 힘으로, 하중의 작용방향에 따라 인장강도, 압축강도, 비틀림강도, 전단강도, 굽힘강도 등으로 표시하며, 표시방법은 단위 면적당 작용하는 힘(kg/mm^2)으로 나타낸다.

④ 취성 : 물체에 충격이 가해지면 잘 부서지고 깨지는 성질로 인성의 반대되는 개념이다.

⑤ 가주성 : 금속을 가열, 용융하여 유동성이 좋아지므로 주조 작업이 가능한 성질

⑥ 인성 : 금속을 굽힘, 비틀림, 충격 등에 잘 저항되는 성질로 질긴 성질

⑦ 탄성 : 물체에 외력을 가하면 변형이 생기지만 제거했을 때는 원래의 상태로 돌아오는 성질

⑧ 소성 : 물체에 외력을 가한 후 힘을 제거해도 원래의 상태로 돌아오지 않고 변형이 생기는 성질

4. 금속의 응고

(1) 응고 순서

용융 금속 → 결정핵 생성 → 결정핵 성장(결정 형성) → 결정경계 형성

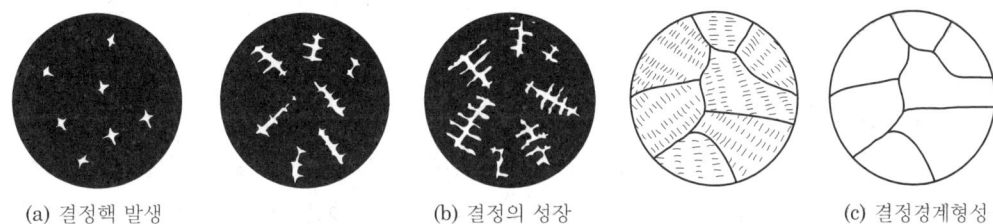

(a) 결정핵 발생　　　　　(b) 결정의 성장　　　　　(c) 결정경계형성

[결정립이 성장 발달하는 과정]

(2) 결정 입자의 크기

① 냉각속도가 빠르면 결정핵의 수가 많아져 결정 입자가 미세화 한다.
② 냉각속도가 느리면 형성되는 핵의 수가 적어져 결정 입자가 커진다.
③ 결정핵 생성속도와 성장속도에 의해 결정입자의 미세 정도가 결정되는데, 성장속도보다 생성속도가 빠르면 결정입자는 미세해지며, 성장속도가 생성속도보다 빠르면 결정입자는 조대해진다.

5. 금속의 결정 구조

물질을 구성하고 있는 원자가 규칙적인 배열을 이루고 있는 상태를 결정(crystal)이라고 한다. 이러한 결정은 물질이 응고 중에 형성되는데 금속은 일반적으로 무수히 많은 결정들이 모여 있는 다결정체이며, 이와 같은 결정이 규칙적으로 어떠한 구조를 이루고 있느냐에 따라서 체심입방격자, 면심입방격자, 조밀육방격자로 분류한다.

(1) 기본사항 및 용어설명

① 결정 격자 : 어떤 물질을 이루는 원자의 규칙적인 배열상태를 보여주는 입체적인 모형으로 금속의 종류에 따라서, 또는 같은 금속이라도 동소체에 따라서 달라질 수 있으며 일반 금속의 경우는 보통 체심입방격자, 면심입방격자, 조밀육방격자로 구분한다.
② 단위포(unit cell) : 원자를 포함하고 있는 공간격자의 한 단위 구성 공간으로, 예

를 들어 체심입방격자의 원자충진율이 74%라고 한다면 이 단위포 내에서 원자가 차지하는 공간의 비율이 74%라는 뜻이다.

③ 격자 상수 : 단위포의 한 모서리의 길이로 그 단위는 Å(옴스트롬)이며 통상 격자 상수의 크기는 2~10Å이다.

④ 축각 : 축간의 각

※ 결정립의 크기 : $10^{-2} \sim 10^{-5}$cm 정도

(2) 체심입방격자(BCC)

입방체의 8개 꼭짓점에 각 1개씩의 원자와 중심에 1개의 원자가 속해 있는 결정격자를 말하는 것으로 단위격자(unit cell)에 속해 있는 원자 수는 2개(1/8×8 =1개, 격자 중심에 1개)이다.

① 강도가 크고 전연성이 적다.
② 원소 : Ba, α-Fe, δ-Fe, α-Cr, K, Li, Mo, Na, Nb, Ta, W, V
③ 원자 충전율 : 68%
④ 배위수 : 8

※ 배위수 : 1개의 원자를 중심으로 생각할 때 그 원자 주위에 있는 최근접 원자의 수를 말한다.

(3) 면심입방격자(FCC)

입방체의 8개 꼭짓점에 각 1개씩의 원자와 6개의 면에 1개씩의 원자가 속해 있는 결정격자를 말하는 것으로 단위격자(unit cell)에 속해 있는 원자 수는 4개(1/8×8=1개, 1/2×6=3개)이다.

① 전연성이 풍부하여 가공성이 우수하다.
② 원소 : Ag, Al, Au, Ca, Cu, γ-Fe, Ni, Pb, Pt, Rh, Th
③ 원자 충전율 : 74%
④ 배위수 : 12

(4) 조밀육방격자(HCP)

정육각형을 6개의 정삼각형으로 나누고 인접된 정삼각주 2개를 합한 것이 단위포가 된다. 격자 내의 원자 수는 각 꼭짓점에 있는 1개와 내부에 1개를 합해 2개의 원자가 속해 있다.

① 전연성 및 가공성 불량

② 원소 : Be, Cd, α-Co, α-Ce, β-Cr, Mg, Os, Zn, Zr, Ti, Hg
③ 원자 충전율 : 74%
④ 배위수 : 12

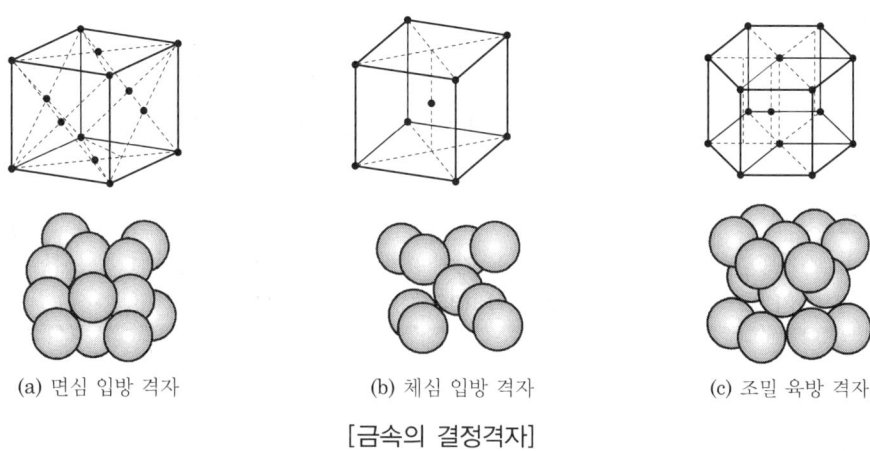

(a) 면심 입방 격자   (b) 체심 입방 격자   (c) 조밀 육방 격자
[금속의 결정격자]

6. 금속의 변태

변태란 1개의 동소체에서 다른 동소체로 변한 것, 즉 같은 물질이지만 상이 변하는 것을 말하며 금속의 변태는 다음과 같은 종류가 있다.

(1) 동소 변태

고체 내에서의 원자 배열의 변화(결정격자가 바뀌는 현상)로 일정한 온도에서 급속히 비연속적으로 변화가 생기는 현상

[예] 순철의 동소변태(온도에 따른)

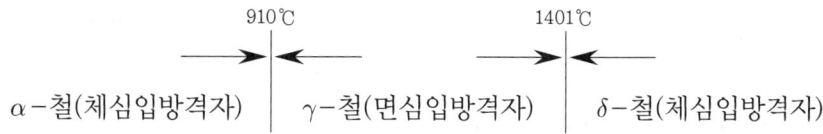

① A_3 변태(910℃) : α-철(체심입방격자) ↔ γ-철(면심입방격자)
② A_4 변태(1401℃) : γ-철(면심입방격자) ↔ δ-철(체심입방격자)

α-철 : 알파철, γ-철 : 감마철, δ-철 : 델타철이라 읽는다.

(2) 자기변태(동형 변태)
결정격자의 변화를 일으키지 않고 자기상태만 변화(강자성체가 상자성체 또는 비자성체)하는 변태로 점진적이고 연속적으로 변화가 생기며 일명 퀴리점이라 한다.

자기변태를 할 수 있는 순금속은 강자성체인 Fe, Ni, Co이다.
- 자기변태 온도 : Fe(768℃), Ni(360℃), Co(1160℃)

7. 금속의 재결정과 소성가공의 종류
금속을 가공하는 방법에는 냉간가공(cold working)과 열간가공(hot working)이 있으며 이 가공을 구별하는 기준은 금속의 재결정온도이다. 이 재결정온도보다 낮은 온도에서 가공하는 것을 냉간가공(상온가공)이라 하며 높은 온도에서 가공하는 것을 열간가공(고온가공)이라 한다.

재결정(recrystallization)
금속이 소성가공에 의해서 경화현상이 생겼을 때, 즉 가공경화현상이 생겼을 때 이 금속을 어느 온도 구간에서 일정한 시간 가열하면 기존의 결정립이 소멸하고 새로운 결정이 생성되는 현상을 재결정이라 하며 이 재결정이 일어나는 온도를 재결정온도(recrystallization temperature)라 한다. 가장 많이 사용되는 금속인 철(Fe)의 재결정온도는 순도와 가공도에 따라 대략 350℃~500℃ 범위이다.

(1) 냉간가공(cold working, 상온가공)
재결정온도 이하에서 가공하는 방법으로 다음과 같은 특징이 있다.
① 정밀한 치수가공이나 성질의 균일성을 필요로 할 때 사용한다.
② 결정입자가 미세화되고 표면이 아름답고 제품치수가 정확하다.

③ 기계적 성질이 양호하며 인장강도, 경도, 항복점, 피로강도 등이 증가한다.
④ 연신율, 단면수축률이 감소한다.

(2) 열간가공(hot working, 고온가공)

재결정온도 이상에서 가공하는 방법으로 다음과 같은 특징이 있다.

① 방향성 있는 주조 조직을 제거하며 재질이 균일화된다.
② 재질의 연화(mild)되고 재결정이 이루어져 가공도가 큰 변형이 가능하다.
③ 가공이 쉽고 대량생산에 적합하다.
④ 충격이나 피로에 강하다.

제2장 철강의 제조 및 탄소강

1. 선철의 제조(제철법)

(1) 제철재료
① 철광석 : 철 성분이 40% 이상이며 S와 P가 0.1%를 넘지 않을 것
  종류 : 자철광, 적철광, 갈철광, 능철광
② 연료 : 코크스가 사용되며 용제와 철광석과 함께 용광로에 넣어서 사용한다.
③ 용제 : 철과 불순물의 분리가 쉽도록 하기 위해 넣는 것으로 석회석, 형석, 백운석 등이 사용된다.

(2) 용광로(고로)
철광석을 용해하여 선철(C 2.5~4.5% 정도)을 얻는 노이며 용량은 1일 생산량을 ton으로 표시한다.

(3) 용선로(큐폴라)
용광로에서 얻어진 선철을 용해하여 주철을 제조하기 위한 노이며 용량은 매시간당 용해할 수 있는 무게를 ton으로 표시한다.

2. 철강의 제조(제강법)

(1) 평로 제강법
① 가스 또는 중유를 연료로 사용하여 선철, 고철 등을 배합한 후 1700℃ 정도의 고온으로 용융하여 강재를 얻는 노
② 평로의 용량은 1회에 장입할 수 있는 양을 ton으로 표시한다.

(2) 전로 제강법

① 용해된 선철에 송풍하여 탄소, 규소 및 불순물을 산화하여 제거함으로써 강을 얻는 노
② 정련 시간이 짧고 연료비가 필요 없다.
③ 용량은 1회에 용해하는 양을 ton으로 표시한다.
④ 종류
　㉠ 산성 전로(베세머법) : 고규소(Si 1.5~2.5%), 저인(P 0.05%)의 철을 제강하는 것으로 규산 산화물을 내화재로 사용
　㉡ 염기성 전로(토머스법) : 저규소(Si 1%), 고인(P 2%)의 철을 제강하는 것으로 생석회 또는 마그네시아를 내화재로 사용

(3) 전기로

① 전기열을 이용하여 선철을 용해하여 강을 얻는 노
② 종류 : 아크식, 저항식, 유도식
③ 용량 : 1회에 용해할 수 있는 양을 ton으로 표시
④ 특징
　㉠ 온도 조절이 용이하고 설비가 간단하다.
　㉡ 동합금, 합금강, 경합금 등과 같이 정확한 성분을 필요로 하는 것에 적합하다.
　㉢ 불순물이 없는 양질의 강을 제작할 수 있다.
　㉣ 균일한 가열이 가능하다.
　㉤ 전력 소모가 커서 제품이 비싸다.
⑤ 용도 : 양질의 강, 특수강, 공구강의 제조

(4) 도가니로

① 순도가 높은 강을 제작하는 목적으로 사용한다.
② 동합금, 합금강, 경합금 등과 같이 정확한 성분을 필요로 하는 것에 적합하다.
③ 열효율이 낮고 비용이 많이 든다.
④ 용량은 1회에 용해할 수 있는 구리의 무게를 kg으로 나타낸다.

3. 강괴(ingot)

(1) 림드강(rimmed steel)
정련된 용강을 페로망간으로 가볍게 탈산한 강
① 내부에 용융점이 낮은 불순물로 인한 편석 발생 우려가 있으나 수축공이 없다.
② 강의 단면에 기공이 있다.
③ 용도 : 탄소 0.3% 이하로 판, 봉, 파이프에 사용

(2) 킬드강(killed steel)
노 안에서 페로규소(Fe-Si), 알루미늄(Al) 등으로 완전히 탈산한 강
① 편석은 없으나 표면에 헤어 크랙(hair crack)이 생기기 쉽다.
② 중앙 상부에 수축공이 생겨 10~20% 정도 잘라 버린다.
③ 불순물이 적어 질이 균일한 고급강에 사용

(3) 세미킬드강(semi killed steel)
탈산의 정도가 림드강과 킬드강의 중간 정도로 제조된 강

4. 탄소강

(1) 강재의 분류법(탄소함유량에 의한)
① 순철 : 0~0.035%
② 아공석강 : 0.035~0.86%
③ 강공석강 : 0.86%
④ 과공석강 : 0.86~1.7%
⑤ 아공정주철 : 1.7~4.3%
⑥ 주철 공정주철 : 4.3%
⑦ 과공정주철 : 4.3~6.7%

(2) 순철(탄소함유량 : 0~0.035%)
① 항자력, 투자성이 높아 변압기, 발전기용 철심에 사용
② 단접성, 용접성 양호
③ 유동성 및 열처리성 불량

④ 전연성이 풍부하나 인장강도가 작다.
⑤ 종류 : 암코철, 전해철, 카보닐철, 수소처리철
⑥ 순철은 α-철, γ-철, δ-철 등 3개의 동소체가 있다.

(3) 탄소강의 성분과 영향

탄소강에 함유된 주요원소로는 C, Si, Mn, S, P가 있으며 이를 탄소강의 5원소라 한다. 이 밖에 H_2, O_2 등이 포함되어 있으며 이들 각각의 원소는 다음과 같은 특징과 영향을 미친다.

① 탄소(C)

탄소는 강 중에 0.025~2.0%까지 함유되어 있으며 강의 성질에 가장 큰 영향을 미친다.
㉠ 탄소함유량 증가 시 강도, 경도는 일반적으로 증가한다.
㉡ 탄소함유량 감소 시 강도, 경도는 감소하나, 전연성은 증가한다.
㉢ 탄소함유량이 증가할수록 용접성이 저하되며 용접에 의한 경화현상이 발생하기 쉽다.
㉣ 탄소함유량이 증가할수록 열처리는 쉬워진다.
㉤ 탄소함유량이 증가할수록 인성은 감소하며 취성은 증가한다.

② 망간(Mn)
㉠ 강 중에 0.2~0.8% 정도 함유되어 일부는 α-Fe(알파철) 중에 고용되고 나머지는 S와 결합하여 MnS가 된다.
㉡ S에 의한 해(적열취성)를 막아주며 절삭성을 개선한다.
㉢ 경화능, 강도, 경도, 점성, 유동성을 증가시키며 고온에서 결정 성장을 억제한다.
㉣ 탄소량이 적은 강에 2% 이내로 첨가하면 연율 및 단면 수축률을 감소시키지 않고 인장강도, 항복점, 충격치값을 증가시킨다.

③ 규소(Si)
㉠ 강 중에 0.2~0.6% 함유하며 유동성, 주조성이 양호하다.
㉡ 강의 인장강도, 탄성 한계, 경도를 증가시킨다.
㉢ 가공성 및 단접성을 해치고 연신율, 충격치, 전성을 감소시킨다.
㉣ 용접성을 감소시킨다.

④ 황(S)
㉠ 강의 유동성을 해치고 적열취성의 원인이 되며 고온 가공성을 해친다.

ⓒ 강도, 연율, 충격값이 감소된다.
ⓒ 0.25% 정도 첨가하면 절삭성이 개선되며 황을 함유시켜 절삭성을 개선시킨 강을 쾌삭강이라 한다.
⑤ 인(P)
㉠ 청열취성의 원인이 되며 Fe_3P의 화합물을 만들고 결정립을 조대화시킨다.
ⓒ 편석 및 균열 발생의 우려가 있다.
ⓒ 인장강도, 경도를 다소 증가시키지만 연신율 및 충격치를 저하시켜 상온취성의 원인이 된다.
⑥ 기타
㉠ 구리(Cu) : 용융점의 저하, 인장강도 및 경도의 증가
ⓒ 수소(H_2) : 은점(fish eye), 헤어 크랙(hair crack)의 원인이 된다.

(4) 탄소강의 조직

① 오스테나이트(Austenite, γ-Fe)
㉠ γ-Fe에 최대 2.0%까지의 C(탄소)를 고용한 고용체이다.
ⓒ A_1 변태 이상에서 안정된 조직을 갖는다.
ⓒ 비자성체이며 전기저항이 크고 경도는 낮으나 인장강도에 비해 연신율이 크다.
㉣ 브리넬 경도(HB)는 약 155 정도이다.

② 페라이트(Ferrite, α-Fe)
㉠ α-Fe에 탄소를 0.025% 이하를 고용한 고용체이다.
ⓒ 강자성체이고 연하고 전연성이 크며 순철에 가까워 일명 지철이라 한다.
ⓒ 브리넬 경도(HB)는 약 70~100 정도이다.

③ 펄라이트(Pearlite, α-Fe+Fe_3C)
㉠ 0.85% C의 γ-고용체가 723℃에서 분열되어 생긴다.
ⓒ 페라이트와 시멘타이트의 공석정이다.(α-Fe+Fe_3C)
ⓒ 경도가 크고 어느 정도 연성이 있다.
㉣ 항장력, 내마모성이 강한 조직으로 브리넬 경도(HB)는 약 225 정도이다.

④ 시멘타이트(Cementite, Fe_3C)
㉠ 6.67% C와 Fe의 화합물로서 대단히 단단하고 메짐이 있다.
ⓒ 비중 7.82이며 A_0 변태(210℃)에서 자기변태를 가진다.

ⓒ 백색의 침상조직으로 불안정한 금속간 화합물이다.

ⓓ 대단히 굳고 메지며 브리넬 경도(HB)는 약 820 정도이다.

⑤ 레데뷰라이트(Ledeburite, $\gamma-Fe+Fe_3C$)

2.0%의 γ-고용체와 6.68%의 Fe_3C와의 공정조직으로 4.3% C의 지점을 공정점이라 한다.

(5) 탄소강의 기계적 성질

① 인장강도와 경도는 공석 조직 부근이 최대이다.

② 과공석 조직에서 경도 증가, 강도 급격히 감소

③ 탄소 0.04~0.86%의 압연된 탄소강의 평균 인장강도(δ_B)

$$\delta_B = 20 + 100 \times C (\text{kg/mm}^2)$$

④ 인장강도(δ_B)와 브리넬 경도(H_B)와 관계

$$H_B = 2.8 \times \delta_B$$

(6) 탄소강의 종류와 용도

탄소의 함유량에 따라 저탄소강(극연강, 연강, 반연강)과 고탄소강(반경강, 경강, 최경강)으로 분류한다.

① 용도(탄소함유량에 의한)

ⓐ 가공성을 요구할 때 : C<0.05~0.3%

ⓑ 가공성, 강인성을 요구할 때 : C=0.3~0.45%

ⓒ 강인성, 내마멸성을 요구할 때 : C=0.45~0.65%

ⓓ 내마멸성, 경도를 요구할 때 : C=0.65~1.2%

② 분류(KS 규정에 다른 탄소함량에 의한 분류)

ⓐ 극연강 : 0.12% 이하 : 철판, 못, 리벳, 파이프 등

ⓑ 연강 : 0.12~0.2% : 판, 교량, 강봉, 철골, 볼트 등

ⓒ 반연강 : 0.2~0.3% : 기어, 레버, 강판, 볼트, 너트 등

ⓓ 반경강 : 0.3~0.4% : 철골, 강판, 차축

ⓔ 경강 : 0.4~0.5% : 차축, 기어, 캠, 레일

ⓕ 최경강 : 0.5~0.7% : 축, 기어, 스프링, 단조공구, 레일 등

ⓖ 탄소공구강 : 0.6~1.5% : 각종 목공구, 석공구, 절삭 공구 등

(7) 탄소강의 종류

① 냉간압연강판(SBC) : 제관, 차량, 냉장고, 건설분야의 소재
② 열간압연강판(SHP) : 법랑철판, 아연도금강판, 주석도금강판 등
③ 일반구조용압연강재(SS41) : 특별한 기계적 성질이 필요하지 않은 곳-철도, 차량, 조선, 자동차 등
(SS41 : 기호 뒤에 붙는 숫자는 재료의 최저인장강도를 의미한다.)
④ 기계구조용 강재(SM45C) : 일반구조용 강재보다 신뢰도가 높은 곳에 사용 : 축, 기계부품류
(SM45C : 기호 뒤에 붙는 숫자는 탄소함유량을 의미한다.)
⑤ 탄소공구강(STC) : 목공용 공구, 공작기계용 절삭 날 등
⑥ 주강
　주강이란 전기로에서 1500~1550℃의 온도로 용융된 탄소강을 주형에 주입하여 제작한 것으로 단조가 곤란하고 철로서는 강도가 부족한 경우에 사용하는 것으로 다음과 같은 특징이 있다.
　㉠ 특징
　　ⓐ 주철로서는 얻기 힘든 강과 유사한 기계적 성질을 얻을 수 있을 뿐만 아니라 용접에 의한 보수도 매우 용이하다.
　　ⓑ 주철에 비해 수축율이 크기(2배) 때문에 주조하는데 어려움이 있다.
　　ⓒ 주조 후 응력이 크고 조직이 거칠고 메지므로 풀림(AC_3 이상 30~50℃) 처리하여 사용한다.
　　ⓓ 기포 발생 방지를 위해 탈산제를 많이 쓰므로 Mn, Si가 많이 잔재된다.
　　ⓔ 주철에 비해 용융온도가 높아서 주조가 어렵고 비용이 많이 든다.
　㉡ 종류
　　ⓐ 탄소주강 : 탄소의 함유량이 0.2% 이하인 것을 저탄소 주강, 0.2~0.5%를 함유한 것을 중탄소 주강, 0.5% 이상 함유한 것을 고탄소 주강이라 한다.
　　ⓑ 합금주강 : 중탄소 주강에 Mn, Cr, Mo, Ni 등을 첨가한 것으로 성분에 따라 Ni 주강, Cr 주강, Ni-Cr 주강, Mn 주강이 있다.

제3장 특수강

1. 합금강(특수강)의 분류와 합금원소의 영향

(1) 합금강의 분류 방법
① 원소함량에 의한 분류 : 고합금강, 저합금강
② 성분에 의한 분류 : Ni강, Mn강, W강, Mo강
③ 용도에 의한 분류 : 구조용 합금강, 공구용 합금강, 특수용도용 합금강

(2) 용도에 의한 합금강의 종류
① 구조용 합금강 : 강인강, 표면경화용 합금강,
② 공구용 합금강 : 합금공구강, 고속도강, 경질공구용 합금(초경합금, 스텔라이트)
③ 특수용도용 합금강 : 스테인레스강, 쾌삭강, 스프링강, 베어링강, 철심재료, 영구자석강, 불변강

(3) 합금원소의 첨가 목적
① 강을 경화시키고 기계적 성질을 개선하기 위해
② 높은 강도와 함께 연성을 유지하기 위해
③ 고온과 저온에서의 기계적 성질 개선
④ 내식성 및 내산화성을 위해
⑤ 내마모성 및 내피로 특성 등의 성질을 개선하기 위해

[각종 합금원소의 첨가 효과]

첨가원소	효 과
Ni	강인성, 내식성, 내산성, 인성 저온충격 저항 증가
Cr	· 함유량이 적어도 강도와 경도 증가 효과 · 함유량이 많으면 내식성, 내열성, 자경성을 크게 증가시킴 · 탄화물 생성으로 내마멸성 증가
Mo	크리프 저항과 내식성 증가, 뜨임메짐 방지
Mn	함유량이 많아지면 내마멸성 증가, 적열메짐(적열취성) 방지
Si	함유량이 많아지면 내마멸성 증가, 전자기적 성질 개선, 내열성 우수
W	· 함유량이 많으면 탄화물 생성을 쉽게 하고 경도와 내마멸성 증가 · 고온경도와 강도 증가

뜨임 메짐

Ni-Cr강은 공기 속에서 냉각한 경우 담금질이 되므로 이것을 뜨임처리하여 사용한다. 뜨임온도는 600~650℃가 적당하나 560℃ 이하의 온도로 뜨임을 하여 서냉하는 경우에는 점성을 잃게 되어 여리게 된다. 이러한 현상을 Ni-Cr강의 뜨임메짐(취성)이라 한다.

2. 구조용 특수강

(1) 강인강

탄소강에서 얻을 수 없는 강인성을 얻기 위해서 탄소강에 Ni, Cr, W, Ti, Mo, Si 등을 첨가한 강으로 인장강도, 탄성 한도, 연율, 충격치, 피로 한도 등의 기계적 성질이 우수하고 가공성, 내식성이 우수함

① Ni강(1.5~5% 정도 Ni 첨가)
  ㉠ 강인성과 열처리성, 내마멸성, 내식성을 향상
  ㉡ 질량 효과가 적고 자경성을 가진다.
  ㉢ 인장강도, 항복점, 경도 상승 및 연율을 감소시키지 않고 충격치 증가
  ㉣ 용도 : 치차, 체인 레버, 스핀들, 강력 볼트, 저널

② Cr강(1~2% Cr 첨가)
   ㉠ 탄화물 형성으로 경도를 증가시키고 내마멸성을 향상시킴
   ㉡ 결정립 미세해지고 인장강도, 항복점을 증가시키며 인성이 크다.
   ㉢ 임계냉각속도를 느리게 하여 공기 중에서 냉각하여도 경화하는 자경성이 있음

> **임계냉각속도**
> 강재를 담금질 경화시키는 데 필요한 최소한의 냉각속도를 임계냉각속도라고 한다. 이때 100% 마르텐사이트를 만드는 완전담금질에 요하는 최소한의 냉각속도를 상부임계냉각속도, 처음으로 마르텐사이트가 나타나기 시작하는 냉각속도를 하부임계냉각속도라고 한다.

③ Mn강
   ㉠ 저망간강(C=0.2~1.0%, Mn=1~2%) : 조직은 펄라이트이며, 일명 듀콜강이라 한다. 항복점, 인장강도가 높고, 용접성이 우수하다. 주 용도는 조선, 차량, 건축, 제지용 로울러 등에 이용한다.
   ㉡ 고망간강(C=0.9~1.3%, Mn=10~14%) : 조직은 오스테나이트이며 일명 하드 필드강, 수인강이라 한다. 경도가 커서 내마모용으로 사용한다. 주 용도는 각종 광산 기계, 기차 레일의 교차점, 칠드 로울러, 불도우저, 냉간용 인발 다이스 등에 이용한다.

④ Ni-Cr강(Cr 1% 이하 첨가)
   ㉠ 내마모성, 내식성이 탄소강보다 우수하다.
   ㉡ 850℃에서 담금질하고 600℃에서 뜨임하여 소르바이트 조직을 얻는다.
   ㉢ 뜨임취성이 있다.(방지제 : Mo, Vm W 첨가 또는 급랭)
   ㉣ 강인성이 있고 연신율의 감소 없이 높은 강도가 유지된다.

⑤ Ni-Cr-Mo강
   ㉠ Ni-Cr강에 Mo을 0.3% 첨가시킨 강으로 강인성의 증가 및 뜨임메짐을 방지하는 효과가 크다.
   ㉡ 주 용도로는 내연기관의 크랭크 축, 강력볼트, 기어 등 주요 기계부품에 사용된다.

⑥ Cr-Mo강
- ㉠ C 0.25~0.5%, Cr 1.0%, No 0.15~0.3% 함유함
- ㉡ 담금질이 용이하고 뜨임 취성이 적다.
- ㉢ 인장강도, 충격 저항 증가 및 용접성이 좋고 열간 가공이 용이하며 다듬질 표면이 아름답다.

⑦ Cr-Mn-Si강(크로만실)
- ㉠ Cr 0.5%, Mn 0.9~1.2%, Si 0.8%의 합금
- ㉡ 항복점, 인장강도, 인성이 크고 기계 가공, 고온 단조, 용접 및 열처리가 쉽다.
- ㉢ 용도 : 철도용 단조품, 크랭크 축, 차축, 자동차 부품

(2) 표면경화용 합금강

재료 내부는 강인성을 필요로 하고 외부는 높은 경도를 가지는 성질이 필요할 때 사용되는 합금강으로 침탄강과 질화강이 있다.

① 침탄용강 : 저탄소강에 Ni, Cr, Mo 등 첨가함
② 질화용강 : Al, Cr, Mo, Ti, V 등의 원소 중 2개 이상 성분 첨가

3. 공구용 합금강

공구강은 고온 경도, 내마멸성, 강인성이 크고 열처리와 공작이 용이해야 하며 제조 및 취급이 쉽고 가격이 싼 구비 조건을 갖추어야 한다.

(1) 합금공구강(STS)

탄소공구강에 Cr, W, V, Mo, Mn, Ni 등을 1~2종 이상 첨가하여 담금질 효과, 경도, 내마모성을 개선하고 결정립을 미세화 한 것

① 절삭용 합금공구강
   고경도와 절삭성을 증가시키기 위해 탄소함량을 높이고 Cr, W, V 등을 첨가한 강
② 내충격용 공구강
   정이나 펀치류와 같이 충격을 받는 곳에 사용되는 것으로 인성이 있어야 하며 대표적인 것은 STS 4종이다.
③ 게이지용 강
   정밀기계, 기구, 게이지 등에 사용되는 것으로 HRC 55 이상의 경도와 팽창계수

가 적어야 한다.

(2) 고속도강 (SKH)

① W 고속도강

㉠ 성분 : C 0.8%, W 18%, Cr 4%, V 1%

㉡ 고온 강도(보통강의 3~4배) 및 마모 저항이 커서 600℃까지 경도가 저하되지 않아 고속절삭 효율이 좋다.

② Co 고속도강

표준형 고속도강에 Co 3% 이상 첨가하여 경도, 점성 증가시킨 강이다.

③ Mo 고속도강

Mo 5~8%, W 5~7% 첨가한 강으로 담금질 성질이 향상되고 뜨임취성 방지 효과가 있다.

(3) 주조 경질 합금(스텔라이트)

Co를 주성분으로 한 Co-Cr-W-C계 합금으로 단련이 불가능하므로 금형주조에 의해서 제조된 강으로 다음과 같은 특징이 있다.

① 단조에 의한 단련이 불가능하므로 주조한 상태로 연삭하여 사용한다.

② 열처리를 하지 않아도 충분한 경도를 가진다.

③ 절삭 속도는 고속도강의 2배 정도 크나, 인성, 내구력이 적어 충격에 약하다.

(4) 소결 경질 합금(초경합금)

WC, TiC, TaC 등의 금속탄화물 분말을 Co분말과 함께 금형에 넣어 압축 성형하여 제1차 800~1000℃에서 예비 소결하고 제2차 소결은 1400~1450℃의 수소기류 중에서 소결한 합금이다.

① 상품명으로 일명 비디아, 탕갈로이, 카볼로이 등으로 불린다.

② 종류 : D종(다이스용), G(주철용), S종(강 절삭용)

③ 내마모성, 고온 경도가 크나 충격에 부적당하다.

(5) 비금속 초경합금(시래믹)

Al_2O_3를 주성분으로 1600℃ 이상에서 소결한 일종의 도자기적 성질을 갖고 있는 비금속 물질로 다음과 같은 특징이 있다.

① 고온 경도, 내열성, 내마모성이 크나 인성이 적어 충격에 약하다.(충격 값 : 초경

합금의 1/2)

② 비자성, 비전도 및 내부식성, 내산화성이 커서 고온 절삭, 고속 정밀 가공용, 강자성 재료의 가공용으로 쓰인다.

(6) 시효 경화 합금

Fe-W-Co계로 548합금이라 하며 다음과 같은 특징이 있다.
① 뜨임경도가 높고 내열성이 우수하다.
② 고속도강보다 수명이 길고 석출 경화성이 크다.

> **석출경화**
> 석출이란 하나의 고체 속에 다른 고체가 별개의 상(相)이 되어 나올 때를 말하며 석출경화란 석출 현상에 의해 그 모재(母材)가 단단해지는 현상을 말한다.(알루미늄에 합금을 한 뒤 적당한 속도로 성장시키면 물성이 뛰어난 상태로 변화하는 현상)

4. 특수 용도 특수강

(1) 스테인리스강

① 페라이트계 스테인리스강
　㉠ Cr 13%인 것과 18%인 것이 대표적이다.
　㉡ 강인성 내식성이 있고 열처리에 의해 경화가 가능하다.
　㉢ 담금질(920~1100℃)로 마아텐자이트 조직을 얻는다.
② 오스테나이트계 스테인리스강
　㉠ 고 Cr 스테인리스강에 Ni를 10% 정도 첨가한 것
　㉡ Cr 18%, Ni 8%인 것이 대표적인 성분으로 18-8스테인리스강이라고 한다.
　㉢ 내식, 내산성이 페라이트계보다 우수하며 비자성체이다.
　㉣ 담금질로 경화되지 않는다.
　㉤ 용접성이 우수하다.
③ 마텐자이트계 스테인리스강
　㉠ 12~17%의 Cr과 충분한 탄소를 함유한 것

ⓒ 높은 강도와 경도를 목적으로 조성되었으므로 다른 것에 비해 내식성이 나쁘다.

ⓒ 용접성이 불량하여 용접 후 급열, 급랭에 의해 균열이 발생할 염려가 높다.

(2) 내열강(SEH)

① 내열강의 구비 조건

㉠ 고온에서 화학적으로 안정하고 기계적 성질이 우수할 것

ⓒ 사용 온도에서 탄화물의 분해 및 변태를 일으키지 말 것

ⓒ 열에 의한 팽창 및 변형이 적을 것

㉣ 냉간 가공, 열간 가공, 용접 등이 잘될 것

(3) 불변강

Ni 26% 이상의 고니켈강으로 비자성이다.

① 인바(invar)

㉠ Ni 36%, C 0.2%, Mn 0.4%의 합금

ⓒ 팽창계수 : 0.97×10^{-8}

ⓒ 용도 : 바이메탈 재료, 정밀기계 부품, 권척, 표준척, 시계 등

② 엘린바

㉠ Ni 36%, Cr 12%의 합금

ⓒ 팽창계수 : 1.2×10^{-6}(상온에서 탄성률이 변하지 않음)

ⓒ 용도 : 시계 스프링, 정밀계측기 부품

③ 코엘린바(coelinvar)

㉠ Ni 10~16%, Cr 10~11%, Co 2.6~5.8의 합금

ⓒ 용도 : 특수용 스프링, 기상관측용 기구 부품

④ 플래티나이트

㉠ Ni 42~48%의 Ni-Fe계 합금

ⓒ 팽창계수 : $8 \sim 9.2 \times 10^{-6}$

ⓒ 용도 : 전구, 진공관, 유리의 봉입선, 백금 대용

⑤ 이소에라스틱

㉠ Ni 36%, Cr>8%, Mn+Si+Mo+Cu+V=4%인 Fe계 합금

ⓒ 용도 : 항공계기 스케일용, 스프링 악기의 진동판

⑥ 퍼멀로이
　㉠ Ni 75~80%, Co 0.5%, C 0.5%의 고투자율 합금
　㉡ 용도 : 전자 차폐용판, 전류계용판, 해저전선의 장하코일

⑦ 초인바
　㉠ Ni 30.5~32.5%, Co 4~6%의 합금으로 팽창계수 0.1×10^{-6}으로 인바의 1/12 밖에 되지 않는다.
　㉡ 용도 : 정밀기계부품

(4) 스프링강
① 탄성 한도, 항복 강도, 피로 한도가 높아야 하고 충격이나 반복 응력에 잘 견디어야 한다.
② 자동차용 : Si-Mn, Cr-Mn
③ 정밀 고급 스프링용 : Cr-V
④ 내열, 내식용 스프링용 : 고 Cr계, 스테인리스강 등이 쓰이다.

(5) 쾌삭강
① S, Pb을 첨가하여 피절삭성을 좋게 한 것
② 강도를 요하지 않는 부분에 사용된다.

제4장 주철

1. 개요

성분상 탄소량이 1.7~6.67%이며 실용적인 주철의 탄소함유량은 2.5~4.5%이다. 용광로에서 제련한 선철 및 파쇠를 용선로에서 용해 후 주형에 주입하여 주물형태로 제조하며 Si, Mn, P, S 등의 원소를 포함한다.

(1) 장점
① 주조성, 마찰저항이 우수하다.
② 절삭가공이 쉽고 값이 싸다.
③ 압축강도(인장강도의 3~4배)가 크고 녹이 잘 슬지 않는다.
④ 표면이 굳고 잘 녹슬지 않으며 chill이 잘 된다.

(2) 단점
① 인장강도, 휨 강도, 충격값이 작고 취성은 크다.
② 고온에서 소성 변형이 되지 않는다.

2. 주철의 성장과 흑연화

(1) 주철의 성장

주철이 가열과 냉각을 반복하면 주철이 성장하여 부피가 크게 되고 변형과 균열 발생으로 인하여 수명이 단축되는 현상을 주철의 성장이라 한다.

① 주철의 성장 원인
㉠ 불균일한 가열에 의한 팽창과 시멘타이트의 흑연화에 의한 팽창
㉡ Ar_1 변태에 의해 체적 변화가 일어날 때 미세한 균열이 형성되어 생기는 팽창

ⓒ 흡수된 가스에 의한 팽창과 고용원소인 규소의 산화에 의한 팽창

ⓔ 흑연과 페라이트 기지의 열팽창계수의 차이에 의거, 그 경계에 생기는 틈새

② 주철 성장의 방지책

㉠ 조직은 치밀하게 하고 산화하기 쉬운 규소 대신에 내산화성인 니켈로 치환할 것

㉡ Cr 등을 첨가하여 시멘타이트의 흑연화를 방지할 것

㉢ 편상을 구상으로 하고 탄소량을 저하시킬 것

(2) 주철의 흑연화

불안정한 시멘타이트(Fe_3C)를 용이하게 분해해서 철과 흑연으로 된 것을 말한다.

① 촉진 원소 : Si, Al, Ni, Ti

② 저해 원소 : Cr, Mn, S, Mo, V

3. 주철의 조직

(1) 탄소함유량에 따른 분류

① 아공정 주철 : 2.0~4.3% C

② 공정 주철 : 4.3% C

③ 과공정 주철 : 4.3% C 이상

(2) 탄소의 존재형식에 의한 분류

① 회주철 : 탄소가 유리탄소(free carbon) 상태인 흑연으로 존재하는 주철

② 백주철 : 탄소가 화합탄소(combined carbon) 상태인 Fe_3C로 존재하며 이것이 많을수록 백주철이다.

③ 반주철 : 유리탄소와 화합탄소가 거의 동일비율로 존재하는 형식의 주철

주철의 조직도

탄소(C)와 규소(Si)와의 관계를 표시한 것으로 마우러 조직도라 한다.

4. 주철의 종류와 용도

(1) 보통주철

① 성분 C 3.2~3.8%, Si 1.4~2.5%, Mn 0.4~1.0%, P 0.3~0.8%, S<0.08%
② 인장강도 : 10~20kg/mm^2
③ 압축강도 : 56~110kg/mm^2
④ 용도 : 일반 기계 부품, 수도관, 난방용품, 가정용품, 농기구(1~3종)

(2) 고급주철

① 주철의 기지를 펄라이트로 하고 흑연을 미세화시켜 인장강도, 내열성, 내마모성을 개선한 것
② 인장강도 : 25kg/mm^2 이상
③ 레데부루에 의하면 1<Si<3일 때 C=4.2~4.4%가 되도록 하면 고급주철이 된다고 한다.
④ 고급주철의 제작법
　㉠ 란쯔법 : Si 1.0% 정도로 적게 하고 주형을 200~500℃ 정도로 예열하여 흑연화를 촉진시켜 고급주철을 얻는 법
　㉡ 에멜법 : C<3%, Si=2.0%에 스크랩을 50~70% 배합하여 약 1500℃에서 용해한 것으로 항장력이 30~40kg/mm^{2}이다.
　㉢ 코르샬리법 : 저탄소 선철과 강철칩을 1500℃ 용해하여 주강 주물에 가까운 재질을 얻을 때 쓴다.
　㉣ 파워스키법 : 1500~1560℃의 고온에서 용해하여 흑연을 세밀화시키는 방법
　㉤ 미하나이트법 : 강철 칩을 60~90%로 배합하고 용해하여 Si, Ca-Si를 첨가, 흑연의 핵형성을 촉진시킨 것으로 담금질이 가능하고 인장강도가 35~45kg/mm^{2}이다.(강력 주조용, 내열용, 내마모용, 내부식용)

(3) 합금 주철

특수 원소(Ni, Cr, Cu, Mo, V, Ti, Al, W, Mg)를 단독 또는 함께 함유시켜 강도, 내열성, 내부식성, 내마모성을 개선시킨 주철

(4) 칠드(냉경) 주철

① 주조 시 주물 표면에 금속형을 대어 표면을 백선화시켜 경도 증가 및 내마멸성, 내열성을 크게 하고, 내부는 회주철로 내충격성을 증가시킨 주철
② 칠드층의 깊이 : 10~25mm 정도
③ 경도 : HS 60~75, HB 350~500
④ 용도 : 압연기의 롤, 기차바퀴

(5) 구상흑연주철

① 용융 주철에 Mg, Ce, Mg-Cu 등을 첨가하여 흑연을 구상화한 것
② 유해 원소 : Sn, Pb, Vi, Sb, As, P, Al, Ti
③ 기계적 성질
  ㉠ 주조한 상태 : 인장강도 50~70kg/mm^2, 연신율 2~3%
  ㉡ 풀림(900℃에서 1시간)한 상태 : 인장강도 45~5kg/mm^2, 연신율 12~20%
④ 특징
  ㉠ 보통주철보다 다소 굳고 내마멸성, 내열성이 좋다.
  ㉡ 성장도 적고 표면이 산화되기 어렵다.
  ㉢ 가열할 때 보통주철에서 발생되는 산화 및 균열 성장이 방지된다.

(6) 가단주철

① 흑심가단주철(BMC)
  저탄소, 저규소의 백선 주철을 풀림 열처리하여 Fe_3C를 분해, 흑연을 입상으로 석출시킨 것
  ㉠ 제1흑연화(유리 시멘타이트의 흑연화)
    ⓐ 백선 주철을 탈탄제와 함께 850~950℃로 풀림한다.
      (Fe_3C → 흑연+오스테나이트 조직으로 흑연화)
  ㉡ 제2흑연화(펄라이트 중의 시멘타이트 흑연화)
    ⓐ A_1 변태점에서 오스테나이트가 많은 양의 펄라이트로 변태, 이 펄라이트 중의 시멘타이트를 680~730℃로 풀림한다.
② 펄라이트가단주철(PMC)
  ㉠ 흑심가단주철에서 제1단계 흑연화가 끝난 후 약 800℃에서 일정 시간 유지,

급랭으로 펄라이트를 얻는다.
ⓒ 인장강도(45~70kg/mm^2)가 크고, 연율이 다소 감소된 펄라이트 가단주철(고력 가단주철)을 얻는다.
ⓒ 제조 방식
ⓐ 열처리 사이클만에 의한 방식
ⓑ 흑심가단주철의 재열 처리에 의한 방식
ⓒ 합금원소 첨가에 의한 방식
③ 백심가단주철(WMC)
㉠ 백주철을 산화철과 함께 약 950~1000℃로 가열하여 70~100시간 유지하면 상당한 깊이까지 탈탄하여 서냉하면 펄라이트가 많아지고 중심부는 흑연과 시멘타이트가 된다.
㉡ 강도는 흑심보다 다소 높으나 연신율이 적다.

제5장 비철금속

1절 구리(Cu)

1. 구리의 제조

(1) 동광석 : 적동광(자연동), 황동광(유화동), 휘동광, 반동광
(2) 제조법 : 동광석 → 용광로 → 조동(98~99.5% Cu) → 반사로 → 형동
　　　　　↳ 전기정련 → 전기동(판, 선, 봉)

2. 순동의 종류

(1) 전기동 : 순도는 높으며 취성이 커서 가공이 곤란하다.
(2) 정련동 : 전기동을 반사로에서 정련한 것으로 내식성, 전연성이 좋고 강도가 있다. (전기 공업용)
(3) 탈산동 : P(인)으로 탈산(용접용 가스관, 열교환관, 중유 버너관, 증기관)
(4) 무산소동 : 진공 중에 용해, 주조한 것으로 가공성, 전도성이 우수하여 취성이 없다. (전자기기)

3. 구리의 성질

(1) 물리적 성질

① 전기 및 열의 양도체이며 비자성체이다.
② P, As, Mn, Al, Fe, Sb, Zn 함유로 전기전도율 저하
③ Zn, Sn, Ni 등의 타 금속과 친화력 양호

(2) 화학적 성질
① 황산, 염산, 질산에 쉽게 용해
② 탄산가스, 습기, 염수에 부식되어 염기성 탄산 등의 녹이 생김

(3) 기계적 성질
① 전연성이 풍부하여 가공성이 우수하다.
② 인장강도는 가공률 70% 부근에서 최대

4. 구리 합금
- 가공용 합금 : 연성이 큰 α 고용체
- 주조용 합금 : 용융점이 낮은 β, δ 고용체

(1) 황동(Cu+Zn의 합금)
① 황동의 성질
  ㉠ 주조성, 가공성, 내식성, 기계적 성질이 좋다.
  ㉡ 압연과 단조가 가능하다.
  ㉢ 인장강도는 아연 45% 부근에서 최대이다.
  ㉣ 완전 풀림 온도 : 600~650℃
  ㉤ 연신율은 아연 30% 부근에서 최대이다.
② 황동의 종류
  ㉠ 톰백 : 아연 8~20%의 합금. 전연성이 좋고 금에 가까워서 모조금, 박 등 금 대용으로 사용한다.
  ㉡ 카트리지 황동 : 아연 30%의 합금. 판, 봉, 관, 선, 탄피, 장식용으로 사용
  ㉢ 문쯔메탈 : 아연 40%의 합금. 6 : 4 황동으로 인장강도가 커서 열교환기, 열간 단조용에 사용함
  ㉣ 애드미럴티 황동 : 7 : 3 황동에 주석 1%를 첨가한 것으로 전연성이 좋아 관, 판으로서 증발기, 열교환기에 사용
  ㉤ 네이벌 황동 : 6 : 4 황동에 주석 1%를 첨가한 것으로 용접봉, 파이프 선박용 기계로 사용함
  ㉥ 연황동(쾌삭황동) : 황동에 납을 1.5~3% 첨가한 것으로 절삭성이 좋아 시계기

어용과 같은 정밀가공부품에 사용
- ⓢ 철황동(델타메탈) : 6 : 4 황동에 철을 1~2% 첨가하여 강도와 내식성을 개선하여 광산기계, 선박, 화학기계용에 사용됨
- ⓞ 양은 : 황동에 니켈을 첨가한 것으로 장식, 식기, 악기 등에 사용

① 경년변화(secular change) : 황동가공재를 상온에서 방치하거나 사용 중 시간이 경과함에 따라 경도 등의 성질이 악화되는 현상
② 탈아연 부식 : 불순물 또는 부식성 물질이 녹아 있는 수용액의 작용에 의해 표면 또는 금속 내부 깊은 곳까지 아연이 탈색되는 현상
③ 자연균열(season cracking) : 공기 중의 NH_3, 기타 염류에 의해 발생한 입간부식 상태에서 상온가공에 의해 내부응력이 발생하는 현상

(2) 청동(Cu+Sn의 합금)

① 청동의 성질
  ㉠ 내식성, 내마모성, 인장강도, 연신율이 크다.
  ㉡ 황동에 비해 주조가 용이하다.
  ㉢ 연신율 Sn ~5% 부근, 인장강도 Sn 18% 부근, 브리넬 경도 Sn 32%에서 최대이다.

② 청동의 종류
  ㉠ 포금 : 청동에 아연을 1~2% 첨가
  ㉡ 화폐용 청동(coining bronze) : 주석 3~10%에 주조성을 향상시키기 위해 아연 1%를 첨가한 것으로 화폐, 메달용에 사용한다.
  ㉢ 켈밋 : Cu+Pb(30~40%)를 함유한 것으로 베어링용 청동의 일종
  ㉣ 인청동 : 청동에 인을 함유(0.35% 정도)한 것으로 밸브, 피스톤 링, 기어 등에 사용
  ㉤ 암즈 청동(알루미늄 청동) : 청동에 알루미늄, 니켈, 철, 망간을 함유한 청동으로 인장강도가 60~80kg/mm^{2}이다.
  ㉥ 규소 청동 : 규소를 4% 이하 함유한 구리합금으로 열처리 효과가 적으므로 700~750℃에서 풀림처리하여 사용하며 내식성과 용접성이 좋아 휘발유 탱크, 화학공업용 기구 등에 사용된다. 미국에서는 에버듀르, 허큘로이란 이름으

로 생산된다.
- ⓢ 베릴륨 청동(베릴륨 구리) : 2~3%의 Be를 첨가한 Cu합금으로 시효경화성이 있으며 구리 합금 중에서 가장 큰 강도($133kg/mm^2$)와 경도를 갖는 구리합금으로 고급 스프링, 전기 접점 등에 사용된다.
- ⓞ 콜슨 합금 : 3~5% Ni, 1% Sn을 첨가한 구리합금으로 C합금이라고도 한다. 전도율이 좋아 용접봉, 전극재료로 사용된다.

2절 알루미늄과 그 합금

1. 알루미늄 개요

(1) 알루미늄의 제조
① 광석 : 보크사이트($Al_2O_3 \cdot 2SiO_2 \cdot 2H_2O$), 토혈암, 명반석
② 제련법
   ㉠ 소다석회법
   ㉡ Bayer법

(2) 알루미늄의 성질
① 물리적 성질
   ㉠ 유동성이 작고 수축률이 크며 가스의 흡수 및 석출이 많다.
   ㉡ 면심입방격자이며 용융점 이외의 변태점이 없다.
② 기계적 성질
   ㉠ 전연성이 풍부하고 가공에 따라 강도, 경도 증가, 연신율 감소
   ㉡ 재결정 온도 : 150~140℃, 풀림 온도 : 200~300℃
   ㉢ 400~500℃에서 연신율이 최대(열간 가공 온도)
   ㉣ 시효 경화성이 크다.
③ 화학적 성질
   ㉠ 공기, 깨끗한 물에서는 표면의 산화막 형성으로 내식성 우수
   ㉡ 염산, 황산, 알칼리 수용액 등에 침식한다.

2. 알루미늄 합금의 종류

(1) 주물용 알루미늄 합금

① Al-Si계 : 실루민

② Al-Cu계 : 알코아

③ Al-Cu-Si계 : 라우탈

④ Al-Mg-Si계 : 하이드로날륨

(2) 내열용 알루미늄 합금

① Al-Cu-Mg-Ni : Y-합금

② Al-Ni-Si-Cu-Mg : 로엑스 합금

③ Al-Cu-Mg-Ni-Ti : 코비탈륨

(3) 고강도 알루미늄 합금

① Al-Cu-Mg-Mn : 두랄루민(비행기 제작에 사용)

② Al-Cu-Mg-Mn-Cr-Zn : 초강두랄루민

3절 기타 비철금속 및 그 합금

1. 마그네슘(Mg)과 그 합금

(1) Mg의 제조법

① 염화마그네슘을 용해하며 전기분해 또는 환원 처리

> 탄소에 의한 환원은 1900~2400℃에서 행하며, 생성한 마그네슘 증기와 일산화탄소를 대량의 수소가스로 급랭(急冷)하여 생긴 마그네슘분말을 증류하고 용해하여 잉곳(ingot)으로 만든다.(순도는 90% 정도)

② 마그네시아(MgO)를 용융 전해

(2) Mg의 성질

① 비중 1.74, 조밀육방격자
② 저온에서 소성가공 곤란(단조, 압연 400~500℃, 압출 500~550℃)
③ 산, 염류에 침식되나 알칼리에 강하며, 습한 공기 중에서 산화막 형성으로 내부 부식 방지

(3) 용도

Al 합금용, Ti 제련용, 구상흑연주철 제조용, Mg 합금용, 사진용 flash

(4) Mg 합금의 종류

① 도우메탈 : Mg-Al계 합금으로 전연성을 요하는 주물, 단조물, 강력주물 제작에 쓰인다.
② 일렉트론 : Mg-Al-Zn계 합금으로 내연기관의 피스톤에 사용된다.

2. 니켈 합금

(1) 니켈(Ni)의 성질

① 물리적 성질
  ㉠ 비중 8.9, 용융점 1455℃, 면심입방격자, 자기변태점 358℃
  ㉡ 은백색으로 전기저항이 크다.
② 기계적 성질
  ㉠ 풀림 상태에서 인장강도 40~50kg/mm^2, 연신율 30~45
  ㉡ 연성이 크고, 냉간 및 열간 가공 용이(열간 가공 온도 : 1000~1200℃)
  ㉢ 재결정 온도 : 530~660℃
③ 화학적 성질
  ㉠ 화학적으로 안정하고 내식, 내열성이 크다.(질산에 약하나 염산, 황산, 알칼리에는 견딘다.)
  ㉡ 공기 중에서 500~1000℃의 가열로 산화되지 않는다.

(2) 합금의 종류

① 백동 : 니켈 : 8~20%, 아연 : 20~35%, 나머지 구리의 합금 : 장식용, 식기류,

가구류, 계측류 등
② 모넬메탈 : 60~70% 니켈+구리 합금으로 R-모넬, K-모넬, H-모넬 등이 있으며 화학기계 등에 사용
③ 콘스탄탄 : 40~50%의 니켈+구리 합금으로 열전쌍, 통신기 등에 사용된다.

3. 아연, 주석, 납 및 그 합금

(1) 아연과 그 합금

① 아연(Zn)의 성질
  ㉠ 용융점 419℃, 비중 7.133, 조밀육방격자의 백색 금속
  ㉡ 습기, 탄산가스의 영향으로 표면에 염기성 탄산염의 피막을 형성한다.
  ㉢ 인장강도, 연신율이 작고 취약하여 상온 가공이 곤란하다.
  ㉣ 산, 알칼리에 약하다.
  ㉤ Fe, Cu, Sb 등의 불순물은 부식을 촉진하는 역할을 한다.
② 아연 합금의 종류
  ㉠ 다이캐스팅 합금
    ⓐ 자막(zamak) : Zn-Al-Cu계의 합금으로 Al 4% 정도 함유

> **다이캐스팅**
> 다이 주조라고도 하는데 필요한 주조 형상에 완전히 일치하도록 정확하게 기계 가공된 강제(鋼製)의 금형(金型)

  ㉡ 베어링용 합금
    ⓐ 성분 : Zn에 Al 2~3% 또는 Cu 5~6%, Sn 10~25%, Pb 5%
    ⓑ 다른 베어링 합금보다 경도가 크고, 마찰에 대한 저항이 있다.

(2) 납(Pb)

① 비중 11.35, 용융점 327℃, 인장강도 $2kg/mm^2$ 이하, 연신율 50%, HB 7, 면심입방격자
② 상온에서 장시간 두면 표면에 탄산염 피막 형성
③ 초산, 알칼리, 암모니아 등에도 안정하다.

④ 식기, 완구에 10% 이상 함유해서는 안 된다.
⑤ 용도 : 화학공업용 기구, 땜납, 연판, 도료 축전지의 전극, 전선의 피복, 활자 합금

(3) 주석(Sn)

① 비중 7.3%, 용융점 232℃, 인장강도 3kg/mm^2 정도, 재결정 온도 0℃ 이하, 동소변태 18℃
② 광택이 있고 소성이 커서 박판의 제조가 용이하다.
③ 상온에서 공기, 물, 희박한 산에 저항이 크나 강한 산에 침식한다.
④ 용도 : 선박, 위생용 튜브, 식기, 철 및 구리 표면 부식 방지

4. 베어링 합금

(1) 구비 조건

① 경도와 인성, 항압력이 필요
② 내하중성이 높고 마찰계수가 적어야 한다.
③ 비열 및 열전도율이 크고 내식성이 우수해야 한다.
④ 소착(seizing)에 대한 저항력이 커야 한다.

(2) 종류

① 화이트 메탈 : 주석계와 납계가 있다. 주석-안티몬-구리계의 베빗메탈이 주석계 중에 가장 중요한 합금이다.
② 오일리스 베어링 : 분말야금에 의하여 제조된 소결 베어링으로 자체적으로 오일을 품고 있어서 급유가 어려운 부분의 베어링으로 사용한다.

제6장 강의 열처리

1절 일반 열처리

1. 정의

금속을 적당한 온도로 가열한 후 냉각방법 및 속도를 달리하여 목적한 성질 및 상태를 얻기 위한 열 조작

2. 분류

(1) 일반열처리 : 담금질, 뜨임, 풀림, 불림
(2) 항온열처리 : 항온담금질, 항온뜨임 등
(3) 표면경화처리 : 하드페이싱, 숏피닝, 금속침투법, 침탄법, 질화법

3. 종류

(1) 담금질(quenching, 燒入)

① 방법 : 강을 A_3, A_2, A_1점보다 30~50℃ 높은 온도구간까지 일정 시간 가열한 후 급랭시킴
    가열온도 : 아공석강 : A_3+50℃, 공석강, 과공석강 : A_1+50℃
② 목적 : 강도 및 경도 증대(마텐자이트 조직을 얻기 위함임)
③ 담금질 조직 : 냉각속도에 따라 A-M-T-S가 있다.
④ 경도 크기 : 마텐자이트(HB : 600~700), 트루스타이트(420), 소르바이트(270), 오스테나이트(155)

냉각제의 냉각 효과
분수(噴水)-염수(鹽水)-물-기름(油)-공기

질량 효과(Mass effect)
담금질 시 질량이 작은 재료는 담금성이 좋으나 질량이 큰 재료는 내·외부의 온도차로 인해 외부는 경화되나 내부는 경화되지 않는 현상

경화능(hardenability, 담금질성)
① 같은 담금질 조건일 때 담금질에 의해 경화되는 깊이
② 담금질성 향상원소 : B, Mn, Mo, Cr, Si, Ni 등
③ 담금질성 저해원소 : S, V, Co, Cd, Ta, W 등

(2) 뜨임(tempering, 燒戾)
① 방법 : 강을 A_1 변태 이하(150~600℃)로 가열 후 서냉(공랭)시킴
② 목적 : 인성 부여
③ 종류
　㉠ 저온뜨임(150~200℃) : 내부응력 및 담금질 응력 제거, 경년변화 방지, 내마모성 부여
　㉡ 고온뜨임(550~600℃) : 강인성 부여(마텐자이트-소르바이트를 얻기 위함)

심랭처리(Sub-Zero treatment)
목적 : 담금질한 강의 경도를 증가시키고 시효변형을 방지하기 위해 0℃ 이하의 저온에서 처리
　(-80℃ 정도가 적당하며 처리 후 곧바로 뜨임 실시)

Ausforming
오스테나이트강을 재결정온도 이하, M_s점 이상의 온도 범위에서 소성가공을 한 후 quenching하는 조작

(3) 불림(normalizing, 燒準)
① 방법 : 강을 A_3, A_2, A_1 또는 A_{cm}선보다 30~50℃ 높은 구간에서 가열 후 서냉(공랭)시킴
② 목적 : 강의 표준화, 가공경화된 강의 결정립 미세화

(4) 풀림(annealing, 燒鈍)
① 방법 : 강을 A_3, A_2, A_1보다 30~50℃ 높은 구간에서 가열 후 서냉(爐冷)시킴
② 목적 : 각종 가공에 의한 내부응력 제거, 열처리에 의해 경화된 재료를 연화시키기 위함
③ 종류
  ㉠ 저온풀림(A_1점 이하) : 중간, 응력제거, 재결정풀림 등
  ㉡ 고온풀림(A_1점 이상) : 완전, 확산, 항온풀림 등

2절 강의 표면경화법

1. 정의
기어나 클러치와 같이 내마모성과 충격값이 동시에 요구되는 부품의 경우 내부는 강인한 조직으로 충격에 견디게 하고 표면은 경도를 높여 내마모성을 부여하고자 하는 열처리 방법

2. 종류
- 물리적인 방법 : 화염경화법, 고주파경화법, 하드페이싱, 숏 피닝
- 화학적인 방법 : 침탄법, 질화법, 금속침투법

(1) 물리적인 방법
① 고주파경화법
10초~5분 정도 고주파전류로 표면을 가열한 후 물을 분사하여 경화시키는 방법으로 가열 시간이 짧아 대량생산에 적합

② 불꽃경화법
　　산소-아세틸렌 불꽃을 이용하여 적열상태까지 가열한 후 물에 급랭시켜 경화시키는 방법
③ 숏 피닝
　　작은 입자(0.5~1mm)의 강철 볼(ball)을 고속으로 재료표면에 분사시켜 가공경화 현상에 의해 표면을 경화시키는 방법
④ 하드페이싱
　　금속표면에 스텔라이트나 경합금을 용착시켜 표면을 경화시키는 방법

(2) 화학적인 방법

① 침탄법
　　저탄소강의 표면에 탄소를 침투 확산시켜 고탄소강으로 만든 후 담금질하여 경화시키는 방법
　　㉠ 고체 침탄법 : 목탄, 코크스 등의 침탄제와 침탄촉진제를 노에 넣고 900℃ 정도로 가열하여 4~6시간 정도 유지(0.5~2mm 정도의 침탄층을 얻는다)
　　㉡ 액체 침탄법(청화법) : KCN, NaCN을 침탄제로 사용(침탄층 : 0.2mm 정도)
　　㉢ 기체 침탄법 : 천연가스, 부탄, 메탄 등을 사용(침탄층 : 1mm 정도)

② 질화법
　　NH_3를 고온으로 가열 후 분리된 N가스를 표면에 침투 확산시켜 경화시키는 방법

③ 금속침투법
　　㉠ 재료에 다른 금속을 피복시킴과 동시에 확산시켜 합금에 의해 표면을 경화시키는 방법
　　㉡ 종류
　　　　ⓐ 크로마이징 : Cr,
　　　　ⓑ 세라다이징 : Zn,
　　　　ⓒ 칼로라이징 : Al
　　　　ⓓ 실리코나이징 : Si,
　　　　ⓔ 보로나이징 : B를 침투

memo

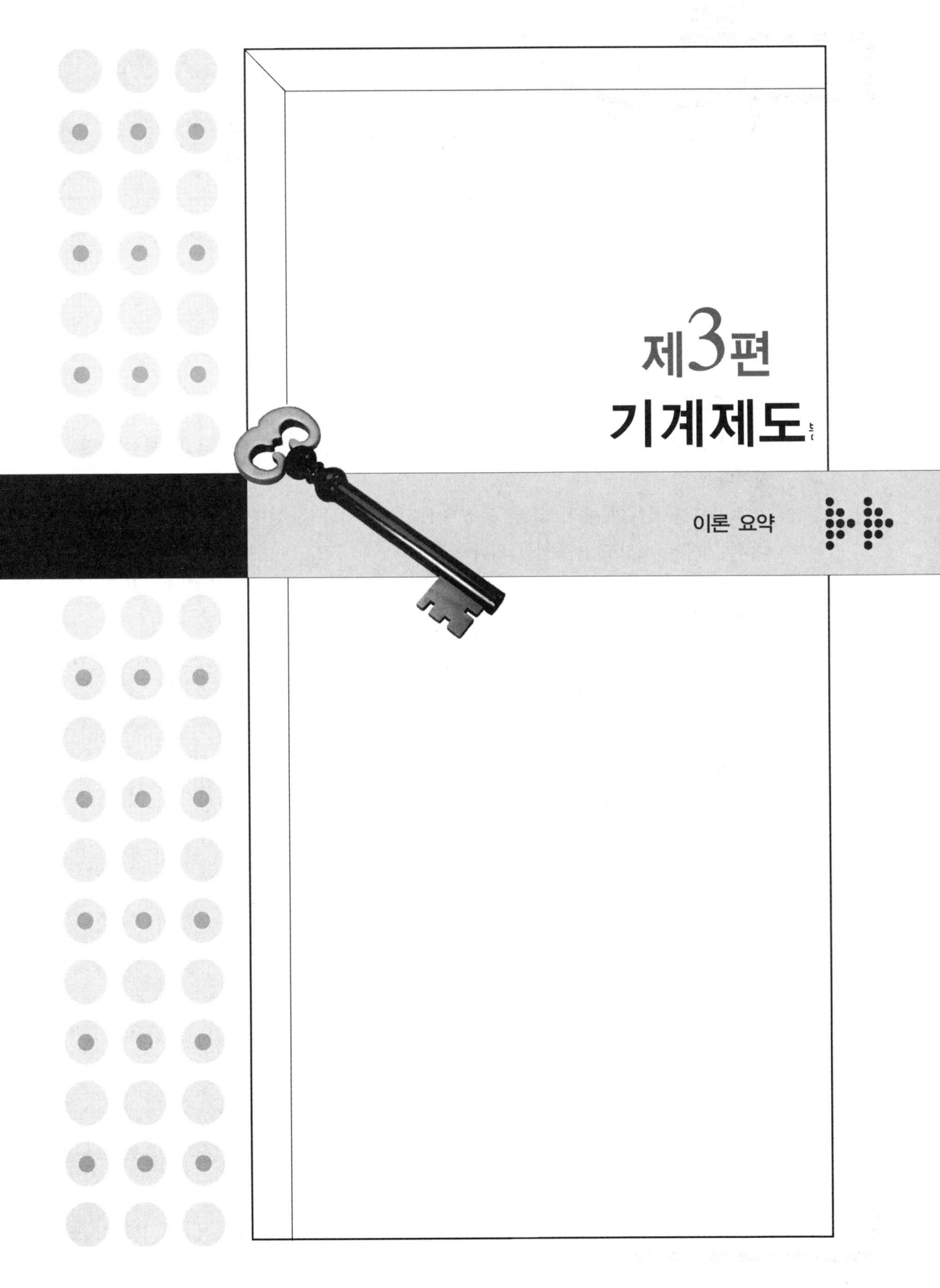

제1장 기계 제도의 통칙

1. 제도의 정의
(1) 제도란 물체를 일정한 규칙에 따라 선, 문자, 기호 등을 이용하여 도면으로 작성한 것이다.
(2) 기계 제도란 기계의 제작, 설치, 구조, 기능, 취급법 등을 설명할 때 필요한 도면이다. 여기에는 제작도가 중심이 된다.

2. 제도의 규격
(1) 도면에 따라 작업을 할 때 설계자가 직접 설명하지 않더라도 작업하는 자가 설계자의 뜻을 정확히 이해하려면 도면을 작성할 때 일정한 규약이 필요하다. 이것이 제도 규격이다.
(2) 제도의 규격에 따라 제품을 생산하게 되면 생기는 이점
   ① 공업생산의 능률화 및 제품의 단순화
   ② 제품 상호간의 호환성 확보
   ③ 품질 양호 및 생산 가격 저렴

[여러 나라의 공업 규격]

국별	규격기호	제정년도
한국공업규격	KS(Korea Standard)	1966(1967)
독일공업규격	DIN(Deutsche Industrie Normen)	1917
영국공업규격	BS(British Standard)	1910
미국공업규격	ASA(American Standard Association)	1918
일본공업규격	JES-JIS(Japanese Industrial Standard)	1921(1952)
국제표준화규격	ISA-ISO(International Organization for Standardization)	1928(1947)

(3) 우리나라에서는 일반 공업에 적용되는 공통적이고 기본적인 제도 통칙이 1966년에 KS A 0005로 제정되었고 기계 제도는 1967년에 KS B 0001로 제정, 공포되었다.

[KS의 분류]

기호	부분	기호	부분	기호	부분
A	기본	F	토건	M	화학
B	기계	G	일용품	P	의료
C	전기	H	식료품	W	항공
D	금속	K	섬유	-	-
E	광산	L	요업	-	-

3. 도면의 종류

(1) 도면의 성질에 따른 분류

① 원도(original drawing) : 제도 용지에 연필로 그린 최초의 도면
② 트레이스도(trace drawing) : 원도 위에 트레이싱 페이퍼를 놓고 연필이나 먹물로 그린 도면으로 일명 사도(tracing)라고도 한다.
③ 청사진(blue print) : 트레이스도를 약물을 칠한 감광지에 올려놓고 현상한 도면

(2) 용도에 따른 분류

① 계획도(layout drawing) : 제작도 등을 만드는 기초가 되는 도면
② 제작도(working drawing) : 제품을 만들 때 사용되는 도면
③ 주문도(order drawing) : 주문서에 붙여 요구의 대강을 나타내는 도면으로 모양, 기능 등을 나타낸다.
④ 승인도(approved drawing) : 주문자의 검토를 거쳐 승인을 받아 이것에 의하여 계획 및 제작을 하는 기초도면
⑤ 견적도(estimation drawing) : 견적서에 붙여 조회자에게 제출하는 도면
⑥ 설명도(explanation drawing) : 사용자에게 구조, 기능, 취급법을 보이는 도면

(3) 내용에 따른 분류

① 조립도(assembly drawing) : 전체의 조립을 나타내는 도면
② 부분조립도(part assembly drawing) : 일부분의 조립을 나타내는 도면
③ 부품도(part drawing) : 부품을 제작할 수 있도록 그 상세를 나타내는 도면
④ 상세도(detail drawing) : 특정 부분의 상세를 나타내는 도면
⑤ 공정도(process drawing) : 제작 과정의 상태를 나타내는 제작도 또는 제조 공정을 나타내는 계통도
⑥ 접속도(connection diagram) : 주로 전기 기기의 내부 및 기기 상호간의 전기적 접속, 기능을 나타내는 도면
⑦ 배관도(piping diagram) : 건축물, 선박의 급수, 배수관, 기계장치의 송유관 등 관의 배치를 나타내는 도면
⑧ 배선도(wiring diagram) : 전선의 배치를 나타내는 도면
⑨ 계통도(distribution drawing) : 배관, 전기장치의 결선 등 계통을 나타내는 도면
⑩ 기초도(foundation drawing) : 기계나 건물의 기초 공사에 필요한 도면
⑪ 설치도(setting diagram) : 보일러, 기계 등의 설치 관계를 나타내는 도면
⑫ 배치도(arrangement drawing) : 기계나 장치의 설치 위치를 나타내는 도면
⑬ 장치도(equipment drawing) : 각 장치의 배치, 제조 공정 등의 관계를 나타내는 도면
⑭ 외형도(outside drawing) : 기계나 구조물의 외형만을 나타내는 도면
⑮ 구조선도(skeleton drawing) : 기계나 구조물의 골조를 나타내는 도면

⑯ 곡면선도(curved surface drawing) : 선박, 자동차의 복잡한 곡면을 나타내는 도면
⑰ 구조도(structure drawing) : 구조물의 구조를 나타내는 도면
⑱ 전개도(development drawing) : 물체, 건조물 등의 표면을 평면에 전개한 도면

4. 도면의 양식

(1) 기계 제도의 도면의 크기는 A0~A5의 6종류이며, A0 용지의 폭(세로)과 길이(가로)의 길이는 841×1189mm로 넓이는 약 $1m^2$이다.
(2) 도면은 길이 방향을 좌우로 놓음을 정위치로 한다.(단 A4 이하의 도면은 예외)
(3) 도면의 폭과 길이의 비율은 $1 : \sqrt{2}$
(4) 도면을 접을 때는 표제란이 겉으로 나오도록 하고 크기는 A4로 한다.
(5) 표제란의 위치는 도면의 우측 하단이다.
(6) 부품표의 위치는 표제란의 위 또는 도면의 우측 상단이다.
(7) 윤곽선이란 도면에 물체를 그리기 전에 도면의 가장자리로부터 용지의 안쪽에 위치하는 선으로 도면의 크기 및 보관방법에 따라 치수를 달리하며 선의 굵기는 0.5mm 이상의 실선을 사용한다.

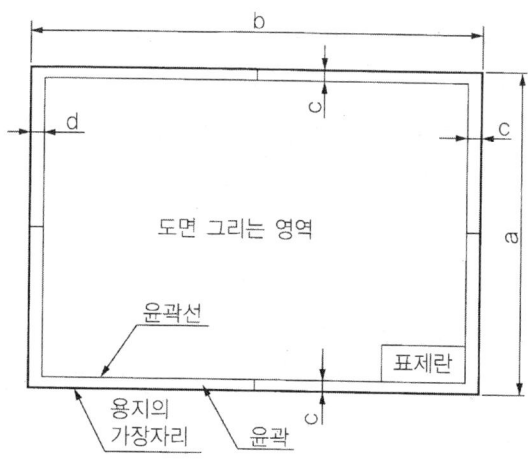

[용지의 규격]

[도면의 윤곽치수]

도면크기 호칭			A0	A1	A2	A3	A4
도면의 윤곽치수	a×b		841×1189	594×841	420×594	297×420	210×297
	c (최소)		20	20	10	10	10
	d (최소)	철할 때	20	20	10	10	10
		철하지 않을 때	25	25	25	25	25

5. 척도 및 척도의 기입

척도(scale) : 도형의 크기와 실물의 크기와의 비율

(1) 종류

① 현척(full scale) : 도형의 크기를 실물의 크기와 같게 그린 것
② 축척(contraction scale) : 도형의 크기를 실물의 크기보다 축소하여 그린 것
③ 배척(enlarged scale) : 도형의 크기를 실물의 크기보다 확대하여 그린 것

(2) 척도의 기입

① 척도는 도면의 표제란에 기입한다.
② 동일 도면에 2종류 이상의 다른 척도를 사용할 때
  ㉠ 표제란에 그 도면 중의 주요 도형 척도 기입
  ㉡ 필요에 따라 각각의 도형 위 또는 아래에 척도 기입
③ 도형이 치수에 비례하지 않을 때
  ㉠ 표제란에 "비례척이 아님" 또는 NS라 기입
  ㉡ 비례하지 않는 치수 밑에 선을 긋는다.
④ 도면을 1/2로 축척하여 제도하면 도형 면적은 1/4로 작아진다.
⑤ 도면은 원칙적으로 현척으로 그리는 것이 바람직하지만 축척이나 배척으로 그릴 때에도 도면에 기입하는 각 부분의 치수는 실물의 치수로 현척의 경우와 같이 기입한다.

[척도의 여러 가지]

현척	1/1
축척	1/2, 1/2.5, 1/3, 1/4, 1/5, (1/8), 1/10, 1/20, (1/25), 1/50, 1/100, 1/200, (1/250), (1/500)
배척	2/1, 5/1, 10/1, 20/1, 50/1, (100/1)

※ ( )를 붙인 기호는 되도록 사용하지 않는다.

제2장 선과 문자

1. 선의 종류

(1) 모양에 의한 분류

[선의 종류]

종류	모양	설명
실선	————————————	연속된 선
파선	------------------------	짧은 선을 약간 간격을 둔 선
1점 쇄선	—·—·—·—·—·—·—	선과 하나의 점을 번갈아 그은 선
2점 쇄선	—··—··—··—··—··	선과 두 개의 점을 번갈아 그은 선

(2) 굵기에 의한 분류

① 실선
  ㉠ 굵은 실선 : 0.4~0.8mm
  ㉡ 가는 실선 : 0.3mm 이하

② 파선
  ㉠ 외형선을 표시하는 실선의 약 1/2
  ㉡ 치수선보다는 굵게 한다.

③ 쇄선
  ㉠ 굵은 쇄선 : 0.4~0.8mm
  ㉡ 가는 쇄선 : 0.3mm 이하

(3) 용도에 의한 분류

용도에 의한 명칭	선의 종류		선의 용도
외형선	굵은 실선	———	대상물의 보이는 부분의 모양을 표시하는 데 쓰인다.
치수선	가는 실선	———	치수를 기입하기 위하여 쓴다.
치수 보조선			치수를 기입하기 위하여 도형으로부터 끌어내는 데 쓴다.
지시선			기술, 기초 등을 표시하기 위하여 끌어내는 데 쓴다.
회전 단면선			도형 내에 그 부분의 끊은 곳을 90° 회전하여 표시하는 데 쓴다.
중심선			도형의 중심선을 간략하게 표시하는데 쓴다.
수준면선(1)			수면, 유면 등의 위치를 표시하는데 쓴다.
숨은선	가는 파선 또는 굵은 파선	- - - - -	대상물의 보이지 않는 부분의 모양을 표시하는 데 쓴다.
중심선	가는 1점 쇄선	—·—·—	① 도형이 중심을 표시하는 데 쓴다. ② 중심이 이동한 중심궤적을 표시하는 데 쓴다.
기준선			특히 위치 결정의 근거가 된다는 것을 명시할 때 쓴다.
피치선			되풀이하는 도형의 피치를 취하는 기준을 표시하는 데 쓴다.
특수 지정선	굵은 1점 쇄선	—·—·—	특수한 가공을 하는 부분 등 특별한 요구사항을 적용할 수 있는 범위를 표시하는데 쓴다.
가상선(2)	가는 2점 쇄선	—··—··—	① 인접부분을 참고로 표시하는 데 사용한다. ② 공구, 지그 등의 위치를 참고로 나타내는 데 사용한다. ③ 가동부분을 이동 중의 특정한 위치 또는 이동한계의 위치로 표시하는 데 사용한다. ④ 가공 전 또는 가공 후의 모양을 표시하는 데 사용한다. ⑤ 되풀이하는 것을 나타내는 데 사용한다. ⑥ 도시된 단면의 앞쪽에 있는 부분을 표시하는 데 사용한다.
무게 중심선			단면의 무게 중심을 연결한 선을 표시하는데 사용한다.

용도에 의한 명칭	선의 종류		선의 용도
파단선	불규칙한 파형의 가는 실선 또는 지그재그선	~~~	대상물의 일부를 파단한 경계 또는 일부를 떼어낸 경계를 표시하는 데 사용한다.
절단선	가는 1점 쇄선으로 끝부분 및 방향이 변하는 부분을 굵게 한 것(3)	⌐⌐	단면도를 그리는 경우, 그 절단 위치를 대응하는 그림에 표시하는 데 사용한다.
해칭	가는 실선으로 규칙적으로 줄을 늘어놓은 것	/////	도형의 한정된 특정 부분을 다른 부분과 구별하는 데 사용한다. 예를 들면 단면도의 절단된 부분을 나타낸다.
특수한 용도의 선	가는 실선	———	① 외형선 및 숨은 선의 연장을 표시하는 데 사용한다. ② 평면이란 것을 나타내는 데 사용한다. ③ 위치를 명시하는 데 사용한다.
	아주 굵은 실선	━━━	얇은 부분의 단면도시를 명시하는 데 사용한다.

[주] (1) ISO128(technical drawings-general principles of presentation)에는 규정되어 있지 않다.
(2) 가상선은 투상법상에서는 도형에 나타나지 않으나, 편의상 필요한 모양을 나타내는 데 사용한다. 또, 기능상, 공작상의 이해를 돕기 위하여 도형을 보조적으로 나타내기 위하여도 사용한다.
(3) 다른 용도와 혼용할 염려가 없을 때는 끝부분 및 방향이 변하는 부분을 굵게 할 필요는 없다.

2. 문자의 종류

도면에 기입되는 문자의 종류에는 한글, 로마자, 아라비아 숫자의 3종류이다.

(1) 제도 통칙(KS A 0005)

① 글자는 명백히 쓴다.
② 문장은 왼쪽에서부터 가로쓰기를 원칙으로 한다.
③ 숫자는 아라비아 숫자를 원칙으로 한다.
④ 글자체는 고딕체로 하고 수직 또는 15° 오른쪽 경사로 씀을 원칙으로 한다.
⑤ 글자의 크기는 높이 20, 16, 12.5, 10, 8, 6.3, 5, 4, 3.2, 2.5 및 2mm의 11종류를 원칙으로 한다.

(2) 기계제도 통칙(KS B 0001)
① 글자는 명백히 쓴다.
② 글자는 고딕체로 하고, 수직 또는 75° 경사체로 씀을 원칙으로 한다.
③ 한글의 크기는 높이 10, 8, 6.3, 5, 4, 3.2, 2mm의 7종류를 원칙으로 한다.
④ 로마자와 아라비아숫자의 크기는 높이 10, 8, 6.3, 5, 4, 3.2, 2.5, 2mm의 8종류를 원칙으로 한다.

(3) 문자 쓰는 법
① 높이를 맞추는 아래, 위의 안내선을 긋는다.
② 문자를 바른 모양과 비율로 가볍게 쓴다.
③ 먹물 사용 시 문자의 굵기는 문자 높이의 1/10로 한다.
④ 문자와 문자, 어구와 어구 사이에는 적당한 간격을 둔다.
⑤ 문자의 크기는 도형의 크기와 조화되게 써야 한다.

(4) 한글 쓰는 법
① 고딕체로 쓴다.
② 선의 이음부가 끊어지지 않도록 한다.
③ 너비는 높이의 100~80%로 한다.

(5) 아라비아숫자 쓰는 법
① 너비는 높이의 약 1/2로 한다.
② 분수는 가로선을 수평으로 하고, 분모, 분자의 높이는 정수 높이의 2/3로 한다.
③ 숫자를 칸에 꽉 차도록 가볍게 쓴 다음, 굵게 써서 완성한다.

(6) 로마자 쓰는 법
① 문자의 너비는 대문자가 높이의 1/2, 소문자는 높이의 약 2/5가 되게 한다.
② 구획 안에 정확한 자체로 가늘게 쓴 다음 굵게 써서 완성한다.

3. 표제란과 부품표

(1) 표제란
도면에는 그 오른쪽 아래에 표제란(title panel)을 설정하여 다음과 같은 사항을 기입한다.

① 도면 번호 ② 도명 ③ 척도 ④ 제도소명 ⑤ 도면 작성 연월일 ⑥ 책임자의 서명 표제란의 형식이나 크기는 일정하지 않으나, 관습상 90×25의 크기로 사용한다.

(2) 부품 번호

기계는 다수의 부품으로 조립되어 있으므로 각 부품에 번호를 붙인다. 이 번호를 부품 번호 혹은 품번(part number)이라 하며 다음과 같은 방법으로 기입한다.

① 부품 번호는 그 부품에서 지시선을 긋고 5~8mm 크기의 숫자를 지름 10~16mm의 원 안에 기입한다.
② 지시선은 치수선이나 중심선과 혼돈되지 않도록 수직 또는 수평 방향은 피한다.
③ 지시선은 도형의 외형에 붙일 때는 화살로 하고, 도형 안에 붙일 때는 흑점을 찍어 표시한다.
④ 그 부품을 별도의 제작도로 표시할 때는 부품 번호 대신에 그 도면 번호를 기입하여도 한다.

(3) 부품표

도면에 그려진 부품에 대하여 모든 조건을 기입하는 표이며 부품표가 표제란 위에 있을 때는 부품 번호는 아래에서 위로 기입하고, 부품표가 도면의 우측 상방에 있을 때는 위에서 아래로 기입하는 것을 원칙으로 하며 다음 사항을 기입한다.

① 품번 → ② 품명 → ③ 재질 → ④ 수량 → ⑤ 중량 → ⑥ 공정 → ⑦ 비고

제3장 투상도법

1. 투상도의 종류

투상도(projection)란 어떤 물체의 한 면 또는 여러 면을 1개의 평면 위에 그려 나타내는 방법이며 종류에는 정투상도법, 사투상도법 및 투시도법의 3종류가 있다.

(1) 정투상도

물체가 투상면에 직각으로 투사하는 평행광선에 의해 투상면에 나타난 투상을 말하며 보통 기계제도에서 많이 사용한다. 물체의 위치와 관계없이 실제 형상과 같은 크기로 표시된다.

(2) 등각투상도

물체의 정면, 평면, 측면을 하나의 투상면 위에서 동시에 볼 수 있도록 두 개의 옆면 모서리가 수평선과 30° 되게 하여 세 축이 120°의 등각이 되도록 투상한 도면이다.

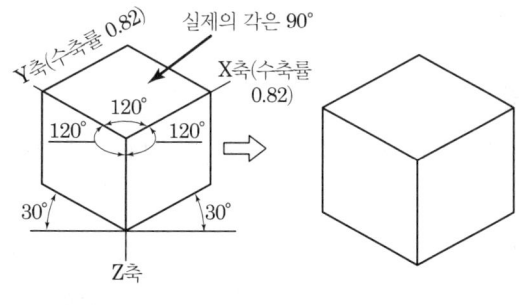

[등각투상도]

(3) 사투상도

물체의 정면도는 그대로 사용하고 측면과 평면을 일정한 각도로 경사시켜 그리는 투상도로 45°의 경사축을 갖는 도면을 카발리에도라 하고 60°의 경사축을 갖는 도면을 캐비닛도라 한다.

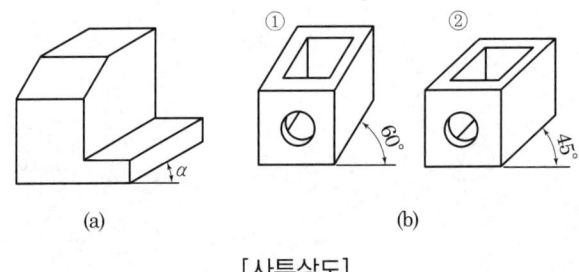

[사투상도]

(4) 투시도

눈으로 본 그대로의 형태로서 원근감을 갖도록 표시한 도법으로 아래 그림과 같이 투상선이 1점에 집중하도록 그린 투상이며 특히 토목, 건축도면 등 큰 물체의 투상에 많이 쓰인다.

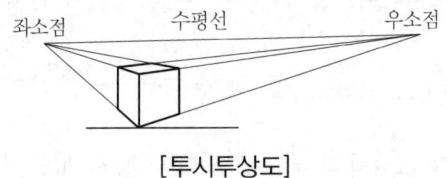

[투시투상도]

2. 정투상도

(1) 정투상도의 명칭

물체의 투상도는 시선의 방향에 따라 6종류가 있으나 보통 3면도 이하를 사용한다.
① 정면도의 정의
   정면도라 함은 물체를 똑바로 정면에서 본 그림이라는 뜻이 아니고, 그 물체의 형상, 기능, 특징을 가장 명백히 나타낸 도면을 말한다.
② 자동차나 선박 등은 측면으로부터 본 그림을 정면도로 한다.

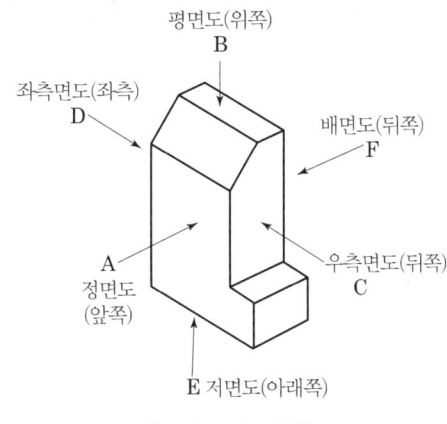

[투상도의 명칭]

(2) 제3각법과 제1각법

정투상법에는 제3각법과 제1각법의 2가지가 있는데, 보통 기계제작의 도면은 제3각법을 표준으로 한다. 아래 그림과 같이 2개의 투상면을 직각으로 교차시키면 공간이 4개로 구분되는데 이 각을 투상각이라 부르며 각각 제1각, 제2각, 제3각, 제4각이라고 한다.

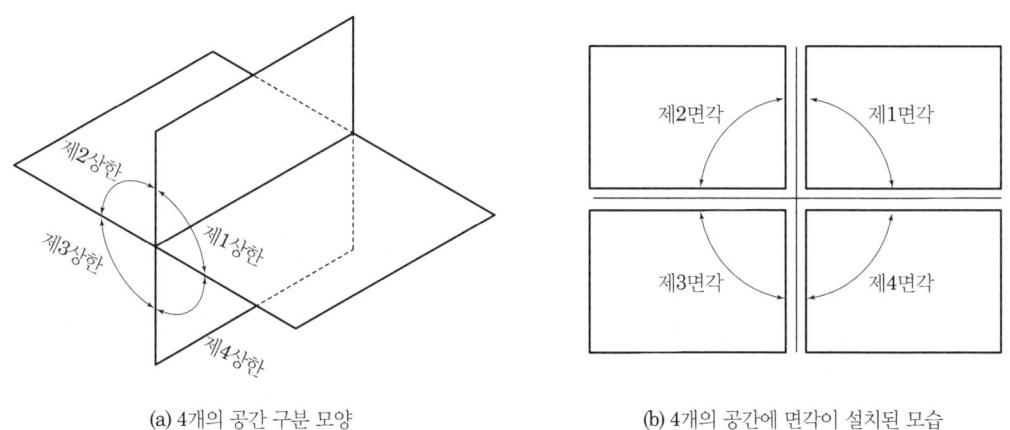

(a) 4개의 공간 구분 모양   (b) 4개의 공간에 면각이 설치된 모습

[4개의 공간구분과 면각이 설치된 모습]

(3) 제3각법

① 제3각의 공간에 물체를 놓고 투상하는 방식이다.
② 투상 순서는 눈→투상면→물체의 순서이다.

③ 투상도의 배열은 정면도를 시준으로 위쪽에 평면도, 오른쪽에 우측면도, 왼쪽에 좌측면도를 놓는다.

④ 투상면에 직각으로 평행광선을 비추면 물체의 정면 형상이 그 앞의 투상면에 나타난다.

(4) 제1각법

① 제1각의 공간에 물체를 놓고 투상하는 방식이다.

② 투상순서는 눈→물체→투상면의 순서이다.

③ 투상도의 배열은 정면도를 기준으로 아래쪽에 평면도, 왼쪽에 우측면도, 오른쪽에 좌측면도를 놓는다.

④ 투상면에 직각으로 평행광선을 비추면 물체의 정면 형상이 그 배후의 투상면에 나타난다.

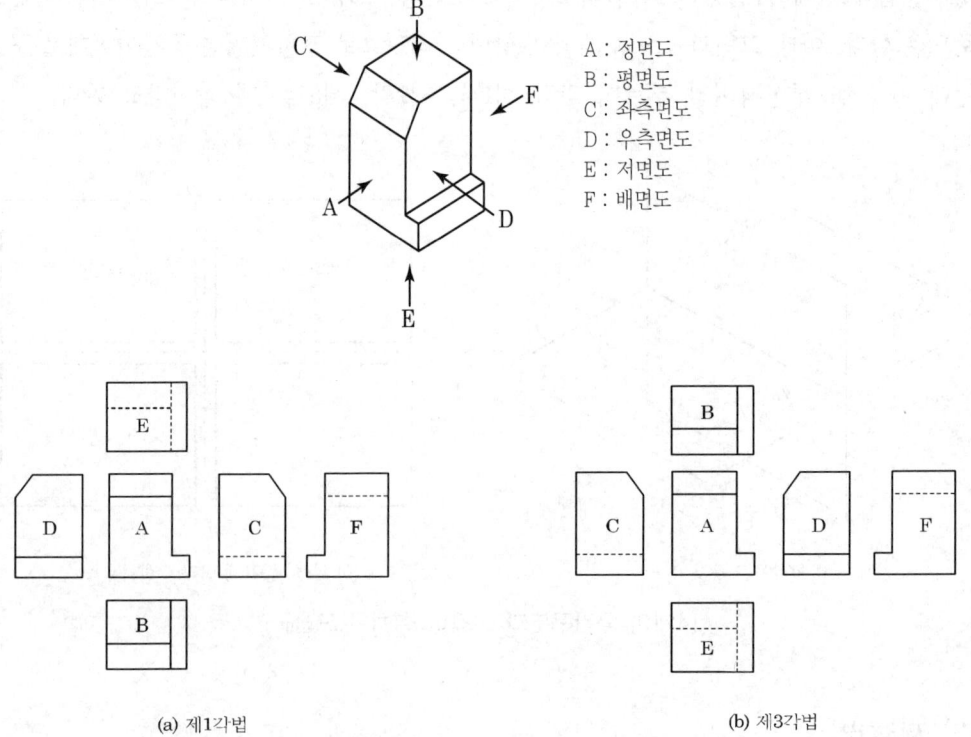

(a) 제1각법 (b) 제3각법

[제1각법과 제3각법의 도면 배열 위치]

(5) 제3각법의 이점
① 정면도의 표현이 합리적이다.(정면도와 측면도는 항시 접근되어 있어 실형의 이해가 용이하며 비교 대조가 편리하다.)
② 치수 기입이 합리적이다.(치수 기입이 2투상도 사이에 접근하여 있으므로 치수를 대조하는 데 편리하다.)
③ 보조 투상이 용이하다.(복잡한 형태에 대해서도 보조 투상도로써 간단히 표현할 수 있다.)

3. 도면의 표시법

(1) 투상도의 선택
① 은선이 적게 되는 투상도를 택한다.
② 정면도를 중심으로 그 위쪽에 평면도, 오른쪽에 우측면도를 선택하는 것을 원칙으로 한다.
③ 정면도와 평면도, 정면도와 측면도의 어느 것으로 나타내도 좋을 경우는 투상도를 배치하기 좋은 쪽을 택한다.

(2) 투상도의 도시
① 물체는 되도록 자연스러운 위치로 나타낸다.
② 물체의 주요면은 되도록 투상면에 평행 또는 수직되게 나타낸다.
③ 물체의 형상, 기능, 특징을 가장 명료하게 나타내는 투상도를 정면도로 선택한다.
④ 관련 투상도의 배치는 되도록 은선을 쓰지 않고도 그릴 수 있게 한다. 그러나 비교 대조가 불편할 경우는 제외한다.
⑤ 도형은 그 물체의 가공량이 가장 많은 공정을 기준으로 그 물체가 가공될 상태와 같은 방향으로 그린다.

4. 특수 방법에 의한 투상도

(1) 보조 투상도
물체의 평면이 투상면에 경사진 경우 면이 축소 또는 변형되어 나타나므로, 경사면에 평행한 투상면을 만들어 이 투상면에 수직되게 필요한 부분만 투상하면 물체의 실형이 나타난다.

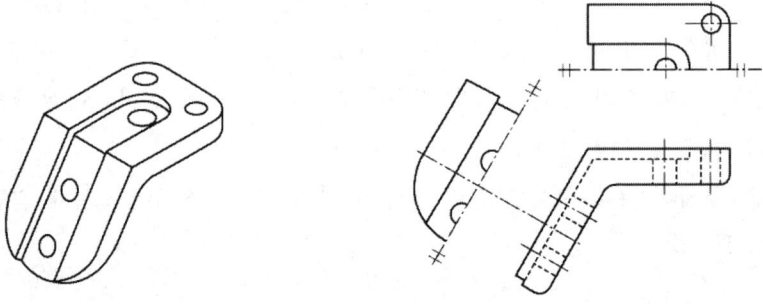

[경사면의 부분 보조 투상도]

(2) 부분 투상도

물체의 수직 또는 수평면의 일부만 도시해도 충분히 이해할 수 있는 경우에는 그 필요한 부분만을 투상한다.

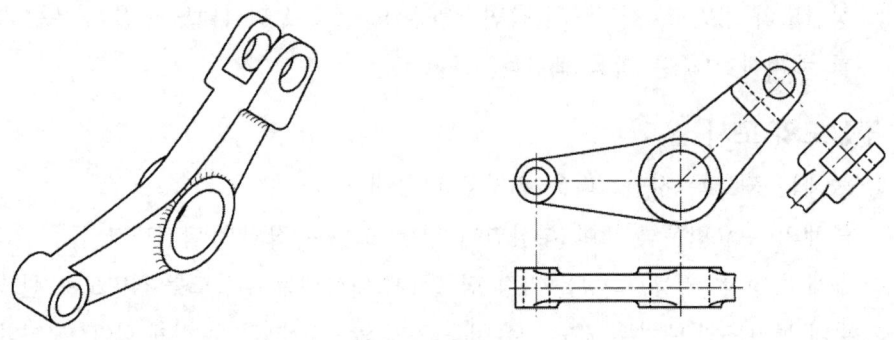

[부분 투상도]

(3) 국부 투상도

대상물의 구멍, 홈 등과 같이 한 부분의 모양을 도시하는 것으로 충분한 경우에 그리는 투상도이다.

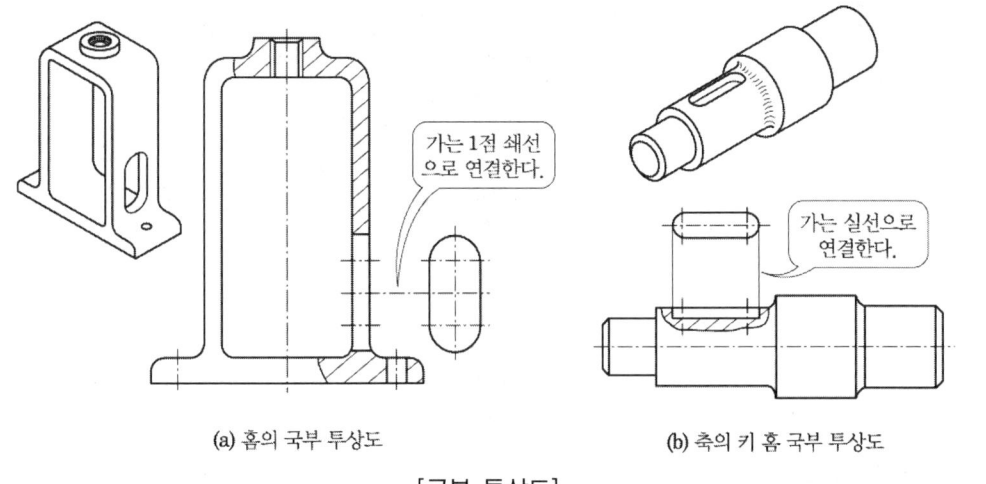

(a) 홈의 국부 투상도   (b) 축의 키 홈 국부 투상도

[국부 투상도]

(4) 회전 투상도

대상물에서 어느 각도만큼 경사진 물체는 어떤 축을 중심으로 물체를 회전시켜서 실제 모양을 나타낸다. 잘못 볼 우려가 있을 때는 작도에 사용한 선을 남겨둔다.

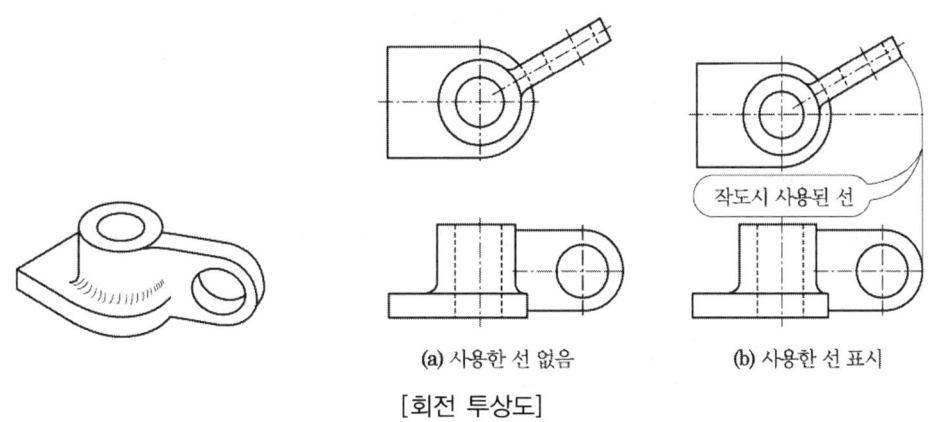

(a) 사용한 선 없음   (b) 사용한 선 표시

[회전 투상도]

5. 단면도법

물체의 형상이 복잡하거나 특히 물체의 내부를 표시할 필요가 있을 때, 그 부분을 절단 또는 파단하는 것으로 가상하여 은선을 생략하고 외형선으로 그리는 것을 단면도라 한다.

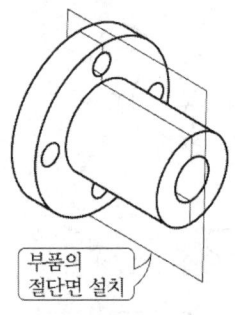 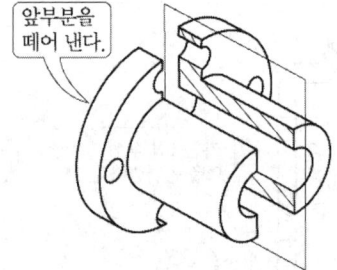 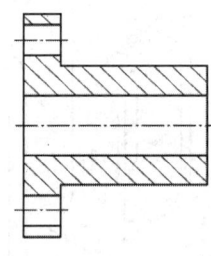

(a) 절단면의 설치 　　　　(b) 앞부분을 떼어 낸 모양 　　　　(c) 단면도

[단면도의 원리]

(1) 단면 법칙

① 단면에는 해칭을 하는 것을 원칙으로 하고 혼동될 우려가 없을 때는 생략한다.
② 단면이 취해진 화살표는 관찰하는 방향으로 도시한다.
③ 은선은 되도록 생략한다.
④ 반단면의 경우에는 단면한 곳을 상부나 우측에 도시한다.
⑤ 단면은 물체의 기본 중심선을 포함하는 면으로 절단한다.
⑥ 부분 단면의 단면선은 프리핸드로 그린다.
⑦ 단면형이 일정하고 긴 물체는 중간 부분을 절단하여 그 단면형을 90° 회전하여 나타낸다.

(2) 단면의 종류

① 온 단면도(전단면도) : 물체를 1/2로 절단하여 전체 투상도가 단면으로 표시된다.

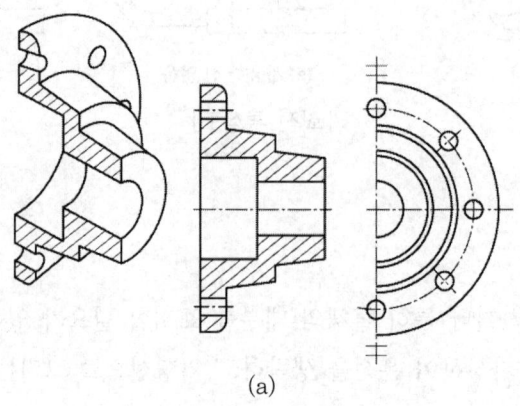

(a)

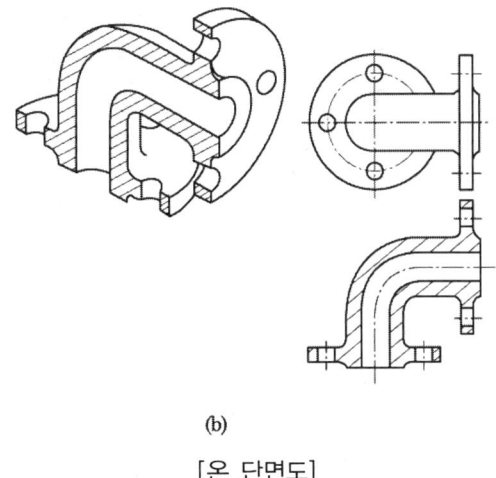

(b)

[온 단면도]

② 한쪽 단면도(반 단면도) : 물체가 대칭일 때 물체의 1/4을 잘라내고, 도면의 반쪽을 단면으로 나타내며, 중심선을 기준으로 외형과 내부가 동시에 나타난다.

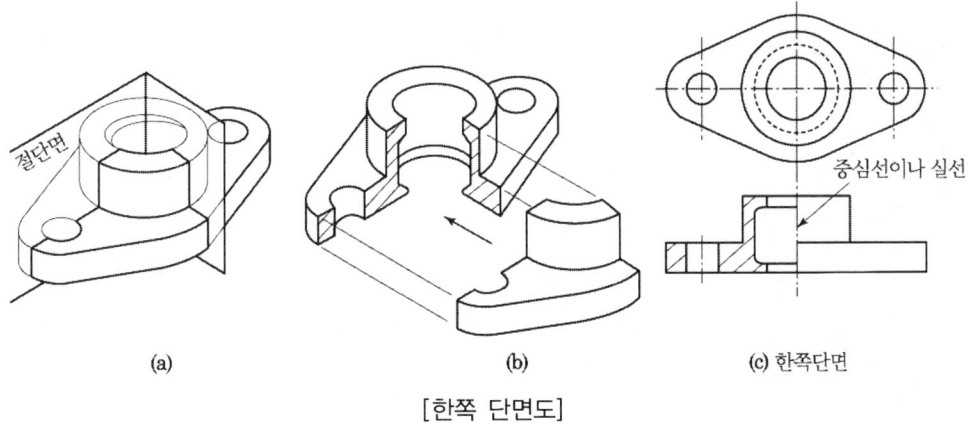

[한쪽 단면도]

③ 부분 단면도 : 단면이 필요한 곳 일부만 절단하여 나타내는 것으로 파단 부분의 파단선은 프리핸드로 그린다.

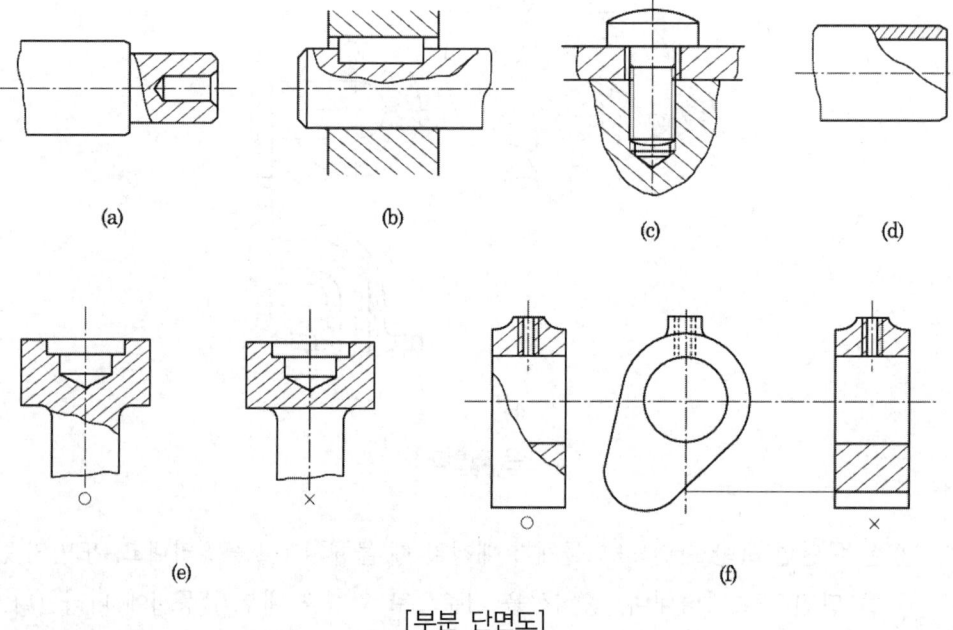

[부분 단면도]

④ 회전 단면도 : 절단한 부분의 단면을 90° 우회전하여 단면 형상을 나타낸다.

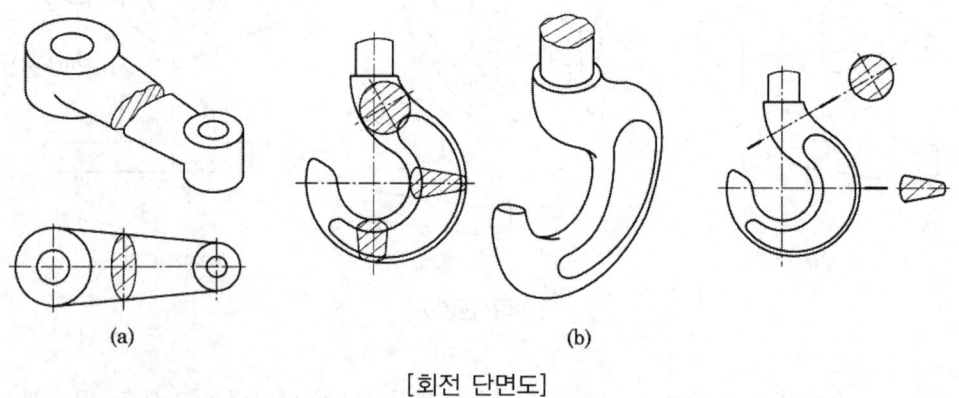

[회전 단면도]

⑤ 계단 단면도 : 절단한 부분이 동일 평면 내에 있지 않을 때 2개 이상의 평면으로 절단하여 나타낸다.

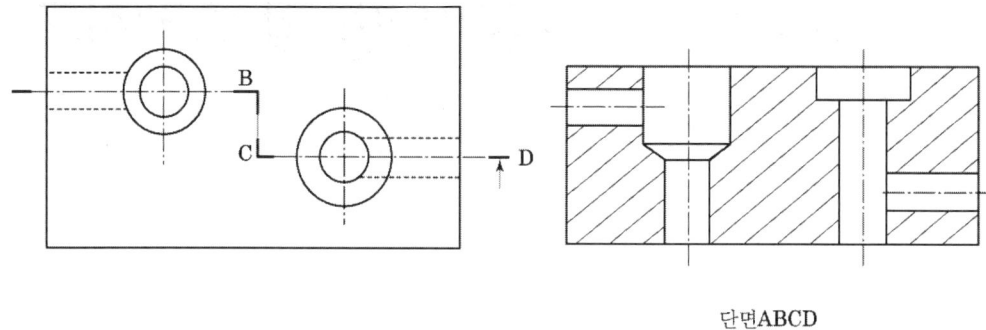

[계단 단면도]　　　　　　　단면ABCD

(3) 단면을 도시하지 않은 부품
조립도를 단면으로 나타낼 때 원칙적으로 다음 부품은 길이 방향으로 절단하지 않는다.
① 속이 찬 원기둥 및 모기둥 모양의 부품 : 축, 볼트, 너트, 핀, 와셔, 리벳, 키, 나사, 볼 베어링의 볼
② 얇은 부분 : 리브, 웨브
③ 부품의 특수한 부분 : 기어의 이, 풀리의 암

(4) 얇은 판의 단면
패킹, 박판처럼 얇은 것을 단면으로 나타낼 때는 한 줄의 굵은 실선으로 단면을 표시한다. 이들 단면이 인접해 있는 경우에는 단면선 사이에 약간의 간격을 둔다.

(5) 해칭의 원칙
① 해칭선은 45°의 기울기로 2~3mm의 간격으로 긋는다.
② 동일 부품이 아닐 때는 해칭 방향이나 간격을 다르게 하거나 기울기를 30°, 60°로 나타낸다.
③ 해칭선 대신 단면의 둘레에 청색 또는 적색 연필로 엷게 칠할 수 있다.(스머징)
④ 해칭한 부분에는 되도록 은선의 기입을 피하며, 부득이 치수를 기입할 때는 그 부분만 해칭하지 않는다.
⑤ 비금속 재료의 단면으로 재질을 표시할 때는 기호로 나타낸다.

제4장 치수기입법 및 스케치도

1. 치수의 기입

(1) 도면에 기입되는 치수
부품의 치수에는 재료 치수, 소재 치수 및 마무리 치수의 3가지가 있는데, 도면에 기입되는 치수는 이들 중 마무리 치수이다.

(2) 치수의 단위
① 길이의 단위
  ㉠ 단위는 밀리미터(mm)를 사용하는데, 그 단위 기호는 붙이지 않고 생략한다.
  ㉡ 인치법 치수를 나타내는 도면에는 치수 숫자의 어깨에 인치("), 피트(')의 단위 기호를 쓴다.
  ㉢ 치수 숫자는 단위가 많아도 3자리마다 (,)를 쓰지 않는다.
    [예] 13260, 3', 1.38"
② 각도의 단위
  각도의 단위는 도, 분, 초를 쓰며 도면에는 도(°), 분('), 초(")의 기호로 나타낸다.

(3) 치수 기입의 구성
① 치수선
  ㉠ 치수선은 부품의 모양을 표시하는 외형선과 평행으로 긋는다.
  ㉡ 치수 보조선과는 직각이 되도록 한다.
  ㉢ 치수선은 가는 실선을 사용한다.
② 치수 보조선
  ㉠ 치수 보조선은 치수를 표시하는 부분의 양 끝에 치수선에 직각이 되도록 긋고, 그 길이는 치수선보다 2~3mm 정도 넘게 긋는다.

ⓒ 투상면의 외형선에서 약 1mm 정도 떼면 알아보기 쉽다.
ⓒ 치수선과 교차되지 않도록 긋는다.
ⓔ 치수 보조선은 치수선에 대해 약 60° 정도 경사시킬 수 있다.
ⓜ 치수 보조선은 중심선까지 거리를 표시할 때는 중심선으로, 치수를 도면 내에 기입할 때는 외형선으로 대치할 수 있다.

③ 지시선(인출선)
ⓐ 지시선은 치수, 가공법, 부품 번호 등 필요한 사항을 기입할 때 사용한다.
ⓑ 수평선에 대하여 60°, 45°로 경사시켜 가는 실선으로 하고 지시되는 곳에 화살표를 달고 반대쪽으로 수평선으로 그려 그 위에 필요한 사항을 기입한다.
ⓒ 도형의 내부에서 인출할 때는 흑점을 찍는다.

(4) 치수 기입

① 치수 숫자의 기입 방향
ⓐ 치수 숫자의 기입은 치수선의 중앙 상부에 평행하게 표시한다.
ⓑ 수평 방향의 치수선에 대하여는 치수 숫자의 머리가 위쪽으로 향하도록 하고, 수직 방향의 치수선에 대하여는 치수 숫자의 머리가 왼쪽으로 향하도록 한다.
ⓒ 치수선이 수직선에 대하여 왼쪽 아래로 향하여 약 30° 이하의 각도를 가지는 방향(해칭부)에는 되도록 치수를 기입하지 않도록 한다.
ⓓ 치수 숫자의 크기는 도형의 크기에 따라 다르지만, 보통 4mm 또는 3.2mm, 4mm로 하고, 같은 도면에서는 같은 크기로 쓴다.

② 각도의 기입
ⓐ 각도를 기입하는 치수선은 각도를 구성하는 두 변 또는 그 연장선의 교점을 중심으로 하여 사이에 그린 원호로 나타낸다.
ⓑ 각도를 기입할 때는 문자의 위치가 수평선 위쪽에 있을 때는 바깥쪽을 향하고, 아래쪽에 있을 때는 중심을 향해 쓴다.
ⓒ 필요에 따라 각도를 나타내는 숫자를 위쪽을 향해 기입해도 된다.

(5) 치수 숫자에 쓰이는 기호

치수에 사용되는 기호는 치수 숫자 앞에 같은 크기로 기입한다.
① ϕ(지름 기호) : 둥근 것의 지름을 나타낼 때 사용한다. ϕ10은 지름이 10mm임을 표시하고, "파이 10"이라 읽는다.

② □(정사각형 기호) : 하나의 치수로 정사각형을 표시할 때 사용한다. □12는 한 변의 길이가 12mm인 정사각형이다.

③ R(반지름 기호) : 반지름을 표시하는 기호로 치수선이 그 원호의 중심까지 그어져 있을 때는 생략해도 무방하다.

④ Sϕ(구면의 지름) : 표면이 구면으로 되어 있음을 표시할 때 사용한다. Sϕ450은 지름이 450mm인 구면을 나타낸다.

⑤ SR(구면의 반지름) : SR450은 반지름 450mm, 즉 지름이 900mm인 구면을 나타낸다.

⑥ C(모따기 기호) : ϕ45의 모따기를 나타낸다. C2란 꼭짓점에서 가로, 세로 2mm의 길이를 잡아 빗변을 만든다.

[각종 치수 보조 기호]

명 칭	기 호	읽는 법	사 용 법
지름	ϕ	파이	지름을 나타내는 기호로 치수 숫자 앞에 붙인다.
반지름	R	알	반지름을 나타내는 기호로 치수 숫자 앞에 붙인다.
구의 지름	Sϕ	에스파이	구의 지름을 나타내는 기호로 치수 숫자 앞에 붙인다.
구의 반지름	SR	에스알	구의 반지름을 나타내는 기호로 치수 숫자 앞에 붙인다.
판 두께	t	티	판의 두께를 표시하는 기호로 치수 숫자 앞에 붙인다.
원호의 길이	⌒	원호	원호의 길이를 나타내는 기호로 숫자 위에 붙인다.
정사각형의 변	□	사각	정사각형의 한 변의 길이를 나타내는 기호로 숫자 앞에 붙인다.
모따기(45°)	C	시	45° 모따기의 기호로 숫자 앞에 붙인다.
참고치수	( )	괄호	참고치수를 나타내는 기호로 숫자를 둘러싼다.

2. 각종 도형의 치수 기입

(1) 원호의 치수 기입

원호가 180°까지는 반지름으로 표시하고 180°가 넘는 것은 지름으로 표시한다. 반지름의 치수 기입은 다음과 같이 한다.

① 치수선은 원호의 중심으로 향해 그으며 원호 쪽에만 화살표를 기입한다.

② 특히 중심을 나타낼 때는 점(·)이나 (×)자로 그 위치를 표시한다.
③ 원호의 중심이 멀리 있을 때는 중심을 옮겨 그린다.
④ 원호가 아주 작을 때는 치수선 밖으로 끌어내어 안쪽으로 화살표를 붙이고 그 옆에 치수를 기입한다.

(2) 호, 현, 각도 표시법
① 호의 길이는 그 호와 동심인 원호를 치수선으로 사용한다.
② 현의 길이는 그 현에 평행한 수평선을 치수선으로 사용한다.
③ 각도 표시는 각도를 구성하는 두 변의 연장선 사이에 그린 원호로 표시한다.

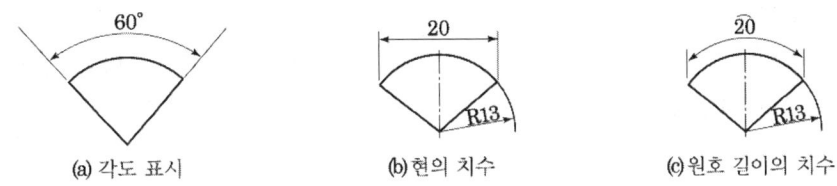

(a) 각도 표시   (b) 현의 치수   (c) 원호 길이의 치수

[각도, 현, 원호의 치수 기입법]

(3) 구멍의 치수 기입
① 드릴 구멍의 치수는 지시선을 그어서 지름을 나타내는 숫자 뒤에 "드릴"이라 쓴다.
② 원으로 표시되는 구멍은 지시선의 화살을 원의 둘레에 붙인다.
③ 원으로 표시되지 않는 구멍은 중심선과 외형선의 교점에 화살을 붙인다.

(4) 같은 치수인 다수의 구멍 치수 기입
같은 종류의 리벳 구멍, 볼트 구멍, 핀 구멍 등이 연속되어 있을 때는 대표적인 구멍만 그리며 다른 곳은 생략하고 중심선으로 그 위치만 표시한다.

(5) 기울기 및 테이퍼의 치수 기입
① 한쪽만 기울어진 경우를 기울기 또는 구배라 한다. 또 중심에 대하여 대칭으로 경사는 이루는 경우를 테이퍼라 한다.
② 기울기는 경사면 위에 기입하고, 테이퍼는 대칭 도형 중심선 위에 기입한다.
③ 그 비율은 모두 a-b/l로 표시한다.

3. 스케치

동일 부품의 재제작, 파손된 기계부품을 교체하고자 할 때, 또는 현품을 기준으로 개선된 부품을 고안하려 할 때에 제도용구를 사용하지 않고 프리핸드로 그리는 것을 스케치라 하며, 스케치에 의해 작성된 도면을 스케치도라 한다.

(1) 스케치 방법

① 프리핸드법

척도에 관계없이 적당한 크기로 부품을 그린 후 치수를 측정하여 기입하는 작도법이다.

② 프린트법

부품의 표면에 광명단, 흑연을 바르거나 기름걸레로 문지른 다음, 종이를 대고 눌러서 원형을 구하는 방법이다.

③ 본뜨기법

물체를 종이 위에 놓고 그 윤곽을 연필로 그리는 '직접 본뜨기법'과 불규칙한 곡선 부분에 납선이나 구리선을 대고 윤곽을 구하여 연필로 그리는 '간접 본뜨기법'이 있다.

④ 사진 촬영법

물체가 복잡하여 스케치하기가 곤란할 때는 여러 각도에서 사진 촬영하여 이것에 치수를 기입한다.

(2) 스케치할 기계의 분해, 조립 방법

① 분해, 조립 방법을 조사하고 이에 필요한 공구를 준비한다.
② 기계를 분해하기 전에, 각 부품의 관계, 위치를 나타내는 꾸미기 스케치도를 그린다.
③ 몇 개로 분해한 부분에 대하여 개략의 부품 조립도를 그린다.
④ 부품마다 분해하고 1개의 부품 스케치가 끝나면 곧 조립하고 다음 부품에 착수한다.
⑤ 부품마다 꼬리표를 달아 부품 번호를 쓰고 부품 조립도에 부품 번호를 기입한다.
⑥ 스케치가 끝나면 기계의 각 부분을 깨끗이 닦고, 윤활유를 칠해서 처음대로 조립한다.

(3) 스케치 작업 방법

① 부품의 모양을 적당한 척도로 그린다.

② 도형에 필요한 치수 보조선, 치수선, 지시선을 긋고, 부품의 치수를 측정하여 기입한다.
③ 다듬질 정도와 재료를 기입한다.
④ 가공 방법, 끼워맞춤 정도, 그 밖의 필요한 사항을 기입한다.
⑤ 부품표를 만들고, 부품 번호, 품명, 재료, 개수 등을 기입한다.
⑥ 도면을 검사한다.

제5장 기계요소 및 배관 제도

1. 나사의 제도

(1) 나사의 종류

① 미터나사

호칭지름과 피치를 mm 단위로 나타내고, 나사산의 각도는 60°인 미터계 삼각나사이다.

② 유니파이 나사

영국, 미국, 캐나다의 협정에 의해 만들어진 나사로서 ABC 나사라고도 한다.

③ 관용 나사

파이프를 연결할 때 쓰이는 나사로 파이프의 강도 저하를 방지하기 위해 나사산의 높이가 낮고 끝으로 갈수록 테이퍼가 되어 있다.

④ 기타

사다리꼴 나사, 톱니나사, 둥근나사, 볼나사, 롤러나사가 있다.

(2) 나사의 표시방법

① 피치를 mm로 나타내는 나사의 경우

| 나사의 종류 | 나사의 호칭지름을 표시하는 숫자(나사의 외경) | × | 피치 |

[예] M 16×2

② 피치를 산의 수로 표시하는 나사의 경우(유니파이 나사 제외)

| 나사의 종류 | 나사의 호칭지름을 표시하는 숫자 | × | 나사산 수 |

[예] Tr 20×2

③ 유니파이 나사의 경우

| 나사의 지름을 표시하는 숫자 또는 호칭 | - | 산의 수 | × | 나사의 종류를 표시하는 기호 |

[예] 1/2-13 UNC

2. 배관 제도

배관 제도는 일반 광업이나 건축공업에서 사용되는 설계도 등의 도면에 관 및 배관부품을 기호로써 표시하며 유체의 종류, 관의 접속상태, 밸브 표시 방법 등은 다음과 같다.

(1) 유체의 종류 및 표시 기호

유체의 종류	공기	가스	기름	물	증기	냉각수	냉매
표시 기호	A	G	O	W	S	C	R

(2) 관의 접속 상태 및 결합방식의 표시 방법

관의 접속 상태		도시방법	종류	그림기호
접속하고 있지 않을 때		┼ 또는 ╬	일반	┼
접속하고 있을 때	교차	●(십자)	용접식	●(수평)
	분기	●(T자)	플랜지식	┤├
비고 : 접속하고 있지 않는 것을 표시하는 선의 끊긴 자리, 접속하고 있는 것을 표시하는 검은 동그라미는 도면을 복사 또는 축소 했을 때에도 명백하도록 그려야 한다.			턱걸이식	─○─
			유니온식	┤╂├

(3) 밸브 및 콕, 계기의 표시 방법

밸브·콕의 종류	그림 기호	밸브·콕의 종류	그림 기호
일반 밸브	▷◁	앵글 밸브	
슬루스 밸브	▷◁	3방향 밸브	
글로브 밸브	▶◀	안전밸브	
체크 밸브	▶◁ 또는 ╲		
볼밸브	▷◁	콕 일반	▷◁
나비 밸브	▶◁ 또는 ▶●		

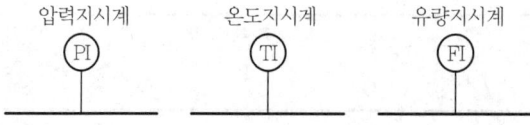

[계기의 표시 방법]

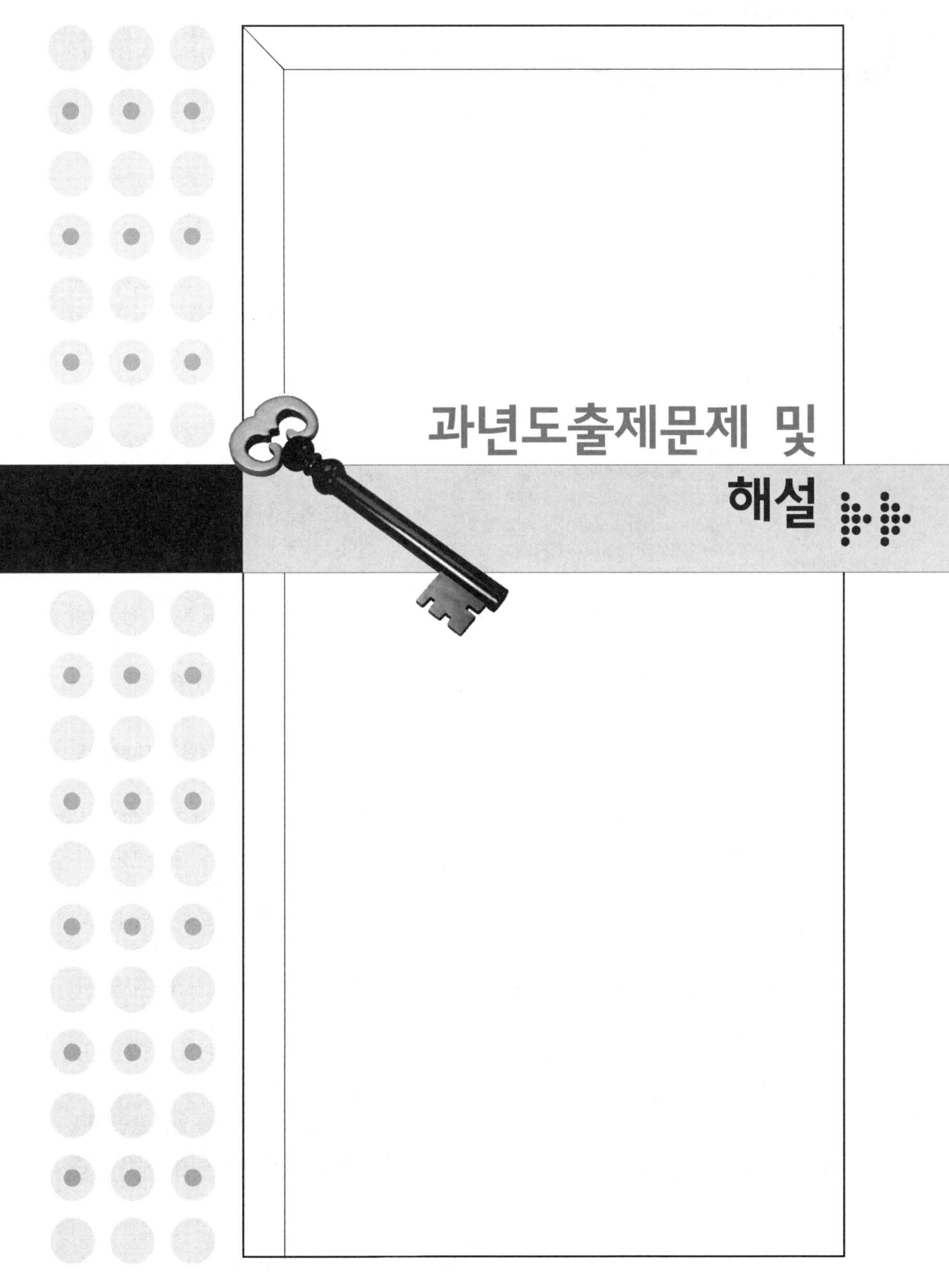

과년도출제문제 및 해설

2015년 제1회 과년도출제문제 - 용접기능사

01 다음 중 정지구멍(Stop hole)을 뚫어 결함 부분을 깎아내고 재용접해야 하는 결함은?
① 균열
② 언더컷
③ 오버랩
④ 용입부족

해설 기공이나 슬래그 섞임 등은 깎아내고 재용접하며, 균열이 발생 시에는 양 끝에 정지구멍을 뚫고 균열이 있는 부분을 깎아낸 후 재용접하고, 언더컷에는 지름이 가는 용접봉을 사용하여 보수하고 오버랩 발생 시는 일부분을 깎아내고 재용접한다.

02 다음 중 용접용 지그 선택의 기준으로 적절하지 않은 것은?
① 물체를 튼튼하게 고정시켜 줄 크기와 힘이 있을 것
② 변형을 막아줄 만큼 견고하게 잡아줄 수 있을 것
③ 물품의 고정과 분해가 어렵고 청소가 편리할 것
④ 용접 위치를 유리한 용접자세로 쉽게 움직일 수 있을 것

03 금속 간의 원자가 접합되는 인력 범위는?
① 10^{-4}cm
② 10^{-6}cm
③ 10^{-8}cm
④ 10^{-10}cm

해설 옹스트롬(Å)이라 읽는다.

04 용접 시공 시 발생하는 용접 변형이나 잔류응력의 발생을 줄이기 위해 용접시공 순서를 정한다. 다음 중 용접시공 순서에 대한 사항으로 틀린 것은?
① 제품의 중심에 대하여 대칭으로 용접을 진행시킨다.
② 같은 평면 안에 많은 이음이 있을 때에는 수축은 가능한 한 자유단으로 보낸다.
③ 수축이 적은 이음을 가능한 한 먼저 용접하고 수축이 큰 이음을 나중에 용접한다.
④ 리벳작업과 용접을 같이 할 때는 용접을 먼저 실시하여 용접열에 의해서 리벳의 구멍이 늘어남을 방지한다.

05 용접 작업 시의 전격에 대한 방지대책으로 올바르지 않은 것은?
① TIG 용접 시 텅스텐 봉을 교체할 때는 전원스위치를 차단하지 않고 해야 한다.
② 습한 장갑이나 작업복을 입고 용접하면 감전의 위험이 있으므로 주의한다.
③ 절연홀더의 절연 부분이 균열이나 파손되었으면 곧바로 보수하거나 교체한다.
④ 용접작업이 끝났을 때나 장시간 중지할 때에는 반드시 스위치를 차단시킨다.

06 단면적이 10cm²의 평판을 완전 용입 맞대기 용접한 경우의 하중은 얼마인가? (단,

정답 1. ① 2. ③ 3. ③ 4. ③ 5. ① 6. ③

재료의 허용응력을 1600kgf/cm²로 한다.)

① 160kgf ② 1600kgf
③ 16000kgf ④ 16kgf

해설 허용응력(σ)=P(하중)/A(단면적)이므로
P=σA이다. 그러므로
10×1,600=16,000kg/cm²이다.

07 산업용 로봇 중 직각좌표계 로봇의 장점에 속하는 것은?

① 오프라인 프로그래밍이 용이하다.
② 로봇 주위에 접근이 가능하다.
③ 1개의 선형축과 2개의 회전축으로 이루어졌다.
④ 작은 설치공간에 큰 작업영역이다.

해설 각 좌표계의 장·단점

형상	장점	단점
직각 좌표계	• 3개 선형축(직선운동)으로 구성 • 시각화가 용이하고 강성구조이다. • 오프라인 프로그래밍이 용이하다. • 직선 축에 기계정지가 용이하다.	• 로봇 자체 앞에만 접근 가능 • 큰 설치공간이 필요 • 밀봉이 어렵다.
원통 좌표계	• 2개의 선형축과 1개 회전축으로 구성 • 로봇 주위에 접근 가능 • 강성구조의 2개의 선형축과 밀봉이 용이한 회전축	• 로봇자체보다 위에 접근이 불가 • 장애물 주위에 접근이 불가 • 밀봉이 어려운 2개의 선형축
극 좌표계	• 1개의 선형축과 2개의 회전축으로 구성 • 길게 수평으로 접근이 용이하다.	• 장애물 주위에 접근이 불가함 • 짧은 수직 접근
관절 좌표계	• 3개의 회전축으로 구성 • 장애물의 상하에 접근 가능 • 작은 설치공간에 큰 작업영역 가능	• 복잡한 머니퓰레이터 구조

08 서브머지드 아크용접의 다전극 방식에 의한 분류가 아닌 것은?

① 푸시식 ② 탠덤식
③ 횡병렬식 ④ 횡직렬식

09 용접 길이가 짧거나 변형 및 잔류응력의 우려가 적은 재료를 용접할 경우 가장 능률적인 용착법은?

① 전진법 ② 후진법
③ 비석법 ④ 대칭법

해설
• 후진법 : 용접진행방향과 용착방향이 서로 반대가 되게 하는 방법으로 잔류응력을 다소 줄일 수 있으나 작업능률이 떨어진다.
• 비석법(스킵법) : 용접 길이를 짧게 나누어 간격을 두면서 용접하는 방법으로 변형이나 잔류응력을 줄이기 위한 용착법이다.
• 대칭법 : 용접부의 중앙으로부터 양끝을 향해 대칭적으로 용접해 나가는 방법으로 모재 변형이 서로 대칭이 되게 하기 위한 용착법이다.

10 다음 중 비파괴 시험에 해당하는 시험법은?

① 굽힘 시험
② 현미경 조직 시험
③ 파면 시험
④ 초음파 시험

해설
• 파괴시험법 : 기계적 시험(인장시험, 굽힘시험, 경도시험 등), 물리적 시험, 화학적 시험, 야금학적 시험(현미경 시험, 파면 시험, 설퍼프린트 시험), 용접성 시험
• 비파괴시험법 : 외관 시험, 누설 시험, 침투 시험, 형광 시험, 초음파 시험, 자기적 시험, 와류 시험, 방사선 투과 시험(X선 시험, γ선 시험)

정답
7. ① 8. ① 9. ① 10. ④

11 서브머지드 아크용접에 대한 설명으로 틀린 것은?

① 가시용접으로 용접 시 용착부를 육안으로 식별이 가능하다.
② 용융속도와 용착속도가 빠르며 용입이 깊다.
③ 용착금속의 기계적 성질이 우수하다.
④ 개선각을 작게 하여 용접 패스 수를 줄일 수 있다.

해설 서브머지드 아크용접은 용제 안에서 용접이 이루어지므로 용착부를 볼 수가 없다. 이와 같은 특성으로 인해 일명 잠호 용접 또는 불가시 아크용접이라 일컫는다.

12 용접 후 변형 교정 시 가열 온도 500~600℃, 가열 시간 약 30초, 가열 지름 20~30mm로 하여, 가열한 후 즉시 수냉하는 변형교정법을 무엇이라 하는가?

① 박판에 대한 수냉 동판법
② 박판에 대한 살수법
③ 박판에 대한 수냉 석면포법
④ 박판에 대한 점 수축법

13 다음 중 테르밋 용접의 특징에 관한 설명으로 틀린 것은?

① 전기가 필요 없다.
② 용접 작업이 단순하다.
③ 용접 시간이 길고 용접 후 변형이 크다.
④ 용접 기구가 간단하고 작업 장소의 이동이 쉽다.

14 용접 전의 일반적인 준비 사항이 아닌 것은?

① 사용 재료를 확인하고 작업내용을 검토한다.
② 용접전류, 용접순서를 미리 정해둔다.
③ 이음부에 대한 불순물을 제거한다.
④ 예열 및 후열처리를 실시한다.

15 불활성 가스 텅스텐 아크용접(TIG)의 KS 규격이나 미국용접협회(AWS)에서 정하는 텅스텐 전극봉의 식별 색상이 황색이면 어떤 전극봉인가?

① 순텅스텐
② 지르코늄 텅스텐
③ 1% 토륨 텅스텐
④ 2% 토륨 텅스텐

해설
- 순텅스텐 전극 : 녹색
- 2% 토륨 텅스텐 전극 : 적색
- 지르코늄 전극 : 갈색

16 스터드 용접의 특징 중 틀린 것은?

① 긴 용접시간으로 용접변형이 크다.
② 용접 후의 냉각속도가 비교적 빠르다.
③ 알루미늄, 스테인리스강 용접이 가능하다.
④ 탄소 0.2%, 망간 0.7% 이하 시 균열 발생이 없다.

해설 스터드 용접
일명 볼트용접 또는 심기용접이라고 하며 스터드 건을 이용한 용접법으로 용접시간이 매우 짧아 변형이 거의 없다.

17 불활성 가스 금속아크용접(MIG)에서 크레이터 처리에 의해 전류가 서서히 줄어들면서 아크가 끊어지는 기능으로 용접부가 녹아내리는 것을 방지하는 제어기능은?

① 스타트 시간
② 예비 가스 유출 시간

정답 11. ① 12. ④ 13. ③ 14. ④ 15. ③ 16. ① 17. ③

③ 버언 백 시간
④ 크레이터 충전 시간

> **해설** • 예비 가스 유출시간 : 아크가 발생되기 전 보호가스를 흐르게 하여 아크의 안정과 결함 발생을 방지하기 위한 기능이다.
> • 스타트 시간 : 아크가 발생되는 순간 용접 전류와 전압을 크게 하여 아크 발생과 모재의 융합을 돕는 핫 스타트 기능과 아크가 발생하기 전에 와이어의 송급 속도를 천천히 하여 와이어가 튀는 것을 방지하는 슬로우 다운 기능이 있다.
> • 크레이터 충전시간 : 크레이터 처리를 위해 용접이 끝나는 지점에서 토치 스위치를 다시 누르면 용접 전류와 전압이 낮아져 크레이터가 채워져 결함을 방지하는 기능이다.

18 다음 중 용접 설계상 주의해야 할 사항으로 틀린 것은?

① 국부적으로 열이 집중되도록 할 것
② 용접에 적합한 구조의 설계를 할 것
③ 결함이 생기기 쉬운 용접 방법은 피할 것
④ 강도가 약한 필릿 용접은 가급적 피할 것

19 다음 중 아세틸렌(C_2H_2)가스의 폭발성에 해당되지 않는 것은?

① 406~408℃가 되면 자연 발화한다.
② 마찰·진동·충격 등의 외력이 작용하면 폭발위험이 있다.
③ 아세틸렌 90%, 산소 10%의 혼합 시 가장 폭발위험이 크다.
④ 은·수은 등과 접촉하면 이들과 화합하여 120℃ 부근에서 폭발성이 있는 화합물을 생성한다.

> **해설** 아세틸렌 15%, 산소 85%일 때 폭발위험이 가장 크다.

20 이산화탄소 아크용접에 관한 설명으로 틀린 것은?

① 팁과 모재 간의 거리는 와이어의 돌출길이에 아크길이를 더한 것이다.
② 와이어 돌출길이가 짧아지면 용접와이어의 예열이 많아진다.
③ 와이어의 돌출길이가 짧아지면 스패터가 부착되기 쉽다.
④ 약 200A 미만의 저전류를 사용할 경우 팁과 모재 간의 거리는 10~15mm 정도 유지한다.

21 강구조물 용접에서 맞대기 이음의 루트 간격의 차이에 따라 보수용접을 하는데 보수 방법으로 틀린 것은?

① 맞대기 루트 간격 6mm 이하일 때에는 이음부의 한쪽 또는 양쪽을 덧붙임 용접한 후 절삭하여 규정 간격으로 개선 홈을 만들어 용접한다.
② 맞대기 루트 간격 15mm 이상일 때에는 판을 전부 또는 일부(대략 300mm 이상의 폭)를 바꾼다.
③ 맞대기 루트 간격 6~15mm일 때에는 이음부에 두께 6mm 정도의 뒷댐판을 대고 용접한다.
④ 맞대기 루트 간격 15mm 이상일 때에는 스크랩을 넣어서 용접한다.

22 이산화탄소 아크용접법에서 이산화탄소(CO_2)의 역할을 설명한 것 중 틀린 것은?

① 아크를 안정시킨다.
② 용융금속 주위를 산성 분위기로 만든다.

정답 18. ① 19. ③ 20. ② 21. ④ 22. ③

③ 용융속도를 빠르게 한다.
④ 양호한 용착금속을 얻을 수 있다.

23 다음 중 산소용기의 각인 사항에 포함되지 않은 것은?
① 내용적
② 내압시험압력
③ 가스충전일시
④ 용기 중량

> **해설** 산소용기 각인 사항
> V : 내용적, W : 용기 중량, TP : 용기내압 시험압력, FP : 용기최고충전압력, 제작사, 제조업자 기호, 내압시험 연월일

24 다음 중 용접기에서 모재를 (+)극에, 용접봉을 (-)극에 연결하는 아크 극성으로 옳은 것은?
① 직류정극성
② 직류역극성
③ 용극성
④ 비용극성

25 탄소 아크 절단에 압축공기를 병용하여 전극홀더의 구멍에서 탄소 전극봉에 나란히 분출하는 고속의 공기를 분출시켜 용융금속을 불어내어 홈을 파는 방법은?
① 아크에어 가우징
② 금속아크 절단
③ 가스 가우징
④ 가스 스카핑

> **해설**
> • 금속아크절단 : 탄소 전극봉 대신 절단 전용의 특수 피복을 입힌 피복봉을 사용하여 절단하는 방법이다.
> • 가스 가우징 : 다이버전트형의 노즐을 가진 토치를 사용하여 용접 부분의 뒷면을 따내든지 U형, H형의 용접홈을 가공하기 위한 가공법이다.
> • 가스 스카핑 : 강재 표면의 홈이나 탈탄층 등을 제거하기 위해 표면을 얇게 깎아내는 가공법이다.

26 가스 용접 시 팁 끝이 순간적으로 막혀 가스분출이 나빠지고 혼합실까지 불꽃이 들어가는 현상을 무엇이라 하는가?
① 인화
② 역류
③ 점화
④ 역화

> **해설**
> • 역류 : 토치 내부가 막혀 고압의 산소가 압력이 낮은 아세틸렌 쪽으로 흐르는 현상으로 폭발의 위험이 있다. 역류 발생 시 산소를 먼저 차단한다.
> • 역화 : 팁 끝이 모재에 닿아 순간적으로 팁 끝이 막히거나 팁의 과열, 사용 가스의 압력이 부적당할 때 팁 속에서 폭발음이 나며 불꽃이 꺼졌다 다시 나타나는 현상

27 정류기형 직류 아크용접기에서 사용되는 셀렌 정류기는 80℃ 이상이면 파손되므로 주의하여야 하는데 실리콘 정류기는 몇 ℃ 이상에서 파손이 되는가?
① 120℃
② 150℃
③ 80℃
④ 100℃

28 직류 피복아크용접기와 비교한 교류 피복아크용접기의 설명으로 옳은 것은?
① 무부하 전압이 낮다.
② 아크의 안정성이 우수하다.
③ 아크 쏠림이 거의 없다.
④ 전격의 위험이 적다.

> **해설** 직류 및 교류용접기의 비교

정답
23. ③   24. ①   25. ①   26. ①   27. ②   28. ③

비교 항목	직류용접기	교류용접기
아크의 안정성	우수	약간 떨어짐
비피복봉 사용	가능	불가능
극성 변화	가능	불가능
자기쏠림 방지	불가능	가능 (거의 없음)
무부하 전압	낮다. (40~60V)	높다. (70~85V)
전격의 위험	낮다.	높다.
역률	양호	불량

29 수중 절단작업에 주로 사용되는 연료 가스는?
① 아세틸렌 ② 프로판
③ 벤젠 ④ 수소

30 연강용 피복아크용접봉 중 저수소계 용접봉을 나타내는 것은?
① E4301 ② E4311
③ E4316 ④ E4327

> 해설 E4301(일미나이트계), E4303(라임티탄계), E4311(고셀룰로오스계), E4313(고산화티탄계), E4316(저수소계), E4324(철분산화티탄계), E4326(철분저수소계), E4327(철분산화철계)

31 야금적 접합법의 종류에 속하는 것은?
① 납땜 이음 ② 볼트 이음
③ 코터 이음 ④ 리벳 이음

32 가스용접 작업 시 후진법의 설명으로 옳은 것은?
① 용접속도가 빠르다.
② 열 이용률이 나쁘다.
③ 얇은 판의 용접에 적합하다.
④ 용접변형이 크다.

> 해설 전진법과 후진법의 비교(산소-아세틸렌 용접)

항목	전진법	후진법
열이용률	나쁘다.	양호하다.
용접속도	늦다.	빠르다.
비드모양	미려하다.	거칠다.
홈 각도	크다. (80° 정도)	작다. (60° 정도)
용접변형	심하다.	적다.
용접가능 판 두께	얇다. (5mm까지)	두껍다.
산화의 정도	심하다.	약하다.
용착 금속의 조직	거칠어진다.	미세해진다.
용착금속의 냉각도	빠르다.(급랭)	느리다.(서랭)

33 산소-아세틸렌가스 용접의 장점이 아닌 것은?
① 용접기의 운반이 비교적 자유롭다.
② 아크용접에 비해서 유해광선의 발생이 적다.
③ 열의 집중성이 높아서 용접이 효율적이다.
④ 가열할 때 열량조절이 비교적 자유롭다.

34 절단의 종류 중 아크 절단에 속하지 않는 것은?
① 탄소 아크 절단
② 금속 아크 절단
③ 플라즈마 제트 절단
④ 수중 절단

> 해설 수중절단은 산소-수소를 주로 이용하는 가스절단법이다.

35 강재의 표면에 개재물이나 탈탄층 등을 제거하기 위하여 비교적 얇고 넓게 깎아내는

정답
29. ④ 30. ③ 31. ① 32. ① 33. ③ 34. ④ 35. ①

가공 방법은?
① 스카핑
② 가스 가우징
③ 아크 에어 가우징
④ 워터 제트 절단

36 가스절단 시 예열 불꽃의 세기가 강할 때의 설명으로 틀린 것은?
① 절단면이 거칠어진다.
② 드래그가 증가한다.
③ 슬래그 중의 철 성분의 박리가 어려워진다.
④ 모서리가 용융되어 둥글게 된다.

해설 예열불꽃이 약할 때 나타나는 현상
① 절단속도가 늦어지고 절단이 중단되기 쉽다.
② 드래그가 증가한다.
③ 역화를 일으키기 쉽다.

37 피복배합제의 종류에서 규산나트륨, 규산칼륨 등의 수용액이 주로 사용되며 심선에 피복제를 부착하는 역할을 하는 것은 무엇인가?
① 탈산제
② 고착제
③ 슬래그 생성제
④ 아크 안정제

해설
• 탈산제 : 규소철, 망간철, 티탄철 등이 사용되며 용융금속 중에 침투한 산화물을 제거하는 탈산정련작용을 한다.
• 슬래그 생성제 : 산화철, 일미나이트, 산화티탄 등이 사용되며 냉각속도를 느리게 하여 기공 등의 발생을 억제하고 용융점이 낮은 가벼운 슬래그를 만들어 산화, 질화를 방지하고 냉각 속도를 느리게 한다.

• 아크 안정제 : 산화티탄, 규산나트륨, 석회석 등이 쓰이고 아크전압을 강화시키고 아크 안정을 도모한다.

38 판의 두께(t)가 3.2mm인 연강판을 가스용접으로 보수하고자 할 때 사용할 용접봉의 지름(mm)은?
① 1.6mm
② 2.0mm
③ 2.6mm
④ 3.0mm

해설 가스용접봉의 지름(D)=T/2+1이므로 3.2/2+1은 2.6이다. 즉 지름이 2.6mm인 용접봉을 사용한다.

39 조밀육방격자의 결정구조로 옳게 나타낸 것은?
① FCC
② BCC
③ FOB
④ HCP

해설 금속의 결정구조의 종류
① 체심입방격자(BCC) : Ba, Cr, Be, K, W, Mo, V, Li
② 면심입방격자(FCC) : Al, Ag, Au, Cu, Pt, Ni, Ca, γ-Fe
③ 조밀육방격자(HCP) : Mg, Zn, Cd, Ti, Hg, La

40 납 황동은 황동에 납을 첨가하여 어떤 성질을 개선한 것인가?
① 강도
② 절삭성
③ 내식성
④ 전기전도도

41 순 구리(Cu)와 철(Fe)의 용융점은 약 몇 ℃인가?
① Cu : 660℃, Fe : 890℃
② Cu : 1063℃, Fe : 1050℃
③ Cu : 1083℃, Fe : 1539℃

정답
36. ② 37. ② 38. ③ 39. ④ 40. ② 41. ③

④ Cu : 1455℃, Fe : 2200℃

42 해드필드(Hadfield)강은 상온에서 오스테나이트 조직을 가지고 있다. Fe 및 C 이외의 주요 성분은?
① Ni ② Mn
③ Cr ④ Mo

> 해설 해드필드강은 고망간강이며 듀콜강은 저망간강이다.

43 그림에서 마텐자이트 변태가 가장 빠른 것은?

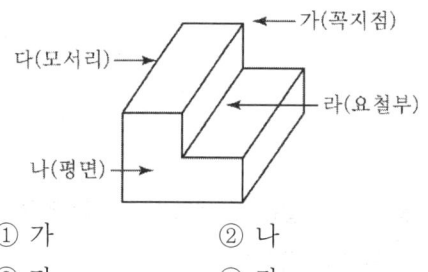

① 가 ② 나
③ 다 ④ 라

> 해설 냉각속도
> 7(꼭지점) : 3(모서리) : 1(평면) : 1/3(요철부)

44 전극재료의 선택 조건을 설명한 것 중 틀린 것은?
① 비저항이 작아야 한다.
② Al과의 밀착성이 우수해야 한다.
③ 산화 분위기에서 내식성이 커야 한다.
④ 금속 규화물의 용융점이 웨이퍼 처리 온도보다 낮아야 한다.

45 마우러 조직도에 대한 설명으로 옳은 것은?
① 주철에서 C와 P량에 따른 주철의 조직관계를 표시한 것이다.
② 주철에서 C와 Mn량에 따른 주철의 조직관계를 표시한 것이다.
③ 주철에서 C와 Si량에 따른 주철의 조직관계를 표시한 것이다.
④ 주철에서 C와 S량에 따른 주철의 조직관계를 표시한 것이다.

46 7-3 황동에 주석을 1% 첨가한 것으로, 전연성이 좋아 관 또는 판을 만들어 증발기, 열교환기 등에 사용되는 것은?
① 문쯔 메탈
② 네이벌 황동
③ 카트리지 브라스
④ 애드미럴티 황동

> 해설 • 문쯔메탈 : 구리 60%+아연 40%
> • 네이벌 황동 : 6 : 4 황동에 1%의 주석을 첨가한 합금
> • 카트리지 브라스 : 구리 70%+아연 30%

47 황(S)이 적은 선철을 용해하여 구상흑연주철을 제조 시 주로 첨가하는 원소가 아닌 것은?
① Al ② Ca
③ Ce ④ Mg

48 탄소강의 표준 조직을 검사하기 위해 A_3, A_{cm} 선보다 30~50℃ 높은 온도로 가열한 후 공기 중에 냉각하는 열처리는?
① 노멀라이징 ② 어닐링
③ 템퍼링 ④ 퀜칭

> 해설 • 불림(노멀라이징) : 강을 표준상태로 돌리기 위한 열처리법으로 가열 후 공기 중

정답
42. ② 43. ① 44. ④ 45. ③ 46. ④ 47. ① 48. ①

에서 서서히 냉각시킨다.
- 풀림(어닐링) : 강의 잔류응력을 완화하기 위한 열처리법으로 가열 후 노내에서 서냉시킨다.
- 뜨임(템퍼링) : 강에 인성을 부여하기 위한 열처리법으로 서냉시킨다.
- 담금질(퀜칭) : 강의 강도 및 경도를 증가시키기 위한 열처리법으로 각종 액체에서 급랭시킨다.

49 소성변형이 일어나면 금속이 경화하는 현상을 무엇이라 하는가?
① 탄성경화   ② 가공경화
③ 취성경화   ④ 자연경화

50 게이지용 강이 갖추어야 할 성질로 틀린 것은?
① 담금질에 의한 변형이 없어야 한다.
② HRC 55 이상의 경도를 가져야 한다.
③ 열팽창계수가 보통 강보다 커야 한다.
④ 시간에 따른 치수 변화가 없어야 한다.

> 해설 열팽창계수가 크다는 것은 열에 의해 팽창하는 비율이 크다는 것이므로 치수를 측정하는 측정구나 게이지용으로 사용하는 재료는 열에 의한 치수변화가 적어야 하므로 적당하지 않다.

51 다음 중에서 이면 용접 기호는?

① 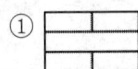   ②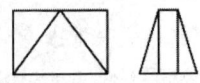
③ 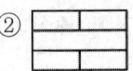   ④

> 해설 ① 스폿 용접
> ② 한쪽면 K형 맞대기 이음 용접
> ④ 부분 용입 한쪽면 K형 맞대기 이음 용접

52 나사 표시가 "L 2N M50×2 − 4h"로 나타날 때 이에 대한 설명으로 틀린 것은?
① 왼 나사이다.
② 2줄 나사이다.
③ 미터 가는 나사이다.
④ 암나사 등급이 4h이다.

> 해설
> - L : 나사산의 감김 방향을 표시 ⇒ 오른 나사는 별도로 표시하지 않고 왼나사의 경우 "왼" 또는 "L"로 표시할 수 있다.
> - 2N : 나사산의 줄의 수를 표시 ⇒ 한 줄 나사는 표시하지 않고 여러 줄 나사의 경우에는 '2줄' '3줄' 등과 같이 표시하고 "줄" 대신에 "N"을 사용할 수 있다.
> - M50−2 : 나사의 호칭 ⇒ 미터 가는 나사이다.
> - 4h : 나사의 등급 ⇒ 나사의 등급을 표시하는 것으로 숫자 뒤의 알파벳이 대문자면 암나사, 소문자면 수나사이다.

53 그림과 같은 입체도의 제3각 정투상도로 적합한 것은?

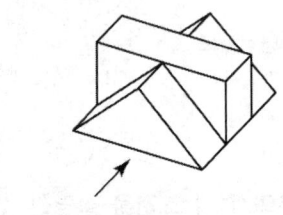

정답
49. ② 50. ③ 51. ③ 52. ④ 53. ②

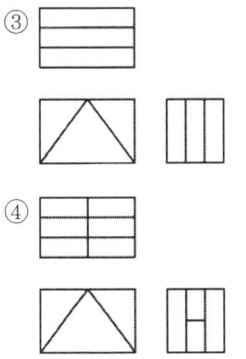

54 다음 중 저온 배관용 탄소 강관 기호는?

① SPPS ② SPLT
③ SPHT ④ SPA

55 다음 중 대상물을 한쪽 단면도로 올바르게 나타낸 것은?

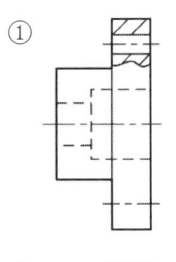 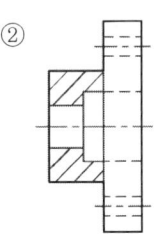
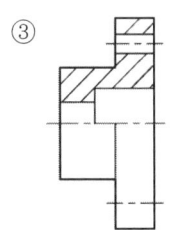 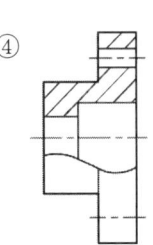

56 다음 중 현의 치수기입을 올바르게 나타낸 것은?

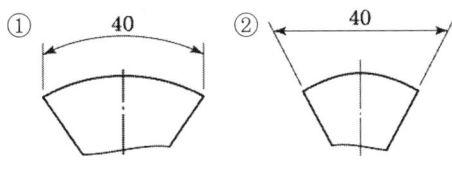

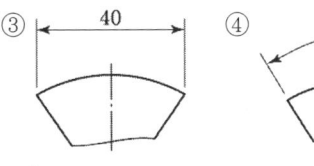

해설 ① : 호의 표시, ④ : 각도의 표시

57 무게 중심선과 같은 선의 모양을 가진 것은?

① 가상선 ② 기준선
③ 중심선 ④ 피치선

해설 • 무게중심선, 가상선 : 가는 2점 쇄선
• 기준선, 중심선, 피치선 : 가는 1점 쇄선

58 그림과 같은 입체도에서 화살표 방향에서 본 투상을 정면으로 할 때 평면도로 가장 적합한 것은?

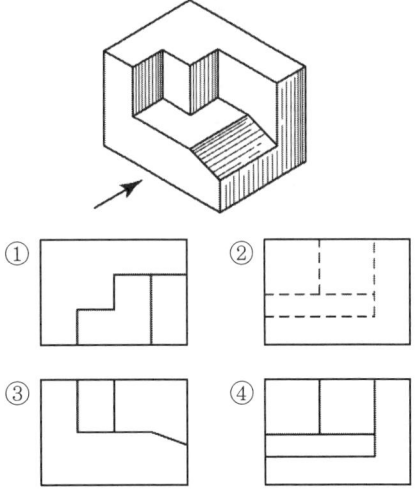

59 다음 중 도면에서 단면도의 해칭에 대한 설명으로 틀린 것은?

① 해칭선은 반드시 주된 중심선에 45°로만 경사지게 긋는다.

정답
54. ② 55. ③ 56. ③ 57. ① 58. ① 59. ①

② 해칭선은 가는 실선으로 규칙적으로 줄을 늘어놓는 것을 말한다.
③ 단면도에 재료 등을 표시하기 위해 특수한 해칭(또는 스머징)을 할 수 있다.
④ 단면 면적이 넓을 경우에는 그 외형선에 따라 적절한 범위에 해칭(또는 스머징)을 할 수 있다.

해설) 해칭은 기본적으로 45°이나 같은 단면이 아닌 서로 다른 단면이 인접할 경우에는 방향 또는 각도를 달리 해서 표시한다.

60 배관의 간략도시방법 중 환기계 및 배수계의 끝장치 도시방법의 평면도에서 그림과 같이 도시된 것의 명칭은?

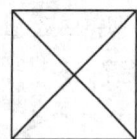

① 배수구
② 환기관
③ 벽붙이 환기 삿갓
④ 고정식 환기 삿갓

정답
60. ④

2015년 제1회 과년도출제문제 특수용접기능사

01 용접봉에서 모재로 용융금속이 옮겨가는 용적이행 상태가 아닌 것은?
① 글로뷸러형 ② 스프레이형
③ 단락형   ④ 핀치효과형

🔖 **해설** 용접이행의 종류
① 단락형 : 용적이 용융지에 접촉하여 단락되고 표면장력의 작용으로 모재에 옮겨가면서 용착되는 형태로 비피복 용접봉 사용 시 나타난다.
② 스프레이형 : 피복제의 일부가 가스화하여 가스를 뿜어냄으로써 미세한 용적이 스프레이와 같이 날려 모재로 이행하는 형식으로 일미나이트를 비롯한 피복용접 시 나타난다.
③ 글로뷸러형 : 비교적 큰 용적이 단락되지 않고 옮겨가는 형식이며, 서브머지드 아크용접과 같이 대전류 사용 시에 나타나며 일명 핀치효과형이라 한다.

02 일반적으로 사람의 몸에 얼마 이상의 전류가 흐르면 순간적으로 사망할 위험이 있는가?
① 5mA   ② 15mA
③ 25mA   ④ 50mA

🔖 **해설** 전류가 인체에 미치는 영향
① 8mA : 위험을 수반하지 않는다.
② 8~15mA : 고통을 수반한 쇼크를 느끼나 근육운동은 자유롭다.
③ 15~20mA : 고통을 느끼고 가까운 근육이 저려서 움직이지 않는다.
④ 20~50mA : 고통을 느끼고 강한 근육수축이 일어나며 호흡이 곤란하다.
⑤ 50~100mA : 순간적으로 사망할 위험이 있다.

03 피복아크용접 시 일반적으로 언더컷을 발생시키는 원인으로 가장 거리가 먼 것은?
① 용접 전류가 너무 높을 때
② 아크 길이가 너무 길 때
③ 부적당한 용접봉을 사용했을 때
④ 홈 각도 및 루트 간격이 좁을 때

🔖 **해설** 홈 각도 및 루트 간격이 좁을 때는 용입불량의 원인이 된다.

04 [보기]에서 용극식 용접 방법을 모두 고른 것은?
[보기]
┌─────────────────────────────┐
│ ㉠ 서브머지드 아크용접   │
│ ㉡ 불활성 가스 금속 아크용접   │
│ ㉢ 불활성 가스 텅스텐 아크용접   │
│ ㉣ 솔리드 와이어 이산화탄소 아크용접 │
└─────────────────────────────┘
① ㉠, ㉡   ② ㉢, ㉣
③ ㉠, ㉡, ㉢   ④ ㉠, ㉡, ㉣

🔖 **해설** 불활성가스 텅스텐 아크용접은 용가재와 전극이 각각 필요하므로 비용극식(비소모식) 용접법에 속한다.

05 납땜을 연납땜과 경납땜으로 구분할 때 구분 온도는?
① 350℃   ② 450℃

정답
1. ④ 2. ④ 3. ④ 4. ④ 5. ②

③ 550℃　　　④ 650℃

06 전기저항용접의 특징에 대한 설명으로 틀린 것은?
① 산화 및 변질 부분이 적다.
② 다른 금속 간의 접합이 쉽다.
③ 용제나 용접봉이 필요 없다.
④ 접합 강도가 비교적 크다.

> **해설** 전기저항용접의 특징
> • 장점 : 위의 지문 ①, ③, ④ 외에
>   ① 작업속도가 빠르고 대량생산에 적합하다.
>   ② 열손실이 적다.
>   ③ 가압효과로 조직이 치밀해진다.
>   ④ 작업자의 숙련이 필요 없다.
> • 단점
>   ① 대전류가 필요하고 설비가 복잡하며 값이 비싸다.
>   ② 급랭경화로 후열처리가 필요하다.
>   ③ 용접부의 위치, 형상 등의 영향을 받는다.
>   ④ 적당한 비파괴 검사가 어렵다.
>   ⑤ 다른 금속 간 접합이 곤란하다.

07 직류 정극성(DCSP)에 대한 설명으로 옳은 것은?
① 모재의 용입이 얕다.
② 비드폭이 넓다.
③ 용접봉의 녹음이 느리다.
④ 용접봉에 (+)극을 연결한다.

> **해설** 직류정극성(DCSP)과 직류역극성(DCRP)의 비교
>
> | 직류정극성(DCSP) | 직류역극성(DCRP) |
> |---|---|
> | 모재의 용입이 깊다. | 모재의 용입이 얕다. |
> | 용접봉의 녹음이 느리다. | 용접봉의 녹음이 빠르다. |
> | 비드 폭이 좁다. | 비드 폭이 넓다. |
> | 일반적으로 많이 사용된다. | 박판, 주철, 비철금속의 용접에 사용된다. |
> | 열분배 : 모재(+) : 70%, 용접봉(-) 30% | 열분배 : 모재(-) : 30%, 용접봉(+) 70% |

08 다음 용접법 중 압접에 해당되는 것은?
① MIG 용접
② 서브머지드 아크용접
③ 점용접
④ TIG 용접

> **해설**
> • 융접 : MIG 용접, 서브머지드 용접, TIG 용접, 아크용접, 가스용접, 테르밋용접, 전자빔 용접 등
> • 압접 : 단접, 냉간압접, 저항용접(점용접, 심용접, 프로젝션용접, 플래시용접, 업셋용접), 초음파용접, 마찰용접

09 로크웰 경도시험에서 C스케일의 다이아몬드의 압입자 꼭지각 각도는?
① 100°　　　② 115°
③ 120°　　　④ 150°

10 아크타임을 설명한 것 중 옳은 것은?
① 단위기간 내의 작업여유 시간이다.
② 단위시간 내의 용도여유 시간이다.
③ 단위시간 내의 아크발생 시간을 백분율로 나타낸 것이다.
④ 단위시간 내의 시공한 용접길이를 백분율로 나타낸 것이다.

11 용접부에 오버랩의 결함이 발생했을 때, 가장 올바른 보수방법은?
① 작은 지름의 용접봉을 사용하여 용접

정답 6. ② 7. ③ 8. ③ 9. ③ 10. ③ 11. ②

한다.
② 결함 부분을 깎아내고 재용접한다.
③ 드릴로 정지구멍을 뚫고 재용접한다.
④ 결함부분을 절단한 후 덧붙임 용접을 한다.

해설 용접부 결함 보수방법
기공이나 슬래그 섞임 등은 깎아내고 재용접하며, 균열이 발생 시에는 양 끝에 정지구멍을 뚫고 균열이 있는 부분을 깎아낸 후 재용접하고, 언더컷에는 지름이 가는 용접봉을 사용하여 보수하고 오버랩 발생 시는 일부분을 깎아내고 재용접한다.

12 용접 설계상의 주의점으로 틀린 것은?
① 용접하기 쉽도록 설계할 것
② 결함이 생기기 쉬운 용접 방법은 피할 것
③ 용접이음이 한 곳으로 집중되도록 할 것
④ 강도가 약한 필릿 용접은 가급적 피할 것

해설 용접이음이 한 곳으로 집중될 경우 변형과 잔류응력이 발생할 가능성이 매우 높으므로 가능한 한 피하고 자유단을 향하도록 한다.

13 저온균열이 일어나기 쉬운 재료에 용접 전에 균열을 방지할 목적으로 피용접물의 전체 또는 이음부 부근의 온도를 올리는 것을 무엇이라고 하는가?
① 잠열   ② 예열
③ 후열   ④ 발열

14 TIG 용접에 사용되는 전극의 재질은?
① 탄소   ② 망간
③ 몰리브덴   ④ 텅스텐

15 용접의 장점으로 틀린 것은?
① 작업공정이 단축되며 경제적이다.
② 기밀, 수밀, 유밀성이 우수하며 이음 효율이 높다.
③ 용접사의 기량에 따라 용접부의 품질이 좌우된다.
④ 재료의 두께에 제한이 없다.

해설 용접의 단점
① 변형 및 잔류응력이 발생한다.
② 용접사의 기량에 의해 품질이 좌우된다.
③ 품질검사가 곤란하고 저온취성이 생길 우려가 있다.

16 이산화탄소 아크용접의 솔리드와이어 용접봉의 종류 표시는 YGA-50W-1.2-20 형식이다. 이때 Y가 뜻하는 것은?
① 가스 실드 아크용접
② 와이어 화학 성분
③ 용접 와이어
④ 내후성 강용

해설
• Y : 용접 와이어
• GA : 가스 실드 아크용접
• 50 : 용착금속의 최소 인장강도
• W : 용착금속의 화학성분
• 1.2 : 와이어 지름
• 20 : 와이어 중량

17 용접선 양측을 일정 속도로 이동하는 가스 불꽃에 의하여 너비 약 150mm를 150~200℃로 가열한 다음 곧 수냉하는 방법으로서 주로 용접선 방향의 응력을 완화시키는 잔류 응력 제거법은?
① 저온 응력 완화법
② 기계적 응력 완화법

정답
12. ③ 13. ② 14. ④ 15. ③ 16. ③ 17. ①

③ 노 내 풀림법
④ 국부 풀림법

해설 ① 기계적 응력 완화법 : 잔류응력이 있는 제품에 하중을 주고 용접부에 약간의 소성변형을 일으킨 다음 응력을 완화하는 방법
② 국부 풀림법 : 용접선의 좌우 양측을 각각 250mm 범위 혹은 판 두께의 12배 이상의 범위를 가스 불꽃 등으로 노래 풀림과 같은 온도 및 시간을 유지한 다음 서냉하여 응력을 제거하는 방법
③ 노내 풀림법 : 제품 전체를 가열로 안에 넣고 적당한 온도에서 일정 시간 유지한 다음 노 내에서 서냉시켜 잔류응력을 경감시키는 방법

18 용접 자동화 방법에서 정성적 자동제어의 종류가 아닌 것은?
① 피드백제어
② 유접점 시퀀스제어
③ 무접점 시퀀스제어
④ PLC 제어

해설
• 정성적 제어 : 시퀀스제어, 프로그램제어, PLC 제어
• 정량적 제어 : 개루프제어, 폐루프제어, 피드백제어

19 지름 13mm, 표점거리 150mm인 연강재 시험편을 인장시험한 후의 거리가 154mm가 되었다면 연신율은?
① 3.89%   ② 4.56%
③ 2.67%   ④ 8.45%

해설 연신율=늘어난 후의 길이−표점거리/표점거리×100(%)이므로
154−150/150×100=2.67%

20 용접균열에서 저온균열은 일반적으로 몇 ℃ 이하에서 발생하는 균열을 말하는가?
① 200~300℃ 이하
② 301~400℃ 이하
③ 401~500℃ 이하
④ 501~600℃ 이하

21 스테인리스강을 TIG 용접할 시 적합한 극성은?
① DCSP   ② DCRP
③ AC   ④ ACRP

22 피복아크용접 작업 시 전격에 대한 주의사항으로 틀린 것은?
① 무부하 전압이 필요 이상으로 높은 용접기는 사용하지 않는다.
② 전격을 받은 사람을 발견했을 때는 즉시 스위치를 꺼야 한다.
③ 작업종료 시 또는 장시간 작업을 중지할 때는 반드시 용접기의 스위치를 끄도록 한다.
④ 낮은 전압에서는 주의하지 않아도 되며, 습기찬 구두는 착용해도 된다.

23 직류 아크용접의 설명 중 옳은 것은?
① 용접봉을 양극, 모재를 음극에 연결하는 경우를 정극성이라고 한다.
② 역극성은 용입이 깊다.
③ 역극성은 두꺼운 판의 용접에 적합하다.
④ 정극성은 용접 비드의 폭이 좁다.

해설 ①, ②, ③ : 직류역극성
④ : 직류정극성

정답 18. ① 19. ③ 20. ① 21. ① 22. ④ 23. ④

24 다음 중 수중 절단에 가장 적합한 가스로 짝지어진 것은?
① 산소-수소 가스
② 산소-이산화탄소 가스
③ 산소-암모니아 가스
④ 산소-헬륨 가스

25 피복아크용접봉 중에서 피복제 중에 석회석이나 형석을 주성분으로 하고, 피복제에서 발생하는 수소량이 적어 인성이 좋은 용착금속을 얻을 수 있는 용접봉은?
① 일미나이트계(E4301)
② 고셀룰로오스계(E4311)
③ 고산화티탄계(E4313)
④ 저수소계(E4316)

26 피복아크용접봉의 간접 작업성에 해당되는 것은?
① 부착 슬래그의 박리성
② 용접봉 용융 상태
③ 아크 상태
④ 스패터

27 가스용접의 특징에 대한 설명으로 틀린 것은?
① 가열 시 열량조절이 비교적 자유롭다.
② 피복금속 아크용접에 비해 후판 용접에 적당하다.
③ 전원 설비가 없는 곳에서도 쉽게 설치할 수 있다.
④ 피복금속 아크용접에 비해 유해광선의 발생이 적다.

28 피복아크용접봉의 심선의 재질로서 적당한 것은?
① 고탄소 림드강
② 고속도강
③ 저탄소 림드강
④ 반 연강

29 가스절단에서 양호한 절단면을 얻기 위한 조건으로 틀린 것은?
① 드래그(drag)가 가능한 한 클 것
② 드래그(drag)의 홈이 낮고 노치가 없을 것
③ 슬래그 이탈이 양호할 것
④ 절단면 표면의 각이 예리할 것

> **해설** 양호한 절단면을 얻기 위한 조건
> ① 드래그가 가능한 한 작을 것
> ② 절단면이 평활하며 드래그의 홈이 낮고 노치(Notch) 등이 없을 것
> ③ 절단면 표면의 각이 예리할 것
> ④ 슬래그 이탈이 양호할 것
> ⑤ 경제적인 절단이 이루어질 것
> ※ 노치(Notch) : 재료에 국부적으로 만든 요철부, 부재의 접합을 위해 잘라낸 부분 또는 삼각흔적 내지 작은 홈집을 말하며 결점이나 결함이 있는 부분을 가리킨다.

30 용접기의 2차 무부하 전압을 20~30V로 유지하고, 용접 중 전격 재해를 방지하기 위해 설치하는 용접기의 부속장치는?
① 과부하 방지장치
② 전격방지장치
③ 원격제어장치
④ 고주파 발생장치

> **해설** ① 과부하 방지장치 : 기계설비에 허용 이

정답 24. ① 25. ④ 26. ① 27. ② 28. ③ 29. ① 30. ②

상의 부하가 가해졌을 때에, 그 동작을 정지 또는 방지하기 위해 안전 쪽으로 작동시키는 장치
② 원격제어장치 : 용접기에서 떨어져 작업할 때 작업 위치에서 전류를 조절할 수 있게 하는 장치
③ 고주파 발생장치 : 교류아크용접기에서 안정한 아크를 얻기 위하여 고전압 고주파를 중첩시키는 방법으로 다음과 같은 이점이 있다.
㉮ 아크 손실이 적어 용접작업이 쉽다.
㉯ 아크 발생 시에 용접봉이 모재에 접촉하지 않아도 아크가 발생된다.
㉰ 무부하전압을 낮게 할 수 있다.
㉱ 전격의 위험이 적으며 전원입력을 적게 할 수 있으므로 용접기의 역률이 개선된다.

31 피복아크용접기로서 구비해야 할 조건 중 잘못된 것은?
① 구조 및 취급이 간편해야 한다.
② 전류조정이 용이하고 일정하게 전류가 흘러야 한다.
③ 아크 발생과 유지가 용이하고 아크가 안정되어야 한다.
④ 용접기가 빨리 가열되어 아크 안정을 유지해야 한다.

해설 용접기 구비 조건
위의 지문 ①, ②, ③ 외에
㉮ 아크발생이 잘 되도록 무부하 전압이 유지되어야 한다.(교류 : 70~80V, 직류 : 40~60V)
㉯ 사용 중에 온도상승이 적어야 한다.
㉰ 가격이 저렴하고 사용 유지비가 적게 들어야 한다.
㉱ 역률 및 효율이 좋아야 한다.

32 피복아크용접에서 용접봉의 용융속도와 관련이 가장 큰 것은?
① 아크 전압
② 용접봉 지름
③ 용접기의 종류
④ 용접봉 쪽 전압강하

해설 용접봉의 용융속도
아크전류×용접봉 쪽 전압강하(아크전압과는 관련이 없다)

33 가스 가우징이나 치핑에 비교한 아크 에어 가우징의 장점이 아닌 것은?
① 작업 능률이 2~3배 높다.
② 장비 조작이 용이하다.
③ 소음이 심하다.
④ 활용 범위가 넓다.

34 피복아크용접에서 아크전압이 30V, 아크전류가 150A, 용접속도가 20cm/min일 때, 용접입열은 몇 Joule/cm인가?
① 27000
② 22500
③ 15000
④ 13500

해설 용접입열(H)=60EI/V이다.
여기서 E : 전압, I : 전류, V : 용접속도이므로
H=60×30×150/20은 13,500J/cm이다.

35 다음 가연성 가스 중 산소와 혼합하여 연소할 때 불꽃 온도가 가장 높은 가스는?
① 수소
② 메탄
③ 프로판
④ 아세틸렌

해설
• 산소-수소 : 2982℃
• 산소-메탄 : 2760℃
• 산소-프로판 : 2926℃
• 산소-아세틸렌 : 3230℃

정답 31. ④ 32. ④ 33. ③ 34. ④ 35. ④

36 피복아크용접봉의 피복제의 작용에 대한 설명으로 틀린 것은?

① 산화 및 질화를 방지한다.
② 스패터가 많이 발생한다.
③ 탈산 정련작용을 한다.
④ 합금원소를 첨가한다.

37 부하 전류가 변화하여도 단자 전압은 거의 변하지 않는 특성은?

① 수하 특성
② 정전류 특성
③ 정전압 특성
④ 전기저항 특성

해설 ① 수하 특성 : 부하전류가 증가하면 단자 전압이 저하하는 특성으로 수동아크용접에 필요한 특성
② 정전류 특성 : 아크길이의 변화에 따라 전압이 변화하여도 전류는 거의 변화가 없는 특성

38 용접기의 명판에 사용률이 40%로 표시되어 있을 때, 다음 설명으로 옳은 것은?

① 아크발생 시간이 40%이다.
② 휴지 시간이 40%이다.
③ 아크발생 시간이 60%이다.
④ 휴지 시간이 4분이다.

해설 사용률이 40%이면 아크발생 시간이 40%이고, 휴식시간이 60%이다. 이때 시간은 10분을 기준으로 한다. 즉, 4분 아크발생 후 6분은 휴식을 가져야 한다.

39 포금의 주성분에 대한 설명으로 옳은 것은?

① 구리에 8~12% Zn을 함유한 합금이다.
② 구리에 8~12% Sn을 함유한 합금이다.
③ 6-4 황동에 1% Pb을 함유한 합금이다.
④ 7-3 황동에 1% Mg을 함유한 합금이다.

해설 • 톰백 : 구리에 아연을 8~20% 첨가한 합금
• 연황동 : 6 : 4 황동에 납을 1.5~3% 첨가한 합금

40 다음 중 완전 탈산시켜 제조한 강은?

① 킬드강   ② 림드강
③ 고망간강   ④ 세미킬드강

해설 ① 림드강 : 탈산시키지 않은 강괴
② 세미킬드강 : 탈산의 정도가 킬드강과 림드강의 중간

41 Al-Cu-Si 합금으로 실리콘(Si)을 넣어 주조성을 개선하고 Cu를 첨가하여 절삭성을 좋게 한 알루미늄 합금으로 시효 경화성이 있는 합금은?

① Y합금   ② 라우탈
③ 코비탈륨   ④ 로-엑스 합금

해설 ① Y합금 : Al-Cu-Mg-Ni
② 코비탈륨 : Al-Cu-Mg-Ni-Ti
③ 로-엑스 합금 : Al-Ni-Si-Cu-Mg

42 주철 중 구상 흑연과 편상 흑연의 중간 형태의 흑연으로 형성된 조직을 갖는 주철은?

① CV 주철
② 에시큘라 주철
③ 니크로 실라 주철
④ 미하나이트 주철

해설 ① CV 주철 : 버미큘러 주철이라고도 한다. 디젤엔진, 실린더 블록헤드, 자동차 브레이크 등에 사용한다.
② 에시큘라 주철 : 내마모성 주철로 주철+Ni+Cr+(Mo, Cu) 등을 배합하여 흑

정답
36. ② 37. ③ 38. ① 39. ② 40. ① 41. ② 42. ①

연과 베이나이트 조직으로 만든 내마모용 주철이다.
③ 니크로실라 주철 : 내열주철로서 고온에서 성장현상이 없고 내산화성이 크며 강도가 높고 열 충격에도 잘 견딘다. 약 950℃까지 내열성을 갖는다.
④ 미하나이트 주철 : 접종에 의해 만들어진 고급주철로 바탕조직은 펄라이트로 흑연은 미세하게 분포되어 있다. 실린더 라이너, 피스톤, 자동차부품 등에 사용된다.

43 연질자성재료에 해당하는 것은?
① 페라이트 자석
② 알니코 자석
③ 네오디뮴 자석
④ 퍼멀로이

해설
• 연질자성재료 : 규소강판, 퍼멀로이, 센더스트, 알펌, 퍼멘듀르, 슈퍼멘듀르
• 경질자성재료 : 알니코자석, 페라이트 자석, 희토류계 자석, 네오디뮴 자석, Fe-Cr-Co계 자석

44 다음 중 황동과 청동의 주성분으로 옳은 것은?
① 황동 : Cu+Pb, 청동 : Cu+Sb
② 황동 : Cu+Sn, 청동 : Cu+Zn
③ 황동 : Cu+Sb, 청동 : Cu+Pb
④ 황동 : Cu+Zn, 청동 : Cu+Sn

45 다음 중 담금질에 의해 나타난 조직 중에서 경도와 강도가 가장 높은 것은?
① 오스테나이트
② 소르바이트
③ 마텐자이트
④ 트루스타이트

해설 담금질 조직의 경도 순서
마텐자이트 > 트루스타이트 > 소르바이트 > 오스테나이트

46 다음 중 재결정 온도가 가장 낮은 금속은?
① Al
② Cu
③ Ni
④ Zn

해설
• Al(알루미늄) : 150~240℃
• Cu(구리) : 200~250℃
• Ni(니켈) : 530~660℃
• Zn(아연) : 15~50℃

47 다음 중 상온에서 구리(Cu)의 결정격자 형태는?
① HCT
② BCC
③ FCC
④ CPH

48 Ni-Fe 합금으로서 불변강이라 불리우는 합금이 아닌 것은?
① 인바
② 모넬메탈
③ 엘린바
④ 슈퍼인바

해설 모넬메탈
니켈-구리계 합금으로 내식성이 우수하여 봉, 선, 단조 등에 사용된다.

49 다음 중 Fe-C 평형상태도에 대한 설명으로 옳은 것은?
① 공정점의 온도는 약 723℃이다.
② 포정점은 약 4.30%C를 함유한 점이다.
③ 공석점은 약 0.80%C를 함유한 점이다.
④ 순철의 자기변태 온도는 210℃이다.

해설
• 공정점 : C(탄소)를 4.3% 함유한 점으로 온도는 1148℃이다.
• 포정점 : 용액+δ 고용체 ⇌ γ고용체가

정답
43. ④ 44. ④ 45. ③ 46. ④ 47. ③ 48. ② 49. ③

되는 반응으로 온도는 1495℃, 탄소함량은 0.18%이다.
• 순철의 자기변태 온도 : 768℃(A_2 변태)

50 고주파 담금질의 특징을 설명한 것 중 옳은 것은?
① 직접 가열하므로 열효율이 높다.
② 열처리 불량은 적으나 변형 보정이 항상 필요하다.
③ 열처리 후의 연삭 과정을 생략 또는 단축시킬 수 없다.
④ 간접 부분 담금질법으로 원하는 깊이만큼 경화하기 힘들다.

51 다음 입체도의 화살표 방향 투상도로 가장 적합한 것은?

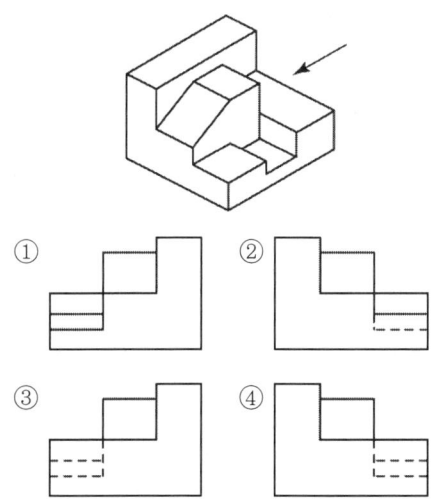

52 다음 그림과 같은 용접방법 표시로 맞는 것은?

① 삼각 용접 ② 현장 용접
③ 공장 용접 ④ 수직 용접

53 다음 밸브 기호는 어떤 밸브를 나타내는가?

① 풋 밸브 ② 볼 밸브
③ 체크 밸브 ④ 버터플라이 밸브

54 다음 중 리벳용 원형강의 KS 기호는?
① SV ② SC
③ SB ④ PW

해설
• SC : 탄소강 주강품
• PW : 피아노선

55 대상물의 일부를 떼어낸 경계를 표시하는데 사용하는 선의 굵기는?
① 굵은 실선
② 가는 실선
③ 아주 굵은 실선
④ 아주 가는 실선

56 그림과 같은 배관도시기호가 있는 관에는 어떤 종류의 유체가 흐르는가?

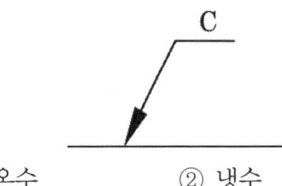

① 온수 ② 냉수
③ 냉온수 ④ 증기

정답
50. ① 51. ③ 52. ② 53. ① 54. ① 55. ② 56. ②

57 제3각법에 대하여 설명한 것으로 틀린 것은?
① 저면도는 정면도 밑에 도시한다.
② 평면도는 정면도의 상부에 도시한다.
③ 좌측면도는 정면도의 좌측에 도시한다.
④ 우측면도는 평면도의 우측에 도시한다.
   해설) 우측면도는 정면도의 우측에 위치한다.

58 다음 치수 표현 중에서 참고 치수를 의미하는 것은?
① S⌀24   ② t=24
③ (24)   ④ □24
   해설) • S⌀ : 구의 지름을 표시
         • t : 물체의 두께를 표시
         • □ : 정사각형의 한 변의 길이

59 구멍에 끼워 맞추기 위한 구멍, 볼트, 리벳의 기호 표시에서 현장에서 드릴가공 및 끼워맞춤을 하고 양쪽면에 카운터 싱크가 있는 기호는?

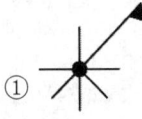 ① 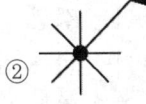 ②

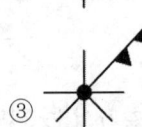 ③ 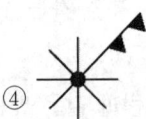 ④

   해설) ① 공장 드릴, 현장 끼워 맞춤으로서 면에 카운터 싱크 있음
         ② 공장 드릴, 현장 끼워 맞춤으로서 양면에 카운터 싱크 있음
         ③ 현장 드릴, 현장 끼워 맞춤으로서 면에 카운터 싱크 있음

60 도면을 용도에 따른 분류와 내용에 따른 분류로 구분할 때, 다음 중 내용에 따라 분류한 도면인 것은?
① 제작도   ② 주문도
③ 견적도   ④ 부품도
   해설) • 용도에 따른 도면 : 계획도, 제작도, 주문도, 견적도, 승인용 도면, 승인도, 설명도
         • 내용에 따른 도면 : 부품도, 조립도, 기초도, 배치도, 배근도, 장치도, 스케치도
         • 표현 형식에 따른 분류 : 외관도, 전개도, 곡면선도, 선도, 입체도

정답
57. ④   58. ③   59. ④   60. ④

2015년 제2회 과년도출제문제 - 용접기능사

01 맞대기이음에서 판 두께 100mm, 용접 길이 300cm, 인장하중이 9000kgf일 때 인장응력은 몇 kgf/cm^2 인가?

① 0.3
② 3
③ 30
④ 300

> **해설** 인장응력 = 하중/단면적, 하중 = 9,000kg, 단면적 = 10×300이므로 3,000cm^2이다. 따라서 인장응력 = 9,000/3,000이므로 3kgf/cm^2이다.

02 안전표지 색채 중 방사능 표지의 색상은 어느 색인가?

① 빨강
② 노랑
③ 자주
④ 녹색

> **해설**
> • 빨강 : 방화, 금지, 정지, 고도의 위험
> • 노랑 : 주의(충돌, 추락, 걸려서 넘어지는 경고)
> • 녹색 : 안전, 피난, 위생 및 구호, 진행
> • 황적 : 위험, 항해, 항공의 보안시설
> • 흰색 : 통로, 정돈
> • 청색 : 지시, 주의(보호구 착용 등 안전 위생을 위한 지시)
> • 검정 : 위험 표지의 문자, 유도 표지의 화살표

03 다음은 용접 이음부의 홈의 종류이다. 박판 용접에 가장 적합한 것은?

① K형
② H형
③ I형
④ V형

> **해설**
> • I형 홈 : 6mm 이하의 얇은 판에 사용
> • V형 홈 : 20mm 이하의 판 두께에 사용
> • K형 홈 : V형보다 약간 두꺼운 판에 사용
> • H형 홈 : 가장 두꺼운 판에 사용

04 용접할 때 용접 전 적당한 온도로 예열을 하면 냉각 속도를 느리게 하여 결함을 방지할 수 있다. 예열 온도 설명 중 옳은 것은?

① 고장력강의 경우는 용접 홈을 50~350℃로 예열
② 저합금강의 경우는 용접 홈을 200~500℃로 예열
③ 연강을 0℃ 이하에서 용접할 경우는 이음의 양쪽 폭 100mm 정도를 40~250℃로 예열
④ 주철의 경우는 용접홈을 40~75℃로 예열

> **해설**
> • 고장력강, 저합금강, 주철 : 용접 홈을 50~350℃로 예열(두께 25t 이상의 연강 포함)
> • 연강을 0℃ 이하에서 용접할 경우 : 이음의 양쪽 폭 100mm 정도를 40~75℃로 예열
> • 구리합금, 알루미늄 합금 : 200~400℃로 예열

05 피복아크용접 시 전격을 방지하는 방법으로 틀린 것은?

① 전격방지기를 부착한다.
② 용접홀더에 맨손으로 용접봉을 갈아 끼

정답 1. ② 2. ② 3. ③ 4. ① 5. ②

운다.
③ 용접기 내부에 함부로 손을 대지 않는다.
④ 절연성이 좋은 장갑을 사용한다.

06 용접선과 하중의 방향이 평행하게 작용하는 필릿 용접은?
① 전면   ② 측면
③ 경사   ④ 변두리

> 해설
> • 전면필릿용접 : 용접선과 하중의 방향이 90°로 작용
> • 경사필릿용접 : 용접선과 하중의 방향이 0°~90°로 작용

07 주철의 보수용접방법에 해당되지 않는 것은?
① 스터드법   ② 비녀장법
③ 버터링법   ④ 백킹법

> 해설
> 주철의 보수용접방법으로는 스터드법, 비녀장법, 버터링법, 로킹법이 있다.

08 다음 중 용접부 검사방법에 있어 비파괴 시험에 해당하는 것은?
① 피로 시험
② 화학분석 시험
③ 용접균열 시험
④ 침투 탐상 시험

> 해설
> • 파괴시험법 : 기계적 시험(인장시험, 굽힘시험, 경도시험 등), 물리적 시험, 화학적 시험, 야금학적 시험(현미경시험, 파면시험, 설퍼프린트 시험), 용접성 시험
> • 비파괴시험법 : 외관 시험, 누설 시험, 침투 시험, 형광 시험, 초음파 시험, 자기적 시험, 와류 시험, 방사선 투과 시험(X선 시험, γ선 시험)

09 용접작업 시 안전에 관한 사항으로 틀린 것은?
① 높은 곳에서 용접작업할 경우 추락, 낙하 등의 위험이 있으므로 항상 안전벨트와 안전모를 착용한다.
② 용접작업 중에 유해 가스가 발생하기 때문에 통풍 또는 환기 장치가 필요하다.
③ 가연성의 분진, 화약류 등 위험물이 있는 곳에서는 용접을 해서는 안 된다.
④ 가스용접은 강한 빛이 나오지 않기 때문에 보안경을 착용하지 않아도 된다.

10 용접부에 결함 발생 시 보수하는 방법 중 틀린 것은?
① 기공이나 슬래그 섞임 등이 있는 경우는 깎아내고 재용접한다.
② 균열이 발견되었을 경우 균열 위에 덧살올림 용접을 한다.
③ 언더컷일 경우 가는 용접봉을 사용하여 보수한다.
④ 오버랩일 경우 일부분을 깎아내고 재용접한다.

> 해설
> 균열이 발생 시에는 양 끝에 정지구멍을 뚫고 균열이 있는 부분을 깎아낸 후 재용접한다.

11 용접부의 중앙으로부터 양끝을 향해 용접해 나가는 방법으로, 이음의 수축에 의한 변형이 서로 대칭이 되게 할 경우에 사용되는 용착법을 무엇이라 하는가?
① 전진법   ② 비석법
③ 캐스케이드법   ④ 대칭법

> 해설
> • 전진법 : 한쪽에서 다른 쪽을 향해 연속

정답
6. ② 7. ④ 8. ④ 9. ④ 10. ② 11. ④

적으로 용접하는 방법으로 잔류응력이나 변형이 문제되지 않을 때 사용하는 용착법이다.
- 비석법(스킵법) : 용접 길이를 짧게 나누어 간격을 두면서 용접하는 방법으로 변형이나 잔류응력을 줄이기 위한 용착법이다.
- 캐스케이드법 : 다층 쌓기의 한 종류로 한 부분씩을 용접하면서 전체가 계단형태로 이루어지도록 하는 용착법이다.

12 용접 시공 시 발생하는 용접변형이나 잔류응력 발생을 최소화하기 위하여 용접순서를 정할 때 유의사항으로 틀린 것은?
① 동일평면 내에 많은 이음이 있을 때 수축은 가능한 한 자유단으로 보낸다.
② 중심선에 대하여 대칭으로 용접한다.
③ 수축이 적은 이음은 가능한 한 먼저 용접하고, 수축이 큰 이음은 나중에 한다.
④ 리벳작업과 용접을 같이 할 때에는 용접을 먼저 한다.

13 납땜에서 경납용 용제에 해당하는 것은?
① 염화아연   ② 인산
③ 염산   ④ 붕산

> 해설
> - 연납용 용제 : 염산, 염화암모니아, 염화아연, 수지(동물유), 인산, 목재 수지
> - 경납용 용제 : 붕사, 붕산, 붕산염, 불화물, 염화물, 알칼리

14 서브머지드 아크용접에 관한 설명으로 틀린 것은?
① 장비의 가격이 고가이다.
② 홈 가공의 정밀을 요하지 않는다.
③ 불가시 용접이다.
④ 주로 아래보기 자세로 용접한다.

> 해설 서브머지드 아크용접 시 정밀한 홈가공을 요하며 루트 간격은 0.8mm 이하로 한다.

15 불활성 가스를 이용한 용가재인 전극 와이어를 송급장치에 의해 연속적으로 보내어 아크를 발생시키는 소모식 또는 용극식 용접 방식을 무엇이라 하는가?
① TIG 용접
② MIG 용접
③ 피복아크용접
④ 서브머지드 아크용접

16 용접부의 시험에서 비파괴 검사로만 짝지어진 것은?
① 인장 시험-외관 시험
② 피로 시험-누설 시험
③ 형광 시험-충격 시험
④ 초음파 시험-방사선 투과시험

17 CO_2 가스 아크용접에서 아크전압에 대한 설명으로 옳은 것은?
① 아크전압이 높으면 비드 폭이 넓어진다.
② 아크전압이 높으면 비드가 볼록해진다.
③ 아크전압이 높으면 용입이 깊어진다.
④ 아크전압이 높으면 아크길이가 짧다.

> 해설 아크전압이 높으면 비드가 넓어지고 납작해지며, 반대로 아크전압이 낮으면 볼록하고 좁은 비드를 형성한다. 아크전압이 지나치게 높으면 기포가 발생한다.

18 논 가스 아크용접의 장점으로 틀린 것은?
① 보호 가스나 용제를 필요로 하지 않는다.

정답
12. ③ 13. ④ 14. ② 15. ② 16. ④ 17. ① 18. ③

② 피복아크용접봉의 저수소계와 같이 수소의 발생이 적다.
③ 용접비드가 좋지만 슬래그 박리성은 나쁘다.
④ 용접장치가 간단하며 운반이 편리하다.

해설 논 가스 아크용접
보호가스의 공급 없이 와이어 자체에서 발생하는 가스에 의해 용접부를 보호하는 용접법으로 다음과 같은 장·단점이 있다.
• 장점 : 위의 보기 ①, ②, ④ 외에
  ㉮ 용접전원으로 교류, 직류 모두를 사용할 수 있고 전자세 용접이 가능하다.
  ㉯ 바람이 있는 옥외에서도 작업이 가능하다.
  ㉰ 용접 비드가 아름답고 슬래그의 박리성이 좋다.
  ㉱ 용접 길이가 긴 용접물에 아크를 중단하지 않고 연속 용접을 할 수 있다.
• 단점
  ㉮ 용착금속의 기계적 성질은 다른 용접법에 비해 다소 떨어진다.
  ㉯ 전극와이어의 가격이 비싸다.
  ㉰ 보호가스의 발생이 많아서 용접선이 잘 보이지 않는다.
  ㉱ 아크 빛과 열이 강렬하다.

19 납땜 시 용제가 갖추어야 할 조건이 아닌 것은?
① 모재의 불순물 등을 제거하고 유동성이 좋을 것
② 청정한 금속면의 산화를 쉽게 할 것
③ 땜납의 표면장력에 맞추어 모재와의 친화도를 높일 것
④ 납땜 후 슬래그 제거가 용이할 것

20 다음 전기 저항 용접법 중 주로 기밀, 수밀, 유밀성을 필요로 하는 탱크의 용접 등에 가장 적합한 것은?
① 점(spot)용접법
② 시임(seam)용접법
③ 프로젝션(projection)용접법
④ 플래시(flash)용접법

21 다음 중 불활성 가스(inert gas)가 아닌 것은?
① Ar
② He
③ Ne
④ CO_2

22 MIG 용접이나 탄산가스 아크용접과 같이 전류 밀도가 높은 자동이나 반자동 용접기가 갖는 특성은?
① 수하 특성과 정전압 특성
② 정전압 특성과 상승 특성
③ 수하 특성과 상승 특성
④ 맥동 전류 특성

해설 수동용접에 필요한 특성
수하 특성과 정전류 특성

23 가스절단에 대한 설명으로 옳은 것은?
① 강의 절단 원리는 예열 후 고압산소를 불어내면 강보다 용융점이 낮은 산화철이 생성되고 이때 산화철은 용융과 동시에 절단된다.
② 양호한 절단면을 얻으려면 절단면이 평활하며 드래그의 홈이 높고 노치 등이 있을수록 좋다.
③ 절단산소의 순도는 절단속도와 절단면에 영향이 없다.
④ 가스절단 중에 모래를 뿌리면서 절단하는 방법을 가스분말절단이라 한다.

정답
19. ② 20. ② 21. ④ 22. ② 23. ①

해설 ① 양호한 절단면을 얻기 위해서는 드래그가 가능한 한 작고, 절단면이 평활하며 드래그의 홈이 낮고 노치가 없어야 한다. 또한 절단면 표면의 각이 예리하고 슬래그의 이탈이 양호해야 된다.
② 절단산소의 순도가 높으면 절단속도가 빠르고, 절단면이 매우 양호하며, 순도가 낮으면 절단속도가 느리고 절단면도 거칠다.
③ 분말절단 : 절단부위에 철분이나 용제의 미세한 분말을 압축 공기 또는 압축 질소와 같이 연속적으로 팁을 통해 분출시키고, 예열 불꽃으로 이들과의 연소반응을 시켜 절단하는 방법으로 철분을 사용하는 철분절단과 용제를 사용하는 용제절단으로 구분된다.

24 직류 아크용접 시 정극성으로 용접할 때의 특징이 아닌 것은?
① 박판, 주철, 합금강, 비철금속의 용접에 이용된다.
② 용접봉의 녹음이 느리다.
③ 비드 폭이 좁다.
④ 모재의 용입이 깊다.

해설 직류정극성(DCSP)과 직류역극성(DCRP)의 비교

직류정극성(DCSP)	직류역극성(DCRP)
모재의 용입이 깊다.	모재의 용입이 얕다.
용접봉의 녹음이 느리다.	용접봉의 녹음이 빠르다.
비드 폭이 좁다.	비드 폭이 넓다.
일반적으로 많이 사용된다.	박판, 주철, 비철금속의 용접에 사용된다.
열분배 : 모재(+) : 70%, 용접봉(-) 30%	열분배 : 모재(-) : 30%, 용접봉(+) 70%

25 가스용접에 사용되는 가스의 화학식을 잘못 나타낸 것은?

① 아세틸렌 : C_2H_2
② 프로판 : C_3H_8
③ 에탄 : C_4H_7
④ 부탄 : C_4H_{10}

해설 에탄 : C_2H_6, 메탄 : CH_4, 에틸렌 : C_2H_4

26 피복아크용접봉의 피복배합제 성분 중 가스발생제는?
① 산화티탄
② 규산나트륨
③ 규산칼륨
④ 탄산바륨

해설 피복배합제의 종류
① 아크안정제 : 산화티탄, 규산나트륨, 석회석, 규산칼륨
② 가스발생제 : 녹말, 톱밥, 석회석, 탄산바륨, 셀룰로오스
③ 슬래그 생성제 : 산화철, 일미나이트, 산화티탄, 이산화망간, 석회석, 규사, 장석, 형석
④ 탈산제 : 규소철, 망간철, 티탄철, 금속망간, 알루미늄
⑤ 고착제 : 규산나트륨, 규산칼륨
⑥ 망간, 실리콘, 니켈, 몰리브덴, 크롬, 구리

27 다음 중 산소-아세틸렌 용접법에서 전진법과 비교한 후진법의 설명으로 틀린 것은?
① 용접속도가 느리다.
② 열 이용률이 좋다.
③ 용접변형이 작다.
④ 홈 각도가 작다.

해설 전진법과 후진법의 비교(산소-아세틸렌 용접)

항목	전진법	후진법
열이용률	나쁘다.	양호하다.
용접속도	늦다.	빠르다.
비드모양	미려하다.	거칠다.

정답 24. ① 25. ③ 26. ④ 27. ①

항목	전진법	후진법
홈 각도	크다. (80° 정도)	작다. (60° 정도)
용접변형	심하다.	적다.
용접가능 판 두께	얇다. (5mm까지)	두껍다.
산화의 정도	심하다.	약하다.
용착금속의 조직	거칠어진다.	미세해진다.
용착금속의 냉각도	빠르다.(급랭)	느리다.(서냉)

28 얇은 철판을 쌓아 포개어 놓고 한꺼번에 절단하는 방법으로 가장 적합한 것은?
① 분말절단
② 산소창절단
③ 포갬절단
④ 금속아크절단

> **[해설]**
> • 분말절단 : 절단부위에 철분이나 용제의 미세한 분말을 압축 공기 또는 압축질소와 같이 연속적으로 팁을 통해 분출시키고, 예열 불꽃으로 이들과의 연소반응을 시켜 절단하는 방법으로 철분을 사용하는 철분절단과 용제를 사용하는 용제절단으로 구분된다.
> • 산소창절단 : 토치의 팁 대신에 안지름 3.2~6mm, 길이 1.5~3m 정도의 강관에 산소를 공급하여 그 강관이 산화 연소할 때의 반응열로 절단하는 방법이다.
> • 금속아크절단 : 절단 전용의 특수 피복을 입힌 피복용접봉을 사용하여 절단하는 아크절단법으로 피복제에서 다량의 가스를 발생시켜 절단을 촉진하며 전원 직류 정극성을 사용하고 교류도 가능하다.

29 다음 중 가스 용접에서 산화불꽃으로 용접할 경우 가장 적합한 용접 재료는?
① 황동
② 모넬메탈
③ 알루미늄
④ 스테인리스

> **[해설]**
> • 탄화불꽃(아세틸렌 과잉 불꽃) : 스테인리스, 스텔라이트, 모넬메탈
> • 중성불꽃(표준불꽃) : 연강, 주철, 니크롬강, 주강, 구리, 고탄소강,
> • 산화불꽃(산소 과잉 불꽃) : 황동, 청동,

30 납땜 용제가 갖추어야 할 조건으로 틀린 것은?
① 모재의 산화 피막과 같은 불순물을 제거하고 유동성이 좋을 것
② 청정한 금속면의 산화를 방지할 것
③ 납땜 후 슬래그의 제거가 용이할 것
④ 침지 땜에 사용되는 것은 젖은 수분을 함유할 것

> **[해설]** 납땜용 용제의 구비 조건
> ① 모재의 산화 피막과 같은 불순물을 제거하고 유동성이 좋을 것
> ② 청정한 금속면의 산화를 방지할 것
> ③ 땜납의 표면 장력을 맞추어서 모재와의 친화도를 높일 것
> ④ 용제의 유효온도 범위와 납땜온도가 일치할 것
> ⑤ 납땜 후 슬래그의 제거가 용이할 것
> ⑥ 모재나 땜납에 대한 부식 작용이 최소한일 것
> ⑦ 전기 저항 납땜에 사용되는 것은 전도체일 것
> ⑧ 침지땜에 사용되는 것은 수분을 함유하지 않을 것
> ⑨ 인체에 해가 없어야 할 것

31 다음 중 아크 발생 초기에 모재가 냉각되어 있어 용접 입열이 부족한 관계로 아크가 불안정하기 때문에 아크 초기에만 용접 전류를 특별히 크게 하는 장치를 무엇이라 하는가?
① 원격제어장치
② 핫스타트장치
③ 고주파 발생장치

정답 28. ③ 29. ① 30. ④ 31. ②

④ 전격방지장치

해설
① 원격제어장치 : 용접기에서 떨어져 작업할 때 작업 위치에서 전류를 조절할 수 있게 하는 장치
② 고주파 발생장치 : 교류아크용접기에서 안정한 아크를 얻기 위하여 고전압 고주파를 중첩시키는 방법으로 효과적인 용접을 위한 장치이다.
③ 전격방지장치 : 교류아크용접기의 무부하전압이 70~85V로 높아 감전의 위험이 높은 관계로 평소 용접을 하지 않을 때 무부하전압을 20~30V 이하로 유지시켜 감전(전격)의 위험을 방지해주는 장치

32 아크 전류가 일정할 때 아크 전압이 높아지면 용융 속도가 늦어지고, 아크 전압이 낮아지면 용융 속도는 빨라진다. 이와 같은 아크 특성은?
① 부저항 특성
② 절연회복 특성
③ 전압회복 특성
④ 아크길이 자기제어 특성

해설
• 부저항 특성 : 아크의 특성으로 옴의 법칙과는 반대로 전류가 증가하면 저항이 감소하고 이에 따라 전압도 감소하는 특성으로 전류밀도가 낮을 때 나타난다.
• 절연회복특성 : 교류아크용접에서 전류와 전압값이 1cycle당 2회 0이 되므로 아크가 불안정해진다. 이때 아크가 단락되지 않고 지속적으로 유지할 수 있도록 하는 특성으로 피복아크용접에서만 나타난다.
• 전압회복특성 : 아크가 단락되었을 때 순간적으로 과도전압을 공급해서 아크의 재발생을 용이하게 해주는 특성으로 이때 사용되는 전압을 재점호전압이라 한다.

33 용접기의 사용률이 40%인 경우 아크 시간과 휴식 시간을 합한 전체시간은 10분을 기준으로 했을 때 아크 발생시간은 몇 분인가?
① 4
② 6
③ 8
④ 10

34 용접봉의 용융속도는 무엇으로 표시하는가?
① 단위 시간당 소비되는 용접봉의 길이
② 단위 시간당 형성되는 비드의 길이
③ 단위 시간당 용접 입열의 양
④ 단위 시간당 소모되는 용접전류

해설
• 용접봉의 용융속도 : 단위 시간당 소비되는 용접봉의 길이 또는 무게로 표시되며 아크전압과는 관련이 없다. 또한 식으로 표현하는 다음과 같다.
• 용접봉의 용융속도 : 아크 전류×용접봉쪽 전압 강하

35 전류조정을 전기적으로 하기 때문에 원격조정이 가능한 교류용접기는?
① 가포화 리액터형
② 가동 코일형
③ 가동 철심형
④ 탭 전환형

36 35℃에서 150kgf/cm²으로 압축하여 내부용적 40.7리터의 산소 용기에 충전하였을 때, 용기 속의 산소량은 몇 리터인가?
① 4470
② 5291
③ 6105
④ 7000

해설 산소량 : 내용적×충전기압이므로
40.7×150=6,105리터가 된다.

정답
32. ④　33. ①　34. ①　35. ①　36. ③

37 다음 중 가스 절단에 있어 양호한 절단면을 얻기 위한 조건으로 옳은 것은?
① 드래그가 가능한 한 클 것
② 절단면 표면의 각이 예리할 것
③ 슬래그 이탈이 이루어지지 않을 것
④ 절단면이 평활하며 드래그의 홈이 깊을 것

해설 양호한 절단면을 얻기 위해서는 드래그가 가능한 한 작고, 절단면이 평활하며 드래그의 홈이 낮고 노치가 없어야 한다. 또한 절단면 표면의 각이 예리하고 슬래그의 이탈이 양호해야 된다.

38 피복아크용접 결함 중 기공이 생기는 원인으로 틀린 것은?
① 용접 분위기 가운데 수소 또는 일산화탄소 과잉
② 용접부의 급속한 응고
③ 슬래그의 유동성이 좋고 냉각하기 쉬울 때
④ 과대 전류와 용접속도가 빠를 때

39 고Mn강으로 내마멸성과 내충격성이 우수하고, 특히 인성이 우수하기 때문에 파쇄장치, 기차 레일, 굴착기 등의 재료로 사용되는 것은?
① 엘린바(elinvar)
② 디디뮴(didymium)
③ 스텔라이트(stellite)
④ 해드필드(hadfield)강

해설 고망간강을 해드필드강, 저망간강을 듀콜(ducol)강이라 한다.

40 시험편의 지름이 15mm, 최대하중이 5200 kgf일 때 인장강도는?
① $16.8 kgf/mm^2$
② $29.4 kgf/mm^2$
③ $33.8 kgf/mm^2$
④ $55.8 kgf/mm^2$

해설 인장강도(σ)=하중(W)/단면적(A)이다. 단면적의 형상이 원이므로 구하는 공식은 πr^2이다.
그러므로 $\pi \times 7.5^2$은 176.714이다.
인장강도(σ)=5,200/176.714
 =$29.42 kgf/mm^2$이다.

41 상자성체 금속에 해당되는 것은?
① Al
② Fe
③ Ni
④ Co

해설 강자성체 : Fe, Ni, Co

42 포금(gun metal)에 대한 설명으로 틀린 것은?
① 내해수성이 우수하다.
② 성분은 8~12% Sn 청동에 1~2% Zn을 첨가한 합금이다.
③ 용해주조 시 탈산제로 사용되는 P의 첨가량을 많이 하여 합금 중에 P를 0.05~0.5% 정도 남게 한 것이다.
④ 수압, 수증기에 잘 견디므로 선박용 재료로 널리 사용된다.

해설 포금 주조 시 기계적 성질을 개선하기 위해 탈산제로 쓰이는 것은 Mn, Cu가 있다.

43 순철의 자기변태(A_2)점 온도는 약 몇 ℃인가?
① 210℃
② 768℃

정답 37. ② 38. ③ 39. ④ 40. ② 41. ① 42. ③ 43. ②

③ 910℃   ④ 1400℃

해설
- 210℃ : Fe_3C의 자기변태점
- 910℃, 1400℃ : 순철의 A_3, A_4변태점 (동소변태)

44 금속재료의 경량화와 강인화를 위하여 섬유 강화금속 복합재료가 많이 연구되고 있다. 강화섬유 중에서 비금속계로 짝지어진 것은?

① K, W   ② W, Ti
③ W, Be ④ SiC, Al_2O_3

해설 섬유강화금속 복합재료
(FRM, fiber reinforced metals)
전위와 같은 결함이 없는 재료 중 하나인 휘스커(whisker)와 같은 섬유를 Al, Mg, Ti 등의 연성과 인성이 높은 금속이나 합금 중에 균일하게 배열시켜 복합화해서 가벼우면서 강도를 높인 재료가 섬유강화금속 복합재료이다. 이 FRM은 비금속계와 금속계로 크게 구분하는데 비금속계에는 C, B, SiC, Al_2O_3, AlN, ZrO_2 등이 있고 금속계에는 Be, W, Mo, Fe, Ti 및 그 합금이 있다.

45 동(Cu)합금 중에서 가장 큰 강도와 경도를 나타내며 내식성, 도전성, 내피로성 등이 우수하여 베어링, 스프링 및 전극재료 등으로 사용되는 재료는?

① 인(P) 청동
② 규소(Si) 동
③ 니켈(Ni) 청동
④ 베릴륨(Be) 동

46 황동은 도가니로, 전기로 또는 반사로 등에서 용해하는데, Zn의 증발로 손실이 있기 때문에 이를 억제하기 위해서는 용탕 표면에 어떤 것을 덮어 주는가?

① 소금   ② 석회석
③ 숯가루   ④ Al 분말가루

47 건축용 철골, 볼트, 리벳 등에 사용되는 것으로 연신율이 약 22%이고, 탄소함량이 약 0.15%인 강재는?

① 연강   ② 경강
③ 최경강   ④ 탄소공구강

해설
- 연강 : 0.12~0.2%C
- 경강 : 0.4~0.5%C
- 최경강 : 0.5~0.9%C
- 탄소공구강 : 0.6~1.5%

48 다음의 금속 중 경금속에 해당하는 것은?

① Cu   ② Be
③ Ni   ④ Sn

해설 경금속 : 비중이 4.5 이하인 금속으로 Al, Mg, Li, Be가 있다.

49 저용융점(fusible) 합금에 대한 설명으로 틀린 것은?

① Bi를 55% 이상 함유한 합금은 응고 수축을 한다.
② 용도로는 화재통보기, 압축공기용 탱크 안전밸브 등에 사용된다.
③ 33~66% Pb를 함유한 Bi 합금은 응고 후 시효 진행에 따라 팽창현상을 나타낸다.
④ 저용융점 합금은 약 250℃ 이하의 용융점을 갖는 것이며 Pb, Bi, Sn, In 등의 합금이다.

정답
44. ④ 45. ④ 46. ③ 47. ① 48. ② 49. ①

50 주철의 일반적인 성질을 설명한 것 중 틀린 것은?

① 용탕이 된 주철은 유동성이 좋다.
② 공정 주철의 탄소량은 4.3% 정도이다.
③ 강보다 용융 온도가 높아 복잡한 형상이라도 주조하기 어렵다.
④ 주철에 함유하는 전탄소(total carbon)는 흑연+화합탄소로 나타낸다.

51 보기 도면은 정면도와 우측면도만이 올바르게 도시되어 있다. 평면도로 가장 적합한 것은?

[보기]

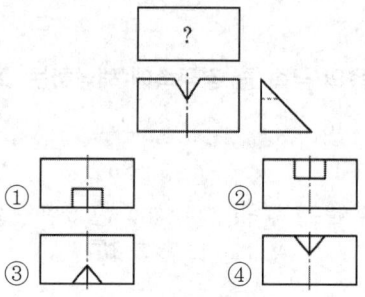

52 그림과 같은 용접기호의 설명으로 옳은 것은?

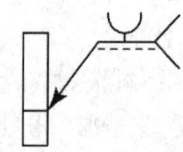

① U형 맞대기 용접, 화살표 쪽 용접
② V형 맞대기 용접, 화살표 쪽 용접
③ U형 맞대기 용접, 화살표 반대쪽 용접
④ V형 맞대기 용접, 화살표 반대쪽 용접

53 선의 종류와 용도에 대한 설명의 연결이 틀린 것은?

① 가는 실선 : 짧은 중심을 나타내는 선
② 가는 파선 : 보이지 않는 물체의 모양을 나타내는 선
③ 가는 1점 쇄선 : 기어의 피치원을 나타내는 선
④ 가는 2점 쇄선 : 중심이 이동한 중심궤적을 표시하는 선

> **해설** 중심이 이동한 중심궤적을 표시하는 선 : 가는 1점 쇄선

54 다음과 같은 배관의 등각 투상도(isometric drawing)를 평면도로 나타낸 것으로 맞는 것은?

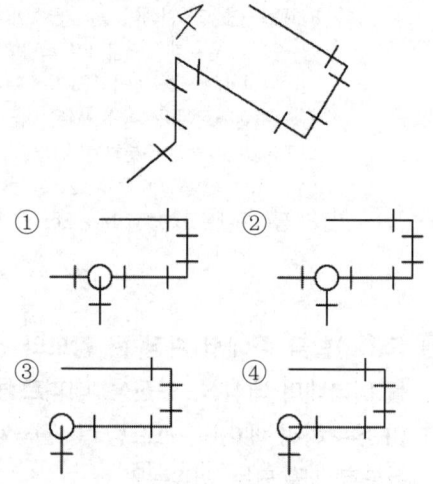

55 KS에서 규정하는 체결부품의 조립 간략 표시방법에서 구멍에 끼워 맞추기 위한 구멍, 볼트, 리벳의 기호 표시 중 공장에서 드릴 가공 및 끼워 맞춤을 하는 것은?

정답
50. ③ 51. ③ 52. ① 53. ④ 54. ④ 55. ①

③    ④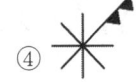

해설) ②, ③ : 공장 드릴, 현장 끼워 맞춤
④ : 현장 드릴, 현장 끼워 맞춤

56 그림의 입체도를 제3각법으로 올바르게 투상한 투상도는?

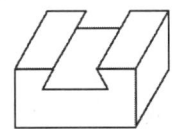

①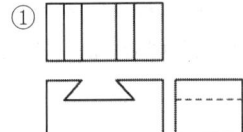

②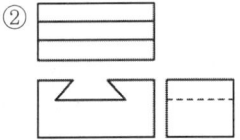

③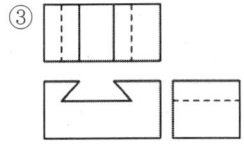

④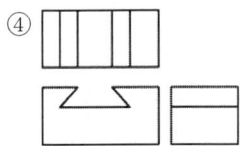

57 표제란에 표시하는 내용이 아닌 것은?
① 재질   ② 척도
③ 각법   ④ 제품명

58 그림과 같은 단면도에서 "A"가 나타내는 것은?

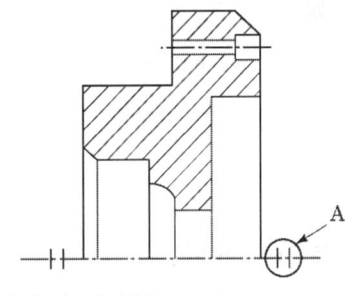

① 바닥 표시 기호
② 대칭 도시 기호
③ 반복 도형 생략 기호
④ 한쪽 단면도 표시 기호

59 치수 기입 방법이 틀린 것은?

① 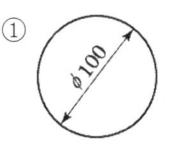   ②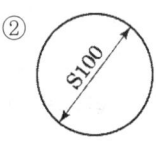

③ 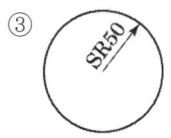   ④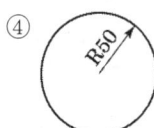

해설) 구의 지름을 표시하는 기호 : sφ

60 전기아연도금 강판 및 강대의 KS기호 중 일반용 기호는?
① SECD   ② SECE
③ SEFC   ④ SECC

해설) KSD 3528(전기아연도금 강판 및 강대)에 규정되어 있음
• 냉연 원판용
 SECC : 일반용, SECD : 드로잉용,
 SECE : 디프드로잉용, SEFC : 가공용
• 열연 원판용
 SEHC : 일반용, SEHD : 드로잉용,
 SEHE : 디프드로잉용, SEFH : 가공용

정답
56. ③ 57. ① 58. ② 59. ② 60. ④

2015년 제2회 과년도출제문제 특수용접기능사

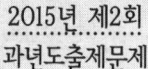

01 아르곤(Ar)가스는 1기압하에서 6500L 용기에 몇 기압으로 충전하는가?
① 100기압 ② 120기압
③ 140기압 ④ 160기압

02 다음 파괴시험 방법 중 충격시험 방법은?
① 전단시험
② 샤르피시험
③ 크리프시험
④ 응력부식 균열시험

> **해설** 충격시험법
> 재료의 인성과 취성을 알아보기 위한 시험법으로 샤르피식과 아이조드식이 있다.

03 초음파 탐상 검사 방법이 아닌 것은?
① 공진법 ② 투과법
③ 극간법 ④ 펄스반사법

04 다음 중 용접 결함에서 구조상 결함에 속하는 것은?
① 기공
② 인장강도의 부족
③ 변형
④ 화학적 성질 부족

> **해설** 용접결함의 분류
> ① 성질상 결함 : 기계적 성질(강도·경도 변화, 연성 부족 등), 화학적 성질(화학성분 부적당 등)
> ② 치수상 결함 : 변형, 용접부 크기의 변화, 용접부 형상의 변화
> ③ 구조상 결함 : 기공, 슬래그 섞임, 용입 불량, 언더컷, 오버랩, 균열, 융합 불량

05 15℃, 1kgf/cm² 하에서 사용 전 용해아세틸렌병의 무게가 50kgf이고, 사용 후 무게가 47kgf일 때 사용한 아세틸렌의 양은 몇 리터(L)인가?
① 2915 ② 2815
③ 3815 ④ 2715

> **해설** 용해아세틸렌 1kg이 기화하면 약 905리터의 아세틸렌가스가 발생하므로 충전 전후의 용기무게를 측정하면 아세틸렌가스의 양을 구할 수 있다.
> 아세틸렌가스의 양=905×(충전 후의 무게−충전 전의 무게) 또는 905×(사용 전의 무게−사용 후의 무게)이므로
> 905×(50−47)=2715리터가 된다.

06 다음 용착법 중 다층 쌓기 방법인 것은?
① 전진법 ② 대칭법
③ 스킵법 ④ 캐스케이드법

> **해설** 다층 쌓기의 종류
> 캐스케이드법, 전진블록법, 덧살 올림법

07 플라즈마 아크의 종류 중 모재가 전도성 물질이어야 하며, 열효율이 높은 아크는?
① 이행형 아크 ② 비이행형 아크
③ 중간형 아크 ④ 피복아크

정답 1. ③ 2. ② 3. ③ 4. ① 5. ④ 6. ④ 7. ①

해설 플라즈마 아크의 종류
① 이행형 아크 : 플라즈마 아크방식이라고도 한다. 모재가 전도성 물질이어야 하며 열효율이 좋아 일반용접과 덧살올림 용접에도 사용된다.
② 비이행형 아크 : 플라즈마 제트방식이라고도 한다. 모재에 전류가 흐르지 않기 때문에 특수한 용접, 부도체 용접, 절단, 용사에 사용된다.
③ 중간형 아크 : 이행형 아크 방식과 비이행형 아크 방식을 병용한 방법으로 아주 얇은 박판용접도 가능하다.

08 철도 레일 이음 용접에 적합한 용접법은?
① 테르밋 용접
② 서브머지드 용접
③ 스터드 용접
④ 그래비티 및 오토콘 용접

해설 테르밋 용접은 용접 외부에서 열을 가하는 방식이 아닌 용접부에 분포되는 테르밋제의 반응열을 이용한 용접법으로 레일, 차축, 프레임 등 대칭적이며 비교적 큰 단면을 가진 제품의 보수용접에 사용된다.

09 다음 TIG 용접에 대한 설명 중 틀린 것은?
① 박판 용접에 적합한 용접법이다.
② 교류나 직류가 사용된다.
③ 비소모식 불활성 가스 아크용접법이다.
④ 전극봉은 연강봉이다.

해설 TIG 용접에 사용되는 전극봉은 텅스텐을 주재료로 사용하고 있다.

10 TIG 용접에서 전극봉은 세라믹 노즐의 끝에서부터 몇 mm 정도 돌출시키는 것이 가장 적당한가?
① 1~2mm
② 3~6mm
③ 7~9mm
④ 10~12mm

11 구리 합금 용접 시험편을 현미경 시험할 경우 시험용 부식제로 주로 사용되는 것은?
① 왕수
② 피크린산
③ 수산화나트륨
④ 연화철액

12 이산화탄소 용접에 사용되는 복합 와이어(flux cored wire)의 구조에 따른 종류가 아닌 것은?
① 아코스 와이어
② T관상 와이어
③ Y관상 와이어
④ S관상 와이어

13 불활성 가스 텅스텐(TIG) 아크용접에서 용착금속의 용락을 방지하고 용착부 뒷면의 용착금속을 보호하는 것은?
① 포지셔너(positioner)
② 지그(zig)
③ 뒷받침(backing)
④ 엔드탭(end tap)

해설
• 포지셔너 : 용접을 가능한 한 하기 쉬운 위치로 이동시킬 수 있게 해주는 장치
• 지그 : 용접물을 고정하기 위한 장치
• 엔드탭 : 용접의 시작점과 끝점에 임시로 붙여주는 보조판으로 시작과 끝점의 결함발생을 방지한다.

14 레이저 빔 용접에 사용되는 레이저의 종류가 아닌 것은?
① 고체 레이저
② 액체 레이저
③ 기체 레이저
④ 도체 레이저

정답 8. ① 9. ④ 10. ② 11. 전항 12. ② 13. ③ 14. ④

15 피복아크용접 후 실시하는 비파괴 검사방법이 아닌 것은?
① 자분탐상법
② 피로시험법
③ 침투탐상법
④ 방사선투과 검사법

> 해설) 피로시험법은 기계적 시험법으로 파괴시험의 한 종류이다.

16 용접 결함 중 치수상의 결함에 대한 방지대책과 가장 거리가 먼 것은?
① 역변형법 적용이나 지그를 사용한다.
② 습기, 이물질 제거 등 용접부를 깨끗이 한다.
③ 용접 전이나 시공 중에 올바른 시공법을 적용한다.
④ 용접조건과 자세, 운봉법을 적정하게 한다.

> 해설) 습기나 이물질 제거 등은 기공발생 방지를 위한 사전방지대책이다.

17 다음 중 저탄소강의 용접에 관한 설명으로 틀린 것은?
① 용접균열의 발생 위험이 크기 때문에 용접이 비교적 어렵고, 용접법의 적용에 제한이 있다.
② 피복아크용접의 경우 피복아크용접봉은 모재와 강도 수준이 비슷한 것을 선정하는 것이 바람직하다.
③ 판의 두께가 두껍고 구속이 큰 경우에는 저수소계 계통의 용접봉이 사용된다.
④ 두께가 두꺼운 강재일 경우 적절한 예열을 할 필요가 있다.

18 다음 중 용접이음에 대한 설명으로 틀린 것은?
① 필릿 용접에서는 형상이 일정하고, 미용착부가 없어 응력분포상태가 단순하다.
② 맞대기 용접이음에서 시점과 크레이터 부분에서는 비드가 급랭하여 결함을 일으키기 쉽다.
③ 전면 필릿 용접이란 용접선의 방향이 하중의 방향과 거의 직각인 필릿 용접을 말한다.
④ 겹치기 필릿 용접에서는 루트부에 응력이 집중되기 때문에 보통 맞대기 이음에 비하여 피로강도가 낮다.

19 변형과 잔류응력을 최소로 해야 할 경우 사용되는 용착법으로 가장 적합한 것은?
① 후진법　　② 전진법
③ 스킵법　　④ 덧살 올림법

> 해설) • 전진법 : 한쪽에서 다른 쪽을 향해 연속적으로 용접하는 방법으로 잔류응력이나 변형이 문제되지 않을 때 사용하는 용착법이다.
> • 후진법 : 용접진행방향과 용착 방향이 서로 반대가 되게 하는 방법으로 잔류응력을 다소 줄일 수 있으나 작업능률이 떨어진다.
> • 덧살올림법 : 다층쌓기의 한 방법으로 각 층마다 전체의 길이를 쌓아 올리는 방법이다.

20 통행과 운반관련 안전조치로 가장 거리가 먼 것은?
① 뛰지 말 것이며 한 눈을 팔거나 주머니에 손을 넣고 걷지 말 것
② 기계와 다른 시설물과의 사이의 통행로

정답 15. ②　16. ②　17. ①　18. ①　19. ③　20. ②

폭은 30cm 이상으로 할 것
③ 운반차는 규정 속도를 지키고 운반 시 시야를 가리지 않게 할 것
④ 통행로와 운반차, 기타 시설물에는 안전표지 색을 이용한 안전표지를 할 것

> **해설** 기계와 다른 시설물과의 사이의 통행로 폭은 80cm 이상으로 한다.

21 TIG 용접에 사용되는 전극봉의 조건으로 틀린 것은?
① 고용융점의 금속
② 전자방출이 잘 되는 금속
③ 전기 저항률이 많은 금속
④ 열 전도성이 좋은 금속

22 불활성 가스 아크용접에 주로 사용되는 가스는?
① CO_2 ② CH_4
③ Ar   ④ C_2H_2

> **해설** 불활성 가스의 종류는 Ar, He, Ne이 있다.

23 다음 중 두께 20mm인 강판을 가스 절단 하였을 때 드래그(drag)의 길이가 5mm이었다면 드래그 양은 몇 %인가?
① 5   ② 20
③ 25   ④ 100

> **해설** 드래그 양=드래그길이/모재 두께 ×100(%)

24 가스용접에 사용되는 용접용 가스 중 불꽃 온도가 가장 높은 가연성 가스는?
① 아세틸렌   ② 메탄
③ 부탄   ④ 천연가스

> **해설**
> • 산소-아세틸렌 : 3230℃
> • 산소-메탄 : 2760℃
> • 산소-부탄 : 2926℃
> • 산소-천연가스 : 2537℃

25 가동철심형 용접기를 설명한 것으로 틀린 것은?
① 교류아크용접기의 종류에 해당한다.
② 미세한 전류 조정이 가능하다.
③ 용접작업 중 가동 철심의 진동으로 소음이 발생할 수 있다.
④ 코일의 감긴 수에 따라 전류를 조정한다.

> **해설** 가동철심형 용접기의 전류 조정은 철심을 움직여서 누설자속을 변동시켜서 전류를 조정한다. 코일의 감김수에 따라 전류를 조절하는 방식은 탭 전환형이다.

26 피복금속 아크용접봉의 피복제가 연소한 후 생성된 물질이 용접부를 보호하는 방식이 아닌 것은?
① 가스 발생식
② 슬래그 생성식
③ 스프레이 발생식
④ 반가스 발생식

27 다음 중 가스용접의 특징으로 틀린 것은?
① 전기가 필요 없다.
② 응용범위가 넓다.
③ 박판용접에 적당하다.
④ 폭발의 위험이 없다.

28 가스절단 시 절단면에 일정한 간격의 곡선이 진행 방향으로 나타나는데 이것을 무엇이라 하는가?

정답
21. ③ 22. ③ 23. ③ 24. ① 25. ④ 26. ③ 27. ④ 28. ③

① 슬래그(slag)
② 태핑(tapping)
③ 드래그(drag)
④ 가우징(gouging)

해설
- 슬래그 : 피복제가 녹아 이루어진 것으로 용접부를 보호한다.
- 태핑 : 기계가공의 한 방법으로 구멍에 나사탭으로 나사를 내는 가공법이다.
- 가우징 : 깊고 좁은 홈파기 작업으로 가스 가우징, 아크 에어 가우징이 있다.

29 용접 중 전류를 측정할 때 전류계(클램프미터)의 측정위치로 적합한 것은?
① 1차측 접지선
② 피복아크용접봉
③ 1차측 케이블
④ 2차측 케이블

30 직류아크용접에서 용접봉을 용접기의 음(-)극에, 모재를 양(+)극에 연결한 경우의 극성은?
① 직류정극성   ② 직류역극성
③ 용극성   ④ 비용극성

31 다음 중 피복아크용접에 있어 용접봉에서 모재로 용융 금속이 옮겨가는 상태를 분류한 것이 아닌 것은?
① 폭발형   ② 스프레이형
③ 글로뷸러형   ④ 단락형

32 강재 표면의 흠이나 개재물, 탈탄층 등을 제거하기 위하여 얇고 타원형 모양으로 표면을 깎아내는 가공법은?

① 산소창 절단   ② 스카핑
③ 탄소아크 절단   ④ 가우징

33 가스용접에서 전진법과 후진법을 비교하여 설명한 것으로 옳은 것은?
① 용착금속의 냉각도는 후진법이 서냉된다.
② 용접변형은 후진법이 크다.
③ 산화의 정도가 심한 것은 후진법이다.
④ 용접속도는 후진법보다 전진법이 더 빠르다.

해설 전진법과 후진법의 비교(산소-아세틸렌 용접)

항목	전진법	후진법
열이용률	나쁘다.	양호하다.
용접속도	늦다.	빠르다.
비드모양	미려하다.	거칠다.
홈 각도	크다.(80° 정도)	작다.(60° 정도)
용접변형	심하다.	적다.
용접가능 판 두께	얇다.(5mm까지)	두껍다.
산화의 정도	심하다.	약하다.
용착금속의 조직	거칠어진다.	미세해진다.
용착금속의 냉각도	빠르다.(급랭)	느리다.(서냉)

34 용접 용어와 그 설명이 잘못 연결된 것은?
① 모재 : 용접 또는 절단되는 금속
② 용융풀 : 아크열에 의해 용융된 쇳물 부분
③ 슬래그 : 용접봉이 용융지에 녹아 들어가는 것
④ 용입 : 모재가 녹은 깊이

해설 • 슬래그 : 피복제가 녹아서 형성된 것으로 용착금속을 보호한다.

35 주철의 용접 시 예열 및 후열 온도는 얼마 정도가 가장 적당한가?

① 100~200℃   ② 300~400℃
③ 500~600℃   ④ 700~800℃

36 저수소계 용접봉은 용접시점에서 기공이 생기기 쉬운데 해결방법으로 가장 적당한 것은?

① 후진법 사용
② 용접봉 끝에 페인트 도색
③ 아크 길이를 길게 사용
④ 접지점을 용접부에 가깝게 물림

37 AW 300, 정격 사용률이 40%인 교류 아크용접기를 사용하여 실제 150A의 전류로 용접을 한다면 허용 사용률은?

① 80%   ② 120%
③ 140%   ④ 160%

해설 허용사용률(%)

$$= \frac{(정격 2차 전류)^2}{(실제 용접전류)^2} \times 정격사용률 이므로$$

$$\frac{(300)^2}{(150)^2} \times 40 = 160\%$$

38 용해 아세틸렌 용기 취급 시 주의사항으로 틀린 것은?

① 아세틸렌 충전구가 동결시는 50℃ 이상의 온수로 녹여야 한다.
② 저장 장소는 통풍이 잘 되어야 한다.
③ 용기는 반드시 캡을 씌워 보관한다.
④ 용기는 진동이나 충격을 가하지 말고 신중히 취급해야 한다.

해설 아세틸렌 충전구가 동결 시 35℃ 이하의 온수로 녹여야 한다.

39 노멀라이징(normalizing) 열처리의 목적으로 옳은 것은?

① 연화를 목적으로 한다.
② 경도 향상을 목적으로 한다.
③ 인성부여를 목적으로 한다.
④ 재료의 표준화를 목적으로 한다.

해설 ① : 어닐링(풀림)
② : 퀜칭(담금질)
③ : 템퍼링(뜨임)

40 면심입방격자 구조를 갖는 금속은?

① Cr   ② Cu
③ Fe   ④ Mo

해설 • 체심입방격자 : Ba, Cr, K, W, Mo, V, Li, α-Fe, δ-Fe
• 면심입방격자 : Al, Ag, Au, Cu, Pt, Ni, Ca, γ-Fe
• 조밀육방격자 : Mg, Zn, Be, Cd, Ti, Co

41 융점이 높은 코발트(Co) 분말과 1~5μm 정도의 세라믹, 탄화텅스텐 등의 입자들을 배합하여 확산과 소결 공정을 거쳐서 분말 야금법으로 입자강화 금속 복합 재료를 제조한 것은?

① FRP
② FRS
③ 서멧(cermet)
④ 진공청정구리(OFHC)

정답 35. ③ 36. ① 37. ④ 38. ① 39. ④ 40. ② 41. ③

[해설]
- FRP(유리섬유강화플라스틱) : 불포화 폴리에스테르에 지름 0.1mm 이하로 가공한 유리섬유를 보강하여 만든 재료로 용도는 보트몸체, 스키용품, 가정용 욕조 등에 사용한다.
- OFHC(진공청정구리) : 산소나 탈산제 등을 함유하지 않는 고순도의 동을 말한다.

42 알루미늄 합금 중 대표적인 단련용 Al합금으로 주요성분이 Al-Cu-Mg-Mn인 것은?
① 알민
② 알드레이
③ 두랄루민
④ 하이드로날륨

[해설]
- 알민 : Al+Mn계
- 알드레이 : Al+Mg+Si계
- 하이드로날륨 : Al+Mg계

43 재료표면상에 일정한 높이로부터 낙하시킨 추가 반발하여 튀어오르는 높이로부터 경도값을 구하는 경도기는?
① 쇼어경도기
② 로크웰경도기
③ 비커스경도기
④ 브리넬경도기

44 알루미늄의 표면 방식법이 아닌 것은?
① 수산법
② 염산법
③ 황산법
④ 크롬산법

45 인장시험에서 표점거리가 50mm의 시험편을 시험 후 절단된 표점거리를 측정하였더니 65mm가 되었다. 이 시험편의 연신율은 얼마인가?
① 20%
② 23%
③ 30%
④ 33%

[해설] 연신율
늘어난 거리−표점거리/표점거리×100(%)이므로, 연신율=15/50×100(%)는 30%이다.

46 2~10% Sn, 0.6% P 이하의 합금이 사용되며 탄성률이 높아 스프링 재료로 가장 적합한 청동은?
① 알루미늄청동
② 망간청동
③ 니켈청동
④ 인청동

47 강의 담금질 깊이를 깊게 하고 크리프 저항과 내식성을 증가시키며 뜨임 메짐을 방지하는 데 효과가 있는 합금 원소는?
① Mo
② Ni
③ Cr
④ Si

48 황동에 납(Pb)을 첨가하여 절삭성을 좋게 한 황동으로 스크류, 시계용 기어 등의 정밀가공에 사용되는 합금은?
① 리드 브라스(lead brass)
② 문쯔메탈(muntz metal)
③ 틴 브라스(tin brass)
④ 실루민(silumin)

[해설]
- 문쯔메탈 : 구리(60%)+아연(40%)의 합금
- 틴 브라스 : 황동에 소량의 주석을 첨가한 합금
- 실루민 : 알루미늄+규소계 합금

49 Fe-C 평형 상태도에서 나타날 수 없는 반응은?
① 포정 반응
② 편정 반응
③ 공석 반응
④ 공정 반응

[정답] 42.③ 43.① 44.② 45.③ 46.④ 47.① 48.① 49.②

50 탄소강에 함유된 원소 중에서 고온 메짐(hot shortness)의 원인이 되는 것은?
① Si ② Mn
③ P   ④ S

51 나사의 단면도에서 수나사와 암나사의 골밑(골지름)을 도시하는 데 적합한 선은?
① 가는 실선
② 굵은 실선
③ 가는 파선
④ 가는 1점 쇄선

52 일면 개선형 맞대기 용접의 기호로 맞는 것은?

①   ②
③   ④ ○

53 물체를 수직단면으로 절단하여 그림과 같이 조합하여 그릴 수 있는데, 이러한 단면도를 무슨 단면도라고 하는가?

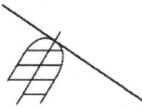

① 온 단면도
② 한쪽 단면도
③ 부분 단면도
④ 회전도시 단면도

54 치수선상에서 인출선을 표시하는 방법으로 옳은 것은?

① 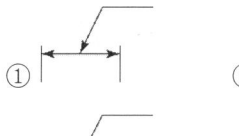   ②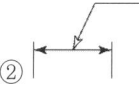
③ 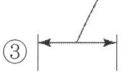   ④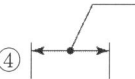

55 다음 배관 도면에 없는 배관 요소는?

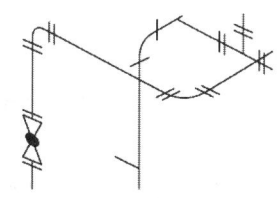

① 티   ② 엘보
③ 플랜지 이음   ④ 나비 밸브

해설) 위 그림에 연결된 밸브는 글로브 밸브이다.

56 다음 중 원기둥의 전개에 가장 적합한 전개도법은?
① 평행선 전개도법
② 방사선 전개도법
③ 삼각형 전개도법
④ 타출 전개도법

57 그림과 같이 정투상도의 제3각법으로 나타낸 정면도와 우측면도를 보고 평면도를 올바르게 도시한 것은?

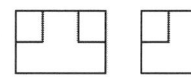

①    ②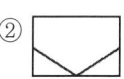
③ 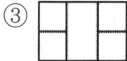   ④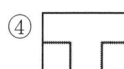

정답
50. ④ 51. ① 52. ② 53. ④ 54. ③ 55. ④ 56. ① 57. ④

58 KS 재료기호 "SM10C"에서 10C는 무엇을 뜻하는가?
① 일련번호
② 항복점
③ 탄소함유량
④ 최저인장강도

59 도면을 축소 또는 확대했을 경우, 그 정도를 알기 위해서 설정하는 것은?
① 중심 마크   ② 비교 눈금
③ 도면의 구역   ④ 재단 마크

해설
- 중심마크 : 도면을 다시 만들거나 마이크로필름을 만들 때 도면의 위치를 잘 잡기 위하여 표시
- 도면의 구역 표시 : 도면에서 상세, 추가, 수정 등의 위치를 알기 쉽도록 하기 위해 표시
- 재단마크 : 수동이나 자동으로 용지를 잘 라내는 데 편리하도록 재단된 4변의 경계 표시

60 다음 중 선의 종류와 용도에 의한 명칭 연결이 틀린 것은?
① 가는 1점 쇄선 : 무게중심선
② 굵은 1점 쇄선 : 특수지정선
③ 가는 실선 : 중심선
④ 아주 굵은 실선 : 특수한 용도의 선

해설 무게중심선 : 가는 2점 쇄선

정답
58. ③ 59. ② 60. ①

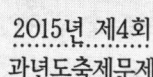

용접기능사

01 다음 중 텅스텐과 몰리브덴 재료 등을 용접하기에 가장 적합한 용접은?
① 전자 빔 용접
② 일렉트로 슬래그 용접
③ 탄산가스 아크용접
④ 서브머지드 아크용접

해설 전자 빔 용접은 진공 중에서 용접하므로 공기 중의 유해한 원소에 의해 결함발생이 매우 염려되는 티타늄, 몰리브덴, 지르코늄, 탄탈 등의 활성금속이나 실리콘, 게르마늄 등의 반도체 재료도 용접이 가능하다.

02 서브머지드 아크용접 시, 받침쇠를 사용하지 않을 경우 루트 간격을 몇 mm 이하로 하여야 하는가?
① 0.2   ② 0.4
③ 0.6   ④ 0.8

03 연납 땜 중 내열성 땜납으로 주로 구리, 황동용에 사용되는 것은?
① 인동납   ② 황동납
③ 납-은납   ④ 은납

04 용접부 검사법 중 기계적 시험법이 아닌 것은?
① 굽힘 시험   ② 경도 시험
③ 인장 시험   ④ 부식 시험

해설 부식시험은 화학적 시험방법의 한 종류이다.

05 일렉트로 가스 아크용접의 특징 설명 중 틀린 것은?
① 판두께에 관계없이 단층으로 상진 용접한다.
② 판두께가 얇을수록 경제적이다.
③ 용접속도는 자동으로 조절된다.
④ 정확한 조립이 요구되며, 이동용 냉각 동판에 급수 장치가 필요하다.

해설 일렉트로 가스 아크용접은 판 두께에 관계없이 단층으로 상진용접하기 때문에 두꺼운 판일수록 경제적이다.

06 텅스텐 전극봉 중에서 전자 방사능력이 현저하게 뛰어난 장점이 있으며 불순물이 부착되어도 전자 방사가 잘 되는 전극은?
① 순 텅스텐 전극
② 토륨 텅스텐 전극
③ 지르코늄 텅스텐 전극
④ 마그네슘 텅스텐 전극

해설
- 순 텅스텐 전극봉 : 텅스텐을 99.9% 이상 포함하고 있어야 하며 교류에서 아크가 안정되어 알루미늄과 마그네슘 용접에 적용된다.
- 지르코늄 텅스텐 전극봉 : 99.1%의 텅스텐에 0.15~0.4%의 지르코늄을 함유하고 있다. 순 텅스텐 전극봉보다 수명이 길고 대단히 안정된 아크를 유지하며 교류전원에 사용된다.

정답
1. ① 2. ④ 3. ③ 4. ④ 5. ② 6. ②

07 다음 중 표면 피복 용접을 올바르게 설명한 것은?
① 연강과 고장력강의 맞대기 용접을 말한다.
② 연강과 스테인리스강의 맞대기 용접을 말한다.
③ 금속 표면에 다른 종류의 금속을 용착시키는 것을 말한다.
④ 스테인리스 강판과 연강판재를 접합 시 스테인리스 강판에 구멍을 뚫어 용접하는 것을 말한다.

08 산업용 용접 로봇의 기능이 아닌 것은?
① 작업 기능
② 제어 기능
③ 계측인식 기능
④ 감정 기능

09 불활성 가스 금속 아크용접(MIG)의 용착효율은 얼마 정도인가?
① 58%   ② 78%
③ 88%   ④ 98%

10 다음 중 일렉트로 슬래그 용접의 특징으로 틀린 것은?
① 박판용접에는 적용할 수 없다.
② 장비 설치가 복잡하며 냉각장치가 요구된다.
③ 용접시간이 길고 장비가 저렴하다.
④ 용접 진행 중 용접부를 직접 관찰할 수 없다.

11 용접에 있어 모든 열적 요인 중 가장 영향을 많이 주는 요소는?
① 용접 입열   ② 용접 재료
③ 주위 온도   ④ 용접 복사열

> **해설** 용접 입열
> 용접부에 외부에서 주어지는 열량을 말하며 양호한 용접을 위해서는 충분한 입열량이 주어져야 한다.

12 사고의 원인 중 인적 사고 원인에서 선천적 원인은?
① 신체의 결함   ② 무지
③ 과실   ④ 미숙련

> **해설** 인적 사고 원인의 종류
> ① 후천적 원인 : 무지, 과실, 미숙련, 난폭, 흥분, 고의, 사물판단능력 부족
> ② 선천적 원인 : 체력의 부적응, 신체의 결함, 질병, 음주, 수면 부족

13 TIG 용접에서 직류정극성을 사용하였을 때 용접효율을 올릴 수 있는 재료는?
① 알루미늄
② 마그네슘
③ 마그네슘 주물
④ 스테인리스강

> **해설**
> • 직류정극성 : TIG 용접에서 직류정극성은 용입이 깊은 관계로 주로 연강이나 스테인리스강의 용접에 사용
> • 직류역극성 : 직류역극성은 청정작용이 있어서 산화성이 큰 금속, 알루미늄, 마그네슘 등의 용접에 사용

14 재료의 인장 시험방법으로 알 수 없는 것은?
① 인장강도   ② 단면수축률

정답 7. ③ 8. ④ 9. ④ 10. ③ 11. ① 12. ① 13. ④ 14. ③

③ 피로강도　　④ 연신율

15 용접 변형 방지법의 종류에 속하지 않는 것은?
① 억제법　　② 역변형법
③ 도열법　　④ 취성 파괴법

> 해설
> - 억제법 : 구속지그와 같은 공구를 사용하여 재료가 변형이 생기지 않도록 강제로 구속하는 방법이다.
> - 역변형법 : 변형이 예상되는 반대 방향으로 미리 변형을 주어 변형을 방지하는 방법이다.
> - 도열법 : 용접 전에 열전도성이 좋은 재료를 모재에 부착시켜 열전달을 억제하는 방법으로 변형을 방지하는 방법이다.

16 솔리드 와이어와 같이 단단한 와이어를 사용할 경우 적합한 용접 토치 형태로 옳은 것은?
① Y형　　② 커브형
③ 직선형　　④ 피스톨형

17 안전·보건표지의 색채, 색도기준 및 용도에서 색채에 따른 용도를 올바르게 나타낸 것은?
① 빨간색 : 안내
② 파란색 : 지시
③ 녹색 : 경고
④ 노란색 : 금지

> 해설
> - 빨강 : 방화, 금지, 정지, 고도의 위험
> - 노랑 : 주의(충돌, 추락, 걸려서 넘어지는 광고)
> - 녹색 ; 안전, 피난, 위생 및 구호, 진행
> - 황적 : 위험, 항해, 항공의 보안시설
> - 흰색 : 통로, 정돈

- 청색 : 지시, 주의(보호구 착용 등 안전위생을 위한 지시)
- 검정 : 위험 표지의 문자, 유도 표지의 화살표

18 용접금속의 구조상의 결함이 아닌 것은?
① 변형　　② 기공
③ 언더컷　　④ 균열

> 해설
> - 성질상 결함 : 기계적 성질(강도·경도 변화, 연성 부족 등), 화학적 성질(화학성분 부적당 등)
> - 치수상 결함 : 변형, 용접부 크기의 변화, 용접부 형상의 변화
> - 구조상 결함 : 기공, 슬래그 섞임, 용입 불량, 언더컷, 오버랩, 균열, 융합 불량

19 금속재료의 미세조직을 금속현미경을 사용하여 광학적으로 관찰하고 분석하는 현미경시험의 진행순서로 맞는 것은?
① 시료 채취 → 연마 → 세척 및 건조 → 부식 → 현미경 관찰
② 시료 채취 → 연마 → 부식 → 세척 및 건조 → 현미경 관찰
③ 시료 채취 → 세척 및 건조 → 연마 → 부식 → 현미경 관찰
④ 시료 채취 → 세척 및 건조 → 부식 → 연마 → 현미경 관찰

20 강판의 두께가 12mm, 폭 100mm인 평판을 V형 홈으로 맞대기 용접 이음할 때, 이음효율 η=0.8로 하면 인장력 P는? (단, 재료의 최저 인장강도는 40N/mm²이고, 안전율은 4로 한다.)
① 960N　　② 9600N
③ 860N　　④ 8600N

15. ④　16. ②　17. ②　18. ①　19. ①　20. ②

해설 P=인장강도(σ)×모재두께(t)×용접길이(*l*)/안전율(S)이다. 다만 이 문제에서 이음효율(η)이 0.8이므로
P=인장강도×모재두께×용접길이×이음효율/안전율이다. 따라서
P=40×12×100×0.8/4=9600N이다.

21 다음 중 목재, 섬유류, 종이 등에 의한 화재의 급수에 해당하는 것은?

① A급　　　② B급
③ C급　　　④ D급

해설
- A급 화재(일반화재) : 연소 후 재를 남기는 화재(목재, 종이, 석탄 등)
- B급 화재(유류화재) : 액상 또는 기체상의 연료성 화재(휘발유, 벤젠 등)
- C급 화재(전기화재) : 전기에너지가 발화원이 되는 화재
- D급 화재(금속화재) : 금속 칼륨, 금속 나트륨, 유황 등의 화재
- E급 화재(가스화재) : 가연성 가스에 의해 발화원이 되는 화재

22 용접부의 시험 중 용접성 시험에 해당하지 않는 시험법은?

① 노치 취성 시험
② 열 특성 시험
③ 용접 연성 시험
④ 용접 균열 시험

해설 **열 특성 시험**
물리적 시험의 한 방법이다.

23 다음 중 가스용접의 특징으로 옳은 것은?

① 아크용접에 비해서 불꽃의 온도가 높다.
② 아크용접에 비해 유해광선의 발생이 많다.
③ 전원 설비가 없는 곳에서는 쉽게 설치할 수 없다.
④ 폭발의 위험이 크고 금속이 탄화 및 산화될 가능성이 많다.

해설 **가스용접의 특징(장·단점)**
① 장점
- 응용범위가 넓으며 운반이 편리
- 가열 시 열량조절이 자유로워 박판용접에 유리
- 전기 시설이 없는 곳에서 사용 가능하고 설치 비용이 저렴하다.
- 아크용접에 비해 유해광선의 발생이 적다.

② 단점
- 아크용접에 비해 불꽃온도가 낮다.
- 열 집중성이 나빠 효율적인 용접이 어렵다.
- 폭발의 위험성이 크고 금속이 산화 및 탄화될 염려가 많다.
- 아크용접에 비해 가열범위가 넓어 용접 응력이 크고 오래 걸린다.
- 용접변형이 크고 이음강도가 떨어진다.
- 아크용접에 비해 이음 신뢰성이 떨어진다.

24 산소-아세틸렌 용접에서 표준불꽃으로 연강판 두께 2mm를 60분간 용접하였더니 200L의 아세틸렌가스가 소비되었다면, 다음 중 가장 적당한 가변압식 팁의 번호는?

① 100번　　　② 200번
③ 300번　　　④ 400번

해설
- 가변압식 팁 : 팁의 번호는 표준불꽃으로 용접 시 한 시간당 소비되는 아세틸렌가스의 양을 숫자로 표시
- 불변압식 팁 : 용접 가능한 판 두께의 크기를 숫자로 표시

정답
21. ①　22. ②　23. ④　24. ②

25 연강용 가스 용접봉의 시험편 처리 표시 기호 중 NSR의 의미는?

① 625±25℃로써 용착금속의 응력을 제거한 것
② 용착금속의 인장강도를 나타낸 것
③ 용착금속의 응력을 제거하지 않은 것
④ 연신율을 나타낸 것

> 해설
> • NSR : 응력을 제거하지 않은 것
> • SR : 응력을 제거한 것

26 피복아크용접에서 사용하는 아크용접용 기구가 아닌 것은?

① 용접 케이블 ② 접지 클램프
③ 용접 홀더   ④ 팁 클리너

> 해설 팁 클리너
> 가스용접 시 사용하는 도구로 팁의 구멍이 막혔거나 이물질이 들어갔을 때 뚫어주는 기구

27 피복아크용접봉의 피복제의 주된 역할로 옳은 것은?

① 스패터의 발생을 많게 한다.
② 용착 금속에 필요한 합금원소를 제거한다.
③ 모재 표면에 산화물이 생기게 한다.
④ 용착 금속의 냉각속도를 느리게 하여 급랭을 방지한다.

> 해설 피복제의 역할
> ① 아크를 안정시킨다.
> ② 중성 또는 환원성 분위기를 만들어 대기 중의 산화, 질화의 해를 방지하며 용착금속을 보호한다.
> ③ 용융금속의 용적을 미세화하여 용착 효율을 높인다.
> ④ 용착금속의 냉각속도를 느리게 하여 급랭을 방지한다.
> ⑤ 용착금속에 탈산정련작용을 하며, 용융점이 낮은 적당한 점성의 가벼운 슬래그를 만든다.
> ⑥ 슬래그를 제거하기 쉽게 하고 파형이 고운 비드를 만든다.
> ⑦ 모재 표면의 산화물을 제거하고 양호한 용접부를 만든다.
> ⑧ 스패터의 발생을 적게 한다.
> ⑨ 용착금속에 필요한 합금원소를 첨가하고 전기 절연작용을 한다.

28 용접의 특징에 대한 설명으로 옳은 것은?

① 복잡한 구조물 제작이 어렵다.
② 기밀, 수밀, 유밀성이 나쁘다.
③ 변형의 우려가 없어 시공이 용이하다.
④ 용접사의 기량에 따라 용접부의 품질이 좌우된다.

> 해설 용접의 특징(장·단점)
> ① 장점
>   • 재료가 절약되고 중량이 가벼워지며 작업공정이 단축되고 경제적이다.
>   • 재료 두께에 제한이 없고 기밀, 수밀성이 우수하며 이음 효율이 높다.
>   • 제품의 성능과 수명이 향상되며 이종 재료도 접합할 수 있다.
> ② 단점
>   • 변형 및 잔류응력이 발생한다.
>   • 용접사의 기량에 의해 품질이 좌우된다.
>   • 품질검사가 곤란하고 저온취성이 생길 우려가 있다.

29 가스 절단에서 팁(Tip)의 백심 끝과 강판 사이의 간격으로 가장 적당한 것은?

① 0.1~0.3mm ② 0.4~1mm
③ 1.5~2mm   ④ 4~5mm

정답
25. ③ 26. ④ 27. ④ 28. ④ 29. ③

30 스카핑 작업에서 냉간재의 스카핑 속도로 가장 적합한 것은?
① 1~3m/min
② 5~7m/min
③ 10~15m/min
④ 20~25m/min

31 AW-300, 무부하 전압 80V, 아크 전압 20V인 교류용접기를 사용할 때, 다음 중 역률과 효율을 올바르게 계산한 것은? (단, 내부손실을 4kW라 한다.)
① 역률 : 80.0%, 효율 : 20.6%
② 역률 : 20.6%, 효율 : 80.0%
③ 역률 : 60.0%, 효율 : 41.7%
④ 역률 : 41.7%, 효율 : 60.0%

> **해설** • 역률=소비전력/전원입력, 효율=아크출력/소비전력이다.
> • 소비전력=부하전압×정격 2차 전류+내부 손실
> • 전원입력=무부하전압×정격 2차 전류
> • 아크출력=부하전압×정격 2차 전류
> • 역률=20V×300A+4kW/80V×300A =6+4/24=41.7%
> (20V×300A은 6,000W이다. 이를 kW로 환산하면 6kW가 되며, 80×300은 24,000W이므로 24kW가 된다.)
> • 효율=20V×300A/20V×300A+4kW =6/10=60%

32 가스 용접에서 후진법에 대한 설명으로 틀린 것은?
① 전진법에 비해 용접변형이 작고 용접속도가 빠르다.
② 전진법에 비해 두꺼운 판의 용접에 적합하다.
③ 전진법에 비해 열 이용률이 좋다.
④ 전진법에 비해 산화의 정도가 심하고 용착금속 조직이 거칠다.

33 피복아크용접에 관한 사항으로 아래 그림의 ( )에 들어가야 할 용어는?

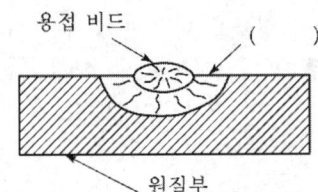

① 용락부   ② 용융지
③ 용입부   ④ 열영향부

34 용접봉에서 모재로 용융금속이 옮겨가는 이행형식이 아닌 것은?
① 단락형   ② 글로뷸러형
③ 스프레이형   ④ 철심형

> **해설** 용적이행의 종류
> ① 단락형 : 용적이 용융지에 접촉하여 단락되고 표면장력의 작용으로 모재에 옮겨가면서 용착되는 형태로 비피복 용접봉 사용 시 나타난다.
> ② 스프레이형 : 피복제의 일부가 가스화하여 가스를 뿜어냄으로써 미세한 용적이 스프레이와 같이 날려 모재로 이행하는 형식으로 일미나이트를 비롯한 피복용접 시 나타난다.
> ③ 글로뷸러형 : 비교적 큰 용적이 단락되지 않고 옮겨가는 형식이며, 서브머지드 아크용접과 같이 대전류사용 시에 나타나며 일명 핀치효과형이라 한다.

35 직류 아크용접에서 용접봉의 용융이 늦고, 모재의 용입이 깊어지는 극성은?
① 직류정극성   ② 직류역극성

③ 용극성 ④ 비용극성

해설 직류정극성(DCSP)과 직류역극성(DCRP)의 비교

직류정극성(DCSP)	직류역극성(DCRP)
모재의 용입이 깊다.	모재의 용입이 얕다.
용접봉의 녹음이 느리다.	용접봉의 녹음이 빠르다.
비드 폭이 좁다.	비드 폭이 넓다.
일반적으로 많이 사용된다.	박판, 주철, 비철금속의 용접에 사용된다.
열분배 : 모재(+) : 70%, 용접봉(-) 30%	열분배 : 모재(-) : 30%, 용접봉(+) 70%

36 아세틸렌 가스의 성질로 틀린 것은?
① 순수한 아세틸렌가스는 무색무취이다.
② 금, 백금, 수은 등을 포함한 모든 원소와 화합 시 산화물을 만든다.
③ 각종 액체에 잘 용해되며, 물에는 1배, 알코올에는 6배 용해된다.
④ 산소와 적당히 혼합하여 연소시키면 높은 열을 발생한다.

해설 아세틸렌 가스는 구리 또는 구리 합금(62% 이상 구리), 은, 수은 등과 접촉하면 이들과 화합하여 120℃ 부근에서 폭발성이 있는 화합물을 형성한다.

37 아크용접기에서 부하전류가 증가하여도 단자전압이 거의 일정하게 되는 특성은?
① 절연 특성 ② 수하 특성
③ 정전압 특성 ④ 보존 특성

38 피복제 중에 산화티탄을 약 35% 정도 포함하였고 슬래그의 박리성이 좋아 비드의 표면이 고우며 작업성이 우수한 특징을 지닌 연강용 피복아크용접봉은?

① E4301 ② E4311
③ E4313 ④ E4316

해설
- 일미나이트계(E4301) : 일미나이트(TiO_2·FeO)를 30% 이상 함유한 용접봉으로 작업성과 용접성이 우수하다.
- 고셀룰로오스계(E4311) : 셀룰로오스(유기물)를 20~30% 정도 포함하고 있는 용접봉으로 피복이 얇고 슬래그가 적어 좁은 홈 용접, 수직 상진, 하진, 위보기용접에서 우수한 작업성을 나타낸다.
- 저수소계(E4316) : 석회석과 형석이 주성분이며, 수소함유량이 타 용접봉의 1/10 정도로 작업성은 매우 불량하나 용착금속의 기계적 성질, 내마모성, 내균열성이 우수하다.

39 상률(Phase Rule)과 무관한 인자는?
① 자유도 ② 원소 종류
③ 상의 수 ④ 성분 수

해설 자유도(F)=성분수(n)+2-상의 수(P)

40 공석조성을 0.80% C라고 하면, 0.2% C 강의 상온에서의 초석페라이트와 펄라이트의 비는 약 몇 %인가?
① 초석페라이트 75% : 펄라이트 25%
② 초석페라이트 25% : 펄라이트 75%
③ 초석페라이트 80% : 펄라이트 20%
④ 초석페라이트 20% : 펄라이트 80%

41 금속의 물리적 성질에서 자성에 관한 설명 중 틀린 것은?
① 연철(鍊鐵)은 잔류자기는 작으나 보자력이 크다.
② 영구자석재료는 쉽게 자기를 소실하지 않는 것이 좋다.

정답
36. ② 37. ③ 38. ③ 39. ② 40. ① 41. ①

③ 금속을 자석에 접근시킬 때 금속에 자석의 극과 반대의 극이 생기는 금속을 상자성체라 한다.
④ 자기장의 강도가 증가하면 자화되는 강도도 증가하나 어느 정도 진행되면 포화점에 이르는 이 점을 퀴리점이라 한다.

42 다음 중 탄소강의 표준 조직이 아닌 것은?
① 페라이트   ② 펄라이트
③ 시멘타이트 ④ 마텐자이트

해설 마텐자이트
강을 담금질 열처리 시 발생하는 담금질 조직이다.

43 주요성분이 Ni-Fe 합금인 불변강의 종류가 아닌 것은?
① 인바   ② 모넬메탈
③ 엘린바   ④ 플래티나이트

해설 모넬메탈
니켈합금의 하나로 니켈 60~70%와 구리, 철, 망간, 규소가 들어 있는 합금으로 내식성이 커서 각종 산(酸)의 용기, 염색기계, 화학공업용 펌프, 터빈의 날개 등에 쓰인다.

44 탄소강 중에 함유된 규소의 일반적인 영향 중 틀린 것은?
① 경도의 상승
② 연신율의 감소
③ 용접성의 저하
④ 충격값의 증가

45 다음 중 이온화 경향이 가장 큰 것은?
① Cr   ② K
③ Sn   ④ H

해설 이온화 경향
금속이 액체, 특히 물과 만났을 때 양이온이 되고자 하는 경향으로 "이온화 경향이 크다"라는 것은 "산화되기 쉽다."라는 것과 일치한다. 이온화 경향이 큰 금속의 순서는 K>Ca>Na>Mg>Zn>Fe>Co>Pb 순이다.

46 실온까지 온도를 내려 다른 형상으로 변형시켰다가 다시 온도를 상승시키면 어느 일정한 온도 이상에서 원래의 형상으로 변화하는 합금은?
① 제진합금   ② 방진합금
③ 비정질합금   ④ 형상기억합금

해설
• 제진재료(제진합금) : 제진 재료란 "두드려도 소리가 나지 않는 재료"라는 뜻으로 기계 장치나 차량 등에 접착되어 진동과 소음을 제어하기 위한 재료를 말한다.
• 방진합금 : 구조 재료로 사용될 수 있는 강도와 인성을 지니고, 진동의 감쇠능이 커서 방진·방음의 구실을 하는 합금으로 복합형, 강자성형, 쌍정형, 전위형 등 네 종류가 있다.
• 비정질합금 : 금속에 열을 가하여 액체 상태로 한 후에 고속으로 급랭하면 원자가 규칙적으로 배열되지 못하고 액체 상태로 응고되어 생기는 고체 금속을 말한다.

47 금속에 대한 설명으로 틀린 것은?
① 리튬(Li)은 물보다 가볍다.
② 고체 상태에서 결정구조를 가진다.
③ 텅스텐(W)은 이리듐(Ir)보다 비중이 크다.
④ 일반적으로 용융점이 높은 금속은 비중도 큰 편이다.

해설 텅스텐의 비중은 19.1이고 이리듐은 22.4로 금속 중 비중이 가장 크다.

정답 42. ④ 43. ② 44. ④ 45. ② 46. ④ 47. ③

48 고강도 Al 합금으로 조성이 Al–Cu–Mg–Mn 인 합금은?
① 라우탈
② Y-합금
③ 두랄루민
④ 하이드로날륨

해설
- 라우탈 : Al+Cu+Si계 합금
- Y합금 : Al+Cu+Mg+Ni계 합금
- 하이드로날륨 : Al+Mg계

49 7 : 3 황동에 1% 내외의 Sn을 첨가하여 열교환기, 증발기 등에 사용되는 합금은?
① 코르슨 황동
② 네이벌 황동
③ 애드미럴티 황동
④ 에버듀어 메탈

해설
- 코르슨 합금 : Ni 3~4%, Si 0.8~1.0% 의 Cu 합금
- 네이벌 황동 : 6 : 4 황동에 Sn을 1% 첨가한 황동
- 에버듀어 메탈 : Si(3~4%)+Mn(1~1.2%) 의 Cu 합금

50 구리에 5~20% Zn을 첨가한 황동으로, 강도는 낮으나 전연성이 좋고 색깔이 금색에 가까워, 모조금이나 판 및 선 등에 사용되는 것은?
① 톰백   ② 켈밋
③ 포금   ④ 문쯔메탈

해설
- 켈밋 : Cu+Pb(30~40%)을 첨가한 청동
- 포금 : Cu+Sn(8~12%)+Zn(1~2%)을 첨가한 청동
- 문쯔메탈 : Cu+아연 40% 내외의 6 : 4 황동

51 열간 성형 리벳의 종류별 호칭길이(L)를 표시한 것 중 잘못 표시된 것은?

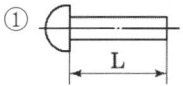
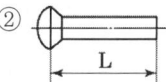
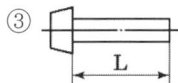
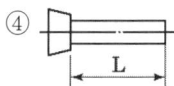

해설
① 둥근머리 리벳
② 둥근납작머리 리벳
③ 납작머리 리벳
④ 접시머리 리벳으로 호칭길이는 리벳 전체의 길이로 표시한다.

52 다음 중 배관용 탄소강관의 재질기호는?
① SPA   ② STK
③ SPP   ④ STS

53 그림과 같은 KS 용접 보조기호의 설명으로 옳은 것은?

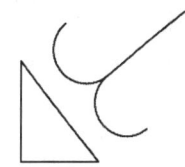

① 필릿 용접부 토우를 매끄럽게 함
② 필릿 용접 중앙부를 볼록하게 다듬질
③ 필릿 용접 끝단부에 영구적인 덮개판을 사용
④ 필릿 용접 중앙부에 제거 가능한 덮개판을 사용

54 그림과 같은 경 ㄷ 형강의 치수 기입 방법으로 옳은 것은? (단, L은 형강의 길이를 나타낸다.)

정답
48. ③ 49. ③ 50. ① 51. ④ 52. ③ 53. ① 54. ②

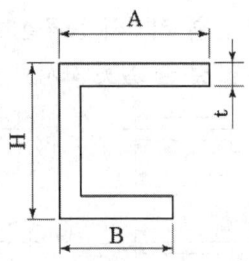

① ⊏ A×B×H×t - L
② ⊏ H×A×B×t - L
③ ⊏ B×A×H×t - L
④ ⊏ H×B×A×L - t

55 도면에서 반드시 표제란에 기입해야 하는 항목으로 틀린 것은?
① 재질　　② 척도
③ 투상법　④ 도명

56 선의 종류와 명칭이 잘못된 것은?
① 가는 실선 - 해칭선
② 굵은 실선 - 숨은선
③ 가는 2점 쇄선 - 가상선
④ 가는 1점 쇄선 - 피치선

해설 • 굵은 실선 : 외형선
　　• 가는 파선 또는 굵은 파선 : 숨은선

57 그림과 같은 입체도에서 화살표 방향을 정면으로 할 때 평면도로 가장 적합한 것은?

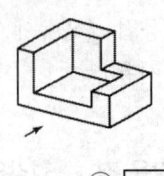

① 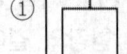　②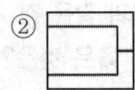

③ 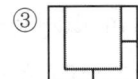　④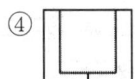

58 도면의 밸브 표시방법에서 안전밸브에 해당하는 것은?
① 　②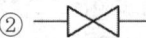
③ 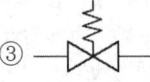　④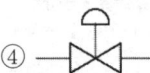

해설 ① : 체크밸브
　　② : 밸브 일반

59 제1각법과 제3각법에 대한 설명 중 틀린 것은?
① 제3각법은 평면도를 정면도의 위에 그린다.
② 제1각법은 저면도를 정면도의 아래에 그린다.
③ 제3각법의 원리는 눈 → 투상면 → 물체의 순서가 된다.
④ 제1각법에서 우측면도는 정면도를 기준으로 본 위치와는 반대쪽인 좌측에 그려진다.

해설 제1각법은 눈→물체→투상으로 저면도는 정면도의 위에 위치하고, 평면도가 정면도의 아래에 위치한다.

60 일반적으로 치수선을 표시할 때, 치수선 양 끝에 치수가 끝나는 부분임을 나타내는 형상으로 사용하는 것이 아닌 것은?
① 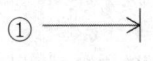　②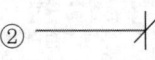
③ 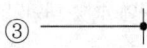　④

특수용접기능사

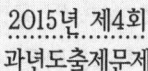
2015년 제4회 과년도출제문제

01 맴돌이 전류를 이용하여 용접부를 비파괴 검사하는 방법으로 옳은 것은?
① 자분 탐상 검사
② 와류 탐상 검사
③ 침투 탐상 검사
④ 초음파 탐상 검사

> 해설
> • 자분탐상검사 : 강자성체 재료에 사용하는 방법으로 시험체를 자화시켜 자속의 흐름으로 결함 여부를 검사하는 방법이다.
> • 침투탐상검사 : 용접부 표면을 깨끗이 한 다음 침투제를 이용해 용접부 표면의 결함 등을 검사하는 방법으로 자기탐상검사가 되지 않는 재료에 주로 사용한다.
> • 초음파탐상검사 : 물체 속에 전달되는 초음파를 이용하여 재료내부의 결함을 검사하는 방법이다.

02 레이저 용접의 특징으로 틀린 것은?
① 루비 레이저와 가스 레이저의 두 종류가 있다.
② 광선이 용접의 열원이다.
③ 열 영향 범위가 넓다.
④ 가스 레이저로는 주로 CO_2가스 레이저가 사용된다.

03 다음 용접 이음부 중에서 냉각속도가 가장 빠른 이음은?
① 맞대기 이음
② 변두리 이음
③ 모서리 이음
④ 필릿 이음

> 해설 필릿 이음의 열전달 방향은 3방향으로 전달되기 때문에 맞대기 이음이나 모서리 이음, 변두리 이음에 비해 냉각속도가 빠르다.

04 점용접에서 용접점이 앵글재와 같이 용접 위치가 나쁠 때, 보통 팁으로는 용접이 어려운 경우에 사용하는 전극의 종류는?
① P형 팁
② E형 팁
③ R형 팁
④ F형 팁

05 용접부의 균열 발생의 원인 중 틀린 것은?
① 이음의 강성이 큰 경우
② 부적당한 용접 봉 사용 시
③ 용접부의 서냉
④ 용접전류 및 속도 과대

> 해설 용접부를 급랭시킬 경우 균열 발생의 원인이 된다.

06 다음 중 연납땜(Sn+Pb)의 최저 용융 온도는 몇 ℃인가?
① 327℃
② 250℃
③ 232℃
④ 183℃

07 공기보다 약간 무거우며 무색, 무미, 무취의 독성이 없는 불활성 가스로 용접부의 보호능력이 우수한 가스는?
① 아르곤
② 질소

정답
1. ② 2. ③ 3. ④ 4. ② 5. ③ 6. ④ 7. ①

③ 산소 ④ 수소

08 용융 슬래그와 용융금속이 용접부로부터 유출되지 않게 모재의 양측에 수냉식 동판을 대어 용융 슬래그 속에서 전극 와이어를 연속적으로 공급하여 주로 용융 슬래그의 저항열로 와이어와 모재 용접부를 용융시키는 것으로 연속 주조형식의 단층용접법은?
① 일렉트로 슬래그 용접
② 논 가스 아크용접
③ 그래비티 용접
④ 테르밋 용접

> **해설** • 논 가스 아크용접 : 보호가스의 공급 없이 와이어 자체에서 발생하는 가스에 의해 용접부를 보호하면서 용접되는 반자동식 및 전자동용접이다.
> • 그래비티 용접 : 비교적 긴 용접봉이 용융함에 따라서 막대 지지부가 중력에 의해 비스듬하게 서서히 하강하면서 막대가 용접선을 따라서 이동하며 행해지는 용접이다.
> • 테르밋 용접 : 미세한 알루미늄 분말과 산화철 분말을 3~4 : 1의 중량비로 혼합한 테르밋제에 과산화바륨과 마그네슘 분말을 혼합한 점화 촉진제를 넣어 연소시켜서 용융금속을 용접부에 유입시켜 용접하는 방법으로 철도 레일 등의 용접에 이용된다.

09 다음 중 플라즈마 아크용접의 장점이 아닌 것은?
① 용접속도가 빠르다.
② 1층으로 용접할 수 있으므로 능률적이다.
③ 무부하 전압이 높다.
④ 각종 재료의 용접이 가능하다.

10 인장강도가 750MPa인 용접 구조물의 안전율은? (단, 허용응력은 250MPa이다.)
① 3 ② 5
③ 8 ④ 12

11 비소모성 전극봉을 사용하는 용접법은?
① MIG 용접
② TIG 용접
③ 피복아크용접
④ 서브머지드 아크용접

12 CO_2 용접 시 저전류 영역에서의 가스유량으로 가장 적당한 것은?
① 5~10l/min   ② 10~15l/min
③ 15~20l/min ④ 20~25l/min

> **해설** 고전류영역에서는 15~20리터/min이다.

13 MIG 용접 시 와이어 송급방식의 종류가 아닌 것은?
① 풀(pull)방식
② 푸시(push)방식
③ 푸시언더(push-under)방식
④ 푸시풀(push-pull)방식

14 연납땜의 용제가 아닌 것은?
① 붕산   ② 염화아연
③ 인산   ④ 염화암모늄

> **해설** 경납용 용제
> 붕사, 붕산, 붕산염, 불화물, 알칼리

15 화재 및 폭발의 방지 조치로 틀린 것은?
① 대기 중에 가연성 가스를 방출시키지

정답 8. ① 9. ③ 10. ① 11. ② 12. ② 13. ③ 14. ① 15. ④

말 것
② 필요한 곳에 화재 진화를 위한 방화설비를 설치할 것
③ 배관에서 가연성 증기의 누출 여부를 철저히 점검할 것
④ 용접작업 부근에 점화원을 둘 것

16 CO_2 용접에서 발생되는 일산화탄소와 산소 등의 가스를 제거하기 위해 사용되는 탈산제는?
① Mn ② Ni
③ W ④ Cu

17 용접부의 연성 결함을 조사하기 위하여 사용되는 시험은?
① 인장시험 ② 경도시험
③ 피로시험 ④ 굽힘시험

18 다음 중 표준 홈 용접에 있어 한쪽에서 용접으로 완전 용입을 얻고자 할 때 V형 홈 이음의 판 두께로 가장 적합한 것은?
① 1~10mm ② 5~15mm
③ 20~30mm ④ 35~50mm

19 예열 방법 중 국부 예열의 가열 범위는 용접선 양쪽에 몇 mm 정도로 하는 것이 가장 적합한가?
① 0~50mm ② 50~100mm
③ 100~150mm ④ 150~200mm

20 용접작업의 경비를 절감시키기 위한 유의사항으로 틀린 것은?

① 용접봉의 적절한 선정
② 용접사의 작업 능률의 향상
③ 용접지그를 사용하여 위보기 자세의 시공
④ 고정구를 사용하여 능률 향상

> **해설** 용접자세는 가능한 한 아래보기 자세로 용접하는 것이 가장 능률적이다.

21 용접부의 결함은 치수상 결함, 구조상 결함, 성질상 결함으로 구분한다. 구조상 결함들로만 구성된 것은?
① 기공, 변형, 치수 불량
② 기공, 용입 불량, 용접 균열
③ 언더컷, 연성 부족, 표면 결함
④ 표면 결함, 내식성 불량, 융합 불량

> **해설**
> • 성질상 결함 : 기계적 성질(강도·경도 변화, 연성 부족 등), 화학적 성질(화학성분 부적당 등)
> • 치수상 결함 : 변형, 용접부 크기의 변화, 용접부 형상의 변화
> • 구조상 결함 : 기공, 슬래그 섞임, 용입 불량, 언더컷, 오버랩, 균열, 융합 불량

22 용접부 비파괴 검사법인 초음파 탐상법의 종류가 아닌 것은?
① 투과법 ② 펄스 반사법
③ 형광 탐상법 ④ 공진법

23 다음 중 가스 절단 시 예열 불꽃이 강할 때 생기는 현상이 아닌 것은?
① 드래그가 증가한다.
② 절단면이 거칠어진다.
③ 모서리가 용융되어 둥글게 된다.
④ 슬래그 중의 철 성분의 박리가 어려워

정답 16. ① 17. ④ 18. ② 19. ② 20. ③ 21. ② 22. ③ 23. ①

진다.

24 수중절단 작업 시 절단 산소의 압력은 공기 중에서의 몇 배 정도로 하는가?
① 1.5~2배 ② 3~4배
③ 5~6배   ④ 8~10배

25 다음 중 피복제의 역할이 아닌 것은?
① 스패터의 발생을 많게 한다.
② 중성 또는 환원성 분위기를 만들어 질화, 산화 등의 해를 방지한다.
③ 용착금속의 탈산 정련 작용을 한다.
④ 아크를 안정하게 한다.

26 가스용접 토치 취급상 주의 사항이 아닌 것은?
① 토치를 망치나 갈고리 대용으로 사용하여서는 안 된다.
② 점화되어 있는 토치를 아무 곳에나 함부로 방치하지 않는다.
③ 팁 및 토치를 작업장 바닥이나 흙 속에 함부로 방치하지 않는다.
④ 작업 중 역류나 역화 발생 시 산소의 압력을 높여서 예방한다.

27 피복아크용접에서 아크 쏠림 방지대책이 아닌 것은?
① 접지점을 될 수 있는 대로 용접부에서 멀리할 것
② 용접봉 끝을 아크쏠림 방향으로 기울일 것
③ 접지점 2개를 연결할 것
④ 직류용접으로 하지 말고 교류용접으로 할 것

28 산소병의 내용적이 40.7리터인 용기에 압력이 100kgf/cm^{2}로 충전되어 있다면 프랑스식 팁 100번을 사용하여 표준불꽃으로 약 몇 시간까지 용접이 가능한가?
① 16시간 ② 22시간
③ 31시간 ④ 41시간

〔해설〕 산소의 양 : 40.7×100=4070리터이다. 중성불꽃으로 100번 팁을 사용할 경우 한 시간에 100리터의 산소가 소모되므로 4070/100=약 41시간이 된다.

29 교류 아크용접기 종류 중 코일의 감긴 수에 따라 전류를 조정하는 것은?
① 탭전환형   ② 가동철심형
③ 가동코일형 ④ 가포화 리액터형

〔해설〕
• 가동철심형 : 철심을 움직여 누설자속의 크기에 따라 전류를 조정
• 가동코일형 : 코일과 코일 사이의 간격을 조정해서 전류를 조정
• 가포화리액터형 : 가변저항을 변화시켜 전류를 조정하는 방법으로 원격조정이 가능하다.

30 다음 중 가스 용접에서 용제를 사용하는 주된 이유로 적합하지 않은 것은?
① 재료표면의 산화물을 제거한다.
② 용융금속의 산화·질화를 감소하게 한다.
③ 청정작용으로 용착을 돕는다.
④ 용접봉 심선의 유해성분을 제거한다.

31 용접봉을 여러 가지 방법으로 움직여 비드

정답
24. ① 25. ① 26. ④ 27. ② 28. ④ 29. ① 30. ④ 31. ②

를 형성하는 것을 운봉법이라 하는데, 위빙 비드 운봉 폭은 심선지름의 몇 배가 적당한가?

① 0.5~1.5배 ② 2~3배
③ 4~5배 ④ 6~7배

32 직류아크용접에서 정극성(DCSP)에 대한 설명으로 옳은 것은?

① 용접봉의 녹음이 느리다.
② 용입이 얕다.
③ 비드 폭이 넓다.
④ 모재를 음극(-)에 용접봉을 양극(+)에 연결한다.

> **해설** 직류정극성(DCSP)과 직류역극성(DCRP)의 비교

직류정극성(DCSP)	직류역극성(DCRP)
모재의 용입이 깊다.	모재의 용입이 얕다.
용접봉의 녹음이 느리다.	용접봉의 녹음이 빠르다.
비드 폭이 좁다.	비드 폭이 넓다.
일반적으로 많이 사용된다.	박판, 주철, 비철금속의 용접에 사용된다.
열분배 : 모재(+) : 70%, 용접봉(-) 30%	열분배 : 모재(-) : 30%, 용접봉(+) 70%

33 용접기의 특성 중 부하전류가 증가하면 단자전압이 저하되는 특성은?

① 수하 특성 ② 동전류 특성
③ 정전압 특성 ④ 상승 특성

> **해설**
> • 상승특성 : 부하전류가 증가하면 단자전압이 약간 증가하는 특성
> • 정전압 특성 : 부하전류가 증가하여도 단자전압은 거의 변하지 않는 특성으로 CP 특성이라고도 함
> • 정전류 특성 : 아크 길이에 따라 전압이 변화하여도 전류가 거의 변하지 않는 특성

34 프로판(C_3H_8)의 성질을 설명한 것으로 틀린 것은?

① 상온에서는 기체 상태이다.
② 쉽게 기화하며 발열량이 높다.
③ 액화하기 쉽고 용기에 넣어 수송이 편리하다.
④ 온도변화에 따른 팽창률이 작다.

35 용접기의 사용률이 40%일 때, 아크 발생시간과 휴식시간의 합이 10분이면 아크 발생시간은?

① 2분 ② 4분
③ 6분 ④ 8분

36 보기와 같이 연강용 피복아크용접봉을 표시하였다. 설명으로 틀린 것은?

　　　　(보기)　E 4 3 1 6

① E : 전기 용접봉
② 43 : 용착 금속의 최저 인장강도
③ 16 : 피복제의 계통 표시
④ E4316 : 일미나이트계

> **해설** E4316 : 저수소계 용접봉이다.

37 가스 절단에서 고속 분출을 얻는 데 가장 적합한 다이버전트 노즐은 보통의 팁에 비하여 산소 소비량이 같을 때 절단 속도를 몇 % 정도 증가시킬 수 있는가?

① 5~10% ② 10~15%
③ 20~25% ④ 30~35%

38 다음 중 용접기의 특성에 있어 수하특성의 역할로 가장 적합한 것은?

정답
32. ①　33. ①　34. ④　35. ②　36. ④　37. ③　38. ②

① 열량의 증가
② 아크의 안정
③ 아크전압의 상승
④ 개로전압의 증가

39 물과 얼음의 상태도에서 자유도가 "0(zero)"일 경우 몇 개의 상이 공존하는가?
① 0 ② 1
③ 2 ④ 3

해설 F=n+2-P이다.
(F : 자유도, n : 성분 수, P : 상의 수). 그러므로 P=n+2-F이다.
여기에서 자유도(F)=0이므로 상의 수는 3이다.(n은 성분을 말하는 것으로 물과 얼음은 물로서 1성분이며, 만약 소금물이라 하면 이것은 소금+물로 이루어진 2성분계이다.)

40 강의 표면 경화 방법 중 화학적 방법이 아닌 것은?
① 침탄법 ② 질화법
③ 침탄질화법 ④ 화염경화법

해설
• 화학적 금속경화법 : 침탄법, 질화법, 시안화법(청화법), 금속침투법
• 물리적 금속경화법 : 고주파경화법, 하드페이싱, 화염경화법, 숏 피닝

41 다음 중 비중이 가장 작은 것은?
① 청동 ② 주철
③ 탄소강 ④ 알루미늄

해설
• 청동의 비중 : 구리(비중 : 8.9)를 주금속으로 하므로 비중이 높은 중금속에 속하며 주석의 양에 따라 약간씩 변화한다.
• 주철의 비중 : 7.1~7.7 정도, 탄소강의 비중 : 7.8 내외, 알루미늄 : 2.7

42 Mg-희토류계 합금에서 희토류 원소를 첨가할 때 미시메탈(Misch-metal)의 형태로 첨가한다. 미시메탈에서 세륨(Ce)을 제외한 합금 원소를 첨가한 합금의 명칭은?
① 탈타늄 ② 디디뮴
③ 오스뮴 ④ 갈바늄

43 강에 인(P)이 많이 함유되면 나타나는 결함은?
① 적열메짐 ② 연화메짐
③ 저온메짐 ④ 고온메짐

해설 황(S) : 적열메짐(적열취성)의 원인

44 냉간가공 후 재료의 기계적 성질을 설명한 것 중 옳은 것은?
① 항복강도가 감소한다.
② 인장강도가 감소한다.
③ 경도가 감소한다.
④ 연신율이 감소한다.

해설 냉간가공의 장점
① 정밀한 치수가공이 가능하다.
② 결정입자가 미세화되고 표면이 미려해진다.
③ 강도, 경도, 항복점, 피로, 전기저항이 증가한다.
④ 연신율, 단면 수축률이 감소하고 표면의 산화를 방지한다.

45 게이지용 강이 갖추어야 할 성질에 대한 설명 중 틀린 것은?
① HRC 55 이하의 경도를 가져야 한다.
② 팽창계수가 보통 강보다 작아야 한다.
③ 시간이 지남에 따라 치수변화가 없어야 한다.

정답
39. ④ 40. ④ 41. ④ 42. ② 43. ③ 44. ④ 45. ①

④ 담금질에 의하여 변형이나 담금질 균열이 없어야 한다.

> **해설** 게이지용 강은 HrC(로크웰경도 C스타일) 55 이상의 경도를 가져야 한다.

46 인장 시험에서 변형량을 원표점 거리에 대한 백분율로 표시한 것은?
① 연신율
② 항복점
③ 인장 강도
④ 단면 수축률

> **해설**
> - 항복점 : 인장시험에서 하중을 제거해도 명백하게 영구변형이 시작되는 점
> - 인장강도 : 하중/단면적으로 표시되는 것, 재료를 길이 방향으로 하중을 주었을 때의 강도
> - 단면수축률 : 시험편의 원단면적과 변형 후의 단면적의 비율을 말한다.

47 변태 초소성의 조건과 원칙에 대한 설명 중 틀린 것은?
① 재료에 변태가 있어야 한다.
② 변태 진행 중에 작은 하중에도 변태 초소성이 된다.
③ 감도지수(m)의 값은 거의 0(zero)의 값을 갖는다.
④ 한 번의 열사이클로 상당한 초소성 변형이 발생한다.

> **해설** **변태 초소성**(transformation super plasticity)
> 합금에 가열과 냉각을 번갈아 주면 이것에 따라 상변태가 가열적으로 일어날 경우, 동시에 응력을 가할 때 생기는 초소성 현상

48 알루미늄에 대한 설명으로 옳지 않은 것은?
① 비중이 2.7로 낮다.
② 용융점은 1067℃이다.
③ 전기 및 열전도율이 우수하다.
④ 고강도 합금으로 두랄루민이 있다.

> **해설** 알루미늄의 용융점은 660℃이다.

49 금속간 화합물에 대한 설명으로 옳은 것은?
① 자유도가 5인 상태의 물질이다.
② 금속과 비금속 사이의 혼합 물질이다.
③ 금속이 공기 중의 산소와 화합하여 부식이 일어난 물질이다.
④ 두 가지 이상의 금속 원소가 간단한 원자비로 결합되어 있으며, 원래 원소와는 전혀 다른 성질을 갖는 물질이다.

50 황동 합금 중에서 강도는 낮으나 전연성이 좋고 금색에 가까워 모조금이나 판 및 선에 사용되는 합금은?
① 톰백(tombac)
② 7-3 황동(cartridge brass)
③ 6-4 황동(muntz metal)
④ 주석 황동(tin brass)

> **해설**
> - 7-3 황동(Cartridge brass) : 가공용 황동의 대표로서 판, 봉, 관, 선으로 쓰임
> - 6-4 황동(muntz metal) : 인장강도가 커서 열교환기, 열간단조용에 사용
> - 주석 황동(tin brass) : 황동에 소량의 주석을 첨가한 특수황동이다.

51 그림과 같이 상하면의 절단된 경사각이 서로 다른 원통의 전개도 형상으로 가장 적합한 것은?

정답 46. ① 47. ③ 48. ② 49. ④ 50. ① 51. ④

해설 M : 영구적인 덮개판을 사용
MR : 제거 가능한 덮개판을 사용

55 현의 치수 기입 방법으로 옳은 것은?

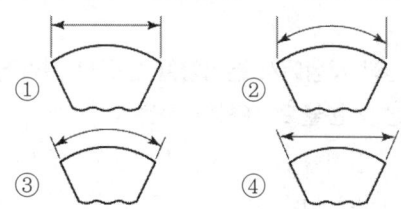

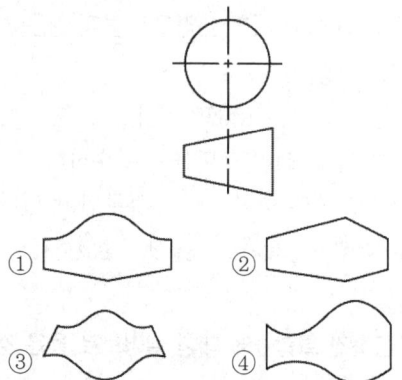

52 도면에서 2종류 이상의 선이 겹쳤을 때, 우선하는 순위를 바르게 나타낸 것은?
① 숨은선＞절단선＞중심선
② 중심선＞숨은선＞절단선
③ 절단선＞중심선＞숨은선
④ 무게 중심선＞숨은선＞절단선

56 기계나 장치 등의 실체를 보고 프리핸드 (freehand)로 그린 도면은?
① 배치도   ② 기초도
③ 조립도   ④ 스케치도

57 관용 테이퍼 나사 중 평행 암나사를 표시하는 기호는? (단, ISO 표준에 있는 기호로 한다.)
① G   ② R
③ Rc   ④ Rp

해설 G : 관용 평행나사
R : 관용테이퍼 나사, 테이퍼 수나사
Rc : 관용 테이퍼 나사, 테이퍼 암나사

53 화살표가 가리키는 용접부의 반대쪽 이음의 위치로 옳은 것은?

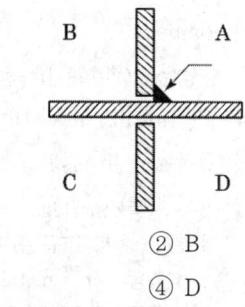

① A   ② B
③ C   ④ D

58 재료기호에 대한 설명 중 틀린 것은?
① SS 400은 일반구조용 압연강재이다.
② SS 400의 400은 최고 인장강도를 의미한다.
③ SM 45C는 기계구조용 탄소강재이다.
④ SM 45C의 45C는 탄소함유량을 의미한다.

해설 SS400의 "400"은 최저 인장강도를 의미한다.

54 용접부의 보조기호에서 제거 가능한 이면 판재를 사용하는 경우의 표시 기호는?

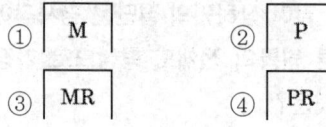

정답
52. ① 53. ② 54. ③ 55. ① 56. ④ 57. ④ 58. ②

59 보조 투상도의 설명으로 가장 적합한 것은?

① 물체의 경사면을 실제 모양으로 나타낸 것
② 특수한 부분을 부분적으로 나타낸 것
③ 물체를 가상해서 나타낸 것
④ 물체를 90° 회전시켜서 나타낸 것

60 보기 입체도의 화살표 방향이 정면일 때 평면도로 적합한 것은?

[보기]

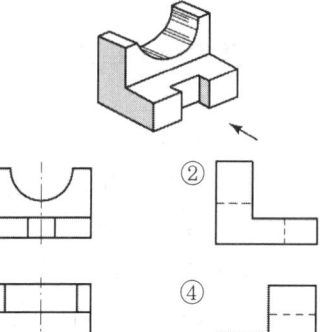

정답

59. ① 60. ③

2015년 제5회 과년도출제문제 용접기능사

01 초음파 탐상법의 종류에 속하지 않는 것은?
① 투과법
② 펄스반사법
③ 공진법
④ 극간법

> **해설** 초음파 탐상법의 종류
> • 투과법 : 시험체 속에 초음파의 연속파를 투과하여 뒷면에서 이를 수신하여 결함 여부 검사
> • 펄스 반사법 : 초음파의 펄스를 시험체의 한쪽 면으로부터 송신하여 그 결함에서 반사되는 반사파의 형태로 결함 여부 판정
> • 공진법 : 시험체의 한쪽 면에서 초음파의 연속파를 입사시키면 시험체 두께가 이 파 파장의 1/2 정수배에 해당할 때 공진이 일어나는데, 공진상태에서 결함의 유무나 재질, 두께 등을 측정하는 방법

02 CO_2 가스 아크용접에서 기공의 발생 원인으로 틀린 것은?
① 노즐에 스패터가 부착되어 있다.
② 노즐과 모재 사이의 거리가 짧다.
③ 모재가 오염(기름, 녹, 페인트)되어 있다.
④ CO_2 가스의 유량이 부족하다.

03 연납과 경납을 구분하는 온도는?
① 550℃
② 450℃
③ 350℃
④ 250℃

04 전기저항용접 중 플래시 용접 과정의 3단계를 순서대로 바르게 나타낸 것은?
① 업셋 → 플래시 → 예열
② 예열 → 업셋 → 플래시
③ 예열 → 플래시 → 업셋
④ 플래시 → 업셋 → 예열

05 용접작업 중 지켜야 할 안전사항으로 틀린 것은?
① 보호 장구를 반드시 착용하고 작업한다.
② 훼손된 케이블은 사용 후에 보수한다.
③ 도장된 탱크 안에서의 용접은 충분히 환기시킨 후 작업한다.
④ 전격 방지기가 설치된 용접기를 사용한다.

06 전격의 방지대책으로 적합하지 않은 것은?
① 용접기의 내부는 수시로 열어서 점검하거나 청소한다.
② 홀더나 용접봉은 절대로 맨손으로 취급하지 않는다.
③ 절연 홀더의 절연부분이 파손되면 즉시 보수하거나 교체한다.
④ 땀, 물 등에 의해 습기찬 작업복, 장갑, 구두 등은 착용하지 않는다.

07 용접 홈 이음 형태 U형은 루트 반지름을 가능한 한 크게 만드는데 그 이유로 가장

정답
1. ④ 2. ② 3. ② 4. ③ 5. ② 6. ① 7. ③

알맞은 것은?
① 큰 개선각도 ② 많은 용착량
③ 충분한 용입 ④ 큰 변형량

08 다음 중 용접 후 잔류응력완화법에 해당하지 않는 것은?
① 기계적 응력완화법
② 저온응력완화법
③ 피닝법
④ 화염경화법

해설 용접 후 잔류응력완화법의 종류
① 노 내 풀림법 : 제품 전체를 가열로 안에 넣고 적당한 온도에서 일정 시간 유지한 다음 노 내에서 서냉시킴으로써 잔류응력을 제거하는 방법
② 국부 풀림법 : 노 내 풀림이 어려운 제품의 경우에 사용하는 방법으로 용접선의 좌우 양측을 각각 250mm의 범위 혹은 판 두께의 12배 이상의 범위를 가스 불꽃으로 노 내 풀림과 같은 온도와 시간을 유지한 후 서냉시킨다.
③ 저온응력완화법 : 용접선 양측을 일정 속도로 이동하는 가스 불꽃에 의해 너비 약 150mm를 150~200℃로 가열한 다음 수냉하는 방법
④ 기계적 응력완화법 : 잔류응력이 있는 제품에 하중을 주어 용접부에 약간의 소성 변형을 일으킨 다음 하중을 제거해서 응력을 제거하는 방법
⑤ 피닝법 : 끝이 구면인 해머로 용접부를 연속적으로 두드려서 응력을 제거하는 방법

09 용접 지그나 고정구의 선택 기준 설명 중 틀린 것은?
① 용접하고자 하는 물체의 크기를 튼튼하게 고정시킬 수 있는 크기와 강성이 있

어야 한다.
② 용접 응력을 최소화할 수 있도록 변형이 자유스럽게 일어날 수 있는 구조이어야 한다.
③ 피용접물의 고정과 분해가 쉬워야 한다.
④ 용접간극을 적당히 받쳐주는 구조이어야 한다.

해설 지그나 고정구는 용접 중 발생하는 변형을 방지하기 위해 사용하는 도구이다.

10 다음 중 CO_2 가스 아크용접의 장점으로 틀린 것은?
① 용착 금속의 기계적 성질이 우수하다.
② 슬래그 혼입이 없고, 용접 후 처리가 간단하다.
③ 전류밀도가 높아 용입이 깊고, 용접 속도가 빠르다.
④ 풍속 2m/s 이상의 바람에도 영향을 받지 않는다.

해설 2m/sec 이상의 바람이 불면 결함 발생을 방지하기 위해 방풍대책이 필요하다.

11 다음 중 용접 작업 전 예열을 하는 목적으로 틀린 것은?
① 용접 작업성의 향상을 위하여
② 용접부의 수축 변형 및 잔류 응력을 경감시키기 위하여
③ 용접금속 및 열 영향부의 연성 또는 인성을 향상시키기 위하여
④ 고탄소강이나 합금강의 열 영향부 경도를 높게 하기 위하여

12 다음 중 다층 용접 시 적용하는 용착법이

정답
8. ④ 9. ② 10. ④ 11. ④ 12. ③

아닌 것은?
① 빌드업법   ② 캐스케이드법
③ 스킵법   ④ 전진블록법

해설 다층 쌓기의 종류
- 빌드업법 : 각 층마다 전체길이를 쌓아 올리는 방법으로 가장 일반적이다.
- 캐스케이드법 : 한 부분의 몇 층을 용접하다가 이것을 다음 부분의 층으로 연속시켜 전체가 계단형태로 단계를 이루도록 용착시켜 나가는 방법
- 전진블록법 : 한 개의 용접봉으로 살을 붙일 만한 길이로 구분해서, 홈을 한 부분씩 여러 층으로 쌓아 올린 다음, 다른 부분으로 진행하는 방법이다.

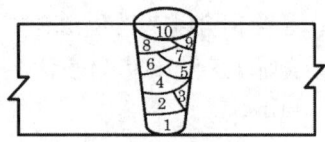
(a) 덧살 올림법

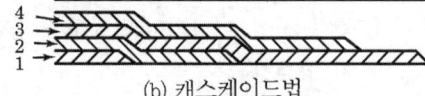
(b) 캐스케이드법

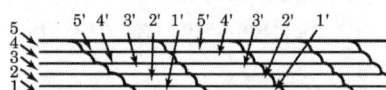
(c) 전진 블록법(용접중심선 단면도)

13 다음 중 용접자세 기호로 틀린 것은?
① F   ② V
③ H   ④ OS

해설
- F : 아래보기 자세
- V : 수직 자세
- H : 수평 자세
- O : 위보기 자세

14 피복아크용접 시 지켜야 할 유의사항으로 적합하지 않은 것은?
① 작업 시 전류는 적정하게 조절하고 정리정돈을 잘하도록 한다.
② 작업을 시작하기 전에는 메인스위치를 작동시킨 후에 용접기 스위치를 작동시킨다.
③ 작업이 끝나면 항상 메인스위치를 먼저 끈 후에 용접기 스위치를 꺼야 한다.
④ 아크 발생 시 항상 안전에 신경을 쓰도록 한다.

해설 용접 시작 전에는 메인스위치를 켠 후 용접기 스위치를 켜고 용접이 끝난 후에는 용접 시작 전과는 역순으로 한다. 즉, 용접기 스위치를 끄고 메인 스위치를 끈다.

15 자동화 용접장치의 구성요소가 아닌 것은?
① 고주파 발생장치
② 칼럼
③ 트랙
④ 갠트리

16 주철용접 시 주의사항으로 옳은 것은?
① 용접 전류는 약간 높게 하고 운봉하여 곡선비드를 배치하며 용입을 깊게 한다.
② 가스 용접 시 중성불꽃 또는 산화불꽃을 사용하고 용제는 사용하지 않는다.
③ 냉각되어 있을 때 피닝작업을 하여 변형을 줄이는 것이 좋다.
④ 용접봉의 지름은 가는 것을 사용하고, 비드의 배치는 짧게 하는 것이 좋다.

해설 주철용접 시 주의 사항
① 보수 용접을 행하는 경우는 본 바닥이 나타날 때까지 잘 깎아낸 후 용접한다.
② 균열의 보수는 균열의 진행을 방지하기

정답 13. ④ 14. ③ 15. ① 16. ④

위해 균열의 끝에 정지구멍(stop hole)을 뚫는다.
③ 용접전류는 필요 이상 높이지 말고 직선비드를 배치하고 용입은 깊게 하지 않는다.
④ 용접봉은 될 수 있는 한 지름이 가는 것을 사용하고 비드 배치는 짧게 여러 번 조작해서 완료한다.
⑤ 가열되어 있을 때 피닝 작업을 하여 변형을 줄이는 것이 좋다.
⑥ 큰 물건, 두께가 서로 다른 것, 복잡한 형상의 용접에는 예열과 후열 후 서냉한다.
⑦ 가스 용접 시는 중성 불꽃 또는 약한 탄화 불꽃을 사용하며 용제를 충분히 사용한다.

17 다음 중 테르밋 용접의 특징에 관한 설명으로 틀린 것은?
① 용접 작업이 단순하다.
② 용접기구가 간단하고, 작업장소의 이동이 쉽다.
③ 용접 시간이 길고, 용접 후 변형이 크다.
④ 전기가 필요 없다.

18 용접 진행 방향과 용착 방향이 서로 반대가 되는 방법으로 잔류 응력은 다소 적게 발생하나 작업의 능률이 떨어지는 용착법은?
① 전진법　　② 후진법
③ 대칭법　　④ 스킵법

해설) 용착법의 종류
① 전진법 : → : 한 끝에서 다른 끝을 향해 연속적으로 진행하는 용착법
② 후진법 : ④ ③ ② ① : 용접진행 방향과 용착 방향이 서로 반대가 되는 용착법으로 잔류응력 감소효과가 있으나 작업 능률이 다소 떨어진다.
③ 대칭법 : ③ ② ① ④ : 용접부의 중앙

으로부터 양끝을 향해 대칭적으로 용접해 나가는 방법으로 이음의 수축에 의한 변형이 서로 대칭이 되게 할 경우에 사용된다.
④ 비석법(스킵법) : ① ③ ② ④ : 용접 길이를 짧게 나누어 간격을 두면서 용접하는 방법으로 변형이나 잔류응력 발생을 적게 하는 용착법이다.

19 서브머지드 아크용접의 특징으로 틀린 것은?
① 콘택트 팁에서 통전되므로 와이어 중에 저항열이 적게 발생되어 고전류 사용이 가능하다.
② 아크가 보이지 않으므로 용접부의 적부를 확인하기가 곤란하다.
③ 용접 길이가 짧을 때 능률적이며 수평 및 위보기 자세 용접에 주로 이용된다.
④ 일반적으로 비드 외관이 아름답다.

해설) 서브머지드 용접은 대부분 아래보기 자세의 자동용접으로 용접선이 길거나 직선일 때 가장 능률이 우수하다.

20 전기저항용접의 발열량을 구하는 공식으로 옳은 것은? (단, H : 발열량(cal), I : 전류(A), R : 저항(Ω), t : 시간(sec)이다.)
① $H=0.24IRt$　　② $H=0.24IR^2t$
③ $H=0.24I^2Rt$　　④ $H=0.24IRt^2$

21 비용극식, 비소모식 아크용접에 속하는 것은?
① 피복아크용접
② TIG 용접
③ 서브머지드 아크용접

정답 17. ③ 18. ② 19. ③ 20. ③ 21. ②

④ CO_2 용접

해설 비소모식(비용극식) 용접
전기를 통전시키는 전극과 모재를 접합하는 용가재가 각각 따로 필요한 용접법이다. 이에 비해 소모식(용극식) 용접은 용가재(용접봉)가 통전의 역할도 동시에 이루어지는 용접법이다.

22 TIG 용접에서 직류역극성에 대한 설명이 아닌 것은?
① 용접기의 음극에 모재를 연결한다.
② 용접기의 양극에 토치를 연결한다.
③ 비드 폭이 좁고 용입이 깊다.
④ 산화 피막을 제거하는 청정작용이 있다.

23 재료의 접합방법은 기계적 접합과 야금적 접합으로 분류하는데 야금적 접합에 속하지 않는 것은?
① 리벳   ② 용접
③ 압접   ④ 납땜

해설
• 기계적 이음 : 나사이음, 리벳이음, 심(접어잇기), 확관
• 야금적 이음 : 용접(융접, 압접, 납땜)

24 다음 중 알루미늄을 가스 용접할 때 가장 적절한 용제는?
① 붕사   ② 탄산나트륨
③ 염화나트륨   ④ 중탄산나트륨

25 다음 중 연강용 가스용접봉의 종류인 "GA43"에서 "43"이 의미하는 것은?
① 가스 용접봉
② 용착금속의 연신율 구분
③ 용착금속의 최소 인장강도 수준
④ 용착금속의 최대 인장강도 수준

해설 GA : 가스용접봉의 종류

26 일반적인 용접의 장점으로 옳은 것은?
① 재질 변형이 생긴다.
② 작업 공정이 단축된다.
③ 잔류 응력이 발생한다.
④ 품질검사가 곤란하다.

27 아크용접에서 아크쏠림 방지 대책으로 옳은 것은?
① 용접봉 끝을 아크쏠림 방향으로 기울인다.
② 접지점을 용접부에 가까이 한다.
③ 아크 길이를 길게 한다.
④ 직류용접 대신 교류용접을 사용한다.

해설 아크쏠림 방지책
① 직류용접 대신 교류용접으로 할 것
② 큰 가접부 또는 이미 용접이 끝난 용착부를 향하여 용접할 것
③ 용접부가 긴 경우에는 후퇴 용접법으로 할 것
④ 접지점을 될 수 있는 대로 용접부에서 멀리 할 것
⑤ 짧은 아크를 사용할 것
⑥ 용접봉 끝을 아크 쏠림 반대 방향으로 기울일 것
⑦ 용접이음의 처음과 끝에 엔드탭을 이용할 것

28 토치를 사용하여 용접 부분의 뒷면을 따내거나 U형, H형으로 용접 홈을 가공하는 것으로 일명 가스 파내기라고 부르는 가공법은?
① 산소창 절단   ② 선삭
③ 가스 가우징   ④ 천공

정답
22. ③ 23. ① 24. ③ 25. ③ 26. ② 27. ④ 28. ③

29 가스절단 시 예열 불꽃이 약할 때 일어나는 현상으로 틀린 것은?
① 드래그가 증가한다.
② 절단면이 거칠어진다.
③ 역화를 일으키기 쉽다.
④ 절단속도가 느려지고, 절단이 중단되기 쉽다.

> **해설** 절단 시 예열불꽃이 강할 때의 현상
> ① 절단면이 거칠어진다.
> ② 슬래그 중의 철 성분의 박리가 어려워진다.
> ③ 모서리가 용융되어 둥글게 된다.

30 환원가스발생 작용을 하는 피복아크용접봉의 피복제 성분은?
① 산화티탄   ② 규산나트륨
③ 탄산칼륨   ④ 당밀

31 용접작업을 하지 않을 때는 무부하 전압을 20~30V 이하로 유지하고 용접봉을 작업물에 접촉시키면 릴레이(relay)작동에 의해 전압이 높아져 용접작업이 가능하게 하는 장치는?
① 아크 부스터   ② 원격제어장치
③ 전격방지기   ④ 용접봉 홀더

> **해설**
> • 아크 부스터 : 아크 발생 시 용접봉이 모재와 접촉하는 순간 큰 전류를 발생시켜 아크 발생을 도와주는 장치
> • 원격제어장치 : 교류아크용접에서는 전류를, 탄산가스아크용접에서는 전류+전압을 조정하는 장치로, 용접기 본체로부터 멀리 떨어져 있어도 조정이 가능하도록 한 장치이다.

32 직류아크용접기와 비교하여 교류아크용접기에 대한 설명으로 가장 올바른 것은?
① 무부하 전압이 높고 감전의 위험이 많다.
② 구조가 복잡하고 극성변화가 가능하다.
③ 자기쏠림 방지가 불가능하다.
④ 아크 안정성이 우수하다.

> **해설** 직류 및 교류용접기의 비교
>
> | 비교 항목 | 직류용접기 | 교류용접기 |
> |---|---|---|
> | 아크의 안정성 | 우수 | 약간 떨어짐 |
> | 비피복봉 사용 | 가능 | 불가능 |
> | 극성 변화 | 가능 | 불가능 |
> | 자기쏠림 방지 | 불가능 | 가능 (거의 없음) |
> | 무부하 전압 | 낮다. (40~60V) | 높다. (70~85V) |
> | 전격의 위험 | 낮다. | 높다. |
> | 역률 | 양호 | 불량 |

33 피복아크용접에서 직류역극성(DCRP) 용접의 특징으로 옳은 것은?
① 모재의 용입이 깊다.
② 비드 폭이 좁다.
③ 봉의 용융이 느리다.
④ 박판, 주철, 고탄소강의 용접 등에 쓰인다.

> **해설** 직류정극성(DCSP)과 직류역극성(DCRP)의 비교
>
> | 직류정극성(DCSP) | 직류역극성(DCRP) |
> |---|---|
> | 모재의 용입이 깊다. | 모재의 용입이 얕다. |
> | 용접봉의 녹음이 느리다. | 용접봉의 녹음이 빠르다. |
> | 비드 폭이 좁다. | 비드 폭이 넓다. |
> | 일반적으로 많이 사용된다. | 박판, 주철, 비철금속의 용접에 사용된다. |
> | 열분배 : 모재(+) : 70%, 용접봉(−) 30% | 열분배 : 모재(−) : 30%, 용접봉(+) 70% |

정답
29. ② 30. ④ 31. ③ 32. ① 33. ④

34 다음 중 아세틸렌가스의 관으로 사용할 경우 폭발성 화합물을 생성하게 되는 것은?

① 순구리관
② 스테인리스강관
③ 알루미늄합금관
④ 탄소강관

해설 아세틸렌가스는 구리 또는 구리합금(62% 이상의 구리), 은, 수은 등과 접촉하면 이들과 화합하여 120℃ 부근에서 폭발성이 있는 화합물을 생성한다.

35 가스용접 모재의 두께가 3.2mm일 때 가장 적당한 용접봉의 지름을 계산식으로 구하면 몇 mm인가?

① 1.6
② 2.0
③ 2.6
④ 3.2

해설 가스용접봉(D)=T/2+1이므로 용접봉의 지름은 2.6mm이다.

36 가스 용접에 사용되는 가연성 가스의 종류가 아닌 것은?

① 프로판 가스
② 수소 가스
③ 아세틸렌가스
④ 산소

해설 산소는 스스로 타지 못하고 타는 것을 도와주는 조연성(지연성) 가스이다.

37 피복아크용접기를 사용하여 아크 발생을 8분간 하고 2분간 쉬었다면, 용접기 사용률은 몇 %인가?

① 25
② 40
③ 65
④ 80

해설 사용률(%)=아크발생시간/총사용시간(아크발생시간+휴식시간)×100(%)이다.

38 피복제 중에 산화티탄(TiO_2)을 약 35% 정도 포함한 용접봉으로서 아크는 안정되고 스패터는 적으나, 고온 균열(hot crack)을 일으키기 쉬운 결점이 있는 용접봉은?

① E4301
② E4313
③ E4311
④ E4316

해설
- 일미나이트계(E4301) : 일미나이트(TiO_2·FeO)를 30% 이상 함유한 용접봉으로 작업성과 용접성이 우수하다.
- 고셀룰로오스계(E4311) : 셀룰로오스(유기물)를 20~30% 정도 포함하고 있는 용접봉으로 피복이 얇고 슬래그가 적어 좁은 홈 용접, 수직 상진, 하진, 위보기 용접에서 우수한 작업성을 나타낸다.
- 저수소계(E4316) : 석회석과 형석이 주성분이며, 수소함유량이 타 용접봉의 1/10 정도로 작업성은 매우 불량하나 용착금속의 기계적 성질, 내마모성, 내균열성이 우수하다.

39 알루미늄과 마그네슘의 합금으로 바닷물과 알칼리에 대한 내식성이 강하고 용접성이 매우 우수하여 주로 선박용 부품, 화학장치용 부품 등에 쓰이는 것은?

① 실루민
② 하이드로날륨
③ 알루미늄 청동
④ 애드미럴티 황동

해설
- 실루민 : 주조용 알루미늄으로 Al+Si계이며 알팩스라고도 한다.
- 알루미늄 청동 : 구리에 알루미늄을 첨가한 Cu-Al계 합금으로 조성은 보통 Al 5~12% 정도이며 용도로는 모조금, 열교환기 등에 사용된다.

정답
34. ① 35. ③ 36. ④ 37. ④ 38. ② 39. ②

• 애드미럴티황동 : 7 : 3 황동에 약 1%의 주석을 첨가한 황동

40 열과 전기의 전도율이 가장 좋은 금속은?
① Cu ② Al
③ Ag ④ Au

해설 금속의 열전도율
Ag > Cu > Au > Al > Mg > Zn > Ni > Fe

41 섬유 강화 금속 복합 재료의 기지 금속으로 가장 많이 사용되는 것으로 비중이 약 2.7인 것은?
① Na ② Fe
③ Al ④ Co

42 비파괴검사가 아닌 것은?
① 자기탐상시험
② 침투탐상시험
③ 샤르피 충격시험
④ 초음파탐상시험

해설 샤르피 충격시험
재료의 인성과 취성을 검사하기 위한 시험법으로 파괴시험법이다.

43 주철의 유동성을 나쁘게 하는 원소는?
① Mn ② C
③ P ④ S

44 다음 금속 중 용융 상태에서 응고할 때 팽창하는 것은?
① Sn ② Zn
③ Mo ④ Bi

45 강자성체 금속에 해당되는 것은?
① Bi, Sn, Au ② Fe, Pt, Mn
③ Ni, Fe, Co ④ Co, Sn, Cu

46 강에서 상온 메짐(취성)의 원인이 되는 원소는?
① P ② S
③ Mn ④ Cu

해설 황(S)
고온취성(적열취성)의 원인이 되는 원소이다.

47 60% Cu - 40% Zn 황동으로 복수기용 판, 볼트, 너트 등에 사용되는 합금은?
① 톰백(Tombac)
② 길딩메탈(Gilding metal)
③ 문쯔메탈(Muntz metal)
④ 애드미럴티메탈(Admiralty metal)

해설
• 톰백 : 아연을 8~20% 함유한 황동으로 모조금 또는 미술장식주물 등에 사용한다.
• 길딩메탈 : 구리 95~97%, 아연 3~5%로 된 구리 합금. 소총탄의 뇌관, 포탄의 탄대 등에 사용한다.
• 애드미럴티메탈 : 애드미럴티황동과 같은 용어이다.

48 구상흑연주철에서 그 바탕조직이 펄라이트이면서 구상흑연의 주위를 유리된 페라이트가 감싸고 있는 조직의 명칭은?
① 오스테나이트(austenite) 조직
② 시멘타이트(cementite) 조직
③ 레데뷰라이트(ledeburite) 조직
④ 불스 아이(bull's eye) 조직

정답 40. ③ 41. ③ 42. ③ 43. ④ 44. ④ 45. ③ 46. ① 47. ③ 48. ④

49 시편의 표점거리가 125mm, 늘어난 길이가 145mm이었다면 연신율은?

① 16%   ② 20%
③ 26%   ④ 30%

해설 연신율=늘어난 길이-표점거리/표점거리 ×100(%)이므로
20/125×100(%)은 16%이다.

50 주변 온도가 변화하더라도 재료가 가지고 있는 열팽창계수나 탄성계수 등의 특정한 성질이 변하지 않는 강은?

① 쾌삭강   ② 불변강
③ 강인강   ④ 스테인리스강

해설
- 쾌삭강 : 강의 피절삭성을 개선하기 위해 황(S)을 첨가한 강이다.
- 강인강 : 탄소강에 Ni, Cr, Mo 등을 소량 첨가하여 강인성을 부여한 합금이다.
- 스테인리스강 : 탄소강에 크롬(12% 이상)이나 Ni을 함유하여 내식성을 향상시킨 강으로 일명 불수강이라 한다.

51 그림과 같은 도시 기호가 나타내는 것은?

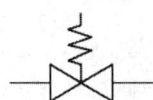

① 안전 밸브   ② 전동 밸브
③ 스톱 밸브   ④ 슬루스 밸브

52 도면에 물체를 표시하기 위한 투상에 관한 설명 중 잘못된 것은?

① 주 투상도는 대상물의 모양 및 기능을 가장 명확하게 표시하는 면을 그린다.
② 보다 명확한 설명을 위해 주 투상도를 보충하는 다른 투상도를 많이 나타낸다.
③ 특별한 이유가 없는 경우 대상물을 가로길이로 놓은 상태로 그린다.
④ 서로 관련되는 그림의 배치는 되도록 숨은선을 쓰지 않도록 한다.

53 KS 기계재료 표시기호 SS 400의 400은 무엇을 나타내는가?

① 경도   ② 연신율
③ 탄소 함유량 ④ 최저 인장강도

54 그림과 같은 입체도의 화살표 방향 투상도로 가장 적합한 것은?

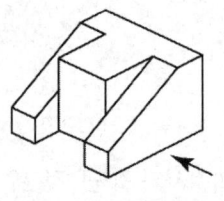

55 치수 기입의 원칙에 관한 설명 중 틀린 것은?

① 치수는 필요에 따라 기준으로 하는 점, 선, 또는 면을 기준으로 하여 기입한다.
② 대상물의 기능, 제작, 조립 등을 고려하여 필요하다고 생각되는 치수를 명료하게 도면에 지시한다.
③ 치수 입력에 대해서는 중복 기입을 피한다.
④ 모든 치수에는 단위를 기입해야 한다.

해설 기계제도에서 길이의 단위는 mm이며 도면에 기입하지 않는다.

정답 49. ① 50. ② 51. ① 52. ② 53. ④ 54. ③ 55. ④

56 그림과 같은 KS 용접기호의 해석으로 올바른 것은?

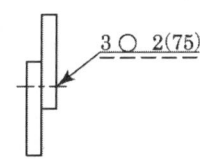

① 지름이 2mm이고 피치가 75mm인 플러그 용접이다.
② 폭이 2mm이고 길이가 75mm인 심 용접이다.
③ 용접 수는 2개이고, 피치가 75mm인 슬롯 용접이다.
④ 용접 수는 2개이고, 피치가 75mm인 스폿(점) 용접이다.

해설) "3"은 스폿 용접의 용접부 지름을 나타낸다.

57 그림과 같은 입체도를 3각법으로 올바르게 도시한 것은?

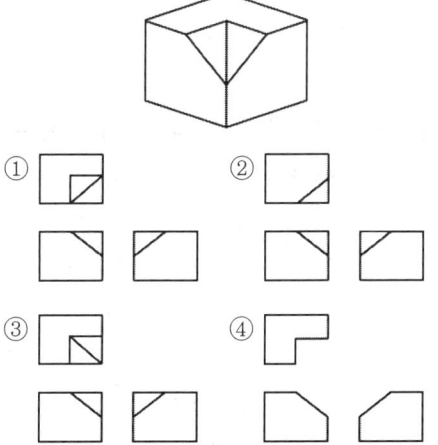

58 그림과 같이 기계 도면 작성 시 가공에 사용하는 공구 등의 모양을 나타낼 필요가 있을 때 사용하는 선으로 올바른 것은?

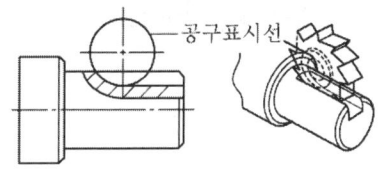

① 가는 실선
② 가는 1점 쇄선
③ 가는 2점 쇄선
④ 가는 파선

59 도면의 척도값 중 실제 형상을 확대하여 그리는 것은?

① 2 : 1
② $1 : \sqrt{2}$
③ 1 : 1
④ 1 : 2

해설) 도면의 척도는 축척(실물보다 작게 표현), 현척(실물과 같게 표현), 배척(실물보다 크게 표현)으로 구분한다.

60 기호를 기입한 위치에서 먼 면에 카운터싱크가 있으며, 공장에서 드릴 가공 및 현장에서 끼워 맞춤을 나타내는 리벳의 기호 표시는?

해설) ① 현장드릴, 현장 끼워 맞춤으로 먼 면에 카운터싱크 있음
③ 현장드릴, 현장 끼워 맞춤으로 양 면에 카운터싱크 있음
④ 공장드릴, 현장 끼워 맞춤으로 양 면에 카운터싱크 있음

정답
56. ④ 57. ③ 58. ③ 59. ① 60. ②

특수용접기능사

2015년 제5회
과년도출제문제

01 아크용접에서 피닝을 하는 목적으로 가장 알맞은 것은?
① 용접부의 잔류응력을 완화시킨다.
② 모재의 재질을 검사하는 수단이다.
③ 응력을 강하게 하고 변형을 유발시킨다.
④ 모재표면의 이물질을 제거한다.

해설 피닝
끝이 구면인 특수한 피닝 해머로써 용접부를 연속적으로 때려 용접 표면상에 소성변형을 주는 방법으로 인장응력을 완화하는 방법이다.

02 다음 중 연납의 특성에 관한 설명으로 틀린 것은?
① 연납땜에 사용하는 용가제를 말한다.
② 주석-납계 합금이 가장 많이 사용된다.
③ 기계적 강도가 낮으므로 강도를 필요로 하는 부분에는 적당하지 않다.
④ 은납, 황동납 등이 이에 속하고 물리적 강도가 크게 요구될 때 사용된다.

해설 • 연납의 종류 : 주석-납, 납-은납, 저융점 땜납, 카드뮴-아연납, 납-카드뮴납
• 경납의 종류 : 은납, 황동납, 인동납, 망간납, 양은납, 알루미늄납

03 다음 각종 용접에서 전격방지 대책으로 틀린 것은?
① 홀더나 용접봉은 맨손으로 취급하지 않는다.

② 어두운 곳이나 밀폐된 구조물에서 작업 시 보조자와 함께 작업한다.
③ CO_2 용접이나 MIG 용접 작업 도중에 와이어를 2명이 교대로 교체할 때는 전원은 차단하지 않아도 된다.
④ 용접작업을 하지 않을 때에는 TIG 전극봉은 제거하거나 노즐 뒤쪽에 밀어 넣는다.

04 심(seam) 용접법에서 용접전류의 통전방법이 아닌 것은?
① 직·병렬 통전법
② 단속 통전법
③ 연속 통전법
④ 맥동 통전법

05 플라즈마 아크의 종류가 아닌 것은?
① 이행형 아크   ② 비이행형 아크
③ 중간형 아크   ④ 탠덤형 아크

해설 • 이행형 아크 : 텅스텐 전극 수냉 구속 노즐 사이에 작동 가스를 보내고 고주파 발생장치에 의해 텅스텐 전극과 컨스트릭팅 노즐에 이온화된 전류 통로가 만들어져 파일럿 아크가 지속적으로 흐르고, 이 아크열에 의해 플라즈마가 발생하는 방식으로 플라즈마 아크방식이라고도 한다.
• 비이행형 아크 : 아크 전극이 토치 내에 있어서 텅스텐 전극과 컨스트릭팅 노즐 사이에서 아크가 발생되어 오리피스를 통해 나오는 가열된 고온의 플라즈마를

정답
1. ① 2. ④ 3. ③ 4. ① 5. ④

이용하는 방식으로 모재에 전극을 연결하지 않으므로 부전도체 물질의 용접도 가능하며 플라즈마 제트 방식이라고도 한다.
• 중간형 아크 : 이행형 아크 방식과 비이행형 아크 방식을 병용한 방식이다.

06 피복아크용접 결함 중 용착 금속의 냉각속도가 빠르거나, 모재의 재질이 불량할 때 일어나기 쉬운 결함으로 가장 적당한 것은?
① 용입 불량   ② 언더컷
③ 오버랩   ④ 선상조직

해설
• 용입 불량 : 이음 설계의 결함이나 용접 속도가 너무 빠를 때, 용접 전류가 낮을 때, 용접봉의 선택이 잘못 됐을 때 발생한다.
• 언더 컷 : 전류가 높을 때, 아크 길이가 너무 길 때, 부적당한 용접봉을 사용했을 때, 용접 속도가 적당하지 않을 때 발생한다.
• 오버랩 : 용접 전류가 낮을 때, 운봉 및 봉의 유지 각도가 불량할 때 발생한다.

07 용접기의 점검 및 보수 시 지켜야 할 사항으로 옳은 것은?
① 정격사용률 이상으로 사용한다.
② 탭전환은 반드시 아크 발생을 하면서 시행한다.
③ 2차측 단자의 한쪽과 용접기 케이스는 반드시 어스(earth)하지 않는다.
④ 2차측 케이블이 길어지면 전압강하가 일어나므로 가능한 한 지름이 큰 케이블을 사용한다.

08 용접입열이 일정할 경우에는 열전도율이 큰 것일수록 냉각속도가 빠른데 다음 금속 중 열전도율이 가장 높은 것은?
① 구리   ② 납
③ 연강   ④ 스테인리스강

09 로봇용접의 분류 중 동작 기구로부터의 분류 방식이 아닌 것은?
① PTB 좌표 로봇
② 직각 좌표 로봇
③ 극좌표 로봇
④ 관절 로봇

해설 로봇의 분류
일반적인 로봇, 제어적인 로봇, 동작기구 형태의 로봇
① 일반적인 로봇 : 조종 로봇, 시퀀스 로봇, 플레이 백 로봇, 수치 제어 로봇, 지능 로봇, 감각제어 로봇, 적응제어 로봇, 학습제어 로봇
② 제어적인 로봇 ; 서보 제어 로봇, 논 서보 제어 로봇, CP 제어 로봇, PTP 제어 로봇
③ 동작기구 형태의 로봇 : 직각 좌표 로봇, 극좌표 로봇, 원통 좌표 로봇, 다관절 로봇

10 CO_2 용접작업 중 가스의 유량은 낮은 전류에서 얼마가 적당한가?
① 10~15l/min
② 20~25l/min
③ 30~35l/min
④ 40~45l/min

해설 탄산가스아크용접에서 가스유량은 저전류 영역에서는 10~15l/min, 고전류 영역에서는 15~20l/min이다.

정답
6. ④ 7. ④ 8. ① 9. ① 10. ①

11 용접부의 균열 중 모재의 재질 결함으로서 강괴일 때 기포가 압연되어 생기는 것으로 설퍼밴드와 같은 층상으로 편재해 있어 강재 내부에 노치를 형성하는 균열은?

① 라미네이션(lamination) 균열
② 루트(root) 균열
③ 응력 제거 풀림(stress relief) 균열
④ 크레이터(crater) 균열

해설
- 루트 균열 : 용접부의 루트부분에서 발생하는 균열로 저온균열의 일종이며, 응력집중이나 수소에 의해 발생한다.
- 응력 제거 풀림 균열 : 응력완화균열이라고도 하며 용접부의 후열처리 또는 고온에서 장시간 사용 시 열영향부의 조립역에서 결정립을 따라 발생하는 특징이 있다.
- 크레이터 균열 : 용접 비드의 크레이터에 발생하는 균열. 아크용접 시 비드의 맨 끝부분에서 급랭 응고에 의한 수축으로 발생한다.

12 다음 중 용접열원을 외부로부터 가하는 것이 아니라 금속분말의 화학반응에 의한 열을 사용하여 용접하는 방식은?

① 테르밋 용접   ② 전기저항 용접
③ 잠호 용접   ④ 플라즈마 용접

해설 테르밋 용접
테르밋 용접은 테르밋 반응이란 탈산 반응을 이용한 용접법으로 알루미늄 분말과 산화철 분말을 3~4 : 1의 중량비로 혼합한 테르밋제에 점화제를 이용해 점화해서 금속을 합하는 용접법이다.

13 각종 금속의 용접부 예열온도에 대한 설명으로 틀린 것은?

① 고장력강, 저합금강, 주철의 경우 용접홈을 50~350℃로 예열한다.
② 연강을 0℃ 이하에서 용접할 경우 이음의 양쪽 폭 100mm 정도를 40~75℃로 예열한다.
③ 열전도가 좋은 구리 합금은 200~400℃의 예열이 필요하다.
④ 알루미늄 합금은 500~600℃ 정도의 예열온도가 적당하다.

해설 알루미늄 합금의 예열온도는 200~400℃이다.

14 논 가스 아크용접의 설명으로 틀린 것은?

① 보호 가스나 용제를 필요로 한다.
② 바람이 있는 옥외에서 작업이 가능하다.
③ 용접장치가 간단하며 운반이 편리하다.
④ 용접 비드가 아름답고 슬래그 박리성이 좋다.

해설 논 가스 아크용접은 보호가스의 공급없이 와이어 자체에서 발생하는 가스에 의해 아크 분위기를 보호하는 용접방법이다.

15 용접부의 결함이 오버랩일 경우 보수 방법은?

① 가는 용접봉을 사용하여 보수한다.
② 일부분을 깎아내고 재용접한다.
③ 양단에 드릴로 정지 구멍을 뚫고 깎아내고 재용접한다.
④ 그 위에 다시 재용접한다.

해설 용접부 결함 보수 방법
① 기공, 슬래그 섞임 : 결함부를 깎아내고 재용접한다
② 균열 : 균열 양단에 드릴을 사용해 정지 구멍(stop hole)을 뚫고 균열부를 깎아내고 재용접한다.
③ 언더 컷 : 가는 용접봉을 사용하여 결함부분을 재용접한다.

정답
11. ① 12. ① 13. ④ 14. ① 15. ②

④ 오버랩 : 일부분을 깎아내고 재용접한다.

16 다음 중 초음파 탐상법의 종류에 해당하지 않는 것은?
① 투과법 ② 펄스 반사법
③ 관통법 ④ 공진법

해설 초음파 탐상법의 종류
- 투과법 : 시험체 속에 초음파의 연속파를 투과하여 뒷면에서 이를 수신하여 결함 여부 검사
- 펄스 반사법 : 초음파의 펄스를 시험체의 한쪽 면으로부터 송신하여 그 결함에서 반사되는 반사파의 형태로 결함 여부 판정
- 공진법 : 시험체의 한쪽 면에서 초음파의 연속파를 입사시키면 시험체 두께가 이 파 파장의 1/2 정수배에 해당할 때 공진이 일어나는데, 공진상태에서 결함의 유무나 재질, 두께 등을 측정하는 방법

17 피복아크용접 작업의 안전사항 중 전격방지 대책이 아닌 것은?
① 용접기 내부는 수시로 분해·수리하고 청소를 하여야 한다.
② 절연 홀더의 절연부분이 노출되거나 파손되면 교체한다.
③ 장시간 작업을 하지 않을 시는 반드시 전기 스위치를 차단한다.
④ 젖은 작업복이나 장갑, 신발 등을 착용하지 않는다.

18 전자렌즈에 의해 에너지를 집중시킬 수 있고, 고용융 재료의 용접이 가능한 용접법은?
① 레이저 용접
② 피복아크용접
③ 전자 빔 용접
④ 초음파 용접

19 일렉트로 슬래그 용접에서 사용되는 수냉식 판의 재료는?
① 연강 ② 동
③ 알루미늄 ④ 주철

20 맞대기용접 이음에서 모재의 인장강도는 40kgf/mm²이며, 용접 시험편의 인장강도가 45kgf/mm²일 때 이음효율은 몇 %인가?
① 88.9 ② 104.4
③ 112.5 ④ 125.0

해설 이음 효율=용접 시험편의 인장강도/모재의 인장강도×100(%)

21 납땜에서 경납용 용제가 아닌 것은?
① 붕사 ② 붕산
③ 염산 ④ 알칼리

22 서브머지드 아크용접에서 동일한 전류 전압의 조건에서 사용되는 와이어 지름의 영향 설명 중 옳은 것은?
① 와이어의 지름이 크면 용입이 깊다.
② 와이어의 지름이 작으면 용입이 깊다.
③ 와이어의 지름과 상관이 없이 같다.
④ 와이어의 지름이 커지면 비드 폭이 좁아진다.

23 피복아크용접봉에서 피복제의 주된 역할

16. ③ 17. ① 18. ③ 19. ② 20. ③ 21. ③ 22. ② 23. ③

로 틀린 것은?
① 전기 절연 작용을 하고 아크를 안정시킨다.
② 스패터의 발생을 적게 하고 용착금속에 필요한 합금원소를 첨가시킨다.
③ 용착 금속의 탈산 정련 작용을 하며 용융점이 높고, 높은 점성의 무거운 슬래그를 만든다.
④ 모재 표면의 산화물을 제거하고, 양호한 용접부를 만든다.

24 다음 중 부하전류가 변하여도 단자 전압은 거의 변화하지 않는 용접기의 특성은?
① 수하 특성
② 하향 특성
③ 정전압 특성
④ 정전류 특성

> 해설 • 수하 특성 : 부하전류(아크전류)가 증가하면 단자전압이 저하하는 특성으로 아크의 안정을 위해 필요하다.
> • 정전류 특성 : 아크길이의 변화로 인한 전압의 변동과 관계없이 전류는 거의 변화하지 않는 특성으로 수하특성과 함께 수동용접기에 필요한 특성이다.

25 아크가 보이지 않는 상태에서 용접이 진행된다고 하여 일명 잠호용접이라 부르기도 하는 용접법은?
① 스터드 용접
② 레이저 용접
③ 서브머지드 아크용접
④ 플라즈마 용접

26 가스 절단면의 표준 드래그(drag) 길이는 판 두께의 몇 % 정도가 가장 적당한가?
① 10%
② 20%
③ 30%
④ 40%

27 피복아크용접에서 홀더로 잡을 수 있는 용접봉 지름(mm)이 5.0~8.0일 경우 사용하는 용접봉 홀더의 종류로 옳은 것은?
① 125호
② 160호
③ 300호
④ 400호

> 해설 • 125호 : 1.6~3.2mm
> • 160호 : 3.2~4.0mm
> • 200호 : 3.2~5.0mm
> • 250호 : 4.0~6.0mm
> • 300호 : 4.0~6.0mm
> • 400호 : 5.0~8.0mm
> • 500호 : 6.4~10.0mm

28 다음 중 용접봉의 내균열성이 가장 좋은 것은?
① 셀룰로오스계
② 티탄계
③ 일미나이트계
④ 저수소계

> 해설 피복아크용접봉의 내균열성
> 저수소계 > 일미나이트계 > 고산화철계 > 고셀룰로오스계 > 티탄계

29 아크 길이가 길 때 일어나는 현상이 아닌 것은?
① 아크가 불안정해진다.
② 용융금속의 산화 및 질화가 쉽다.
③ 열 집중력이 양호하다.
④ 전압이 높고 스패터가 많다.

30 직류용접기 사용 시 역극성(DCRP)과 비교한, 정극성(DCSP)의 일반적인 특징으

정답 24. ③ 25. ③ 26. ② 27. ④ 28. ④ 29. ③ 30. ③

로 옳은 것은?
① 용접봉의 용융속도가 빠르다.
② 비드 폭이 넓다.
③ 모재의 용입이 깊다.
④ 박판, 주철, 합금강 비철금속의 접합에 쓰인다.

해설 직류정극성(DCSP)과 직류역극성(DCRP)의 비교

직류정극성(DCSP)	직류역극성(DCRP)
모재의 용입이 깊다.	모재의 용입이 얕다.
용접봉의 녹음이 느리다.	용접봉의 녹음이 빠르다.
비드 폭이 좁다.	비드 폭이 넓다.
일반적으로 많이 사용된다.	박판, 주철, 비철금속의 용접에 사용된다.
열분배 : 모재(+) : 70%, 용접봉(-) 30%	열분배 : 모재(-) : 30%, 용접봉(+) 70%

31 가변압식의 팁 번호가 200일 때 10시간 동안 표준 불꽃으로 용접할 경우 아세틸렌 가스의 소비량은 몇 리터인가?
① 20　　② 200
③ 2000　④ 20000

해설 팁의 크기
가변압식의 팁 번호는 중성불꽃으로 용접 시 한 시간당 소비되는 아세틸렌의 양(리터)을 표시하며, 불변압식(독일식) 팁의 번호는 용접 가능한 판 두께를 표시한다.

32 정격 2차 전류가 200A, 아크출력 60kW인 교류용접기를 사용할 때 소비전력은 얼마인가? (단, 내부손실이 4kW이다.)
① 64kW　② 104kW
③ 264kW　④ 804kW

해설 소비전력=아크출력+내부손실이므로, 60kW+4kW=64kW이다. (1kW는 1,000W)

33 수중절단 작업을 할 때 가장 많이 사용하는 가스로 기포발생이 적은 연료가스는?
① 아르곤　② 수소
③ 프로판　④ 아세틸렌

34 용접기의 규격 AW 500의 설명 중 옳은 것은?
① AW은 직류 아크용접기라는 뜻이다.
② 500은 정격 2차 전류의 값이다.
③ AW은 용접기의 사용률을 말한다.
④ 500은 용접기의 무부하 전압값이다.

35 가스용접에서 토치를 오른손에 용접봉을 왼손에 잡고 오른쪽에서 왼쪽으로 용접을 해나가는 용접법은?
① 전진법　② 후진법
③ 상진법　④ 병진법

36 용접기와 멀리 떨어진 곳에서 용접전류 또는 전압을 조절할 수 있는 장치는?
① 원격 제어 장치
② 핫 스타트 장치
③ 고주파 발생장치
④ 수동전류조정장치

37 아크에어 가우징법의 작업능률은 가스 가우징법보다 몇 배 정도 높은가?
① 2~3배　② 4~5배
③ 6~7배　④ 8~9배

38 가스용접에서 프로판 가스의 성질 중 틀린 것은?

 정답
31. ③　32. ①　33. ②　34. ②　35. ①　36. ①　37. ①　38. ①

① 증발잠열이 작고, 연소할 때 필요한 산소의 양은 1 : 1 정도이다.
② 폭발한계가 좁아 다른 가스에 비해 안전도가 높고 관리가 쉽다.
③ 액화가 용이하여 용기에 충전이 쉽고 수송이 편리하다.
④ 상온에서 기체 상태이고 무색, 투명하며 약간의 냄새가 난다.

해설 프로판 가스는 증발잠열이 크고 연소할 때 필요한 산소의 양은 1 : 4.5이다.

39 면심입방격자의 어떤 성질이 가공성을 좋게 하는가?
① 취성 ② 내식성
③ 전연성 ④ 전기전도성

40 알루미늄과 알루미늄 가루를 압축 성형하고 약 500~600℃로 소결하여 압출 가공한 분산 강화형 합금의 기호에 해당하는 것은?
① DAP ② ACD
③ SAP ④ AMP

41 스테인리스강 중 내식성이 제일 우수하고 비자성이나 염산, 황산, 염소가스 등에 약하고 결정입계 부식이 발생하기 쉬운 것은?
① 석출경화계 스테인리스강
② 페라이트계 스테인리스강
③ 마텐자이트계 스테인리스강
④ 오스테나이트계 스테인리스강

42 라우탈은 Al-Cu-Si 합금이다. 이 중 3~8% Si를 첨가하여 향상되는 성질은?
① 주조성 ② 내열성
③ 피삭성 ④ 내식성

43 금속의 조직검사로서 측정이 불가능한 것은?
① 결함 ② 결정입도
③ 내부응력 ④ 비금속개재물

44 탄소 함량 3.4%, 규소 함량 2.4% 및 인 함량 0.6%인 주철의 탄소당량(CE)은?
① 4.0 ② 4.2
③ 4.4 ④ 4.6

해설 탄소당량=C%+0.3(Si%+P%) 또는 C%+1/3(Si%+P%)이므로, 3.4+1/3(2.4+0.6)=4.4%이다.

45 자기변태가 일어나는 점을 자기 변태점이라 하며, 이 온도를 무엇이라고 하는가?
① 상점 ② 이슬점
③ 퀴리점 ④ 동소점

46 다음 중 경질 자성 재료가 아닌 것은?
① 센더스트
② 알니코 자석
③ 페라이트 자석
④ 네오디뮴 자석

해설
• 경질자성재료 : 알니코 자석, 페라이트 자석, 희토류계 자석, 네오디뮴 자석, Fe+Cr+Co계 자석
• 연질자성재료 : Si강판, 퍼멀로이, 센더스트, 알펌, 퍼멘듀르, 수퍼멘듀르

정답 39. ③ 40. ③ 41. ④ 42. ① 43. ③ 44. ③ 45. ③ 46. ①

47 문쯔메탈(muntz metal)에 대한 설명으로 옳은 것은?

① 90% Cu-10% Zn 합금으로 톰백의 대표적인 것이다.
② 70% Cu-30% Zn 합금으로 가공용 황동의 대표적인 것이다.
③ 70% Cu-30% Zn 황동에 주석(Sn)을 1% 함유한 것이다.
④ 60% Cu-40% Zn 합금으로 황동 중 아연 함유량이 가장 높은 것이다.

해설
- 톰백 : 구리+아연(8~20%)의 합금으로 모조금으로 사용한다.
- commercial bronze : 구리(90%)+아연(10%)의 합금
- 애드미럴티 황동 : 7 : 3 황동에 주석을 1% 첨가한 황동

48 다음의 조직 중 경도값이 가장 낮은 것은?
① 마텐자이트　② 베이나이트
③ 소르바이트　④ 오스테나이트

49 열처리의 종류 중 항온열처리 방법이 아닌 것은?
① 마퀜칭　② 어닐링
③ 마템퍼링　④ 오스템퍼링

해설 어닐링(annealing)은 풀림으로 일반 열처리법의 한 가지로 내부응력을 제거하는 데 목적이 있다.

50 컬러텔레비전의 전자총에서 나온 광선의 영향을 받아 섀도 마스크가 열팽창하면 엉뚱한 색이 나오게 된다. 이를 방지하기 위해 섀도 마스크의 제작에 사용되는 불변강은?
① 인바

② Ni-Cr강
③ 스테인리스강
④ 플래티나이트

51 다음 단면도에 대한 설명으로 틀린 것은?
① 부분 단면도는 일부분을 잘라내고 필요한 내부 모양을 그리기 위한 방법이다.
② 조합에 의한 단면도는 축, 핀, 볼트, 너트류의 절단면의 이해를 위해 표시한 것이다.
③ 한쪽 단면도는 대칭형 대상물의 외형 절반과 온 단면도의 절반을 조합하여 표시한 것이다.
④ 회전도시 단면도는 핸들이나 바퀴 등의 암, 림, 훅, 구조물 등의 절단면을 90도 회전시켜서 표시한 것이다.

해설 조합에 의한 단면도는 2개 이상의 절단면에 대한 단면도를 조합하여 표시할 경우에 사용한다.

52 나사의 감김 방향의 지시 방법 중 틀린 것은?
① 오른나사는 일반적으로 감김 방향을 지시하지 않는다.
② 왼나사는 나사의 호칭 방법에 약호 'LH'를 추가하여 표시한다.
③ 동일 부품에 오른나사와 왼나사가 있을 때는 왼나사에만 약호 'LH'를 추가한다.
④ 오른나사는 필요하면 나사의 호칭 방법에 약호 'RH'를 추가하여 표시할 수 있다.

해설 동일 부품에 오른 나사와 왼나사가 있을 때는 각각 쌍방에 표시한다.

정답
47. ④　48. ④　49. ②　50. ①　51. ②　52. ③

53 그림과 같은 도면의 해독으로 잘못된 것은?

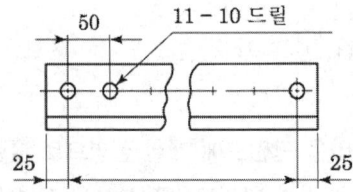

① 구멍 사이의 피치는 50mm
② 구멍의 지름은 10mm
③ 전체 길이는 600mm
④ 구멍의 수는 11개

해설 첫째 구멍과 마지막 구멍 사이의 거리는 500mm이다. 왜냐하면 구멍의 개수가 11개이므로 10곳의 간격이 존재한다. 따라서 전체길이는 500+50(양 끝단의 합)으로 550mm이다.

54 그림과 같이 제3각법으로 정투상한 도면에 적합한 입체도는?

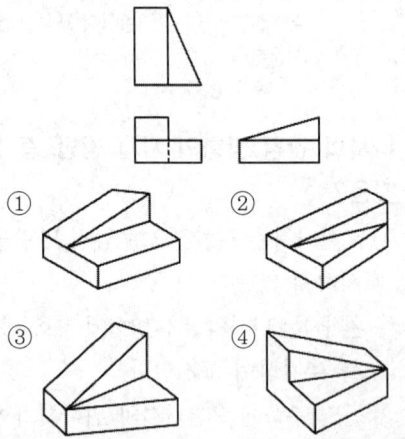

55 동일 장소에서 선이 겹칠 경우 나타내야 할 선의 우선순위를 옳게 나타낸 것은?
① 외형선>중심선>숨은선>치수보조선
② 외형선>치수보조선>중심선>숨은선
③ 외형선>숨은선>중심선>치수보조선
④ 외형선>중심선>치수보조선>숨은선

56 일반적인 판금 전개도의 전개법이 아닌 것은?
① 다각전개법 ② 평행선법
③ 방사선법   ④ 삼각형법

57 다음 냉동장치의 배관 도면에서 팽창 밸브는?

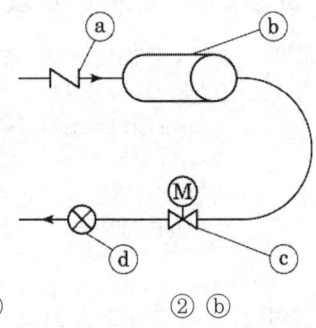

① ⓐ   ② ⓑ
③ ⓒ   ④ ⓓ

58 다음 중 치수 보조기호로 사용되지 않는 것은?
① π   ② Sφ
③ R   ④ □

해설 Sφ : 구의 지름 표시기호
R : 원의 반지름 표시기호
□ : 정사각형의 변의 기호

59 3각법으로 그린 투상도 중 잘못된 투상이 있는 것은?

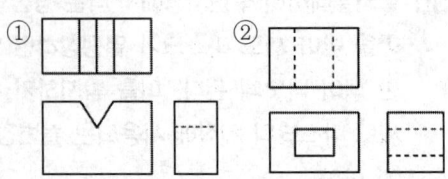

정답
53. ③ 54. ② 55. ③ 56. ① 57. ④ 58. ① 59. ④

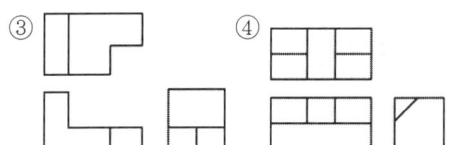

60 다음 중 열간 압연 강판 및 강대에 해당하는 재료 기호는?

① SPCC　　② SPHC
③ STS　　　④ SPB

해설
• SPCC : 냉간압연강판
• STS : 합금공구강

정답
60. ②

2016년 제1회 과년도출제문제 — 용접기능사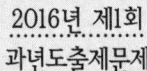

01 지름이 10cm인 단면에 8000kgf의 힘이 작용할 때 발생하는 응력은 약 몇 kgf/cm² 인가?
① 89   ② 102
③ 121   ④ 158

해설 σ(응력)=W(하중)/A(단면적)이다. 여기서 지름이 10cm인 원의 단면적은 πr^2에 의해 3.14×5×5=78.5이므로, 8000/78.5는 101.9kgf/cm²이다.

02 화재의 분류 중 C급 화재에 속하는 것은?
① 전기 화재   ② 금속 화재
③ 가스 화재   ④ 일반 화재

해설 화재의 분류
① A급 화재(일반화재) : 연소 후 재를 남기는 화재(종이, 목재 등)
② B급 화재(유류화재) : 액상 또는 기체상의 연료성 화재(휘발유, 벤젠 등)
③ C급 화재(전기화재) : 전기 에너지가 발화원이 되는 화재
④ D급 화재(금속화재) : 금속 칼륨, 금속 나트륨, 유황 등의 화재
⑤ E급 화재(가스 화재) : 가연성 가스에 의해 발화원이 되는 화재

03 다음 중 귀마개를 착용하고 작업하면 안 되는 작업자는?
① 조선소의 용접 및 취부작업자
② 자동차 조립공장의 조립작업자
③ 강재 하역장의 크레인 신호자
④ 판금작업장의 타출 판금작업자

04 용접 열원을 외부로부터 공급받는 것이 아니라, 금속산화물과 알루미늄 간의 분말에 점화제를 넣어 점화제의 화학반응에 의하여 생성되는 열을 이용한 금속 용접법은?
① 일렉트로 슬래그 용접
② 전자 빔 용접
③ 테르밋 용접
④ 저항 용접

05 용접 작업 시 전격 방지대책으로 틀린 것은?
① 절연 홀더의 절연부분이 노출, 파손되면 보수하거나 교체한다.
② 홀더나 용접봉은 맨손으로 취급한다.
③ 용접기의 내부에 함부로 손을 대지 않는다.
④ 땀, 물 등에 의한 습기찬 작업복, 장갑, 구두 등을 착용하지 않는다.

06 서브머지드 아크 용접봉 와이어 표면에 구리를 도금한 이유는?
① 접촉 팁과의 전기 접촉을 원활히 한다.
② 용접 시간이 짧고 변형을 적게 한다.
③ 슬래그 이탈성을 좋게 한다.
④ 용융 금속의 이행을 촉진시킨다.

해설 구리 도금 이유 : 전기적인 접촉을 원활히

정답 1. ② 2. ① 3. ③ 4. ③ 5. ② 6. ①

하고 와이어가 녹스는 것을 방지해 준다.

07 기계적 접합으로 볼 수 없는 것은?
① 볼트 이음 ② 리벳 이음
③ 접어 잇기 ④ 압접

해설 압접
융접, 납땜과 함께 용접의 한 종류로 야금적 이음이다.

08 플래시 용접(flash welding)법의 특징으로 틀린 것은?
① 가열 범위가 좁고 열영향부가 작으며 용접속도가 빠르다.
② 용접면에 산화물의 개입이 적다.
③ 종류가 다른 재료의 용접이 가능하다.
④ 용접면의 끝맺음 가공이 정확하여야 한다.

해설 플래시 용접
저항용접의 한 종류로 용접할 2개의 단면을 가볍게 접촉시켜 대전류를 흘려 용접면을 고르게 가열한 후 압력을 주어 용접하는 방법이므로 용접면이 정밀하지 않아도 좋은 결과를 얻을 수 있다.(플래시 용접의 3단계 : 예열 → 플래시 → 업셋)

09 서브머지드 아크 용접부의 결함으로 가장 거리가 먼 것은?
① 기공 ② 균열
③ 언더컷 ④ 용착

해설 용착이란 결함이 아닌 용접봉이 모재로 이행되어 접합된 상태를 말한다.

10 다음이 설명하고 있는 현상은?

알루미늄 용접에서는 사용 전류에 한계가 있어 용접 전류가 어느 정도 이상이 되면 청정 작용이 일어나지 않아 산화가 심하게 생기며 아크 길이가 불안정하게 변동되어 비드 표면이 거칠게 주름이 생기는 현상

① 번 백(burn back)
② 퍼커링(puckering)
③ 버터링(buttering)
④ 멜트 백킹(melt backing)

해설
• 번백 시간(burn back time) : 크레이터 처리 기능에 의해 낮아진 전류가 서서히 줄면서 아크가 끊어지는 기능으로 이면 용접부가 녹아내리는 것을 방지한다.
• 용락 받침(melt backing) : 용접 시 용융 금속의 용락을 방지하기 위해 뒷댐판을 사용하는 것으로 금속 뒷댐판, 불활성가스 뒷댐판, 용제 뒷댐판 등이 있다.
• 버터링(buttering) : 맞대기 용접 시 모재의 열영향을 방지하기 위해 홈 면과 모재를 다른 종류의 금속으로 덧살 용접하는 것을 말한다.

11 CO_2 가스 아크 용접 결함에 있어서 다공성이란 무엇을 의미하는가?
① 질소, 수소, 일산화탄소 등에 의한 기공을 말한다.
② 와이어 선단부에 용적이 붙어 있는 것을 말한다.
③ 스패터가 발생하여 비드의 외관에 붙어 있는 것을 말한다.
④ 노즐과 모재 간 거리가 지나치게 작아서 와이어 송급 불량을 의미한다.

정답
7. ④ 8. ④ 9. ④ 10. ② 11. ①

12 아크 쏠림의 방지대책에 관한 설명으로 틀린 것은?

① 교류용접으로 하지 말고 직류용접으로 한다.
② 용접부가 긴 경우는 후퇴법으로 용접한다.
③ 아크 길이는 짧게 한다.
④ 접지부를 될 수 있는 대로 용접부에서 멀리한다.

해설 아크 쏠림 방지책
②, ③, ④ 외에 직류 대신 교류를 사용할 것, 이음부의 양 끝에 엔드탭을 이용할 것, 용접봉 끝을 아크 쏠림 반대쪽으로 기울일 것 등이다.

13 박판의 스테인리스강의 좁은 홈의 용접에서 아크 교란 상태가 발생할 때 적합한 용접방법은?

① 고주파 펄스 티그 용접
② 고주파 펄스 미그 용접
③ 고주파 펄스 일렉트로 슬래그 용접
④ 고주파 펄스 이산화탄소 아크 용접

해설 스테인리스강의 박판 용접에는 TIG가 유용하고, 특히 낮은 전류가 필요할 때는 펄스전류가 효과적이다.

14 현미경 시험을 하기 위해 사용되는 부식제 중 철강용에 해당되는 것은?

① 왕수
② 염화제2철용액
③ 피크린산
④ 플루오르화수소액

해설
• 철강용 : 피크린산, 알코올액
• 스테인리스강용 : 왕수, 알코올액, 구리
• 구리 합금용 : 염화철액
• 알루미늄 및 그 합금용 : 플루오르화수소액, 수산화나트륨 또는 수산화칼륨액

15 용접 자동화의 장점을 설명한 것으로 틀린 것은?

① 생산성 증가 및 품질을 향상시킨다.
② 용접조건에 따른 공정을 늘일 수 있다.
③ 일정한 전류값을 유지할 수 있다.
④ 용접와이어의 손실을 줄일 수 있다.

16 용접부의 연성결함을 조사하기 위하여 사용되는 시험법은?

① 브리넬 시험 ② 비커스 시험
③ 굽힘 시험   ④ 충격 시험

해설
• 브리넬 시험, 비커스 시험 : 경도를 알아보기 위한 검사법
• 충격 시험 : 인성 및 취성을 알아보기 위한 검사법으로 샤르피 충격시험, 아이조드 충격시험이 있다.

17 서브머지드 아크 용접에 관한 설명으로 틀린 것은?

① 아크발생을 쉽게 하기 위하여 스틸 울(steel wool)을 사용한다.
② 용융속도와 용착속도가 빠르다.
③ 홈의 개선각을 크게 하여 용접 효율을 높인다.
④ 유해 광선이나 퓸(fume) 등이 적게 발생한다.

해설 서브머지드 아크 용접은 대전류를 사용하므로 개선각을 작게 하여 용접 패스 수를 줄일 수 있어서 효율적이다.

18 가용접에 대한 설명으로 틀린 것은?

정답 12. ① 13. ① 14. ③ 15. ② 16. ③ 17. ③ 18. ①

① 가용접 시에는 본 용접보다도 지름이 큰 용접봉을 사용하는 것이 좋다.
② 가용접은 본 용접과 비슷한 기량을 가진 용접사에 의해 실시되어야 한다.
③ 강도상 중요한 곳과 용접의 시점 및 종점이 되는 끝부분은 가용접을 피한다.
④ 가용접은 본 용접을 실시하기 전에 좌우의 홈 또는 이음부분을 고정하기 위한 짧은 용접이다.

해설) 가용접 시에는 본 용접보다도 지름이 작은 용접봉을 사용한다.

19 용접 이음의 종류가 아닌 것은?
① 겹치기 이음 ② 모서리 이음
③ 라운드 이음 ④ T형 필릿 이음

해설) 용접 이음의 종류
맞대기 이음, 모서리 이음, 변두리 이음, 겹치기 이음, T 이음, 십자 이음, 필릿 이음, 양면 덮개판 이음이 있다.

20 플라즈마 아크 용접의 특징으로 틀린 것은?
① 용접부의 기계적 성질이 좋으며 변형도 적다.
② 용입이 깊고 비드 폭이 좁으며 용접속도가 빠르다.
③ 단층으로 용접할 수 있으므로 능률적이다.
④ 설비비가 적게 들고 무부하 전압이 낮다.

해설) 장비가격이 비싸고 무부하전압은 아크 용접에 비해 2~5배 높다.

21 용접 자세를 나타내는 기호가 틀리게 짝지어진 것은?
① 위보기 자세 : O
② 수직 자세 : V

③ 아래보기 자세 : U
④ 수평자세 : H

해설) 아래보기 자세 : F(flat position)

22 이산화탄소 아크 용접의 보호가스 설비에서 저전류 영역의 가스유량은 약 몇 L/min 정도가 가장 적당한가?
① 1~5   ② 6~9
③ 10~15 ④ 20~25

해설) • 저전류 영역 : 10~15리터/min 내외
• 고전류 영역 : 15 ~20리터/min

23 가스 용접의 특징으로 틀린 것은?
① 응용 범위가 넓으며 운반이 편리하다.
② 전원 설비가 없는 곳에서도 쉽게 설치할 수 있다.
③ 아크 용접에 비해서 유해 광선의 발생이 적다.
④ 열집중성이 좋아 효율적인 용접이 가능하여 신뢰성이 높다.

해설) 가스 용접은 열 집중성이 아크 용접에 비해 나쁘므로 변형이 심하며 잔류응력 또한 많아지므로 아크 용접에 비해 효율이 떨어진다.

24 규격이 AW 300인 교류 아크 용접기의 정격 2차 전류 조정 범위는?
① 0~300A
② 20~220A
③ 60~330A
④ 120~430A

해설) 교류 아크 용접기의 전류조정범위는 정격 2차 전류의 20~110% 범위이다.

정답
19. ③ 20. ④ 21. ③ 22. ③ 23. ④ 24. ③

25 아세틸렌 가스의 성질 중 15℃ 1기압에서의 아세틸렌 1리터의 무게는 약 몇 g인가?

① 0.151　　② 1.176
③ 3.143　　④ 5.117

해설) 아세틸렌 가스의 비중은 0.906으로 공기보다 가벼우며 무게는 15℃ 1기압에서 1.176g으로 산소(1.429g)보다 가볍다.

26 가스 용접에서 모재의 두께가 6mm일 때 사용되는 용접봉의 직경은 얼마인가?

① 1mm　　② 4mm
③ 7mm　　④ 9mm

해설) 가스 용접봉(D)=T/2+1이므로 6/2+1은 4mm이다.

27 피복 아크 용접 시 아크 열에 의하여 용접봉과 모재가 녹아서 용착금속이 만들어지는데 이때 모재가 녹은 깊이를 무엇이라 하는가?

① 용융지　　② 용입
③ 슬래그　　④ 용적

해설)
• 용융지 : 아크 발생과 동시에 모재와 용접봉이 녹아서 이루어지는 액체상태의 모재부분
• 슬래그 : 피복제가 아크에 의해 녹아서 생성된 것으로 용접부를 보호하는 역할을 한다.
• 용적 : 용접봉이 모재로 이행되는 것으로 단락형, 스프레이형, 글로뷸러형이 있다.

28 직류 아크 용접기로 두께가 15mm이고, 길이가 5m인 고장력 강판을 용접하는 도중에 아크가 용접봉 방향에서 한쪽으로 쏠리었다. 다음 중 이러한 현상을 방지하는 방법이 아닌 것은?

① 이음의 처음과 끝에 엔드 탭을 이용한다.
② 용량이 더 큰 직류용접기로 교체한다.
③ 용접부가 긴 경우에는 후퇴 용접법으로 한다.
④ 용접봉 끝을 아크 쏠림 반대 방향으로 기울인다.

해설) 아크 쏠림을 말하는 것이므로 문제 12번을 참고하기 바람

29 강재 표면의 홈이나 개재물, 탈탄층 등을 제거하기 위해 얇고, 타원형 모양으로 표면을 깎아내는 가공법은?

① 가스 가우징　　② 너깃
③ 스카핑　　④ 아크 에어 가우징

해설) 스카핑은 얇은 표면 홈 가공이며, 가우징은 깊고 좁은 홈 가공법이다.

30 가스용기를 취급할 때의 주의사항으로 틀린 것은?

① 가스용기의 이동 시는 밸브를 잠근다.
② 가스용기에 진동이나 충격을 가하지 않는다.
③ 가스용기의 저장은 환기가 잘 되는 장소에 한다.
④ 가연성 가스용기는 눕혀서 보관한다.

31 피복 아크 용접봉은 금속심선의 겉에 피복제를 발라서 말린 것으로 한쪽 끝은 홀더에 물려 전류를 통할 수 있도록 심선길이의 얼마만큼을 피복하지 않고 남겨 두는가?

① 3mm　　② 10mm
③ 15mm　　④ 25mm

정답) 25. ②　26. ②　27. ②　28. ②　29. ③　30. ④　31. ④

32 다음 중 두꺼운 강판, 주철, 강괴 등의 절단에 이용되는 절단법은?
① 산소창 절단 ② 수중 절단
③ 분말 절단   ④ 포갬 절단

해설
- 수중 절단 : 침몰선이나 항만의 방파제 공사 시 사용되고 연료가스로는 수소가 쓰이며 수심 45m까지 절단이 가능하다.
- 분말 절단 : 철분이나 용제를 압축공기와 함께 팁을 통해 분출시키고 예열 불꽃으로 이들과의 연소 반응을 일으켜 화학작용을 일으켜 절단하는 방법
- 포갬 절단 : 비교적 얇은판(6mm 이하)을 포개어 놓고 한꺼번에 절단하는 방법으로 판 사이의 틈새는 0.08mm 이하가 되도록 포갠다.

33 피복 배합제의 성분 중 탈산제로 사용되지 않는 것은?
① 규소철 ② 망간철
③ 알루미늄 ④ 유황

34 고셀룰로오스계 용접봉은 셀룰로오스를 몇 % 정도 포함하고 있는가?
① 0~5   ② 6~15
③ 20~30 ④ 30~40

35 용접법의 분류 중 압접에 해당하는 것은?
① 테르밋 용접
② 전자 빔 용접
③ 유도가열 용접
④ 탄산가스 아크 용접

해설 테르밋 용접, 전자 빔 용접, 탄산가스 아크 용접은 융접에 속한다.

36 피복 아크 용접에서 일반적으로 가장 많이 사용되는 차광유리의 차광도 번호는?
① 4~5   ② 7~8
③ 10~11 ④ 14~15

37 가스절단에 이용되는 프로판가스와 아세틸렌가스를 비교하였을 때 프로판가스의 특징으로 틀린 것은?
① 절단면이 미세하며 깨끗하다.
② 포갬 절단 속도가 아세틸렌보다 느리다.
③ 절단 상부 기슭이 녹은 것이 적다.
④ 슬래그의 제거가 쉽다.

38 교류 아크 용접기의 종류에 속하지 않는 것은?
① 가동코일형
② 탭전환형
③ 정류기형
④ 가포화 리액터형

해설
- 교류 아크 용접기 : 탭 전환형, 가동코일형, 가동철심형, 가포화리액터형
- 직류 아크 용접기 : 정류기형, 구동형(엔전구동형, 모터구동형)

39 Mg 및 Mg 합금의 성질에 대한 설명으로 옳은 것은?
① Mg의 열전도율은 Cu와 Al보다 높다.
② Mg의 전기전도율은 Cu와 Al보다 높다.
③ Mg합금보다 Al합금의 비강도가 우수하다.
④ Mg는 알칼리에 잘 견디나, 산이나 염수에는 침식된다.

정답 32. ① 33. ④ 34. ③ 35. ③ 36. ③ 37. ② 38. ③ 39. ④

40 금속간 화합물의 특징을 설명한 것 중 옳은 것은?
① 어느 성분 금속보다 용융점이 낮다.
② 어느 성분 금속보다 경도가 낮다.
③ 일반 화합물에 비하여 결합력이 약하다.
④ Fe_3C는 금속간 화합물에 해당되지 않는다.

41 니켈-크롬 합금 중 사용한도가 1000℃까지 측정할 수 있는 합금은?
① 망가닌　　　　② 우드메탈
③ 배빗메탈　　　④ 크로멜-알루멜

해설
- 망가닌 : 구리 84%에 망간 12%와 니켈 4%를 첨가한 합금, 표준저항기용 재료로 사용
- 우드메탈 : 비스무트+납+주석+카드뮴의 저융점 합금으로 전기 퓨즈, 저온땜납용에 사용
- 배빗메탈 : 주석계 화이트메탈로 주석+납+안티몬+아연+구리의 합금으로 베어링용에 사용된다.

42 주철에 대한 설명으로 틀린 것은?
① 인장강도에 비해 압축강도가 높다.
② 회주철은 편상 흑연이 있어 감쇠능이 좋다.
③ 주철 절삭 시에는 절삭유를 사용하지 않는다.
④ 액상일 때 유동성이 나쁘며, 충격 저항이 크다.

해설 주철은 유동성이 좋아 주물재료로 많이 사용되나 취성이 있으므로 충격에 약하다.

43 철에 Al, Ni, Co를 첨가한 합금으로 잔류

자속밀도가 크고 보자력이 우수한 자성 재료는?
① 퍼멀로이　　　② 센더스트
③ 알니코 자석　　④ 페라이트 자석

해설
- 퍼멀로이 : 니켈+철의 합금으로 고투자율 합금이다.
- 센더스트 : 철+규소+알루미늄 합금으로 고투자율 합금이다.
- 페라이트 자석 : 망간, 코발트, 니켈 등의 산화물과 철의 혼합으로 제작되는 영구자석으로 일상에 널리 사용된다.

44 물과 얼음, 수증기가 평형을 이루는 3 중점 상태에서의 자유도는?
① 0　　　　　　② 1
③ 2　　　　　　④ 3

해설 자유도(F)=n+2-P(여기서 n : 성분수, P : 상의 수)이다. 물, 얼음, 수증기는 모두 성분(n)은 같으면서 상(P)은 3상이므로 F=1+2-3은 0이다. 즉 자유도는 0이다.

45 황동의 종류 중 순 Cu와 같이 연하고 코이닝하기 쉬우므로 동전이나 메달 등에 사용되는 합금은?
① 95% Cu-5% Zn 합금
② 70% Cu-30% Zn 합금
③ 60% Cu-40% Zn 합금
④ 50% Cu-50% Zn 합금

해설
- 95% Cu+5% Zn : 길딩 메탈(gilding metal)이라 하며 단련황동의 한 종류이다.
- 70% Cu+30% Zn : 카트리지 황동이라 하며 판, 봉, 관으로 사용
- 60% Cu+40% Zn : 문쯔메탈이라 하며 열교환기 등에 사용

정답 40. ③　41. ④　42. ④　43. ③　44. ①　45. ①

46 금속재료의 표면에 강이나 주철의 작은 입자(φ0.5mm~1.0mm)를 고속으로 분사시켜, 표면의 경도를 높이는 방법은?
① 침탄법   ② 질화법
③ 폴리싱   ④ 쇼트피닝

해설
- 침탄법 : 금속표면에 탄소를 침투시켜 표면을 경화시키는 표면경화처리법
- 질화법 : 금속표면에 질소를 침투시켜 표면을 경화시키는 표면경화처리법
- 폴리싱 : 버프 연삭(研削)에서 공작물 표면에 윤을 내는 연마 작업을 말한다.

47 탄소강은 200~300℃에서 연신율과 단면수축률이 상온보다 저하되어 단단하고 깨지기 쉬우며, 강의 표면이 산화되는 현상은?
① 적열메짐   ② 상온메짐
③ 청열메짐   ④ 저온메짐

해설
- 적열취성 : 황에 의해 발생되며 망간을 첨가하면 MnS가 되어 적열취성을 방지한다.
- 상온취성 : 상온에서 발생하는 메짐으로 인(P)으로 인해 발생되며 결정립을 조대화시키고 상온에서 충격값이 감소되며 냉간가공 시 균열이 발생한다.
- 저온취성 : 상온 이하에서 발생하며 연신율, 충격값이 감소한다.

48 강에 S, Pb 등의 특수 원소를 첨가하여 절삭할 때 칩을 잘게 하고 피삭성을 좋게 만든 강은 무엇인가?
① 불변강   ② 쾌삭강
③ 베어링강   ④ 스프링강

49 주위의 온도 변화에 따라 선팽창 계수나 탄성률 등의 특정한 성질이 변하지 않는 불변강이 아닌 것은?
① 인바   ② 엘린바
③ 코엘린바   ④ 스텔라이트

해설 스텔라이트
코발트+크롬+텅스텐+탄소로 이루어진 주조경질합금으로 절삭공구 등에 사용된다.

50 Al의 비중과 용융점(℃)은 약 얼마인가?
① 2.7, 660℃
② 4.5, 390℃
③ 8.9, 220℃
④ 10.5, 450℃

51 기계제도에서 물체의 보이지 않는 부분의 형상을 나타내는 선은?
① 외형선   ② 가상선
③ 절단선   ④ 숨은선

52 그림과 같은 입체도의 화살표 방향을 정면도로 표현할 때 실제와 동일한 형상으로 표시되는 면을 모두 고른 것은?

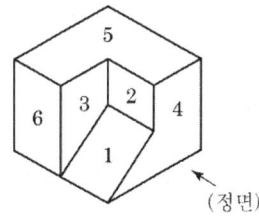

① 3과 4   ② 4와 6
③ 2와 6   ④ 1과 5

53 다음 중 한쪽 단면도를 올바르게 도시한 것은?

정답
46. ④ 47. ③ 48. ② 49. ④ 50. ① 51. ④ 52. ① 53. ④

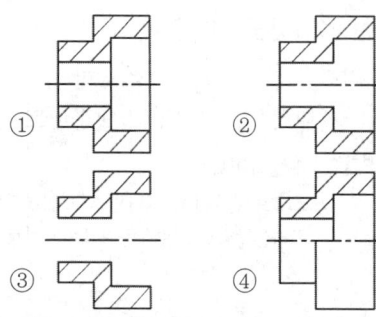

54 다음 재료 기호 중 용접구조용 압연 강재에 속하는 것은?

① SPPS 380 ② SPCC
③ SCW 450 ④ SM 400C

해설 ㉠ SPPS : 압력배관용 탄소강관
㉡ SPCC : 냉간압연강판
㉢ SCW : 용접용 주강품

55 그림의 도면에서 X의 거리는?

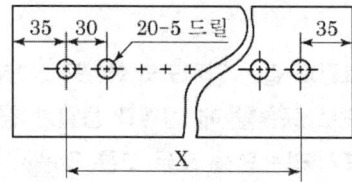

① 510mm ② 570mm
③ 600mm ④ 630mm

해설 구멍 사이의 간격은 30mm이고 구멍의 개수가 20개이므로 30×19 = 570mm이며, 전체의 길이는 570+70이므로 630mm이다.

56 다음 치수 중 참고 치수를 나타내는 것은?

① (50) ② □50
③ 50 ④ 50

57 주 투상도를 나타내는 방법에 관한 설명으로 옳지 않은 것은?

① 조립도 등 주로 기능을 나타내는 도면에서는 대상물을 사용하는 상태로 표시한다.
② 주 투상도를 보충하는 다른 투상도는 되도록 적게 표시한다.
③ 특별한 이유가 없을 경우, 대상물을 세로 길이로 놓은 상태로 표시한다.
④ 부품도 등 가공하기 위한 도면에서는 가공에 있어서 도면을 가장 많이 이용하는 공정에서 대상물을 놓은 상태로 표시한다.

58 그림에서 나타난 용접기호의 의미는?

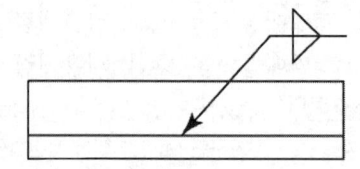

① 플레이어 K형 용접
② 양쪽 필릿 용접
③ 플러그 용접
④ 프로젝션 용접

59 그림과 같은 배관 도면에서 도시기호 S는 어떤 유채를 나타내는 것인가?

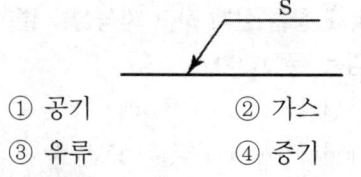

① 공기 ② 가스
③ 유류 ④ 증기

해설 공기 : A, 가스 : G, 유류 : O

정답
54. ④ 55. ② 56. ① 57. ③ 58. ② 59. ④

60 그림의 입체도에서 화살표 방향을 정면으로 하여 제3각법으로 그린 정투상도는?

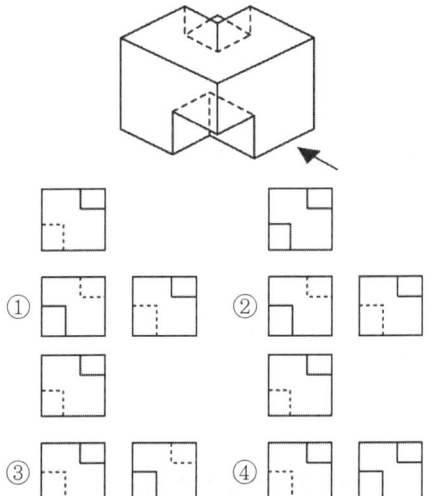

2016년 제1회 과년도출제문제 — 특수용접기능사

01 용접 이음 설계 시 충격하중을 받는 연강의 안전율은?
① 12
② 8
③ 5
④ 3

해설 하중에 따른 안전율

하중의 종류	정하중	동하중		충격하중
		단진응력	교번응력	
안전율	3	5	8	12

02 다음 중 기본 용접 이음 형식에 속하지 않는 것은?
① 맞대기 이음
② 모서리 이음
③ 마찰 이음
④ T자 이음

03 화재의 분류는 소화 시 매우 중요한 역할을 한다. 서로 바르게 연결된 것은?
① A급 화재 - 유류화재
② B급 화재 - 일반화재
③ C급 화재 - 가스화재
④ D급 화재 - 금속화재

해설
- A급 화재(일반화재) : 연소 후 재를 남기는 화재(종이, 목재, 석탄 등)
- B급 화재(유류화재) : 액상 또는 기체상의 연료성 화재(휘발유, 벤젠 등)
- C급 화재(전기화재) : 전기에너지가 발화원이 되는 화재로 전기시설의 화재
- D급 화재(금속화재) : 금속 칼륨, 금속 나트륨, 유황, 탄산알루미늄 등의 화재
- E급 화재(가스화재) : 가연성 가스에 의해 발화원이 되는 화재

04 불활성 가스가 아닌 것은?
① C_2H_2
② Ar
③ Ne
④ He

해설 불활성 가스로는 Ar(아르곤), He(헬륨), Ne(네온)이 있으며 이 중 주로 Ar을 활용한 불활성 가스 용접으로는 TIG, MIG 용접이 있다.

05 서브머지드 아크 용접장치 중 전극형상에 의한 분류에 속하지 않는 것은?
① 와이어(wire) 전극
② 테이프(tape) 전극
③ 대상(hoop) 전극
④ 대차(carriage) 전극

해설 대차(carriage)란 용접와이어 및 제어장치 등을 얹어놓고 이동할 수 있게 한 장치이다.

06 용접 시공 계획에서 용접 이음 준비에 해당되지 않는 것은?
① 용접 홈의 가공
② 부재의 조립
③ 변형 교정
④ 모재의 가용접

해설 변형교정은 용접 후에 행하는 시공법이다.

07 다음 중 서브머지드 아크 용접(Submerged Arc Welding)에서 용제의 역할과 가장 거리가 먼 것은?

정답
1.① 2.③ 3.④ 4.① 5.④ 6.③ 7.②

① 아크 안정
② 용락 방지
③ 용접부의 보호
④ 용착금속의 재질 개선

> 해설) 서브머지드 아크 용접에서 용락을 방지하기 위해서는 0.8mm 이하의 루트간격을 유지하거나 또는 이면 받침판을 사용한다.

08 다음 중 전기저항 용접의 종류가 아닌 것은?
① 점 용접
② MIG 용접
③ 프로젝션 용접
④ 플래시 용접

> 해설) MIG 용접은 TIG 용접과 함께 불활성 가스 아크 용접의 한 종류이다.

09 다음 중 용접 금속에 기공을 형성하는 가스에 대한 설명으로 틀린 것은?
① 응고 온도에서의 액체와 고체의 용해도 차에 의한 가스 방출
② 용접금속 중에서의 화학반응에 의한 가스 방출
③ 아크 분위기에서의 기체의 물리적 혼입
④ 용접 중 가스 압력의 부적당

10 가스 용접 시 안전조치로 적절하지 않은 것은?
① 가스의 누설검사는 필요할 때만 체크하고 점검은 수돗물로 한다.
② 가스 용접장치는 화기로부터 5m 이상 떨어진 곳에 설치해야 한다.
③ 작업 종료 시 메인 밸브 및 콕 등을 완전히 잠가준다.
④ 인화성 액체 용기의 용접을 할 때는 증기 열탕물로 완전히 세척 후 통풍구멍을 개방하고 작업한다.

> 해설) 가스의 누설검사는 수시로 실시하며 검사는 비눗물을 이용하여 실시한다.

11 TIG 용접에서 가스이온이 모재에 충돌하여 모재 표면에 산화물을 제거하는 현상은?
① 제거 효과
② 청정 효과
③ 용융 효과
④ 고주파 효과

> 해설) 청정 효과(cleaning action)란 TIG 용접에서 직류역극성이나 교류를 사용할 때 나타나는 현상으로 모재표면의 산화피막을 제거하는 효과가 있다.

12 연강의 인장시험에서 인장시험편의 지름이 10mm이고 최대하중이 5500kgf일 때 인장강도는 약 몇 kgf/mm²인가?
① 60
② 70
③ 80
④ 90

> 해설) 인장응력(σ)=하중(5500)/단면적(3.14×5×5)이므로 70.06kgf/mm²이다.

13 용접부의 표면에 사용되는 검사법으로 비교적 간단하고 비용이 싸며 특히 자기 탐상 검사가 되지 않는 금속 재료에 주로 사용되는 검사법은?
① 방사선 비파괴 검사
② 누수 검사
③ 침투 비파괴 검사
④ 초음파 비파괴 검사

> 해설) 침투탐상검사 : 용접부 표면을 깨끗이 청소한 다음 침투액을 스며들게 한 후 현상액을 칠하여 결함(균열 등)을 검출하는 비

정답
8. ② 9. ④ 10. ① 11. ② 12. ② 13. ③

파괴검사법의 한 종류이다.

14 용접에 의한 변형을 미리 예측하여 용접하기 전에 용접 반대 방향으로 변형을 주고 용접하는 방법은?

① 억제법   ② 역변형법
③ 후퇴법   ④ 비석법

> **해설**
> - 억제법 : 용접 시 변형을 방지하기 위해 지그 등을 사용해서 변형을 방지하는 방법이다.
> - 후퇴법 : 용접방향과 용섭신행방향이 서로 반대되게 진행하는 방법으로 잔류응력을 다소 적게 발생되게 하는 용착법이다.
> - 비석법 : 용접 길이를 짧게 나누어 간격을 두면서 용접하는 방법으로 변형이나 잔류응력을 경감시키는 용착법이다.

15 다음 중 플라즈마 아크 용접에 적합한 모재가 아닌 것은?

① 텅스텐, 백금
② 티탄, 니켈 합금
③ 티탄, 구리
④ 스테인리스강, 탄소강

> **해설** 플라즈마 아크 용접은 아주 작고 정밀하거나 고품질의 제품을 요구하는 곳에 사용하는 용접법으로 일반 용접이 어려운 금속에 주로 사용된다.

16 용접 지그를 사용했을 때의 장점이 아닌 것은?

① 구속력을 크게 하여 잔류응력 발생을 방지한다.
② 동일 제품을 다량 생산할 수 있다.
③ 제품의 정밀도를 높인다.
④ 작업을 용이하게 하고 용접능률을 높인다.

> **해설** 용접 지그를 사용하면 구속력을 높여서 변형을 경감시킬 수 있으나 대신 잔류응력은 증가한다.

17 일종의 피복 아크 용접법으로 피더(feeder)에 철분제 용접봉을 장착하여 수평 필릿용접을 전용으로 하는 일종의 반자동 용접장치로서 모재와 일정한 경사를 갖는 금속지주를 용접 홀더가 하강하면서 용접되는 용접법은?

① 그래비티 용접   ② 용사
③ 스터드 용접   ④ 테르밋 용접

> **해설**
> - 용사 : 용사하고자 하는 금속재료의 분말을 가열하여 반 용융상태에서 압축공기의 힘으로 분무를 시켜서 원하는 재료에 밀착피복시키는 방법을 말한다.
> - 스터드용접 : 볼트나 환봉을 피스톤형의 홀더에 끼우고 모재와 볼트 사이에 순간적으로 아크를 발생시켜 용접하는 방법이다.
> - 테르밋 용접 : 알루미늄과 산화철의 분말 혼합물을 사용하여 고열을 이용해서 강 또는 철재를 용접하는 방법으로 기차의 레일 등의 제작에 사용된다.

18 피복 아크 용접에 의한 맞대기 용접에서 개선 홈과 판 두께에 관한 설명으로 틀린 것은?

① I형 : 판 두께 6mm 이하 양쪽용접에 적용
② V형 : 판 두께 20mm 이하 한쪽용접에 적용
③ U형 : 판 두께 40~60mm 양쪽용접에 적용
④ X형 : 판 두께 15~40mm 양쪽용접에 적용

정답 14. ② 15. ① 16. ① 17. ① 18. ③

> **해설** U형 홈
> U형 홈 용접은 판 두께에 거의 제한이 없다.

19 이산화탄소 아크 용접 방법에서 전진법의 특징으로 옳은 것은?

① 스패터의 발생이 적다.
② 깊은 용입을 얻을 수 있다.
③ 비드 높이가 낮고 평탄한 비드가 형성된다.
④ 용접선이 잘 보이지 않아 운봉을 정확하게 하기 어렵다.

> **해설**
> • 전진법의 특징
> ① 용접 시 용접선을 잘 볼 수 있어 운봉을 정확하게 할 수 있다.
> ② 비드 높이가 낮아 평탄한 비드가 형성된다.
> ③ 스패터가 많고 진행 방향으로 흩어진다.
> ④ 용착금속이 진행 방향으로 앞서기 쉬워 용입이 얕다.
> • 후진법의 특징
> ① 비드 높이가 높고 폭이 좁은 비드를 얻을 수 있다.
> ② 스패터 발생이 전진법보다 적게 발생한다.
> ③ 용융금속이 진행 방향에 직접적인 영향이 적어 깊은 용입을 얻을 수 있다.
> ④ 용접 진행 중에 비드 모양을 볼 수 있어 비드의 폭과 높이를 제어하면서 용접이 가능하다.

20 일렉트로 슬래그 용접에서 주로 사용되는 전극 와이어의 지름은 보통 몇 mm 정도인가?
① 1.2~1.5 ② 1.7~2.3
③ 2.5~3.2 ④ 3.5~4.0

21 볼트나 환봉을 피스톤형의 홀더에 끼우고 모재와 볼트 사이에 순간적으로 아크를 발생시켜 용접하는 방법은?
① 서브머지드 아크 용접
② 스터드 용접
③ 테르밋 용접
④ 불활성가스 아크 용접

22 용접 결함과 그 원인에 대한 설명 중 잘못 짝지어진 것은?
① 언더컷 - 전류가 너무 높을 때
② 기공 - 용접봉이 흡습되었을 때
③ 오버랩 - 전류가 너무 낮을 때
④ 슬래그 섞임 - 전류가 과대되었을 때

> **해설** 슬래그 섞임 : 슬래그 제거 불완전, 전류 과소, 운봉 조작 불완전 등으로 인해 발생한다.

23 피복 아크 용접에서 피복제의 성분에 포함되지 않는 것은?
① 아크 안정제   ② 가스 발생제
③ 피복 이탈제   ④ 슬래그 생성제

24 피복 아크 용접봉의 용융속도를 결정하는 식은?
① 용융속도=아크전류×용접봉 쪽 전압강하
② 용융속도=아크전류×모재 쪽 전압강하
③ 용융속도=아크전압×용접봉 쪽 전압강하
④ 용융속도=아크전압×모재 쪽 전압강하

25 용접법의 분류에서 아크 용접에 해당되지 않는 것은?

> **정답**
> 19. ③ 20. ③ 21. ② 22. ④ 23. ③ 24. ① 25. ①

① 유도가열 용접   ② TIG 용접
③ 스터드 용접   ④ MIG 용접

해설 유도가열 용접은 압접의 한 종류이다.

26 피복 아크 용접 시 용접선상에서 용접봉을 이동시키는 조작을 말하며 아크의 발생, 중단, 재아크, 위빙 등이 포함된 작업을 무엇이라 하는가?

① 용입   ② 운봉
③ 키홀   ④ 용융지

해설
- 용입 : 용접에 의해 모재가 녹은 깊이
- 키홀 : 이면 용접 시 뒤쪽에 비드를 형성하기 위한 위빙(운봉) 시 생기는 열쇠구멍과 같은 홀
- 용융지 : 모재와 용접봉이 녹아서 생기는 쇳물 부분

27 다음 중 산소 및 아세틸렌 용기의 취급방법으로 틀린 것은?

① 산소용기의 밸브, 조정기, 도관, 취부구는 반드시 기름이 묻은 천으로 깨끗이 닦아야 한다.
② 산소용기의 운반 시에는 충돌, 충격을 주어서는 안 된다.
③ 사용이 끝난 용기는 실병과 구분하여 보관한다.
④ 아세틸렌 용기는 세워서 사용하며 용기에 충격을 주어서는 안 된다.

해설 산소용기의 조정기, 도관, 취부구 등은 가스가 흐르는 통로이기 때문에 폭발의 염려가 있어서 기름이 혼용되어서는 안 된다.

28 가스 용접이나 절단에 사용되는 가연성 가스의 구비 조건으로 틀린 것은?

① 발열량이 클 것
② 연소속도가 느릴 것
③ 불꽃의 온도가 높을 것
④ 용융금속과 화학반응이 일어나지 않을 것

29 다음 중 가변저항의 변화를 이용하여 용접전류를 조정하는 교류 아크 용접기는?

① 탭 전환형   ② 가동 코일형
③ 가동 철심형   ④ 가포화 리액터형

30 AW-250, 무부하전압 80V, 아크전압 20V인 교류 용접기를 사용할 때 역률과 효율은 각각 약 얼마인가? (단, 내부 손실은 4kW이다.)

① 역률 : 45%, 효율 : 56%
② 역률 : 48%, 효율 : 69%
③ 역률 : 54%, 효율 : 80%
④ 역률 : 69%, 효율 : 72%

해설
- 역률=소비전력/전원입력이다.
- 전원입력=(무부하전압×정격 2차 전류)이므로 역률=5+4/20=45%이다.
- 효율=아크출력/소비전력이다.
- 아크출력=(아크전압×정격 2차 전류), 소비전력=(아크전압×정격 2차 전류)+내부 손실이므로, 효율=5/5+4이므로 55.5%이다.
- ※ 전력은 전압×전류이며, 1kW는 1000W이다.

31 혼합가스 연소에서 불꽃 온도가 가장 높은 것은?

① 산소-수소 불꽃
② 산소-프로판 불꽃

정답 26. ② 27. ① 28. ② 29. ④ 30. ① 31. ③

③ 산소-아세틸렌 불꽃
④ 산소-부탄 불꽃

해설
- 산소-수소 : 2982℃
- 산소-프로판 : 2926℃
- 산소-아세틸렌 : 3230℃
- 산소-부탄 : 2926℃

32 연강용 피복 아크 용접봉의 종류와 피복제 계통으로 틀린 것은?
① E4303 : 라임티타니아계
② E4311 : 고산화티탄계
③ E4316 : 저수소계
④ E4327 : 철분산화철계

해설
- 고셀룰로오스계 : E4311
- 고산화티탄계 : E4313

33 산소-아세틸렌 가스 절단과 비교한 산소-프로판 가스절단의 특징으로 옳은 것은?
① 절단면이 미세하며 깨끗하다.
② 절단 개시 시간이 빠르다.
③ 슬래그 제거가 어렵다.
④ 중성불꽃을 만들기가 쉽다.

34 피복 아크 용접에서 "모재의 일부가 녹은 쇳물 부분"을 의미하는 것은?
① 슬래그   ② 용융지
③ 피복부   ④ 용착부

해설 슬래그
피복제가 녹아서 형성된 부분으로 용접부를 보호하는 역할을 한다.

35 가스 압력 조정기 취급 사항으로 틀린 것은?
① 압력 용기의 설치구 방향에는 장애물이 없어야 한다.
② 압력 지시계가 잘 보이도록 설치하며 유리가 파손되지 않도록 주의한다.
③ 조정기를 견고하게 설치한 다음 조정 나사를 잠그고 밸브를 빠르게 열어야 한다.
④ 압력 조정기 설치구에 있는 먼지를 털어내고 연결부에 정확하게 연결한다.

36 연강용 가스 용접봉에서 "625±25℃에서 1시간 동안 응력을 제거한 것"을 뜻하는 영문자 표시에 해당되는 것은?
① NSR   ② GB
③ SR   ④ GA

해설
- NSR : 응력을 제거하지 않은 것
- GA, GB : 가스 용접봉의 종류

37 피복 아크 용접에서 위빙(weaving) 폭은 심선 지름의 몇 배로 하는 것이 가장 적당한가?
① 1배   ② 2~3배
③ 5~6배   ④ 7~8배

38 전격방지기는 아크를 끊음과 동시에 자동적으로 릴레이가 차단되어 용접기의 2차 무부하 전압을 몇 V 이하로 유지시키는가?
① 20~30   ② 35~45
③ 50~60   ④ 65~75

39 30% Zn을 포함한 황동으로 연신율이 비교적 크고, 인장 강도가 매우 높아 판, 막대, 관, 선 등으로 널리 사용되는 것은?
① 톰백(tombac)

32. ② 33. ① 34. ② 35. ③ 36. ③ 37. ② 38. ① 39. ④

② 네이벌 황동(naval brass)
③ 6-4 황동(muntz metal)
④ 7-3 황동(cartridge brass)

해설
- 톰백 : 아연을 8~20% 함유한 황동합금으로 모조금으로 사용된다.
- 네이벌 황동 : 6 : 4 황동에 주석을 1% 첨가한 황동합금이다.
- 6 : 4 황동 : 구리 60%, 아연 40%의 황동합금이다.

40 Au의 순도를 나타내는 단위는?
① K(carat)   ② P(pound)
③ %(percent)   ④ μm(micron)

41 다음 상태도에서 액상선을 나타내는 것은?

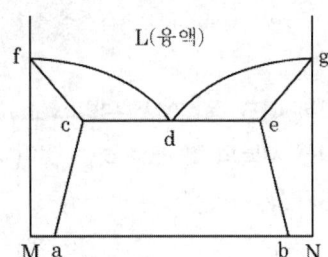

① acf   ② cde
③ fdg   ④ beg

해설 ①, ②, ④는 고상선이다.

42 금속 표면에 스텔라이트, 초경합금 등의 금속을 용착시켜 표면경화층을 만드는 것은?
① 금속 용사법   ② 하드 페이싱
③ 쇼트 피닝   ④ 금속 침투법

해설
- 금속 용사 : 금속재료의 분말을 가열하여 반 용융상태에서 압축공기의 힘으로 분무를 시켜서 금속표면을 경화시키는 방법
- 쇼트 피닝 : 지름이 얇은 강철볼 또는 모래를 금속표면에 고속으로 분사시켜 경화시키는 방법

- 금속침투법 : 금속에 다른 금속을 첨가시켜 합금층을 형성해 표면을 경화시키는 방법

43 철강 인장시험 결과 시험편이 파괴되기 직전 표점거리 62mm, 원표점거리 50mm일 때 연신율은?
① 12%   ② 24%
③ 31%   ④ 36%

해설 연신율
늘어난 길이/원래의 길이이므로 12/50×100(%)은 24%이다.

44 주철의 조직은 C와 Si의 양과 냉각속도에 의해 좌우된다. 이들의 요소와 조직의 관계를 나타낸 것은?
① C.C.T 곡선
② 탄소 당량도
③ 주철의 상태도
④ 마우러 조직도

45 Al-Cu-Si계 합금의 명칭으로 옳은 것은?
① 알민   ② 라우탈
③ 알드리   ④ 코슨합금

해설
- 알민 : 알루미늄+망간계 합금
- 알드리 : 알루미늄+마그네슘+규소계
- 코슨합금 : 구리에 3~4% 니켈, 약 1%의 규소가 함유된 합금으로서 C합금이라고도 하며, 통신선, 스프링 재료 등에 사용

46 Al 표면에 방식성이 우수하고 치밀한 산화피막이 만들어지도록 하는 방식 방법이 아닌 것은?

정답 40. ① 41. ③ 42. ② 43. ② 44. ④ 45. ② 46. ①

① 산화법　　② 수산법
③ 황산법　　④ 크롬산법

47 다음 중 재결정온도가 가장 낮은 것은?

① Sn　　② Mg
③ Cu　　④ Ni

> 해설
> • Sn : −7~25℃
> • Mg : 150℃
> • Cu : 220~230℃
> • Ni : 530~600℃

48 다음 중 해드필드(Hadfield)강에 대한 설명으로 틀린 것은?

① 오스테나이트조직의 Mn강이다.
② 성분은 10~14Mn%, 0.9~1.3C% 정도이다.
③ 이 강은 고온에서 취성이 생기므로 600~800℃에서 공랭한다.
④ 내마멸성과 내충격성이 우수하고, 인성이 우수하기 때문에 파쇄장치, 임펠러 플레이트 등에 사용한다.

> 해설 고온취성이 생기므로 1,000~1,100℃에서 수인법으로 담금질한다.

49 Fe-C 상태도에서 A_3와 A_4 변태점 사이에서의 결정구조는?

① 체심정방격자　　② 체심입방격자
③ 조밀육방격자　　④ 면심입방격자

50 열팽창계수가 다른 두 종류의 판을 붙여서 하나의 판으로 만든 것으로 온도 변화에 따라 휘거나 그 변형을 구속하는 힘을 발생하며 온도감응소자 등에 이용되는 것은?

① 서멧 재료
② 바이메탈 재료
③ 형상기억합금
④ 수소저장합금

> 해설
> • 서멧 : 분말야금법으로 만들어진 금속과 세라믹스로 이루어지는 내열재료
> • 형상기억합금 : 변형시킨 후에 열을 가하면 원래 형상으로 되돌아오는 특성을 가진 특수합금으로 최초에는 티탄+니켈 합금을 사용했다.
> • 수소저장합금 : 온도와 압력의 변화에 따라 적당히 수소를 마시기도 하고 토해내기도 하는 합금으로 폭발성이 높은 수소를 안전하게 저장하는 데 사용된다.

51 기계제도에서 가는 2점 쇄선을 사용하는 것은?

① 중심선　　② 지시선
③ 피치선　　④ 가상선

> 해설
> • 중심선 : 가는 일점쇄선
> • 지시선, 피치선 : 가는 실선

52 나사의 종류에 따른 표시기호가 옳은 것은?

① M - 미터 사다리꼴 나사
② UNC - 미니추어 나사
③ Rc - 관용 테이퍼 암나사
④ G - 전구 나사

> 해설
> • M : 미터보통나사
> • UNC : 유니파이 보통나사
> • G : 관용평행나사

53 배관용 탄소강관의 종류를 나타내는 기호가 아닌 것은?

① SPPS 380　　② SPPH 380
③ SPCD 390　　④ SPLT 390

47. ①　48. ③　49. ④　50. ②　51. ④　52. ③　53. ③

54 기계제도에서 도형의 생략에 관한 설명으로 틀린 것은?

① 도형이 대칭 형식인 경우에는 대칭 중심선의 한쪽 도형만을 그리고, 그 대칭 중심선의 양끝 부분에 대칭그림기호를 그려서 대칭임을 나타낸다.
② 대칭 중심선의 한쪽 도형을 대칭 중심선을 조금 넘는 부분까지 그려서 나타낼 수도 있으며, 이때 중심선 양끝에 대칭그림기호를 반드시 나타내야 한다.
③ 같은 종류, 같은 모양의 것이 다수 줄지어 있는 경우에는 실형 대신 그림기호를 피치선과 중심선과의 교점에 기입하여 나타낼 수 있다.
④ 축, 막대, 관과 같은 동일 단면형의 부분은 지면을 생략하기 위하여 중간 부분을 파단선으로 잘라내서 그 긴요한 부분만을 가까이 하여 도시할 수 있다.

해설 대칭 중심선의 한쪽 도형을 대칭 중심선을 조금 넘는 부분까지 그려서 나타낼 수도 있으며, 이때 중심선 양끝에 대칭그림기호를 생략할 수 있다.

55 모떼기의 치수가 2mm이고 각도가 45°일 때 올바른 치수 기입 방법은?

① C2
② 2C
③ 2-45°
④ 45°×2

56 도형의 도시 방법에 관한 설명으로 틀린 것은?

① 소성가공 때문에 부품의 초기 윤곽선을 도시해야 할 필요가 있을 때는 가는 2점 쇄선으로 도시한다.
② 필릿이나 둥근 모퉁이와 같은 가상의 교차선은 윤곽선과 서로 만나지 않은 가는 실선으로 투상도에 도시할 수 있다.
③ 널링부는 굵은 실선으로 전체 또는 부분적으로 도시한다.
④ 투명한 재료로 된 모든 물체는 기본적으로 투명한 것처럼 도시한다.

57 그림과 같은 제3각 정투상도에 가장 적합한 입체도는?

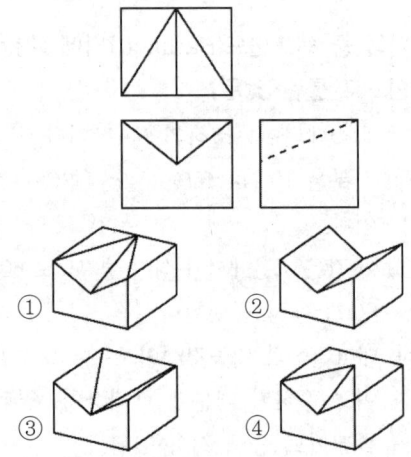

58 제3각법으로 정투상한 그림에서 누락된 정면도로 가장 적합한 것은?

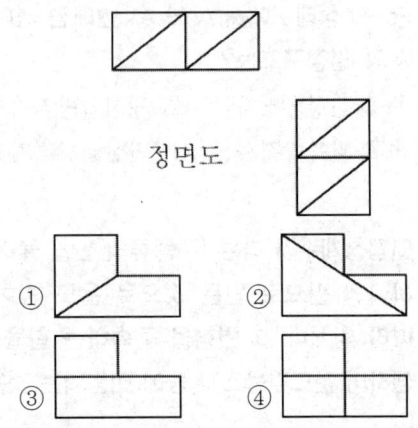

정답
54. ② 55. ① 56. ④ 57. ① 58. ②

59 다음 중 게이트 밸브를 나타내는 기호는?

①    ②

③    ④

60 그림과 같은 용접 기호는 무슨 용접을 나타내는가?

① 심 용접   ② 비드 용접
③ 필릿 용접   ④ 점 용접

정답
59. ①   60. ③

2016년 제2회 과년도출제문제 용접기능사

01 서브머지드 아크 용접에서 사용하는 용제 중 흡습성이 가장 적은 것은?
① 용융형 ② 혼성형
③ 고온소결형 ④ 저온소결형

> **해설** 용융형 용제는 흡습성이 거의 없으므로 재건조가 불필요하며, 소결형 용제는 고온소결형과 저온소결형(혼성형) 용제로 구분되며 사용 전 200~300℃로 1시간 정도 건조 후 사용한다.

02 고주파 교류 전원을 사용하여 TIG 용접을 할 때 장점으로 틀린 것은?
① 긴 아크유지가 용이하다.
② 전극봉의 수명이 길어진다.
③ 비접촉에 의해 용착 금속과 전극의 오염을 방지한다.
④ 동일한 전극봉 크기로 사용할 수 있는 전류 범위가 작다.

03 맞대기 용접 이음에서 판두께가 9mm, 용접선길이 120mm, 하중이 7560N일 때, 인장응력은 몇 N/mm²인가?
① 5 ② 6
③ 7 ④ 8

> **해설** 인장응력(σ)=하중(P)/단면적(A)이므로 $7560/9 \times 120 = 7 \text{N/mm}^2$

04 용접 설계상 주의사항으로 틀린 것은?
① 용접에 적합한 설계를 할 것
② 구조상의 노치부가 생성되게 할 것
③ 결함이 생기기 쉬운 용접 방법은 피할 것
④ 용접 이음이 한곳으로 집중되지 않도록 할 것

> **해설** 노치(notch)란 V자형의 홈을 일컫는 것으로서 노치가 있을 경우 하중의 집중으로 인해 응력의 발생으로 결함이 생길 확률이 높아진다.

05 납땜에 사용되는 용제가 갖추어야 할 조건으로 틀린 것은?
① 청정한 금속면의 산화를 방지할 것
② 납땜 후 슬래그의 제거가 용이할 것
③ 모재나 땜납에 대한 부식 작용이 최소한일 것
④ 전기 저항 납땜에 사용되는 것은 부도체일 것

> **해설** 납땜용 용제의 구비 조건(위 지문 ①, ②, ③ 외에)
> ① 모재의 산화 피막과 같은 불순물을 제거하고 유동성이 좋을 것
> ② 땜납의 표면 장력을 맞추어서 모재와의 친화력을 높일 것
> ③ 용제의 유효온도 범위와 납땜 온도가 일치할 것
> ④ 전기 저항 납땜에 사용되는 것은 전도체일 것

06 용접 이음부에 예열하는 목적을 설명한 것

정답
1. ① 2. ④ 3. ③ 4. ② 5. ④ 6. ②

으로 틀린 것은?
① 수소의 방출을 용이하게 하여 저온균열을 방지한다.
② 모재의 열 영향부와 용착금속의 연화를 방지하고, 경화를 증가시킨다.
③ 용접부의 기계적 성질을 향상시키고, 경화조직의 석출을 방지시킨다.
④ 온도분포가 완만하게 되어 열응력의 감소로 변형과 잔류응력의 발생을 적게 한다.

07 전자 빔 용접의 특징으로 틀린 것은?
① 정밀 용접이 가능하다.
② 용접부의 열 영향부가 크고 설비비가 적게 든다.
③ 용입이 깊어 다층용접도 단층용접으로 완성할 수 있다.
④ 유해가스에 의한 오염이 적고 높은 순도의 용접이 가능하다.

> **해설** 전자 빔 용접은 고온의 에너지를 집중할 수 있으므로 모재의 열 영향이 적으나 설비비는 매우 고가이다.

08 샤르피식의 시험기를 사용하는 시험 방법은?
① 경도시험   ② 인장시험
③ 피로시험   ④ 충격시험

> **해설** 충격시험은 물체의 인성여부를 알아보기 위한 시험법으로 샤르피식 충격시험과 아이조드식 충격시험법이 있다.

09 다음 중 서브머지드 아크 용접의 다른 명칭이 아닌 것은?
① 잠호 용접

② 헬리 아크 용접
③ 유니언 멜트 용접
④ 불가시 아크 용접

> **해설** ① 서브머지드 아크 용접 : 불가시 용접, 링컨 용접, 잠호 용접, 유니언멜트 용접
> ② 불활성가스 텅스텐 아크 용접 : 헬리아크, 헬리웰드, 아르곤 아크 용접

10 용접제품을 조립하다가 V홈 맞대기 이음 홈의 간격이 5mm 정도 벌어졌을 때 홈의 보수 및 용접방법으로 가장 적합한 것은?
① 그대로 용접한다.
② 뒷댐판을 대고 용접한다.
③ 덧살올림 용접 후 가공하여 규정 간격을 맞춘다.
④ 치수에 맞는 재료로 교환하여 루트 간격을 맞춘다.

> **해설** 맞대기 이음의 보수방법
> ① 6mm 이하 : 한쪽 또는 양쪽을 덧살 올림 용접을 하여 깎아내고 규정 간격으로 홈을 만들어 용접
> ② 6~16mm : 두께 6mm 정도의 뒤판을 대서 용접
> ③ 16mm 이상 : 판의 전부 또는 일부를 대체 후 용접

11 한 부분의 몇 층을 용접하다가 이것을 다음 부분의 층으로 연속시켜 전체 모양이 계단 형태를 이루는 용착법은?
① 스킵법   ② 덧살 올림법
③ 전진 블록법 ④ 캐스케이드법

> **해설**
> • 빌드업법(덧살 올림법) : 각 층마다 전체 길이를 쌓아 올리는 방법으로 가장 일반적이다.
> • 캐스케이드법 : 한 부분의 몇 층을 용접하다가 이것을 다음 부분의 층으로 연속

정답 7. ② 8. ④ 9. ② 10. ③ 11. ④

시켜 전체가 계단 형태로 단계를 이루도록 용착시켜 나가는 방법
- 전진블록법 : 한 개의 용접봉으로 살을 붙일 만한 길이로 구분해서, 홈을 한 부분씩 여러 층으로 쌓아올린 다음, 다른 부분으로 진행하는 방법이다.

12 산소와 아세틸렌 용기의 취급상의 주의사항으로 옳은 것은?
① 직사광선이 잘 드는 곳에 보관한다.
② 아세틸렌병은 안전상 눕혀서 사용한다.
③ 산소병은 40℃ 이하 온도에서 보관한다.
④ 산소병 내에 다른 가스를 혼합해도 상관없다.

13 피복 아크 용접의 필릿 용접에서 루트 간격이 4.5mm 이상일 때의 보수 요령은?
① 규정대로의 각장으로 용접한다.
② 두께 6mm 정도의 뒤판을 대서 용접한다.
③ 라이너를 넣든지 부족한 판을 300mm 이상 잘라내서 대체하도록 한다.
④ 그대로 용접하여도 좋으나 넓혀진 만큼 각장을 증가시킬 필요가 있다.

해설 필릿 용접의 보수 방법
① 1.5mm 이하 : 규정된 각장으로 용접
② 1.5~4.5mm : 그대로 용접하되 넓혀진 만큼 각장을 증가시킨다.
③ 4.5mm 이상 : 라이너를 넣든지, 부족한 판을 300mm 이상 잘라내서 대체한다.

14 다음 중 초음파 탐상법의 종류가 아닌 것은?
① 극간법   ② 공진법
③ 투과법   ④ 펄스 반사법

해설 초음파 탐상법의 종류
- 투과법 : 시험체 속에 초음파의 연속파를 투과하여 뒷면에서 이를 수신하여 결함 여부 검사
- 펄스 반사법 : 초음파의 펄스를 시험체의 한쪽 면으로부터 송신하여 그 결함에서 반사되는 반사파의 형태로 결함여부 판정
- 공진법 ; 시험체의 한쪽 면에서 초음파의 연속파를 입사시키면 시험체 두께가 이 파 파장의 1/2 정수배에 해당할 때 공진이 일어나는데, 공진상태에서 결함의 유무나 재질, 두께 등을 측정하는 방법

15 CO_2 가스 아크 편면용접에서 이면 비드의 형성은 물론 뒷면 가우징 및 뒷면 용접을 생략할 수 있고, 모재의 중량에 따른 뒤업기(turn over) 작업을 생략할 수 있도록 홈 용접부 이면에 부착하는 것은?
① 스캘럽   ② 엔드탭
③ 뒷댐재   ④ 포지셔너

해설
- 스캘럽 : 용접선의 교차를 피하기 위해 한쪽 부재에 설치한 홈을 일컫는다.
- 엔드탭 : 용접선의 시작과 끝점에 부착한 보조판으로 시작부와 끝부분의 결함을 피하기 위해 사용
- 포지셔너 : 용접을 가장 하기 쉬운 자세로 위치할 수 있도록 하는 지그의 한 종류

16 탄산가스 아크 용접의 장점이 아닌 것은?
① 가시 아크이므로 시공이 편리하다.
② 적용되는 재질이 철계통으로 한정되어 있다.
③ 용착 금속의 기계적 성질 및 금속학적 성질이 우수하다.
④ 전류 밀도가 높아 용입이 깊고 용접 속도를 빠르게 할 수 있다.

해설 탄산가스 아크 용접의 장점
① 전류밀도가 높아 용입이 깊고 용접속도

정답 12. ③ 13. ③ 14. ① 15. ③ 16. ②

가 빠르다.
② 용착금속의 기계적 성질 및 금속학적 성질이 우수하다.
③ 피복 아크 용접처럼 용접봉을 갈아 끼울 필요가 없으므로 효율적이다.
④ 용제가 불필요하므로 슬래그 섞임이 없고 용접 후 처리가 간단하다.
⑤ 가시 아크이므로 용접부의 상태를 파악할 수 있고 시공이 편리하다.
⑥ 아크 특성에 적합한 상승 특성을 사용하여 아크가 안정된다.
⑦ 가스값이 저렴하므로 다른 용접법에 비해 비용이 적게 든다.

17 현상제(MgO, BaCO₃)를 사용하여 용접부의 표면 결함을 검사하는 방법은?
① 침투 탐상법   ② 자분 탐상법
③ 초음파 탐상법 ④ 방사선 투과법

해설
- 자분 탐상법 : 자성이 있는 재료에 시행할 수 있는 시험법으로 자속을 누설시켜 결함여부를 판단하는 비파괴 시험법이다.
- 초음파 탐상법 : 시험체에 초음파를 검사물 내부에 침투시켜 내부의 결함여부를 판단하는 비파괴 시험법이다.
- 방사선 투과법 : X-선이나 γ-선 같은 방사선을 이용하여 결함을 검사하는 비파괴 시험법이다.

18 미세한 알루미늄 분말과 산화철 분말을 혼합하여 과산화바륨과 알루미늄 등의 혼합분말로 된 점화제를 넣고 연소시켜 그 반응열로 용접하는 방법은?
① MIG 용접   ② 테르밋 용접
③ 전자 빔 용접   ④ 원자 수소 용접

해설
- MIG 용접 : 불활성가스를 사용하는 용접법으로 토치를 통해 자동으로 공급되는 와이어와 모재 사이에 아크를 발생시켜 용접하는 방법으로 TIG와 유사하나 TIG에서 사용하는 전극봉 대신 소모성 용가재를 사용한다.
- 전자 빔 용접 : 높은 고진공 속에서 적열된 필라멘트로부터 전자 빔을 접합부에 조사하여 그 충격열을 이용하여 용접하는 방법이다.
- 원자수소 용접 : 분자 상태의 수소를 원자 상태의 수소로 해리시켜 이것이 다시 결합해서 분자 상태의 수소로 될 때 발생하는 열을 이용하여 용접하는 방법으로 2개의 텅스텐 전극 사이에 발생되는 아크열을 이용하여 모재를 접합하는 방법이다.

19 용접결함에서 언더컷이 발생하는 조건이 아닌 것은?
① 전류가 너무 낮을 때
② 아크 길이가 너무 길 때
③ 부적당한 용접봉을 사용할 때
④ 용접속도가 적당하지 않을 때

해설 전류가 낮을 경우 오버랩이 발생한다.

20 플라즈마 아크 용접장치에서 아크 플라즈마의 냉각가스로 쓰이는 것은?
① 아르곤과 수소의 혼합가스
② 아르곤과 산소의 혼합가스
③ 아르곤과 메탄의 혼합가스
④ 아르곤과 프로판의 혼합가스

21 피복 아크 용접 작업 시 감전으로 인한 재해의 원인으로 틀린 것은?
① 1차측과 2차측 케이블의 피복 손상부에 접촉되었을 경우
② 피용접물에 붙어 있는 용접봉을 떼려다 몸에 접촉되었을 경우

정답
17. ① 18. ② 19. ① 20. ① 21. ③

③ 용접기기의 보수 중에 입출력 단자가 절연된 곳에 접촉되었을 경우
④ 용접 작업 중 홀더에 용접봉을 물릴 때나, 홀더가 신체에 접촉되었을 경우

22 보기에서 설명하는 서브머지드 아크 용접에 사용되는 용제는?

- 화학적 균일성이 양호하다.
- 반복 사용성이 좋다.
- 비드 외관이 아름답다.
- 용접 전류에 따라 입자의 크기가 다른 용제를 사용해야 한다.

① 소결형　　② 혼성형
③ 혼합형　　④ 용융형

23 기체를 수천도의 높은 온도로 가열하면 그 속도의 가스원자가 원자핵과 전자로 분리되어 양(+)과 음(-) 이온상태로 된 것을 무엇이라 하는가?

① 전자빔　　② 레이저
③ 테르밋　　④ 플라즈마

24 정격 2차 전류 300A, 정격 사용률 40%인 아크 용접기로 실제 200A 용접 전류를 사용하여 용접하는 경우 전체시간을 10분으로 하였을 때 다음 중 용접 시간과 휴식 시간을 올바르게 나타낸 것은?

① 10분 동안 계속 용접한다.
② 5분 용접 후 5분간 휴식한다.
③ 7분 용접 후 3분간 휴식한다.
④ 9분 용접 후 1분간 휴식한다.

해설 허용사용률=(정격 2차 전류)^2/(실제용접 전류)^2×정격사용률(%)이므로 $300^2/200^2$×40은 90%이다. 따라서 10분을 기준으로 했을 경우 9분은 아크를 발생하고 1분은 휴식을 취한다.

25 용해 아세틸렌 취급 시 주의사항으로 틀린 것은?

① 저장 장소는 통풍이 잘 되어야 된다.
② 저장 장소에는 화기를 가까이 하지 말아야 한다.
③ 용기는 진동이나 충격을 가하지 말고 신중히 취급해야 한다.
④ 용기는 아세톤의 유출을 방지하기 위해 눕혀서 보관한다.

26 다음 중 아크 절단법이 아닌 것은?

① 스카핑
② 금속 아크 절단
③ 아크 에어 가우징
④ 플라즈마 제트 절단

27 피복 아크 용접봉의 피복제 작용을 설명한 것 중 틀린 것은?

① 스패터를 많게 하고, 탈탄 정련작용을 한다.
② 용융금속의 용적을 미세화하고, 용착효율을 높인다.
③ 슬래그 제거를 쉽게 하며, 파형이 고운 비드를 만든다.
④ 공기로 인한 산화, 질화 등의 해를 방지하여 용착금속을 보호한다.

28 용접법의 분류 중에서 융접에 속하는 것은?

정답 22. ④　23. ④　24. ④　25. ④　26. ①　27. ①　28. ②

① 심 용접   ② 테르밋 용접
③ 초음파 용접   ④ 플래시 용접

> **해설** 심 용접, 초음파 용접, 플래시 용접은 압접에 해당한다.

29 산소 용기의 윗부분에 각인되어 있는 표시 중 최고 충전 압력의 표시는 무엇인가?

① TP   ② FP
③ WP   ④ LP

> **해설** 산소용기 각인 사항
> - W : 용기 중량
> - V : 내용적
> - TP : 내압시험압력
> - FP : 최고충전압력

30 2개의 모재에 압력을 가해 접촉시킨 다음 접촉면에 압력을 주면서 상대운동을 시켜 접촉면에서 발생하는 열을 이용하는 용접법은?

① 가스압접   ② 냉간압접
③ 마찰용접   ④ 열간압접

> **해설**
> - 가스압접 : 접합할 부분을 가스 불꽃으로 가열 후 접합 온도가 되었을 때 압력을 주어 접합하는 용접법이다.
> - 냉간압접 : 2개의 금속을 Å(옹스트롬, 10^{-8}cm) 이상으로 밀착시키면 금속이온의 상호작용으로 결합하는 방법으로 상온에서 단순히 가압만을 이용해 접합하는 용접법이다.
> - 열간압접 : 접합부를 고온으로 해서 압력을 가하여 용접하는 방법이다.

31 사용률이 60%인 교류 아크 용접기를 사용하여 정격전류로 6분 용접하였다면 휴식 시간은 얼마인가?

① 2분   ② 3분
③ 4분   ④ 5분

> **해설** 사용률 계산 시 기준시간은 10분이며 사용률이 60%라 하면 6분은 일하고 4분은 휴식을 취해야 한다.

32 모재의 절단부를 불활성가스로 보호하고 금속전극에 대전류를 흐르게 하여 절단하는 방법으로 알루미늄과 같이 산화에 강한 금속에 이용되는 절단방법은?

① 산소 절단   ② TIG 절단
③ MIG 절단   ④ 플라즈마 절단

> **해설**
> - TIG 절단 : 텅스텐 전극과 모재 사이에 아크를 발생시켜 모재를 용융하여 절단하는 방법으로 전원은 직류정극성을 사용하며 알루미늄, 마그네슘, 스테인리스강 등의 절단에 사용된다.
> - 플라즈마 절단 : 기체를 가열하면 발생되는 강한 빛과 고온의 플라즈마를 이용한 절단법으로 금속재료는 물론 비금속재료의 절단도 가능하다.

33 용접기의 특성 중에서 부하전류가 증가하면 단자 전압이 저하하는 특성은?

① 수하 특성   ② 상승 특성
③ 정전압 특성   ④ 자기제어 특성

> **해설**
> - 상승 특성 : 부하전류의 증가와 더불어 단자전압도 약간 상승하는 특성으로 자동 및 반자동 용접에 필요한 특성이다.
> - 정전압 특성 : 부하전류의 변동과 관계없이 단자전압은 거의 일정한 특성으로 CP 특성이라 한다.
> - 자기제어 특성 : 정확한 명칭은 아크길이 자기제어 특성으로 아크 전류가 일정할 때 전압이 높아지면 용접봉의 용융속도가 느려지고 전압이 낮아지면 용융속도가 빨라지는 특성으로 아크의 안정을 위

정답
29. ②   30. ③   31. ③   32. ③   33. ①

해 항상 안정된 아크길이를 유지하는 특성이다.

34 산소 – 아세틸렌 불꽃의 종류가 아닌 것은?
① 중성 불꽃 ② 탄화 불꽃
③ 산화 불꽃 ④ 질화 불꽃

35 리벳이음과 비교하여 용접 이음의 특징을 열거한 것 중 틀린 것은?
① 구조가 복잡하다.
② 이음 효율이 높다.
③ 공정의 수가 절감된다.
④ 유밀, 기밀, 수밀이 우수하다.

36 아크 에어 가우징 작업에 사용되는 압축공기의 압력으로 적당한 것은?
① 1~3kgf/cm² ② 5~7kgf/cm²
③ 9~12kgf/cm² ④ 14~16kgf/cm²

37 탄소 전극봉 대신 절단 전용의 특수 피복을 입힌 피복봉을 사용하여 절단하는 방법은?
① 금속 아크 절단
② 탄소 아크 절단
③ 아크 에어 가우징
④ 플라즈마 제트 절단

해설
• 탄소 아크 절단 : 탄소 또는 흑연 전극봉과 금속 사이에 아크를 발생시켜 절단하는 방법으로 전원은 직류정극성이 주로 사용된다.
• 아크 에어 가우징 : 탄소아크절단에 압축공기를 병행하여 전극 홀더의 구멍에서 탄소전극봉과 나란히 고속의 공기를 분출시켜 홈을 파내는 방법이다.

38 산소 아크 절단에 대한 설명으로 가장 적합한 것은?
① 전원은 직류 역극성이 사용된다.
② 가스절단에 비하여 절단속도가 느리다.
③ 가스절단에 비하여 절단면이 매끄럽다.
④ 철강 구조물 해체나 수중 해체 작업에 이용된다.

해설 산소 아크 절단은 속이 빈 용접봉과 모재 사이에 아크를 발생시켜 절단하는 방법으로 전원은 직류정극성이 주로 사용되고 절단속도는 가스절단에 비해 빠르나 절단면은 거칠다.

39 다이캐스팅 주물품, 단조품 등의 재료로 사용되며 융점이 약 660℃이고, 비중이 약 2.7인 원소는?
① Sn ② Ag
③ Al ④ Mn

40 다음 중 주철에 관한 설명으로 틀린 것은?
① 비중은 C와 Si 등이 많을수록 작아진다.
② 용융점은 C와 Si 등이 많을수록 낮아진다.
③ 주철을 600℃ 이상의 온도에서 가열 및 냉각을 반복하면 부피가 감소한다.
④ 투자율을 크게 하기 위해서는 화합 탄소를 적게 하고, 유리 탄소를 균일하게 분포시킨다.

해설 주철을 600℃ 이상의 온도에서 가열 및 냉각하면 부피가 커지면서 결국은 균열이 발생되는데 이것을 주철의 성장이라 한다.

41 금속의 소성변형을 일으키는 원인 중 원자 밀도가 가장 큰 격자면에서 잘 일어나는 것은?

정답
34. ④ 35. ① 36. ② 37. ① 38. ④ 39. ③ 40. ③ 41. ①

① 슬립 ② 쌍정
③ 전위 ④ 편석

42 다음 중 Ni-Cu 합금이 아닌 것은?
① 어드밴스 ② 콘스탄탄
③ 모넬메탈 ④ 니칼로이

해설 **니칼로이**
Ni : 50%, Fe : 50%의 합금으로 초투자율 합금이다.

43 침탄법에 대한 설명으로 옳은 것은?
① 표면을 용융시켜 연화시키는 것이다.
② 망상 시멘타이트를 구상화시키는 방법이다.
③ 강재의 표면에 아연을 피복시키는 방법이다.
④ 강재의 표면에 탄소를 침투시켜 경화시키는 것이다.

44 그림과 같은 결정격자의 금속 원소는?

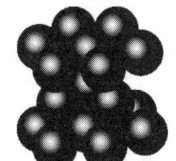 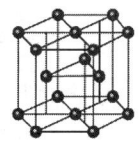

① Ni ② Mg
③ Al ④ Au

해설
• 조밀육방격자 : Mg, Zn, Be, Cd, Ti, Co
• 체심입방격자 : Ba, Cr, K, W, Mo, V, Li, α-철, δ-철
• 면심입방격자 : Al, Ag, Au, Cu, Pt, Ni, γ-철

45 전해 인성 구리는 약 400℃ 이상의 온도에서 사용하지 않는 이유로 옳은 것은?
① 풀림취성을 발생시키기 때문이다.
② 수소취성을 발생시키기 때문이다.
③ 고온취성을 발생시키기 때문이다.
④ 상온취성을 발생시키기 때문이다.

46 구상흑연주철은 주조성, 가공성 및 내마멸성이 우수하다. 이러한 구상흑연주철 제조 시 구상화제로 첨가되는 원소로 옳은 것은?
① P, S ② O, N
③ Pb, Zn ④ Mg, Ca

47 형상 기억 효과를 나타내는 합금이 일으키는 변태는?
① 펄라이트 변태
② 마텐자이트 변태
③ 오스테나이트 변태
④ 레데뷰라이트 변태

48 Y 합금의 일종으로 Ti과 Cu를 0.2% 정도씩 첨가한 것으로 피스톤에 사용되는 것은?
① 두랄루민 ② 코비탈륨
③ 로엑스합금 ④ 하이드로날륨

해설
• 두랄루민 : Al+Cu+Mg+Mn의 합금으로 비행기 제작에 사용
• Lo-Ex 합금 : Ni(2.0~2.5%), Cu(1.0%), Mg(1.0%), Si(12~14%), 나머지 Al 첨가
• 하이드로날륨 : Al+Mg(6%)의 합금으로 내식용에 쓰인다.

49 시험편을 눌러 구부리는 시험방법으로 굽

힘에 대한 저항력을 조사하는 시험방법은?
① 충격시험   ② 굽힘시험
③ 전단시험   ④ 인장시험

50 Fe-C 평형상태도에서 공정점의 C%는?
① 0.02%   ② 0.8%
③ 4.3%   ④ 6.67%

51 다음 용접 기호 중 표면 육성을 의미하는 것은?

   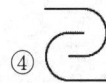

해설 ② : 서피싱 이음(표면육성 이음)
③ : 경사 이음
④ : 겹침 이음

52 배관의 간략 도시방법에서 파이프의 영구 결합부(용접 또는 다른 공법에 의한다.) 상태를 나타내는 것은?
① ―┼―   ② ―o―
③ ―●―   ④ ―┼―

53 제3각법의 투상도에서 도면의 배치 관계는?
① 평면도를 중심하여 정면도는 위에 우측면도는 우측에 배치된다.
② 정면도를 중심하여 평면도는 밑에 우측면도는 우측에 배치된다.
③ 정면도를 중심하여 평면도는 위에 우측면도는 우측에 배치된다.
④ 정면도를 중심하여 평면도는 위에 우측면도는 좌측에 배치된다.

54 그림과 같이 제3각법으로 정투상한 각뿔의 전개도 형상으로 적합한 것은?

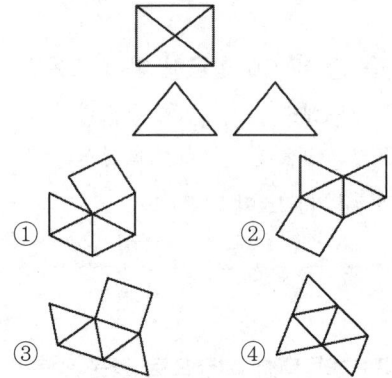

55 도면에 대한 호칭방법이 다음과 같이 나타날 때 이에 대한 설명으로 틀린 것은?

KS B ISO 5457-A1t-TP 112.5-R-TBL

① 도면은 KS B ISO 5457을 따른다.
② A1 용지 크기이다.
③ 재단하지 않은 용지이다.
④ 112.5g/m^2 사양의 트레이싱지이다.

56 그림과 같은 도면에서 나타난 "□40" 치수에서 "□"가 뜻하는 것은?

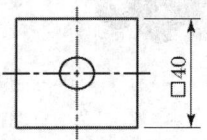

① 정사각형의 변
② 이론적으로 정확한 치수
③ 판의 두께
④ 참고치수

57 그림과 같이 원통을 경사지게 절단한 제품

정답
50. ③ 51. ① 52. ③ 53. ③ 54. ② 55. ③ 56. ① 57. ②

을 제작할 때, 다음 중 어떤 전개법이 가장 적합한가?

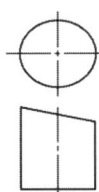

① 사각형법 ② 평행선법
③ 삼각형법 ④ 방사선법

58 다음 중 가는 실선으로 나타내는 경우가 아닌 것은?

① 시작점과 끝점을 나타내는 치수선
② 소재의 굽은 부분이나 가공 공정의 표시선
③ 상세도를 그리기 위한 틀의 선
④ 금속 구조 공학 등의 구조를 나타내는 선

59 그림과 같은 도면에서 괄호 안의 치수는 무엇을 나타내는가?

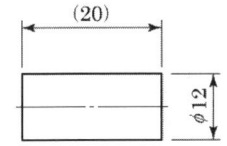

① 완성 치수
② 참고 치수
③ 다듬질 치수
④ 비례척이 아닌 치수

60 다음 중 일반구조용 탄소강관의 KS 재료 기호는?

① SPP   ② SPS
③ SKH   ④ STK

해설
㉠ SPP : 배관용 탄소강관
㉡ SPS : 스프링 강
㉢ SKH : 고속도 강

정답
58. ④ 59. ② 60. ④

특수용접기능사

2016년 제2회 과년도출제문제

01 가스 용접 시 안전사항으로 적당하지 않은 것은?
① 호스는 길지 않게 하며 용접이 끝났을 때는 용기밸브를 잠근다.
② 작업자 눈을 보호하기 위해 적당한 차광유리를 사용한다.
③ 산소병은 60℃ 이상 온도에서 보관하고 직사광선을 피하여 보관한다.
④ 호스 접속부는 호스밴드로 조이고 비눗물 등으로 누설 여부를 검사한다.

해설 산소병은 통풍이 잘 되고 직사광선이 없는 곳에 보관하며 항상 40℃ 이하로 보관할 것

02 다음 중 일반적으로 모재의 용융선 근처의 열영향부에서 발생되는 균열이며 고탄소강이나 저합금강을 용접할 때 용접열에 의한 열영향부의 경화와 변태응력 및 용착금속 속의 확산성 수소에 의해 발생되는 균열은?
① 루트 균열 ② 설퍼 균열
③ 비드 밑 균열 ④ 크레이터 균열

03 다음 중 지그나 고정구의 설계 시 유의사항으로 틀린 것은?
① 구조가 간단하고 효과적인 결과를 가져와야 한다.
② 부품의 고정과 이완은 신속히 이루어져야 한다.
③ 모든 부품의 조립은 어렵고 눈으로 볼 수 없어야 한다.
④ 한번 부품을 고정시키면 차후 수정 없이 정확하게 고정되어 있어야 한다.

04 플라즈마 아크 용접의 특징으로 틀린 것은?
① 비드 폭이 좁고 용접속도가 빠르다.
② 1층으로 용접할 수 있으므로 능률적이다.
③ 용접부의 기계적 성질이 좋으며 용접변형이 적다.
④ 핀치효과에 의해 전류밀도가 작고 용입이 얕다.

05 다음 용접 결함 중 구조상의 결함이 아닌 것은?
① 기공 ② 변형
③ 용입 불량 ④ 슬래그 섞임

해설
• 구조상 결함 : 기공, 슬래그 섞임, 용입불량, 언더컷, 오버랩, 피트, 용융불량 등
• 치수상 결함 : 변형, 가로수축, 세로수축, 비틀림
• 성질상 결함 : 부식, 기계적 성질 저하(강도, 경도, 연신율 등), 물리적 성질 변화 등

06 다음 금속 중 냉각속도가 가장 빠른 금속은?
① 구리 ② 연강
③ 알루미늄 ④ 스테인리스강

해설 • 냉각속도 : 열전도율이 높은 금속일수록 냉각속도가 빠르다.

정답
1. ③ 2. ③ 3. ③ 4. ④ 5. ② 6. ①

• 구리>알루미늄>연강>스테인리스강

07 다음 중 인장시험에서 알 수 없는 것은?
① 항복점　　② 연신율
③ 비틀림강도　④ 단면수축률

08 서브머지드 아크 용접에서 와이어 돌출 길이는 보통 와이어 지름을 기준으로 정한다. 적당한 와이어 돌출길이는 와이어 지름의 몇 배가 가장 적합한가?
① 2배　　② 4배
③ 6배　　④ 8배

09 용접봉의 습기가 원인이 되어 발생하는 결함으로 가장 적절한 것은?
① 기공　　② 선상 조직
③ 용입불량　④ 슬래그 섞임

10 은납땜이나 황동납땜에 사용되는 용제(Flux)는?
① 붕사　　② 송진
③ 염산　　④ 염화암모늄

11 다음 중 불활성 가스인 것은?
① 산소　　② 헬륨
③ 탄소　　④ 이산화탄소

> **해설** 불활성 가스
> 아르곤(Ar), 헬륨(He), 네온(Ne)

12 저항 용접의 특징으로 틀린 것은?
① 산화 및 변질부분이 적다.
② 용접봉, 용제 등이 불필요하다.
③ 작업속도가 빠르고 대량생산에 적합하다.
④ 열손실이 많고, 용접부에 집중열을 가할 수 없다.

> **해설** 저항용접의 특징 - 위 지문 ①, ②, ③ 외에
> ① 열 손실이 적고 용접부에 집중열을 가할 수 있다.
> ② 접합강도가 비교적 크다.
> ③ 가압효과로 조직이 치밀해진다.
> ④ 작업자의 숙련이 필요 없다.
> ⑤ 대전류를 필요로 하고 설비가 복잡하고 값이 비싸다.
> ⑥ 급랭 경화로 후열 처리가 필요하다.
> ⑦ 용접부의 위치, 형상 등의 영향을 받는다.
> ⑧ 다른 금속 간의 접합이 곤란하다.
> ⑨ 적당한 비파괴 검사가 어렵다.

13 아크 용접기의 사용에 대한 설명으로 틀린 것은?
① 사용률을 초과하여 사용하지 않는다.
② 무부하 전압이 높은 용접기를 사용한다.
③ 전격방지기가 부착된 용접기를 사용한다.
④ 용접기 케이스는 접지(earth)를 확실히 해둔다.

> **해설** 무부하 전압이 높을 경우 전격의 위험이 커진다.

14 용접 순서에 관한 설명으로 틀린 것은?
① 중심선에 대하여 대칭으로 용접한다.
② 수축이 적은 이음을 먼저 하고 수축이 큰 이음은 후에 용접한다.
③ 용접선의 직각 단면 중심축에 대하여 용접의 수축력의 합이 0이 되도록 한다.
④ 동일 평면 내에 많은 이음이 있을 때는 수축은 가능한 한 자유단으로 보낸다.

정답
07. ③　08. ④　09. ①　10. ①　11. ②　12. ④　13. ②　14. ②

15 다음 중 TIG 용접 시 주로 사용되는 가스는?
① CO_2
② H_2
③ O_2
④ Ar

16 서브머지드 아크 용접법에서 두 전극 사이의 복사열에 의한 용접은?
① 탠덤식
② 횡 직렬식
③ 횡 병렬식
④ 종 병렬식

> **해설**
> - 탠덤식 : 두 개의 전극와이어를 독립된 전원에 접속하여 2개의 전극와이어를 동시에 녹게 함으로써 한꺼번에 많은 양의 용착금속을 얻을 수 있다.
> - 횡병렬식 : 한 종류의 전원에 접속하여 용접하는 방법으로 비드 폭이 넓고 용입이 깊은 용접부가 얻어진다.
> - 횡직렬식 : 두 개의 와이어에 전류를 직렬로 연결하여 한쪽 전극 와이어에서 다른 쪽 전극 와이어로 전류가 흐르면 두 전극에서 아크가 발생되고 그 복사열에 의해 용접이 이루어지며 비교적 용입이 얕다.

17 다음 중 유도방사에 의한 광의 증폭을 이용하여 용융하는 용접법은?
① 맥동 용접
② 스터드 용접
③ 레이저 용접
④ 피복 아크 용접

> **해설**
> - 맥동 용접 : 모재 두께가 다른 경우에 전극의 과열을 피하기 위해 사이클 단위를 몇 번이고 전류를 단속하여 용접하는 방법으로 두께가 다른 경우, 두께가 두꺼운 경우 등에 사용된다.
> - 스터드 용접 : 권총과 같이 생긴 스터드 건을 이용하여 용접하는 것으로 모재에서 약간 간격을 두고 스터드에 아크를 발생시켜 적당히 용융하였을 때 압력을 가해 접합하는 방법이다.

18 심용접의 종류가 아닌 것은?
① 횡 심 용접(circular seam welding)
② 매시 심 용접(mash seam welding)
③ 포일 심 용접(foil seam welding)
④ 맞대기 심 용접(butt seam welding)

19 맞대기 용접 이음에서 판 두께가 6mm, 용접선 길이가 120mm, 인장응력이 $9.5 N/mm^2$ 일 때 모재가 받는 하중은 몇 N인가?
① 5680
② 5860
③ 6480
④ 6840

> **해설** 인장응력(σ)=하중(W)/단면적(A)이므로, 하중=인장응력×단면적이다. 그러므로 $9.5 \times 6 \times 120$은 6840kg이다.

20 제품을 용접한 후 일부분에 언더컷이 발생하였을 때 보수 방법으로 가장 적당한 것은?
① 홈을 만들어 용접한다.
② 결함부분을 절단하고 재용접한다.
③ 가는 용접봉을 사용하여 재용접한다.
④ 용접부 전체부분을 가우징으로 따낸 후 재용접한다.

21 다음 중 일렉트로 가스 아크 용접의 특징으로 옳은 것은?
① 용접속도는 자동으로 조절된다.
② 판 두께가 얇을수록 경제적이다.
③ 용접장치가 복잡하여, 취급이 어렵고 고도의 숙련을 요한다.
④ 스패터 및 가스의 발생이 적고, 용접 작업 시 바람의 영향을 받지 않는다.

정답 15. ④ 16. ② 17. ③ 18. ① 19. ④ 20. ③ 21. ①

22 다음 중 연소의 3요소에 해당하지 않는 것은?
① 가연물　　② 부촉매
③ 산소공급원　④ 점화원

23 일미나이트계 용접봉을 비롯하여 대부분의 피복 아크 용접봉을 사용할 때 많이 볼 수 있으며 미세한 용적이 날려서 옮겨가는 용접이행 방식은?
① 단락형　　② 누적형
③ 스프레이형　④ 글로뷸러형

> **해설** 용적이행 방식
> ① 단락형 : 용적이 용융지에 접촉하여 단락되고 표면장력의 작용으로 모재에 옮겨가서 용착되는 방식으로 비피복 용접봉 사용 시 나타난다.
> ② 스프레이형 : 피복제의 일부가 가스화하여 가스를 뿜어냄으로써 미세한 용적이 스프레이와 같이 날려 모재에 이행되는 방식이다.
> ③ 글로뷸러형 : 비교적 큰 용적이 단락되지 않고 옮겨가는 형식이며 서브머지드 아크 용접과 같이 높은 전류 사용 시 나타나며 일명 핀치효과형이라 한다.

24 가스 절단작업에서 절단속도에 영향을 주는 요인과 가장 관계가 먼 것은?
① 모재의 온도　② 산소의 압력
③ 산소의 순도　④ 아세틸렌 압력

> **해설** 가스 절단 속도는 산소의 압력과 순도가 높을수록, 산소의 소비량이 많을수록, 모재의 온도가 높을수록 빨라진다.

25 산소-아세틸렌가스 용접기로 두께가 3.2mm 인 연강판을 V형 맞대기 이음을 하려면 이에 적합한 연강용 가스 용접봉의 지름(mm)

을 계산식에 의해 구하면 얼마인가?
① 2.6　　② 3.2
③ 3.6　　④ 4.6

> **해설** 가스용접봉 지름(D)=모재두께(T)/2+1이므로 3.2/2+1=2.6이다.

26 산소 프로판 가스 절단에서, 프로판 가스 1에 대하여 얼마의 비율로 산소를 필요로 하는가?
① 1.5　　② 2.5
③ 4.5　　④ 6

27 산소 용기를 취급할 때 주의사항으로 가장 적합한 것은?
① 산소밸브의 개폐는 빨리 해야 한다.
② 운반 중에 충격을 주지 말아야 한다.
③ 직사광선이 쬐이는 곳에 두어야 한다.
④ 산소 용기의 누설시험에는 순수한 물을 사용해야 한다.

28 용접용 2차측 케이블의 유연성을 확보하기 위하여 주로 사용하는 캡타이어 전선에 대한 설명으로 옳은 것은?
① 가는 구리선을 여러 개로 꼬아 얇은 종이로 싸고 그 위에 니켈 피복을 한 것
② 가는 구리선을 여러 개로 꼬아 튼튼한 종이로 싸고 그 위에 고무 피복을 한 것
③ 가는 알루미늄선을 여러 개로 꼬아 튼튼한 종이로 싸고 그 위에 니켈 피복을 한 것
④ 가는 알루미늄선을 여러 개로 꼬아 얇은 종이로 싸고 그 위에 고무 피복을 한 것

정답 22. ② 23. ③ 24. ④ 25. ① 26. ③ 27. ② 28. ②

29 아크 용접기의 구비 조건으로 틀린 것은?
① 효율이 좋아야 한다.
② 아크가 안정되어야 한다.
③ 용접 중 온도상승이 커야 한다.
④ 구조 및 취급이 간단해야 한다.

해설 아크 용접기 구비 조건 (위의 지문 ①, ②, ④ 외에)
① 전류조정이 용이하고 일정한 전류가 흘러야 한다.
② 아크 발생이 잘 되도록 무부하 전압이 유지되어야 한다.(교류 70~85V, 직류 40~60V)
③ 사용 중에 온도상승이 작아야 한다.
④ 가격이 저렴하고 사용 유지비가 적게 들어야 한다.
⑤ 역률 및 효율이 좋아야 한다.

30 아크가 발생될 때 모재에서 심선까지의 거리를 아크 길이라 한다. 아크 길이가 짧을 때 일어나는 현상은?
① 발열량이 작다.
② 스패터가 많아진다.
③ 기공 균열이 생긴다.
④ 아크가 불안정해진다.

31 아크 용접에 속하지 않는 것은?
① 스터드 용접
② 프로젝션 용접
③ 불활성 가스 아크 용접
④ 서브머지드 아크 용접

해설 프로젝션 용접은 점 용접, 심 용접, 플래시 버트 용접, 업셋 용접, 퍼커션 용접과 함께 압접 중에 저항 용접에 속한다.

32 아세틸렌(C_2H_2) 가스의 성질로 틀린 것은?

① 비중이 1.906으로 공기보다 무겁다.
② 순수한 것은 무색, 무취의 기체이다.
③ 구리, 은, 수은과 접촉하면 폭발성 화합물을 만든다.
④ 매우 불안전한 기체이므로 공기 중에서 폭발 위험성이 크다.

해설 아세틸렌 가스의 성질
① 비중이 0.906으로 공기보다 가벼우며 15℃ 1기압하에서의 무게는 1.176g으로 산소보다 가볍다.
② 온도가 406~408℃가 되면 자연발화하고, 505~515℃가 되면 폭발하며, 780℃ 이상이면 자연 폭발한다.
③ 15℃ 1.5기압이면 충격이나 가열에 의해 폭발 위험이 있으며 2기압 이상이면 분해 폭발을 일으킬 수 있다.
④ 아세틸렌 15%, 산소 85%로 혼합되면 폭발 위험이 가장 크다.

33 피복 아크 용접에서 아크의 특성 중 정극성에 비교하여 역극성의 특징으로 틀린 것은?
① 용입이 얕다.
② 비드 폭이 좁다.
③ 용접봉의 용융이 빠르다.
④ 박판, 주철 등 비철금속의 용접에 쓰인다.

해설 직류 정극성과 역극성의 비교

직류정극성(DCSP)	직류역극성(DCRP)
모재의 용입이 깊다.	모재의 용입이 얕다.
용접봉의 녹음이 느리다.	용접봉의 녹음이 빠르다.
비드 폭이 좁다.	비드 폭이 넓다.
일반적으로 많이 사용된다.	박판, 주철, 비철금속의 용접에 사용된다.
열분배 : 모재(+) : 70%, 용접봉(-) 30%	열분배 : 모재(-) : 30%, 용접봉(+) 70%

34 피복 아크 용접 중 용접봉의 용융속도에

정답 29. ③ 30. ① 31. ② 32. ① 33. ② 34. ④

관한 설명으로 옳은 것은?
① 아크전압×용접봉 쪽 전압강하로 결정된다.
② 단위시간당 소비되는 전류값으로 결정된다.
③ 동일종류 용접봉인 경우 전압에만 비례하여 결정된다.
④ 용접봉 지름이 달라도 동일종류 용접봉인 경우 용접봉 지름에는 관계가 없다.

> **해설** 피복 아크 용접봉의 용융속도
> ① 아크 전류×용접봉 쪽 전압강하로 결정된다.
> ② 단위 시간당 소비되는 용접봉의 무게로 결정된다.
> ③ 용접봉의 용융속도와 전압과는 관계가 없다.

35 프로판 가스의 성질에 대한 설명으로 틀린 것은?
① 기화가 어렵고 발열량이 낮다.
② 액화하기 쉽고 용기에 넣어 수송이 편리하다.
③ 온도 변화에 따른 팽창률이 크고 물에 잘 녹지 않는다.
④ 상온에서는 기체 상태이고 무색, 투명하고 약간의 냄새가 난다.

36 가스 용접에서 용제(flux)를 사용하는 가장 큰 이유는?
① 모재의 용융온도를 낮게 하여 가스 소비량을 적게 하기 위해
② 산화작용 및 질화작용을 도와 용착금속의 조직을 미세화하기 위해
③ 용접봉의 용융속도를 느리게 하여 용접봉 소모를 적게 하기 위해
④ 용접 중에 생기는 금속의 산화물 또는 비금속 개재물을 용해하여 용착금속의 성질을 양호하게 하기 위해

37 피복 아크 용접봉에서 피복제의 역할로 틀린 것은?
① 용착금속의 급랭을 방지한다.
② 모재 표면의 산화물을 제거한다.
③ 용착금속의 탈산 정련 작용을 방지한다.
④ 중성 또는 환원성 분위기로 용착금속을 보호한다.

> **해설** 피복제의 역할 : (위 문제 지문의 ①, ②, ④ 외에)
> ① 용착금속에 필요한 합금원소를 첨가한다.
> ② 중성 또는 환원성 분위기로 대기 중의 유해한 원소로부터 산화, 질화를 방지하고 용착금속을 보호한다.
> ③ 용착금속을 탈산 정련시키며, 융점이 낮은 적당한 점성의 가벼운 슬래그를 만든다.
> ④ 슬래그 제거를 쉽게 하고 파형이 고운 비드를 만든다.
> ⑤ 모재 표면의 산화물을 제거하고 양호한 용접부를 만든다.
> ⑥ 스패터 발생을 적게 한다.
> ⑦ 아크를 안정시킨다.
> ⑧ 전기 절연 작용을 한다.

38 가스 용접봉 선택 조건으로 틀린 것은?
① 모재와 같은 재질일 것
② 용융 온도가 모재보다 낮을 것
③ 불순물이 포함되어 있지 않을 것
④ 기계적 성질에 나쁜 영향을 주지 않을 것

> **해설** 용융온도가 모재와 동일해야 하며 재질 중에 불순물을 포함하고 있지 않아야 한다.

35. ① 36. ④ 37. ③ 38. ②

39 금속의 공통적 특성으로 틀린 것은?
① 열과 전기의 양도체이다.
② 금속 고유의 광택을 갖는다.
③ 이온화하면 음(−) 이온이 된다.
④ 소성변형성이 있어 가공하기 쉽다.

40 다음 중 Fe-C 평형상태도에서 가장 낮은 온도에서 일어나는 반응은?
① 공석반응 ② 공정반응
③ 포석반응 ④ 포정반응

　해설
　• 공석반응 : 723℃
　• 공정반응 : 1130℃
　• 포정반응 : 1500℃

41 담금질한 강을 뜨임 열처리하는 이유는?
① 강도를 증가시키기 위하여
② 경도를 증가시키기 위하여
③ 취성을 증가시키기 위하여
④ 인성을 증가시키기 위하여

　해설　일반열처리법의 종류
　① 담금질 : 강도 및 경도를 증가시키기 위해
　② 뜨임 : 인성을 증가시키기 위해
　③ 불림 : 재료를 표준조직으로 만들기 위해
　④ 풀림 : 내부응력을 제거하기 위해

42 [그림]과 같은 결정격자는?

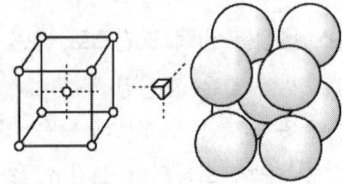

① 면심입방격자
② 조밀육방격자
③ 저심면방격자
④ 체심입방격자

　해설　결정격자의 종류

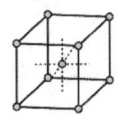 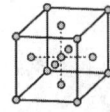 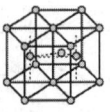
 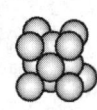 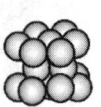

(a) 체심입방격자　(b) 면심입방격자　(c) 조밀육방격자

43 인장시험편의 단면적이 $50mm^2$이고 최대하중이 500kgf일 때 인장강도는 얼마인가?
① $10kgf/mm^2$
② $50kgf/mm^2$
③ $100kgf/mm^2$
④ $250kgf/mm^2$

　해설　인장강도(σ)=하중/단면적이므로
　500/50=$10kgf/mm^2$이다.

44 미세한 결정립을 가지고 있으며, 어느 응력하에서 파단에 이르기까지 수백 % 이상의 연신율을 나타내는 합금은?
① 제진합금 ② 초소성 합금
③ 비정질합금 ④ 형상기억합금

　해설
　• 형상기업합금 : 처음에 주어진 특정 모양의 것을 인장하거나 소성변형된 것이 가열에 의하여 원래의 모양으로 되돌아가는 합금
　• 제진합금 : 진동발생원인 고체의 진동 자체를 감소시키는 것으로 두드렸을 때 쇳소리 대신 둔탁한 소리를 내는 금속
　• 비정질합금 : 액체처럼 불규칙한(비정질) 원자구조를 지닌 합금(amorphous alloy)을 뜻한다. 이 합금은 분자단위까지 관찰해도 결정구조가 없기 때문에 일반적인 금속소재보다 강성이 뛰어나다.

정답
39. ③　40. ①　41. ④　42. ④　43. ①　44. ②

45 합금공구강 중 게이지용 강이 갖추어야 할 조건으로 틀린 것은?

① 경도는 HRC 45 이하를 가져야 한다.
② 팽창계수가 보통강보다 작아야 한다.
③ 담금질에 의한 변형 및 균열이 없어야 한다.
④ 시간이 지남에 따라 치수의 변화가 없어야 한다.

해설 경도는 HRC 55 이상을 가져야 된다.

46 상온에서 방치된 황동 가공재나, 저온 풀림 경화로 얻은 스프링재가 시간이 지남에 따라 경도 등 여러 가지 성질이 악화되는 현상은?

① 자연 균열   ② 경년 변화
③ 탈아연 부식   ④ 고온 탈아연

해설
- 자연 균열(season cracking) : 황동에 공기 중의 암모니아, 기타의 염류에 의해 입간부식을 일으켜 상온가공에 의한 내부응력에 의해 균열이 발생하는 현상
- 탈아연 부식 : 불순한 물질 또는 부식성 물질이 녹아 있는 수용액의 작용에 의해 황동의 표면 또는 깊은 곳까지 탈아연되는 현상
- 고온탈아연 : 고온에서 증발에 의해 황동 표면으로부터 아연이 탈출하는 현상

47 Mg의 비중과 용융점(℃)은 약 얼마인가?

① 0.8, 350℃   ② 1.2, 550℃
③ 1.74, 650℃   ④ 2.7, 780℃

48 Al-Si계 합금을 개량처리하기 위해 사용되는 접종처리제가 아닌 것은?

① 금속나트륨
② 염화나트륨
③ 불화알칼리
④ 수산화나트륨

49 다음 중 소결 탄화물 공구강이 아닌 것은?

① 듀콜(Ducole)강
② 미디아(Midia)
③ 카볼로이(Carboloy)
④ 텅갈로이(Tungalloy)

해설
- 듀콜강 : 저망간 합금강이며, 고망간강은 해드필드강이라 한다.
- 초경합금 : WC, TiC, TaC 등의 금속탄화물을 Co를 결합제로 사용하여 소결하는 합금으로 종류로는 비디아, 미디아, 카볼로이, 텅갈로이가 있다.

50 4% Cu, 2% Ni, 1.5% Mg 등을 알루미늄에 첨가한 Al 합금으로 고온에서 기계적 성질이 매우 우수하고, 금형 주물 및 단조용으로 이용될 뿐만 아니라 자동차 피스톤용에 많이 사용되는 합금은?

① Y 합금   ② 슈퍼인바
③ 코슨합금   ④ 두랄루민

해설
- 슈퍼인바 : 철 - 니켈 - 코발트계 합금으로 불변강의 일종이다.
- 코슨합금 : 구리 - 니켈 - 규소계 합금으로 전선 및 스프링재료로 사용된다.
- 두랄루민 : 알루미늄 - 구리 - 마그네슘 - 망간의 합금으로 비행기재료로 사용된다.

51 판을 접어서 만든 물체를 펼친 모양으로 표시할 필요가 있는 경우 그리는 도면을 무엇이라 하는가?

① 투상도   ② 개략도
③ 입체도   ④ 전개도

정답
45. ① 46. ② 47. ③ 48. ② 49. ① 50. ① 51. ④

52 재료 기호 중 SPHC의 명칭은?
① 배관용 탄소강관
② 열간 압연 연강판 및 강대
③ 용접구조용 압연 강재
④ 냉간 압연 강판 및 강대

53 그림과 같이 기점 기호를 기준으로 하여 연속된 치수선으로 치수를 기입하는 방법은?

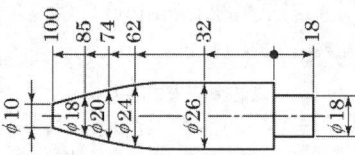

① 직렬 치수 기입법
② 병렬 치수 기입법
③ 좌표 치수 기입법
④ 누진 치수 기입법

54 나사의 표시방법에 대한 설명으로 옳은 것은?
① 수나사의 골지름은 가는 실선으로 표시한다.
② 수나사의 바깥지름은 가는 실선으로 표시한다.
③ 암나사의 골지름은 아주 굵은 실선으로 표시한다.
④ 완전 나사부와 불완전 나사부의 경계선은 가는 실선으로 표시한다.

  해설 • 수나사의 바깥지름은 굵은 실선으로 표시한다.
  • 암나사의 골지름은 가는 실선으로 표시한다.
  • 완전 나사부와 불완전 나사부의 경계선은 굵은 실선으로 표시한다.

55 아주 굵은 실선의 용도로 가장 적합한 것은?
① 특수 가공하는 부분의 범위를 나타내는 데 사용
② 얇은 부분의 단면도시를 명시하는 데 사용
③ 도시된 단면의 앞쪽을 표현하는 데 사용
④ 이동한계의 위치를 표시하는 데 사용

56 기계제도에서 사용하는 척도에 대한 설명으로 틀린 것은?
① 척도의 표시방법에는 현척, 배척, 축척이 있다.
② 도면에 사용한 척도는 일반적으로 표제란에 기입한다.
③ 한 장의 도면에 서로 다른 척도를 사용할 필요가 있는 경우에는 해당되는 척도를 모두 표제란에 기입한다.
④ 척도는 대상물과 도면의 크기로 정해진다.

57 그림과 같은 입체도의 정면도로 적합한 것은?

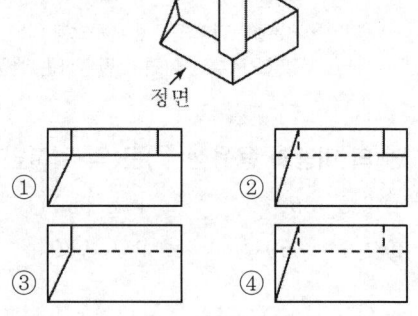

58 용접 보조기호 중 "제거 가능한 이면 판재 사용" 기호는?

정답
52. ② 53. ④ 54. ① 55. ② 56. ③ 57. ② 58. ①

① 　②

③ 　④

> 해설　② : 평면(모재와 동일 평면으로 다듬질)
> ③ : 끝단부를 매끄럽게 함
> ④ : 영구적인 덮개판을 사용

59 배관도시기호에서 유량계를 나타내는 기호는?

① 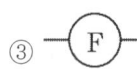　②

③ 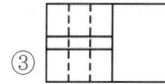　④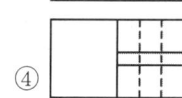

> 해설　① 압력지시계
> ② 온도지시계

60 다음 입체도의 화살표 방향을 정면으로 한다면 좌측면도로 적합한 투상도는?

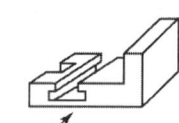

① 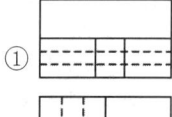　②

③ 　④

정답

59. ③　60. ①

용접기능사

2016년 제4회 과년도출제문제

01 다음 중 용접 시 수소의 영향으로 발생하는 결함과 가장 거리가 먼 것은?
① 기공 ② 균열
③ 은점 ④ 설퍼

해설 설퍼(sulfur)는 황(S)을 뜻한다.

02 가스 중에서 최소의 밀도로 가장 가볍고 확산속도가 빠르며, 열전도가 가장 큰 가스는?
① 수소 ② 메탄
③ 프로판 ④ 부탄

03 용착금속의 인장강도가 55N/m², 안전율이 6이라면 이음의 허용응력은 약 몇 N/m²인가?
① 0.92 ② 9.2
③ 92 ④ 920

해설 허용응력=인장강도/안전율이므로 55/6은 9.16N/m²이다.

04 팁 끝이 모재에 닿는 순간 순간적으로 팁 끝이 막혀 팁 속에서 폭발음이 나면서 불꽃이 꺼졌다가 다시 나타나는 현상은?
① 인화 ② 역화
③ 역류 ④ 선화

해설
• 인화 : 팁 끝이 막히면 가스의 분출이 나빠져서 가스의 토치의 가스 혼합실까지 불꽃이 도달되어 토치가 빨갛게 달구어지는 현상
• 역류 : 토치 내부의 청소 불량으로 토치 내부의 막힘이 생겨 고압의 산소가 밖으로 배출되지 못하고 산소보다 압력이 낮은 아세틸렌 호스 쪽으로 흐르는 현상

05 다음 중 파괴시험 검사법에 속하는 것은?
① 부식시험 ② 침투시험
③ 음향시험 ④ 와류시험

해설
• 부식시험 : 용접부가 바닷물, 유기산, 무기산 등에 부식되는가를 알아보기 위한 시험법으로 시험편의 일부분을 채취하여 검사하므로 파괴시험법이다.
• 침투시험 : 용접부 표면을 깨끗이 한 후 침투성이 강한 액체를 도포하면 결함이 있는 곳으로 침투액이 스며들고 이후 현상제를 발라서 결함여부를 알아보는 비파괴시험법이다.
• 음향시험 : 시험편을 해머나 기타 기구를 이용하여 두드리면서 그 소리로 결함여부를 검사하는 비파괴시험법이다.
• 와류시험 : 금속 내에 맴돌이 전류를 발생시켜 그 와류 전류의 변화를 측정하여 용접부의 결함 유무 및 크기를 측정하는 비파괴시험법이다.

06 TIG 용접 토치의 분류 중 형태에 따른 종류가 아닌 것은?
① T형 토치
② Y형 토치
③ 직선형 토치
④ 플렉시블형 토치

정답
1. ④ 2. ① 3. ② 4. ② 5. ① 6. ②

07 용접에 의한 수축 변형에 영향을 미치는 인자로 가장 거리가 먼 것은?
① 가접
② 용접 입열
③ 판의 예열 온도
④ 판 두께에 따른 이음 형상

08 전자동 MIG 용접과 반자동 용접을 비교했을 때 전자동 MIG 용접의 장점으로 틀린 것은?
① 용접속도가 빠르다.
② 생산단가를 최소화할 수 있다.
③ 우수한 품질의 용접이 얻어진다.
④ 용착 효율이 낮아 능률이 매우 좋다.

09 다음 중 탄산 가스 아크 용접의 자기쏠림 현상을 방지하는 대책으로 틀린 것은?
① 엔드 탭을 부착한다.
② 가스 유량을 조절한다.
③ 어스의 위치를 변경한다.
④ 용접부의 틈을 작게 한다.

10 다음 용접법 중 비소모식 아크 용접법은?
① 논 가스 아크 용접
② 피복 금속 아크 용접
③ 서브머지드 아크 용접
④ 불활성 가스 텅스텐 아크 용접

11 용접부를 끝이 구면인 해머로 가볍게 때려 용착 금속부의 표면에 소성 변형을 주어 인장응력을 완화시키는 잔류 응력 제거법은?
① 피닝법

② 노내 풀림법
③ 저온 응력 완화법
④ 기계적 응력 완화법

- 노내 풀림법 : 제품을 가열로 안에 넣고 적당한 온도에서 일정 시간 유지한 다음 노 내에서 서냉시킴으로써 잔류응력을 제거하는 방법이다.
- 저온 응력 완화법 : 용접선 양측을 일정한 속도로 이동하는 가스 불꽃에 의해 너비 약 150mm를 150~200℃로 가열한 다음 바로 수냉하는 방법이다.
- 기계적 응력 완화법 : 잔류 응력이 있는 제품에 하중을 주고 용접부에 약간의 소성변형을 일으킨 다음 하중을 제거하는 방법이다.

12 용접 변형의 교정법에서 점 수축법의 가열 온도와 가열시간으로 가장 적당한 것은?
① 100~200℃, 20초
② 300~400℃, 20초
③ 500~600℃, 30초
④ 700~800℃, 30초

13 수직면 또는 수평면 내에서 선회하는 회전 영역이 넓고 팔이 기울어져 상하로 움직일 수 있어, 주로 스폿 용접, 중량물 취급 등에 많이 이용되는 로봇은?
① 다관절 로봇
② 극좌표 로봇
③ 원통 좌표 로봇
④ 직각 좌표계 로봇

14 서브머지드 아크 용접 시 발생하는 기공의 원인이 아닌 것은?
① 직류 역극성 사용

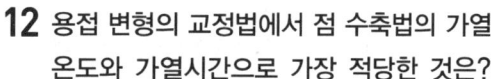
7. ① 8. ④ 9. ② 10. ④ 11. ① 12. ③ 13. ② 14. ①

② 용제의 건조 불량
③ 용제의 산포량 부족
④ 와이어의 녹, 기름, 페인트

15 다음 중 전자 빔 용접에 관한 설명으로 틀린 것은?
① 용입이 낮아 후판 용접에는 적용이 어렵다.
② 성분 변화에 의하여 용접부의 기계적 성질이나 내식성의 저하를 가져올 수 있다.
③ 가공재나 열처리에 대하여 소재의 성질을 저하시키지 않고 용접할 수 있다.
④ $10^{-4} \sim 10^{-6}$ mmHg 정도의 높은 진공실 속에서 음극으로부터 방출된 전자를 고전압으로 가속시켜 용접을 한다.

> **해설** 전자 빔 용접은 진공상태에서 용접을 하는 것으로 전자 빔의 집속성이 우수하여 깊은 용입을 얻을 수 있다.

16 안전·보건표지의 색채, 색도기준 및 용도에서 지시의 용도 색채는?
① 검은색   ② 노란색
③ 빨간색   ④ 파란색

> **해설** 안전표시 색채
> ① 빨강 : 방화, 금지, 정지, 고도의 위험
> ② 황적 : 위험, 항해, 항공의 보안시설
> ③ 노랑 : 주의(충돌, 추락, 걸려서 넘어지는 광고)
> ④ 녹색 : 안전, 피난, 위생 및 구호
> ⑤ 청색 : 지시, 주의(보호구 착용 등 안전위생을 위한 지시)
> ⑥ 자주 : 방사능
> ⑦ 흰색 : 통로, 정돈
> ⑧ 검정 : 위험 표지의 문자, 유도 표지의 화살표

17 X선이나 γ선을 재료에 투과시켜 투과된 빛의 강도에 따라 사진 필름에 감광시켜 결함을 검사하는 비파괴 시험법은?
① 자분 탐상 검사
② 침투 탐상 검사
③ 초음파 탐상 검사
④ 방사선 투과 검사

> **해설**
> • 자분 탐상 검사 : 강자성체의 재질에 사용되는 검사법으로 시험체를 자화시킨 후 누설자속의 흐트러짐 여부로 결함을 검사하는 방법이다.
> • 침투 탐상 검사 : 용접부 표면을 깨끗이 한 후 침투성이 강한 액체를 도포하면 결함이 있는 곳으로 침투액이 스며들고 이후 현상제를 발라서 결함여부를 알아보는 비파괴시험법이다.
> • 초음파 탐상 검사 : 파장이 짧은 음파 (0.5~15MHz)를 검사물의 내부에 침투시켜 내부의 결함 또는 불균일층의 존재를 검사하는 비파괴 시험법이다.

18 다음 중 용접봉의 용융속도를 나타낸 것은?
① 단위 시간당 용접 입열의 양
② 단위 시간당 소모되는 용접전류
③ 단위 시간당 형성되는 비드의 길이
④ 단위 시간당 소비되는 용접봉의 길이

> **해설**
> • 용접봉의 용융속도 : 단위 시간당 소비되는 용접봉의 무게 또는 길이로 표시
> • 용접봉의 용융속도 : 용접봉 쪽 전압강하 × 용접전류이다. 아크전압과는 관계가 없다.

19 물체와의 가벼운 충돌 또는 부딪침으로 인하여 생기는 손상으로 충격 부위가 부어오르고 통증이 발생되며 일반적으로 피부 표면에 창상이 없는 상처를 뜻하는 것은?

정답
15. ① 16. ④ 17. ④ 18. ④ 19. ④

① 출혈 ② 화상
③ 찰과상 ④ 타박상

20 일명 비석법이라고도 하며, 용접 길이를 짧게 나누어 간격을 두면서 용접하는 용착법은?

① 전진법 ② 후진법
③ 대칭법 ④ 스킵법

> **해설**
> - 전진법 : 한 끝에서 다른 쪽 끝을 향해 연속적으로 진행하는 방법으로 변형과 잔류응력이 그다지 문제가 되지 않을 때 이용되는 용착법이다.
> - 후진법 : 용접진행 방향과 용착방향이 서로 반대가 되는 방법으로 잔류응력은 다소 적게 발생한다.
> - 대칭법 : 용접봉의 중앙으로부터 양끝을 향해 대칭적으로 용접해 나가는 방법이다.

21 금속산화물이 알루미늄에 의하여 산소를 빼앗기는 반응에 의해 생성되는 열을 이용한 용접법은?

① 마찰 용접
② 테르밋 용접
③ 일렉트로 슬래그 용접
④ 서브머지드 아크 용접

22 저항 용접의 장점이 아닌 것은?

① 대량 생산에 적합하다.
② 후열 처리가 필요하다.
③ 산화 및 변질 부분이 적다.
④ 용접봉, 용제가 불필요하다.

> **해설** 저항 용접의 단점
> ① 대전류를 필요로 하고 설비가 복잡하고 값이 비싸다.
> ② 급랭 경화로 후열처리가 필요하다.
> ③ 용접부의 위치, 형상 등의 영향을 받는다.
> ④ 다른 금속 간의 접합이 곤란하다.
> ⑤ 적당한 비파괴검사가 어렵다.

23 정격 2차 전류 200A, 정격 사용률 40%인 아크 용접기로 실제 아크 전압 30V, 아크 전류 130A로 용접을 수행한다고 가정할 때 허용사용률은 약 얼마인가?

① 70% ② 75%
③ 80% ④ 95%

> **해설** 허용사용률=(정격 2차 전류)^2 / (실제 용접 전류)^2 ×정격사용률이므로,
> $200^2/130^2 × 40 = 94.6\%$이다.

24 아크 전류가 일정할 때 아크 전압이 높아지면 용접봉의 용융속도가 늦어지고 아크 전압이 낮아지면 용융속도가 빨라지는 특성을 무엇이라 하는가?

① 부저항 특성
② 절연회복 특성
③ 전압회복 특성
④ 아크 길이 자기제어 특성

> **해설**
> - 부저항 특성 : 일반전기회로의 특성인 옴의 법칙과 반대인 현상으로 전류가 커지면 저항이 감소해서 전압도 낮아지는 현상으로 아크 전류 밀도가 작을 때 나타난다.
> - 절연회복 특성 : 교류 아크 용접에서 1cycle당 2회 전류값이 "0"이 될 때 아크가 불안정해지는 것을 방지하는 특성으로 피복제를 사용하는 교류 아크 용접에서 나타나는 특성으로 일명 피복제의 특성이라고도 한다.
> - 전압회복 특성 : 아크가 단락되었을 때 순간적으로 과도전압을 공급해 아크의 재발생을 용이하게 해주는 특성으로 이

정답
20. ④ 21. ② 22. ② 23. ④ 24. ④

때의 전압을 재점호전압이라 한다.

25 강재 표면의 홈이나 개재물, 탈탄층 등을 제거하기 위하여 될 수 있는 대로 얇게 그리고 타원형 모양으로 표면을 깎아내는 가공법은?
① 분말 절단
② 가스 가우징
③ 스카핑
④ 플라즈마 절단

> **해설** 스카핑은 얇고 넓은 표면 홈파기 작업을 말하며 가우징은 좁고 깊은 홈파기 작업을 말한다.

26 다음 중 야금적 접합법에 해당되지 않는 것은?
① 융접(fusion welding)
② 접어 잇기(seam)
③ 압접(pressure welding)
④ 납땜(brazing and soldering)

> **해설** 심, 확관, 나사이음, 리벳이음은 기계적 접합법의 일종이다.

27 다음 중 불꽃의 구성 요소가 아닌 것은?
① 불꽃심
② 속불꽃
③ 겉불꽃
④ 환원불꽃

28 피복 아크 용접봉에서 피복제의 주된 역할이 아닌 것은?
① 용융금속의 용적을 미세화하여 용착효율을 높인다.
② 용착금속의 응고와 냉각속도를 빠르게 한다.
③ 스패터의 발생을 적게 하고 전기 절연 작용을 한다.

④ 용착금속에 적당한 합금원소를 첨가한다.

29 교류 아크 용접기에서 안정한 아크를 얻기 위하여 상용주파의 아크 전류에 고전압의 고주파를 중첩시키는 방법으로 아크발생과 용접작업을 쉽게 할 수 있도록 하는 부속장치는?
① 전격방지장치
② 고주파 발생장치
③ 원격제어장치
④ 핫 스타트장치

> **해설**
> - 전격방지장치 : 교류 아크 용접기의 무부하전압이 70~85V로 높아 감전의 위험이 높은 관계로 평소 용접을 하지 않을 때 무부하전압을 20~30V 이하로 유지시켜 감전(전격)의 위험을 방지해주는 장치
> - 원격제어장치 : 용접기에서 떨어져 작업할 때 작업 위치에서 전류를 조절할 수 있게 하는 장치
> - 핫스타트장치 : 아크 발생 시 용접봉이 모재와 접촉하는 순간 큰 전류를 발생시켜 아크 발생을 도와주는 장치

30 피복 아크 용접봉의 피복제 중에서 아크를 안정시켜 주는 성분은?
① 붕사
② 페로망간
③ 니켈
④ 산화티탄

31 산소 용기의 취급 시 주의사항으로 틀린 것은?
① 기름이 묻은 손이나 장갑을 착용하고는 취급하지 않아야 한다.
② 통풍이 잘 되는 야외에서 직사광선에 노출시켜야 한다.

정답
25. ③ 26. ② 27. ④ 28. ② 29. ② 30. ④ 31. ②

③ 용기의 밸브가 얼었을 경우에는 따뜻한 물로 녹여야 한다.
④ 사용 전에는 비눗물 등을 이용하여 누설 여부를 확인한다.

> **해설** 산소용기는 통풍이 잘 되고 온도가 40℃ 이하인 장소로 직사광선에 노출되어서는 안 된다.

32 피복 아크 용접봉의 기호 중 고산화티탄계를 표시한 것은?
① E4301   ② E4303
③ E4311   ④ E4313

> **해설**
> - E4301 : 일미나이트계
> - E4303 : 라임티탄계
> - E4311 : 고셀룰로오스계

33 가스 절단에서 프로판가스와 비교한 아세틸렌가스의 장점에 해당되는 것은?
① 후판 절단의 경우 절단속도가 빠르다.
② 박판 절단의 경우 절단속도가 빠르다.
③ 중첩 절단을 할 때에는 절단속도가 빠르다.
④ 절단면이 거칠지 않다.

> **해설**
>
> | 아세틸렌 | 프로판 |
> |---|---|
> | 점화하기 쉽다. | 절단 상부 기슭이 녹은 것이 적다. |
> | 중성불꽃을 만들기 쉽다. | 절단면이 미세하며 깨끗하다. |
> | 절단 개시까지 시간이 빠르다. | 슬래그 제거가 쉽다. |
> | 표면 영향이 적다. | 포갬 절단 속도가 아세틸렌보다 빠르다. |
> | 박판 절단 시는 빠르다. | 후판 절단 시는 아세틸렌보다 빠르다. |

34 용접기의 구비 조건이 아닌 것은?
① 구조 및 취급이 간단해야 한다.
② 사용 중에 온도 상승이 작아야 한다.
③ 전류 조정이 용이하고 일정한 전류가 흘러야 한다.
④ 용접 효율과 상관없이 사용 유지비가 적게 들어야 한다.

35 다음 중 연강을 가스 용접할 때 사용하는 용제는?
① 붕사
② 염화나트륨
③ 사용하지 않는다.
④ 중탄산소다+탄산소다

> **해설**
>
> | 연 강 | 사용하지 않는다. |
> |---|---|
> | 반경강 | 중탄산소다+탄산소다 |
> | 주 철 | 탄산나트륨 15%, 붕사 15%, 중탄산나트륨 70% |
> | 구리합금 | 붕사 75%, 염화리튬 25% |
> | 알루미늄 | 염화나트륨 30%, 염화칼륨 45%, 염화리튬 15%, 플루오르화칼륨, 황산칼륨 |

36 프로판 가스의 특징으로 틀린 것은?
① 안전도가 높고, 관리가 쉽다.
② 온도변화에 따른 팽창률이 크다.
③ 액화하기 어렵고, 폭발 한계가 넓다.
④ 상온에서는 기체 상태이고 무색, 투명하다.

37 피복 아크 용접봉에서 아크 길이와 아크 전압의 설명으로 틀린 것은?
① 아크 길이가 너무 길면 아크가 불안전하다.

정답 32. ④ 33. ② 34. ④ 35. ③ 36. ③ 37. ③

② 양호한 용접을 하려면 짧은 아크를 사용한다.
③ 아크 전압은 아크 길이에 반비례한다.
④ 아크 길이가 적당할 때, 정상적인 작은 입자의 스패터가 생긴다.

38 다음 중 용융금속의 이행 형태가 아닌 것은?
① 단락형 ② 스프레이형
③ 연속형 ④ 글로뷸러형

<해설> 용적이행의 종류
① 단락형 : 용적이 용융지에 접촉하여 단락되고 표면장력의 작용으로 모재에 옮겨가면서 용착되는 형태로 비피복 용접봉 사용 시 나타난다.
② 스프레이형 : 피복제의 일부가 가스화하여 가스를 뿜어냄으로써 미세한 용적이 스프레이와 같이 날려 모재로 이행하는 형식으로 일미나이트를 비롯한 피복용접 시 나타난다.
③ 글로뷸러형 : 비교적 큰 용적이 단락되지 않고 옮겨가는 형식이며, 서브머지드 아크 용접과 같이 대전류 사용 시에 나타나며 일명 핀치효과형이라 한다.

39 강자성을 가지는 은백색의 금속으로 화학 반응용 촉매, 공구 소결재로 널리 사용되고 바이탈륨의 주성분 금속은?
① Ti ② Co
③ Al ④ Pt

40 재료에 어떤 일정한 하중을 가하고 어떤 온도에서 긴 시간 동안 유지하면 시간이 경과함에 따라 스트레인이 증가하는 것을 측정하는 시험 방법은?
① 피로 시험 ② 충격 시험
③ 비틀림 시험 ④ 크리프 시험

<해설> • 피로시험 : 파괴하중보다 아주 작은 하중을 반복적으로 가하면서 파괴되기까지의 반복횟수를 구하는 시험방법이다.
• 충격시험 : 재료의 취성과 인성을 알아보기 위한 시험법으로 충격적인 힘을 가해서 측정한다.
• 비틀림시험 : 재료의 양 끝에서 서로 다른 방향으로 비틀림 하중을 주었을 때 견디는 힘을 측정한다.

41 금속의 결정구조에서 조밀육방격자(HCP)의 배위수는?
① 6 ② 8
③ 10 ④ 12

<해설> 배위수란 하나의 원자에 최근접한 원자의 수를 말하는 것으로 체심입방격자 8개, 면심입방격자, 조밀육방격자는 12개이다.

42 주석청동의 용해 및 주조에서 1.5~1.7%의 아연을 첨가할 때의 효과로 옳은 것은?
① 수축률이 감소된다.
② 침탄이 촉진된다.
③ 취성이 향상된다.
④ 가스가 혼입된다.

43 금속의 결정구조에 대한 설명으로 틀린 것은?
① 결정입자의 경계를 결정입계라 한다.
② 결정체를 이루고 있는 각 결정을 결정입자라 한다.
③ 체심입방격자는 단위격자 속에 있는 원자수가 3개이다.
④ 물질을 구성하고 있는 원자가 입체적으로 규칙적인 배열을 이루고 있는 것을 결정이라 한다.

정답 38. ③ 39. ② 40. ④ 41. ④ 42. ① 43. ③

> **[해설]** 체심입방격자의 단위격자 속의 원자수는 2개이고, 면심입방격자는 4개, 조밀육방격자도 2개이다.

44 Al의 표면을 적당한 전해액 중에서 양극 산화 처리하면 표면에 방식성이 우수한 산화 피막층이 만들어진다. 알루미늄의 방식 방법에 많이 이용되는 것은?
① 규산법　　② 수산법
③ 탄화법　　④ 질화법

45 강의 표면경화법이 아닌 것은?
① 풀림　　② 금속용사법
③ 금속침투법　　④ 하드페이싱

> **[해설]** 풀림은 담금질, 불림, 뜨임과 함께 일반열처리법으로 풀림의 목적은 내부응력을 제거하는 데 있다.

46 비금속 개재물이 강에 미치는 영향이 아닌 것은?
① 고온 메짐의 원인이 된다.
② 인성은 향상시키나 경도를 떨어뜨린다.
③ 열처리 시 개재물로 인한 균열을 발생시킨다.
④ 단조나 압연 작업 중에 균열의 원인이 된다.

47 해드필드강(hadfield steel)에 대한 설명으로 옳은 것은?
① Ferrite계 고 Ni강이다.
② Pearlite계 고 Co강이다.
③ Cementite계 고 Cr강이다.
④ Austenite계 고 Mn강이다.

> **[해설]** 저망간강은 듀콜강이라고 한다.

48 잠수함, 우주선 등 극한 상태에서 파이프의 이음쇠에 사용되는 기능성 합금은?
① 초전도 합금　　② 수소 저장 합금
③ 아모퍼스 합금　　④ 형상 기억 합금

> **[해설]**
> • 초전도 합금 : 초전도성을 가진 합금. 일정한 온도에서 전기 저항이 급격히 작아지면서 영(零)에 접근한다. 전동기, 변압기, 전자 탐지기, 레이더, 열핵 반응기 따위에 쓰인다.
> • 수소저장합금 : 수소를 안정적으로 저장하고 수송하기 위해 개발된 금속수소화물로 란탄-니켈계, 마그네슘-니켈계 등의 합금이 있다.
> • 아모퍼스 합금 : 보통 금속은 작은 결정 입자의 모임인데 아모퍼스 금속은 원자의 배열이 무질서하고 결정 상태로 되어 있지 않은 비정질금속으로 용해된 금속을 급속 냉각시켜서 만든다.

49 탄소강에서 탄소의 함량이 높아지면 낮아지는 값은?
① 경도　　② 항복강도
③ 인장강도　　④ 단면수축률

50 3~5% Ni, 1% Si을 첨가한 Cu 합금으로 C 합금이라고도 하며 강력하고 전도율이 좋아 용접봉이나 전극재료로 사용되는 것은?
① 톰백　　② 문쯔 메탈
③ 길딩 메탈　　④ 코슨합금

> **[해설]**
> • 톰백 : Zn을 5~20% 함유한 황동의 한 종류로 전연성이 좋고 색깔이 금색에 가까워 모조금이나 판 및 선 등에 사용된다.
> • 문쯔 메탈 : Cu 60% - Zn 40%의 6 :

44. ②　45. ①　46. ②　47. ④　48. ④　49. ④　50. ④

4 황동으로 인장강도가 높아 판 등으로 사용한다.
• 길딩 메탈 : Cu 95% - Zn 5% 함유한 황동의 한 종류로 연한 성질로 인해 동전이나 메달에 사용된다.

51 치수 기입법에서 지름, 반지름, 구의 지름 및 반지름, 모떼기, 두께 등을 표시할 때 사용되는 보조기호 표시가 잘못된 것은?

① 두께 : D6 ② 반지름 : R3
③ 모떼기 : C3 ④ 구의 지름 : Sϕ6

해설
• 지름 : ϕ
• 두께 : t
• 구의 반지름 : sR
• 정사각형의 변 : □
• 참고치수 : ( )

52 인접부분을 참고로 표시하는 데 사용하는 선은?

① 숨은선 ② 가상선
③ 외형선 ④ 피치선

해설
• 숨은선 : 물체의 보이지 않은 부분을 표시할 때 사용
• 외형선 : 물체의 보이는 부분의 모양을 표시할 때 사용
• 피치선 : 되풀이하는 도형의 피치를 취하는 기준을 표시하는 데 사용

53 보기와 같은 KS 용접 기호의 해독으로 틀린 것은?

① 화살표 반대쪽 점 용접
② 점 용접부의 지름 6mm
③ 용접부의 개수(용접 수) 5개
④ 점 용접한 간격은 100mm

해설 실선 위에 숫자가 있는 경우는 화살표 쪽 용접이며, 파선 위에 숫자가 있을 경우는 화살표 반대쪽 용접이다.

54 좌우, 상하 대칭인 그림과 같은 형상을 도면화하려고 할 때 이에 관한 설명으로 틀린 것은? (단, 물체에 뚫린 구멍의 크기는 같고 간격은 6mm로 일정하다.)

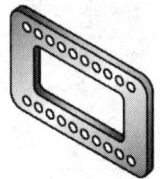 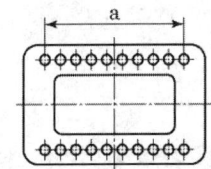

① 치수 a는 9×6(=54)으로 기입할 수 있다.
② 대칭기호를 사용하여 도형을 $\frac{1}{2}$로 나타낼 수 있다.
③ 구멍은 동일 형상일 경우 대표 형상을 제외한 나머지 구멍은 생략할 수 있다.
④ 구멍은 크기가 동일하더라도 각각의 치수를 모두 나타내어야 한다.

55 그림과 같은 제3각법 정투상도에 가장 적합한 입체도는?

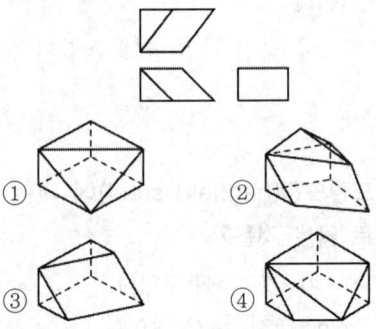

56 3각 기둥, 4각 기둥 등과 같은 각기둥 및

정답 51. ① 52. ② 53. ① 54. ④ 55. ③ 56. ②

원기둥을 평행하게 펼치는 전개방법의 종류는?
① 삼각형을 이용한 전개도법
② 평행선을 이용한 전개도법
③ 방사선을 이용한 전개도법
④ 사다리꼴을 이용한 전개도법

③ 배관도   ④ 공정도

57 SF 340A는 탄소강 단강품이며 340은 최저인장강도를 나타낸다. 이때 최저인장강도의 단위로 가장 옳은 것은?
① N/m^2 ② kgf/m^2
③ N/mm^2 ④ kgf/mm^2

58 배관 도면에서 그림과 같은 기호의 의미로 가장 적합한 것은?

① 체크 밸브   ② 볼 밸브
③ 콕 일반   ④ 안전 밸브

59 한쪽 단면도에 대한 설명으로 올바른 것은?
① 대칭형의 물체를 중심선을 경계로 하여 외형도의 절반과 단면도의 절반을 조합하여 표시한 것이다.
② 부품도의 중앙 부위 전후를 절단하여, 단면을 90° 회전시켜 표시한 것이다.
③ 도형 전체가 단면으로 표시된 것이다.
④ 물체의 필요한 부분만 단면으로 표시한 것이다.

60 판금작업 시 강판재료를 절단하기 위하여 가장 필요한 도면은?
① 조립도   ② 전개도

정답
57. ③ 58. ① 59. ① 60. ②

특수용접기능사

2016년 제4회 과년도출제문제

01 일반적으로 용접순서를 결정할 때 유의해야 할 사항으로 틀린 것은?
① 용접물의 중심에 대하여 항상 대칭으로 용접한다.
② 수축이 작은 이음을 먼저 용접하고 수축이 큰 이음은 나중에 용접한다.
③ 용접구조물이 조립되어감에 따라 용접작업이 불가능한 곳이나 곤란한 경우가 생기지 않도록 한다.
④ 용접구조물의 중립축에 대하여 용접 수축력의 모멘트 합이 0이 되게 하면 용접선 방향에 대한 굽힘을 줄일 수 있다.

02 플래시 버트 용접 과정의 3단계는?
① 업셋, 예열, 후열
② 예열, 검사, 플래시
③ 예열, 플래시, 업셋
④ 업셋, 플래시, 후열

03 일렉트로 슬래그 용접의 장점으로 틀린 것은?
① 용접 능률과 용접 품질이 우수하다.
② 최소한의 변형과 최단시간의 용접법이다.
③ 후판을 단일층으로 한 번에 용접할 수 있다.
④ 스패터가 많으며 80%에 가까운 용착 효율을 나타낸다.

> **해설** 일렉트로 슬래그 용접의 특징(위 지문 ①, ②, ③ 외에)
> ① 아크가 눈에 보이지 않고 아크 불꽃이 없다.
> ② 각 변형이 거의 없다.
> ③ 스패터가 없어 거의 100%에 가까운 용착 효율을 나타낸다.
> ④ 용접속도가 빠르고 I형 용접으로 가공이 쉽다.

04 용접결함과 그 원인의 연결이 틀린 것은?
① 언더컷 - 용접전류가 너무 낮을 경우
② 슬래그 섞임 - 운봉속도가 느릴 경우
③ 기공 - 용접부가 급속하게 응고될 경우
④ 오버랩 - 부적절한 운봉법을 사용했을 경우

> **해설** • 언더컷 : 용접전류가 너무 높을 경우, 아크 길이가 너무 길 경우, 용접속도가 적당하지 않을 때
> • 오버랩 : 용접전류가 너무 낮을 경우

05 탄산 가스 아크 용접에서 용착속도에 관한 내용으로 틀린 것은?
① 용접속도가 빠르면 모재의 입열이 감소한다.
② 용착률은 일반적으로 아크전압이 높은 쪽이 좋다.
③ 와이어 용융속도는 와이어의 지름과는 거의 관계가 없다.
④ 와이어 용융속도는 아크전류에 거의 정비례하며 증가한다.

정답 1.② 2.③ 3.④ 4.① 5.②

> **해설** 탄산가스 아크 용접에서는 전류를 높게 하면 와이어의 녹아내림과 용착률, 용입이 증가한다. 반면에 아크전압은 비드 형상을 결정하는 중요한 요인으로 전압이 높으면 비드가 넓어지고 납작해진다.

06 MIG 용접의 전류밀도는 TIG 용접의 약 몇 배 정도인가?
① 2 ② 4
③ 6 ④ 8

> **해설** 미그용접의 전류밀도
> 피복 아크 용접보다 약 6배, TIG 용접보다 약 2배 정도가 높다.

07 다음 중 용접 이음의 종류가 아닌 것은?
① 십자 이음 ② 맞대기 이음
③ 변두리 이음 ④ 모따기 이음

08 용접부에 생기는 결함 중 구조상의 결함이 아닌 것은?
① 기공 ② 균열
③ 변형 ④ 용입불량

> **해설** 변형, 치수부족, 형상불량, 비틀림 등은 치수상 결함에 속한다.

09 다음 중 파괴시험에서 기계적 시험에 속하지 않는 것은?
① 경도 시험 ② 굽힘 시험
③ 부식 시험 ④ 충격 시험

> **해설** 부식시험은 화학적 시험법이다.

10 서브머지드 아크 용접에서 용제의 구비 조건에 대한 설명으로 틀린 것은?
① 용접 후 슬래그(Slag)의 박리가 어려울 것
② 적당한 입도를 갖고 아크 보호성이 우수할 것
③ 아크 발생을 안정시켜 안정된 용접을 할 수 있을 것
④ 적당한 합금성분을 첨가하여 탈황, 탈산 등의 정련작용을 할 것

11 예열의 목적에 대한 설명으로 틀린 것은?
① 수소의 방출을 용이하게 하여 저온 균열을 방지한다.
② 열영향부와 용착 금속의 경화를 방지하고 연성을 증가시킨다.
③ 용접부의 기계적 성질을 향상시키고 경화 조직의 석출을 촉진시킨다.
④ 온도 분포가 완만하게 되어 열응력의 감소로 변형과 잔류 응력의 발생을 적게 한다.

12 다음 중 초음파 탐상법에 속하지 않는 것은?
① 공진법 ② 투과법
③ 프로드법 ④ 펄스반사법

13 화재 및 소화기에 관한 내용으로 틀린 것은?
① A급 화재란 일반화재를 뜻한다.
② C급 화재란 유류화재를 뜻한다.
③ A급 화재에는 포말소화기가 적합하다.
④ C급 화재에는 CO_2 소화기가 적합하다.

> **해설** 화재의 분류
> ① A급 화재(일반화재) : 연소 후 재를 남기는 화재(종이, 목재 등)
> ② B급 화재(유류화재) : 액상 또는 기체상의 연료성 화재(휘발유, 벤젠 등)
> ③ C급 화재(전기화재) : 전기 에너지가 발화원이 되는 화재

6. ① 7. ④ 8. ③ 9. ③ 10. ① 11. ③ 12. ③ 13. ②

④ D급 화재(금속화재) : 금속칼륨, 금속 나트륨, 유황 등의 화재
⑤ E급 화재(가스 화재) : 가연성 가스에 의해 발화원이 되는 화재

14 다음 중 MIG 용접에서 사용하는 와이어 송급 방식이 아닌 것은?
① 풀(pull) 방식
② 푸시(push) 방식
③ 푸시 풀(push-pull) 방식
④ 푸시 언더(push-under) 방식

15 다음 중 제품별 노내 및 국부풀림의 유지 온도와 시간이 올바르게 연결된 것은?
① 탄소강 주강품 : 625±25℃, 판두께 25mm에 대하여 1시간
② 기계구조용 연강재 : 725±25℃, 판두께 25mm에 대하여 1시간
③ 보일러용 압연강재 : 625±25℃, 판두께 25mm에 대하여 4시간
④ 용접구조용 연강재 : 725±25℃, 판두께 25mm에 대하여 2시간

해설 ①, ②, ③, ④ 모두 625±25℃에서 판 두께 25mm에 대해 1시간 정도 풀림

16 다음 중 스터드 용접법의 종류가 아닌 것은?
① 아크 스터드 용접법
② 저항 스터드 용접법
③ 충격 스터드 용접법
④ 텅스텐 스터드 용접법

17 다음 중 저항 용접의 3요소가 아닌 것은?
① 가압력
② 통전시간
③ 통전전압
④ 전류의 세기

18 스터드 용접에서 내열성의 도기로 용융금속의 산화 및 유출을 막아주고 아크 열을 집중시키는 역할을 하는 것은?
① 페룰
② 스터드
③ 용접토치
④ 제어장치

19 용접 작업에서 전격의 방지대책으로 틀린 것은?
① 땀, 물 등에 의해 젖은 작업복, 장갑 등은 착용하지 않는다.
② 텅스텐봉을 교체할 때 항상 전원 스위치를 차단하고 작업한다.
③ 절연 홀더의 절연부분이 노출, 파손되면 즉시 보수하거나 교체한다.
④ 가죽 장갑, 앞치마, 발 덮개 등 보호구를 반드시 착용하지 않아도 된다.

20 용접결함 중 은점의 원인이 되는 주된 원소는?
① 헬륨
② 수소
③ 아르곤
④ 이산화탄소

해설 은점(fish eye)
용착 금속의 파단면에 나타나는 은백색을 띤 물고기 눈 모양의 결함부를 말하는데 그 크기가 보통 0.2~5mm 정도이다.

21 용접 시공에서 다층 쌓기로 작업하는 용착법이 아닌 것은?
① 스킵법
② 빌드업법
③ 전진 블록법
④ 캐스케이드법

정답
14. ④ 15. ① 16. ④ 17. ③ 18. ① 19. ④ 20. ② 21. ①

22 선박, 보일러 등 두꺼운 판의 용접 시 용융 슬래그와 와이어의 저항열을 이용하여 연속적으로 상진하는 용접법은?
① 테르밋 용접
② 넌실드 아크 용접
③ 일렉트로 슬래그 용접
④ 서브머지드 아크 용접

23 용접기 설치 시 1차 입력이 10kVA이고 전원 전압이 200V이면 퓨즈 용량은?
① 50A   ② 100A
③ 150A   ④ 200A

> **해설** 전력(W)=전압(V)×전류(A)이므로, 퓨즈 용량(A)=전력/전압이다. 따라서 10,000/200 =50(A)이다.

24 산소-아세틸렌가스 절단과 비교한, 산소-프로판가스 절단의 특징으로 틀린 것은?
① 슬래그 제거가 쉽다.
② 절단면 윗 모서리가 잘 녹지 않는다.
③ 후판 절단 시에는 아세틸렌보다 절단속도가 느리다.
④ 포갬 절단 시에는 아세틸렌보다 절단속도가 빠르다.

> **해설** 아세틸렌가스와 프로판가스 절단의 비교
>
> | 아세틸렌 | 프로판 |
> |---|---|
> | 점화하기 쉽다. | 절단 상부 기슭이 녹은 것이 적다. |
> | 중성불꽃을 만들기 쉽다. | 절단면이 미세하며 깨끗하다. |
> | 절단 개시까지 시간이 빠르다. | 슬래그 제거가 쉽다. |
> | 표면 영향이 적다. | 포갬 절단 속도가 아세틸렌보다 빠르다. |
> | 박판 절단 시는 빠르다. | 후판 절단 시는 아세틸렌보다 빠르다. |

25 양호한 절단면을 얻기 위한 조건으로 틀린 것은?
① 드래그가 가능한 한 클 것
② 슬래그 이탈이 양호할 것
③ 절단면 표면의 각이 예리할 것
④ 절단면이 평활하며 드래그의 홈이 낮을 것

26 TIG 절단에 관한 설명으로 틀린 것은?
① 전원은 직류 역극성을 사용한다.
② 절단면이 매끈하고 열효율이 좋으며 능률이 대단히 높다.
③ 아크 냉각용 가스에는 아르곤과 수소의 혼합가스를 사용한다.
④ 알루미늄, 마그네슘, 구리와 구리합금, 스테인리스강 등 비철금속의 절단에 이용된다.

> **해설** TIG 절단의 전원으로는 주로 직류정극성이 사용된다.

27 다음 중 아크 절단에 속하지 않는 것은?
① MIG 절단
② 분말 절단
③ TIG 절단
④ 플라즈마 제트 절단

> **해설**
> • 가스 절단 : 산소-아세틸렌 절단, 산소-프로판 절단, 분말 절단(철분 절단, 용제 절단), 가스 가우징, 스카핑
> • 아크 절단 : 탄소 아크 절단, 금속 아크 절단, TIG 절단, MIG 절단, 아크 에어 가우징, 산소 아크 절단, 플라즈마 제트 절단

28 가스 용접 작업에서 양호한 용접부를 얻기 위해 갖추어야 할 조건으로 틀린 것은?

정답 22. ③ 23. ① 24. ③ 25. ① 26. ① 27. ② 28. ④

① 용착 금속의 용입 상태가 균일해야 한다.
② 용접부에 첨가된 금속의 성질이 양호해야 한다.
③ 기름, 녹 등을 용접 전에 제거하여 결함을 방지한다.
④ 과열의 흔적이 있어야 하고 슬래그나 기공 등도 있어야 한다.

29 용접기의 사용률(duty cycle)을 구하는 공식으로 옳은 것은?

① 사용률(%) = $\dfrac{\text{휴식시간}}{\text{아크발생시간}+\text{휴식시간}} \times 100$

② 사용률(%) = $\dfrac{\text{아크발생시간}}{\text{아크발생시간}+\text{휴식시간}} \times 100$

③ 사용률(%) = $\dfrac{\text{아크발생시간}}{\text{아크발생시간}-\text{휴식시간}} \times 100$

④ 사용률(%) = $\dfrac{\text{휴식시간}}{\text{아크발생시간}-\text{휴식시간}} \times 100$

30 다음 중 아크 쏠림 방지대책으로 틀린 것은?
① 접지점 2개를 연결할 것
② 용접봉 끝은 아크 쏠림 반대 방향으로 기울일 것
③ 접지점을 될 수 있는 대로 용접부에서 가까이할 것
④ 큰 가접부 또는 이미 용접이 끝난 용착부를 향하여 용접할 것

31 연강용 피복 아크 용접봉의 종류에 따른 피복제 계통이 틀린 것은?
① E4340 : 특수계
② E4316 : 저수소계
③ E4327 : 철분산화철계
④ E4313 : 철분산화티탄계

해설 E4313 : 고산화티탄계, E4324 : 철분산화티탄계

32 다음 중 기계적 접합법에 속하지 않는 것은?
① 리벳   ② 용접
③ 접어 잇기   ④ 볼트 이음

33 용접 중에 아크를 중단시키면 중단된 부분이 오목하거나 납작하게 파진 모습으로 남게 되는 것은?
① 피트   ② 언더컷
③ 오버랩   ④ 크레이터

34 가스 절단에서 예열불꽃의 역할에 대한 설명으로 틀린 것은?
① 절단산소 운동량 유지
② 절단산소 순도 저하방지
③ 절단개시 발화점 온도가열
④ 절단재의 표면스케일 등의 박리성 저하

35 가스 절단 작업 시 표준 드래그 길이는 일반적으로 모재 두께의 몇 % 정도인가?
① 5   ② 10
③ 20   ④ 30

36 일반적으로 두께가 3mm인 연강판을 가스 용접하기에 가장 적합한 용접봉의 직경은?
① 약 2.6mm   ② 약 4.0mm

정답
29. ② 30. ③ 31. ④ 32. ② 33. ④ 34. ④ 35. ③ 36. ①

③ 약 5.0mm ④ 약 6.0mm

해설 가스 용접봉의 지름(D)=T/2+1이므로, 3/2+1은 2.5mm이다.

37 일반적인 용접의 특징으로 틀린 것은?
① 재료의 두께에 제한이 없다.
② 작업공정이 단축되며 경제적이다.
③ 보수와 수리가 어렵고 제작비가 많이 든다.
④ 제품의 성능과 수명이 향상되며 이종 재료도 용접이 가능하다.

38 10000~30000℃의 높은 열에너지를 가진 열원을 이용하여 금속을 절단하는 절단법은?
① TIG 절단법
② 탄소 아크 절단법
③ 금속 아크 절단법
④ 플라즈마 제트 절단법

39 T.T.T 곡선에서 하부 임계냉각속도란?
① 50% 마텐자이트를 생성하는 데 요하는 최대의 냉각속도
② 100% 오스테나이트를 생성하는 데 요하는 최소의 냉각속도
③ 최초에 소르바이트가 나타나는 냉각속도
④ 최초에 마텐자이트가 나타나는 냉각속도

해설 T.T.T(time-temperature-transformation) 곡선 : 변태점 이상으로 가열한 강을 연속적으로 냉각하지 않고 어느 온도에서 일정한 시간 동안 항온을 유지하였다가 냉각하는 방법을 등온(항온) 열처리라 하며 이 열처리 과정을 시간-온도 곡선으로 나타낸 것을 T.T.T 곡선이라 한다.

※ 상부 임계냉각속도 : 마테자이트 조직만을 생기게 하는 최소의 냉각속도를 상부 임계냉각속도라 한다.

40 금속에 대한 성질을 설명한 것으로 틀린 것은?
① 모든 금속은 상온에서 고체 상태로 존재한다.
② 텅스텐(W)의 용융점은 약 3410℃이다.
③ 이리듐(Ir)의 비중은 약 22.5이다.
④ 열 및 전기의 양도체이다.

해설 금속은 상온에서 고체이다.(단, 수은의 응고점은 -38.9℃이기 때문에 수은은 제외한다.)

41 압입체의 대면각이 136°인 다이아몬드 피라미드로 하중 1~120kg을 사용하여 특히 얇은 물건이나 표면 경화된 재료의 경도를 측정하는 시험법은 무엇인가?
① 로크웰 경도시험법
② 비커즈 경도시험법
③ 쇼어 경도시험법
④ 브리넬 경도시험법

해설
• 로크웰 경도 : B스케일과 C스케일이 있으며, B스케일은 100kgf의 하중에서 1.588mm의 강구를, C스케일에서는 120도의 원뿔 및 선단 반지름은 0.2mm의 다이아몬드 압입자를 사용한다.
• 쇼어 경도 : 시험편의 면 위에 강구 또는 다이아몬드추를 붙인 작은 추를 일정한 높이에서 떨구어서 그 튀어오르는 높이로 경도를 측정하는 방법
• 브리넬 경도 : 지름이 10mm와 5mm인 담금질한 강구(둥근 공 모양의 단단한 쇠구슬)를 시험하고자 하는 금속 재료에 힘을 가하여 누르면 움푹 들어간 압흔이 생기는데 그 압흔의 지름을 구하여서 경

정답
37. ③ 38. ④ 39. ④ 40. ① 41. ②

도를 측정하는 방법

42 게이지용 강이 갖추어야 할 성질로 틀린 것은?
① 담금질에 의해 변형이나 균열이 없을 것
② 시간이 지남에 따라 치수변화가 없을 것
③ HRC 55 이상의 경도를 가질 것
④ 팽창계수가 보통 강보다 클 것

43 두 종류 이상의 금속 특성을 복합적으로 얻을 수 있고 바이메탈 재료 등에 사용되는 합금은?
① 제진 합금
② 비정질 합금
③ 클래드 합금
④ 형상 기억 합금

〈해설〉
• 제진 합금 : 진동 발생 원인 고체의 진동 자체를 감소시키는 것으로 두드렸을 때 쇳소리 대신 둔탁한 소리를 내는 금속
• 비정질 합금 : 액체처럼 불규칙한(비정질) 원자구조를 지닌 합금(amorphous alloy)을 뜻한다. 이 합금은 분자단위까지 관찰해도 결정구조가 없기 때문에 일반적인 금속소재보다 강성이 뛰어나다.
• 형상 기업 합금 : 처음에 주어진 특정 모양의 것을 인장하거나 소성변형된 것이 가열에 의하여 원래의 모양으로 되돌아가는 합금

44 알루미늄을 주성분으로 하는 합금이 아닌 것은?
① Y합금
② 라우탈
③ 인코넬
④ 두랄루민

〈해설〉 인코넬
니켈을 주재료로 15%의 크롬, 6~7%의

철, 2.5%의 티탄, 1% 이하의 알루미늄·망간·규소를 첨가한 내열합금이다.

45 다음의 희토류 금속원소 중 비중이 약 16.6, 융융점은 약 2996℃이고, 150℃ 이하에서 불활성 물질로서 내식성이 우수한 것은?
① Se
② Te
③ In
④ Ta

〈해설〉
• Se(셀레늄) : 녹는점 221℃, 끓는점은 685℃인 고체로서 반도체의 재료로 주로 사용하며 직류아크 용접기 정류자의 재료로도 사용된다.
• Te(텔루륨) : 녹는점 449.51℃, 끓는점 998℃, 밀도는 $6.24g/cm^3$인 고체로서 합금을 만드는 데 주로 사용된다.
• In(인듐) : 녹는점 156.63℃, 끓는점 2,000℃로 은백색의 밀랍처럼 무른 금속으로 칼로 자를 수도 있으며 합금에 주로 사용된다.

46 황동 중 60% Cu+40% Zn 합금으로 조직이 $\alpha+\beta$이므로 상온에서 전연성은 낮으나 강도가 큰 합금은?
① 길딩 메탈(gilding metal)
② 문쯔 메탈(Muntz metal)
③ 두라나 메탈(durana metal)
④ 애드미럴티 메탈(Admiralty metal)

〈해설〉
• 길딩 메탈 : 황동의 한 종류로 구리 95%~아연 5%이다. 동전이나 메달에 주로 사용된다.
• 두라나 메탈 : 7 : 3 황동에 2% Fe, 그리고 소량의 Sn, Al을 첨가하여 전기저항이 높고 내열, 내식성이 우수하다. Ag 대용으로 사용한다.
• 애드미럴티 황동 : 7 : 3 황동에 주석 1%를 첨가하여 경도, 인장강도, 내식성을 증가시

정답 42. ④ 43. ③ 44. ③ 45. ④ 46. ②

킨 것으로 증발기, 열교환기에 사용된다.

47 1000~1100℃에서 수중냉각함으로써 오스테나이트 조직으로 되고, 인성 및 내마멸성 등이 우수하여 광석 파쇄기, 기차 레일, 굴삭기 등의 재료로 사용되는 것은?
① 고 Mn강   ② Ni-Cr강
③ Cr-Mo강   ④ Mo계 고속도강

해설
- 고망간강 : 해드필드강 또는 오스테나이트 망간강이라 부른다.
- Ni-Cr강 : 탄소강에 니켈과 크롬을 첨가하여 각각의 효과를 이용한 강으로 연신율 및 단면 수축률이 크게 감소하지 않고 강도가 높은 특징이 있는 구조용 강이다.
- Cr-Mo강 : Ni-Cr강에서 Ni 대신 Mo을 소량 첨가하여 성질을 향상시킨 강으로 용접성이 우수하다.
- Mo계 고속도강 : 고속도강의 한 종류로 가격이 저렴하고 비중이 작으며 인성이 높은 특징이 있다.

48 가단주철의 일반적인 특징이 아닌 것은?
① 담금질 경화성이 있다.
② 주조성이 우수하다.
③ 내식성, 내충격성이 우수하다.
④ 경도는 Si량이 적을수록 높다.

49 순철이 910℃에서 Ac_3 변태를 할 때 결정 격자의 변화로 옳은 것은?
① BCT → FCC   ② BCC → FCC
③ FCC → BCC   ④ FCC → BCT

해설 Ac_3 변태
가열 시의 변태점을 Ac_3 변태라 하고 냉각 시의 변태를 Ar_3 변태라 한다.

50 압력이 일정한 Fe-C 평형상태도에서 공정점의 자유도는?
① 0   ② 1
③ 2   ④ 3

51 다음 중 호의 길이 치수를 나타내는 것은?

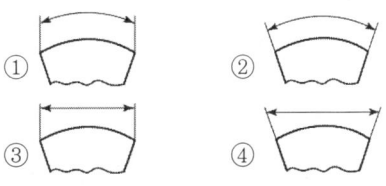

해설 ② : 각도의 표시, ③ : 현의 표시

52 보기 입체도의 화살표 방향 투상 도면으로 가장 적합한 것은?

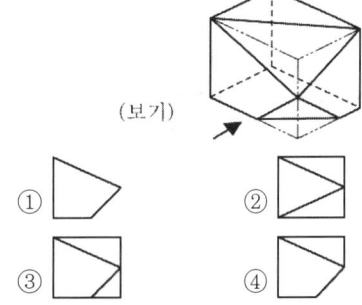

53 다음 중 도면의 일반적인 구비 조건으로 관계가 가장 먼 것은?
① 대상물의 크기, 모양, 자세, 위치의 정보가 있어야 한다.
② 대상물을 명확하고 이해하기 쉬운 방법으로 표현해야 한다.
③ 도면의 보존, 검색 이용이 확실히 되도록 내용과 양식을 구비해야 한다.
④ 무역과 기술의 국제 교류가 활발하므로 대상물의 특징을 알 수 없도록 보안성

정답 47. ① 48. ④ 49. ② 50. ① 51. ① 52. ③ 53. ④

을 유지해야 한다.

54 다음 용접 보조기호에서 현장 용접기호는?

① ② ③ ④

해설 ③ : 전둘레 용접(일주 용접)
④ : 용접부 표면을 평면(동일한 면으로 마감처리)으로 처리

55 단면의 무게 중심을 연결한 선을 표시하는 데 사용하는 선의 종류는?
① 가는 1점 쇄선
② 가는 2점 쇄선
③ 가는 실선
④ 굵은 파선

56 배관도에서 유체의 종류와 문자 기호를 나타내는 것 중 틀린 것은?
① 공기 : A
② 연료 가스 : G
③ 증기 : W
④ 연료유 또는 냉동기유 : O

57 보기 입체도를 제3각법으로 올바르게 투상한 것은?

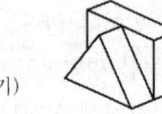
(보기)

 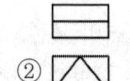
① ②

③ ④

58 리벳의 호칭 표기법을 순서대로 나열한 것은?
① 규격번호, 종류, 호칭지름×길이, 재료
② 종류, 호칭지름×길이, 규격번호, 재료
③ 규격번호, 종류, 재료, 호칭지름×길이
④ 규격번호, 호칭지름×길이, 종류, 재료

59 탄소강 단강품의 재료 표시기호 "SF 490A"에서 "490"이 나타내는 것은?
① 최저 인장강도
② 강재 종류 번호
③ 최대 항복강도
④ 강재 분류 번호

60 다음 중 일반적으로 긴 쪽 방향으로 절단하여 도시할 수 있는 것은?
① 리브   ② 기어의 이
③ 바퀴의 암   ④ 하우징

정답
54. ② 55. ② 56. ③ 57. ④ 58. ① 59. ① 60. ④

CBT 대비 모의고사

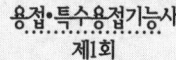

01 직류 아크 용접에서 용접봉을 용접기의 음극에, 모재를 양극에 연결하여 사용할 경우의 극성은?
① 정극성   ② 역극성
③ 혼합성   ④ 아크성

02 피복 아크 용접봉에서 피복제의 역할로 틀린 것은?
① 아크를 안정시킴
② 전기 절연작용을 함
③ 슬래그 제거가 쉬움
④ 냉각속도를 빠르게 함

03 지름이 3.0mm의 용접봉에서 아크의 길이는 몇 mm로 하는 것이 가장 적당한가?
① 3.0   ② 6.0
③ 9.0   ④ 12.0

04 피복 아크 용접봉은 염기도(basicity)가 높을수록 내균열성은 좋으나 작업성이 저하되는데 다음 중 염기도 크기를 순서대로 올바르게 나열한 것은?
① E4311 < E4301 < E4316
② E4316 < E4301 < E4311
③ E4301 < E4316 < E4311
④ E4316 < E4311 < E4301

05 다음 중 아세틸렌가스의 성질에 대한 설명으로 틀린 것은?
① 비중은 0.906으로 공기보다 가볍다.
② 순수한 아세틸렌가스는 무색, 무취의 기체이다.
③ 물에는 4배, 아세톤에는 6배가 용해된다.
④ 산소와 적당히 혼합하여 연소시키면 높은 열을 낸다.

06 용접에 있어 모든 열적 요인 중 가장 영향을 많이 주는 요소는?
① 용접입열   ② 용접재료
③ 주위온도   ④ 용접복사열

07 변형 방지용 지그의 종류 중 다음 그림과 같이 사용된 지그는?

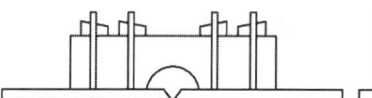

① 바이스 지그
② 스트롱 백
③ 탄성 역변형 지그
④ 판넬용 탄성 역변형 지그

08 수하특성에 관한 설명 중 가장 적당한 것은?
① 부하전류가 증가하면 단자전압이 저하하는 특성
② 부하전압이 증가하면 단자전압이 상승하는 특성
③ 아크전류가 증가하여도 단자전압이 변

하지 않는 특성
④ 부하전압이 변화하여도 전압이 변화하지 않는 특성

③ 스테인리스강
④ 동합금

09 아크 에어 가우징 작업에서 탄소강과 스테인리스강에 가장 우수한 작업효과를 나타내는 전원은?
① 교류(AC)
② 직류정극성(DCSP)
③ 직류역극성(DCRP)
④ 교류, 직류 모두 동일

10 가스 용접봉을 선택할 때 조건으로 틀린 것은?
① 모재와 같은 재질일 것
② 불순물이 포함되어 있지 않을 것
③ 용융온도가 모재보다 낮을 것
④ 기계적 성질에 나쁜 영향을 주지 않을 것

11 다음 그림은 가스절단의 종류 중 어떤 작업을 하는 모양을 나타낸 것인가?

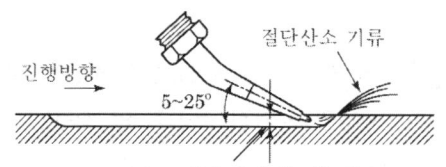

① 산소창 절단
② 포갬 절단
③ 가스 가우징
④ 분말 절단

12 가스 용접에서 팁의 재료로 가장 적당한 것은?
① 고탄소강
② 고속도강

13 가스 용접 작업 시 후진법의 설명으로 맞는 것은?
① 용접속도가 빠르다.
② 열 이용률이 나쁘다.
③ 얇은 판의 용접에 적합하다.
④ 용접변형이 크다.

14 가스용기의 취급상 주의사항으로 잘못된 것은?
① 가스용기의 이동 시는 밸브를 잠근다.
② 가스용기를 난폭하게 취급하지 않는다.
③ 가스용기의 저장은 환기가 되는 장소에 둔다.
④ 가연성 가스용기는 눕혀서 보관한다.

15 청색의 겉불꽃에 둘러싸인 무광의 불꽃이므로 육안으로는 불꽃조절이 어렵고, 납땜이나 수중 절단의 예열불꽃으로 사용되는 것은?
① 천연가스 불꽃
② 산소-수소 불꽃
③ 도시가스 불꽃
④ 산소-아세틸렌 불꽃

16 가스 절단에서 절단용 산소에 불순물이 증가되면 발생되는 결과가 아닌 것은?
① 절단면이 거칠어진다.
② 절단속도가 빨라진다.
③ 슬래그 이탈성이 나빠진다.
④ 산소의 소비량이 많아진다.

17 용접작업 시 사용하는 보호기구의 종류로만 나열된 것은?
① 앞치마, 핸드실드, 차광유리, 팔덮개
② 용접헬멧, 핸드그라인더, 용접케이블, 앞치마
③ 치핑해머, 용접집게, 전류계, 앞치마
④ 용접기, 용접케이블, 퓨즈, 팔덮개

18 AW300인 교류 아크 용접기로 쉬지 않고 계속적으로 용접작업을 진행할 수 있는 용접전류는 약 몇 암페어[A] 이하인가?(단, 이때 허용사용률은 100%이며, 이 용접기의 정격사용률은 40%이다.)
① 138A 이하   ② 154A 이하
③ 189A 이하   ④ 226A 이하

19 교류 아크 용접기 종류 중 AW-500의 정격 부하 전압은 몇 V인가?
① 28V   ② 32V
③ 36V   ④ 40V

20 피복 아크 용접봉에서 모재로 용융금속이 옮겨가는 상태에서 비교적 큰 용적이 단락되지 않고 옮겨가는 형식은?
① 단락형   ② 스프레이형
③ 글로불러형 ④ 슬래그형

21 용접 용어 중 "중단되지 않은 용접의 시발점 및 크레이터를 제외한 부분의 길이"를 뜻하는 것은?
① 용접선   ② 용접 길이
③ 용접축   ④ 다리 길이

22 다음 중 주철의 보수 용접방법이 아닌 것은?
① 스터드법   ② 비녀장법
③ 버터링법   ④ 피닝법

23 각각의 단독 용접공정(each welding process)보다 훨씬 우수한 기능과 특성을 얻을 수 있도록 두 종류 이상의 용접 공정을 복합적으로 활용하여 서로의 장점을 살리고 단점을 보완하여 시너지 효과를 얻기 위한 용접법을 무엇이라 하는가?
① 하이브리드 용접
② 마찰교반 용접
③ 천이액상확산 용접
④ 저온용 무연 솔더링 용접

24 플라즈마 아크 용접에서 아크의 종류가 아닌 것은?
① 관통형 아크
② 반이행형 아크
③ 이행형 아크
④ 비이행형 아크

25 다음 중 CO_2 가스 아크 용접에서 기공발생의 원인과 가장 거리가 먼 것은?
① CO_2 가스 유량이 부족하다.
② 노즐과 모재 간 거리가 지나치게 길다.
③ 바람에 의해 CO_2 가스가 날린다.
④ 엔드 탭(end tab)을 부착하여 고전류를 사용한다.

26 다음 중 이산화탄소 가스 아크 용접의 특징으로 적당하지 않은 것은?
① 모든 재질에 적용이 가능하다.

② 용착금속의 기계적 및 금속학적 성질이 우수하다.
③ 전류밀도가 높아 용입이 깊고, 용접속도를 빠르게 할 수 있다.
④ 피복 아크 용접처럼 피복 아크 용접봉을 갈아 끼우는 시간이 필요 없으므로 용접 작업 시간을 길게 할 수 있다.

27 주로 레일의 접합, 차축, 선박의 프레임 등 비교적 큰 단면을 가진 주조나 단조품의 맞대기 용접과 보수용접에 주로 상용되며, 용접작업이 단순하고, 용접 결과의 재현성이 높지만 용접비용이 비싼 용접법은?
① 가스 용접
② 테르밋 용접
③ 플래시 버트 용접
④ 프로젝션 용접

28 다음 중 핫 스타트(hot start) 장치의 사용 시 장점으로 볼 수 없는 것은?
① 기공(blow hole)을 방지한다.
② 비드 모양을 개선한다.
③ 아크 발생은 어렵지만 용착금속 성질은 양호해진다.
④ 아크 발생 초기의 용입을 양호하게 한다.

29 다음 중 가스 용접 작업을 할 때 주의하여야 할 안전사항으로 틀린 것은?
① 가스 용접을 할 때는 면장갑을 낀다.
② 작업자의 눈을 보호하기 위하여 차광유리가 부착된 보안경을 착용한다.
③ 납이나 아연합금 또는 도금재료를 가스 용접 시 중독될 우려가 있으므로 주의하여야 한다.
④ 가스 용접 작업은 가연성 물질이 없는 안전한 장소를 선택한다.

30 다음 중 TIG 용접에 사용되는 전극봉의 재료로 가장 적합한 금속은?
① 알루미늄 ② 텅스텐
③ 스테인리스 ④ 강철

31 다음 중 일명 유니언 멜트 용접법이라고도 불리며 아크가 용제 속에 잠겨 있어 밖에서는 보이지 않는 용접법은?
① 이산화탄소 아크 용접
② 일렉트로 슬래그 용접
③ 서브머지드 아크 용접
④ 불활성 가스 텅스텐 아크 용접

32 다음 중 펄스 TIG 용접기의 특징에 관한 설명으로 틀린 것은?
① 저주파 펄스용접기와 고주파 펄스용접기가 있다.
② 직류용접기에 펄스 발생 회로를 추가한다.
③ 전극봉의 소모가 많아 수명이 짧다.
④ 20A 이하의 저전류에서 아크의 발생이 안정하다.

33 다음 중 아크 용접 결함의 종류에 대한 발생 원인을 설명한 것으로 틀린 것은?
① 균열 : 모재에 탄소, 망간 등의 합금원소 함량이 많을 때
② 기공 : 용접 분위기 가운데 수소 또는 일산화탄소가 과잉될 때
③ 용입 불량 : 이음 설계에 결함이 있을 때
④ 스패터 : 건조된 용접봉을 사용했을 때

34 다음 중 전기저항 용접의 종류가 아닌 것은?
① TIG 용접
② 점 용접
③ 프로젝션 용접
④ 플래시 용접

35 미그(MIG) 용접 제어장치의 기능으로 아크가 처음 발생되기 전 보호가스를 흐르게 하여 아크를 안정되게 하여 결함발생을 방지하기 위한 것은?
① 스타트 시간
② 가스 지연 유출 시간
③ 버언 백 시간
④ 예비 가스 유출 시간

36 다음 중 안전·보건표지의 색채에 따른 용도에 있어 지시를 나타내는 색채로 옳은 것은?
① 빨간색   ② 녹색
③ 노란색   ④ 파란색

37 용접부의 비파괴 시험 방법의 기본 기호 중 "PT"에 해당하는 것은?
① 방사선 투과시험
② 초음파 탐상시험
③ 자기분말 탐상시험
④ 침투 탐상시험

38 다음 중 보안경을 필요로 하는 작업과 가장 거리가 먼 것은?
① 탁상 그라인더 작업
② 디스크 그라인더 작업
③ 수동가스 절단 작업
④ 금긋기 작업

39 다음 중 순철의 동소체가 아닌 것은?
① α철   ② β철
③ γ철   ④ δ철

40 다음 중 8~12% Sn에 1~2% Zn을 함유한 구리합금을 무엇이라 하는가?
① 포금(gun metal)
② 톰백(tombac)
③ 켈밋 합금(kelmet alloy)
④ 델타 메탈(delta metal)

41 다음 중 강괴를 용강의 탈산정도에 따라 분류할 때 해당되지 않는 것은?
① 킬드강   ② 석출강
③ 림드강   ④ 세미킬드강

42 다음 중 용접재료의 인장시험에서 구할 수 없는 것은?
① 항복점   ② 단면수축률
③ 비틀림강도   ④ 연신율

43 다음 중 침탄법이 질화법보다 좋은 점을 설명한 것으로 옳은 것은?
① 경화에 의한 변형이 없다.
② 경화 후 수정이 가능하다.
③ 후처리로 열처리가 필요 없다.
④ 매우 높은 경도를 가질 수 있다.

44 다음 중 니켈(Ni)의 성질에 관한 설명으로 틀린 것은?
① 내식성이 크다.

② 상온에서 강자성체이다.
③ 면심입방(FCC) 격자의 구조를 갖는다.
④ 아황산가스를 품은 공기에도 부식이 되지 않는다.

45 다음 중 어느 부분이나 균일하고 불연속적이며, 경계된 부분으로 되어 있는 분자와 원자의 집합 상태인 것을 무엇이라 하는가?
① 계(system)
② 상(phase)
③ 상률(phase rule)
④ 농도(concentration)

46 강에 함유된 원소 중 인(P)이 미치는 영향을 올바르게 설명한 것은?
① 연신율과 충격치를 증가시킨다.
② 결정립을 미세화시킨다.
③ 실온에서 충격치를 높게 한다.
④ 강도와 경도를 증가시킨다.

47 다음 중 재료의 내·외부에 열처리 효과의 차이가 생기는 현상으로 강의 담금질성에 의해 영향을 받는 것은?
① 심랭처리
② 질량효과
③ 금속간 화합물
④ 소성변형

48 다음 중 7 : 3 황동에 2%의 Fe과 소량의 주석과 알루미늄을 넣은 것을 무엇이라 하는가?
① 듀라나 메탈(durana metal)
② 델타 메탈(delta metal)
③ 알브랙(albrac)
④ 라우탈(lautal)

49 다음 중 페라이트계 스테인리스강에 관한 설명으로 틀린 것은?
① 유기산과 질산에는 침식하지 않는다.
② 염산, 황산 등에도 내식성을 잃지 않는다.
③ 오스테나이트계에 비하여 내산성이 낮다.
④ 표면이 잘 연마된 것은 공기나 물 중에 부식되지 않는다.

50 다음 중 용접 공사를 수주한 후 최적의 공정계획을 세우기 위해서 작성하여야 하는 사항과 가장 거리가 먼 것은?
① 가공표
② 공정표
③ 강재중량표
④ 인원배치표

51 배관 도면에서 그림과 같은 기호의 의미로 가장 적합한 것은?

① 콕 일반
② 볼 밸브
③ 체크 밸브
④ 안전 밸브

52 그림과 같이 대상물의 구멍, 홈 등 한 국부만의 모양을 도시하는 것으로 충분한 경우에는 그 필요 부분만을 나타내는 투상도는?

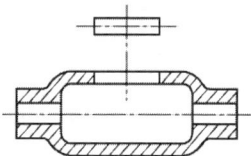

① 국부 투상도
② 부분 투상도
③ 보조 투상도
④ 회전 투상도

53 일반 구조용 압연강재 SS400에서 400이 나타내는 것은?
① 최대 압축 강도

② 최저 압축 강도
③ 최저 인장 강도
④ 최대 인장 강도

54 리벳의 호칭 방법으로 적합한 것은?
① 규격번호, 종류, 호칭지름×길이, 재료
② 종류, 호칭지름×길이, 재료, 규격번호
③ 재료, 종류, 호칭지름×길이, 규격번호
④ 호칭지름×길이, 종류, 재료, 규격번호

55 도면을 축소 또는 확대했을 경우, 그 정도를 알기 위해서 설정하는 것은?
① 중심 마크　② 비교 눈금
③ 도면의 구역　④ 재단 마크

56 물체의 보이지 않는 부분의 형상을 나타내는 선은?
① 파단선　② 지시선
③ 숨은선　④ 외형선

57 그림과 같이 제3각법으로 그린 투상도에 적합한 입체도는?

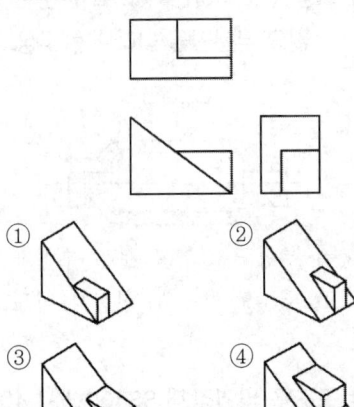

58 동일한 물체를 제3각법으로 정투상한 도면 중 누락이나 틀린 부분이 없는 올바른 투상도는?

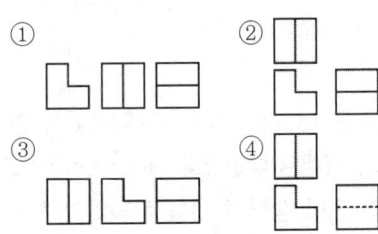

59 아래 그림은 원뿔을 경사지게 자른 경우이다. 잘린 원뿔의 전개 형태로 가장 올바른 것은?

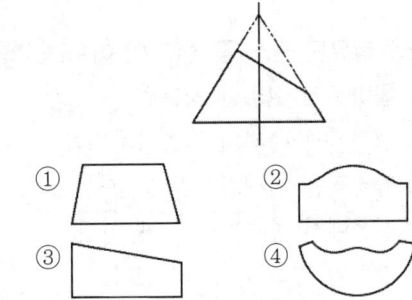

60 도면에서의 지시한 용접법으로 바르게 짝지어진 것은?

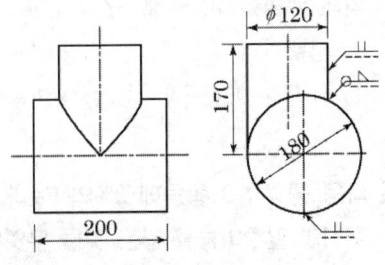

① 평형 맞대기 용접, 필릿 용접
② 겹치기 용접, 플러그 용접
③ 심 용접, 점 용접
④ 이면 용접, V형 맞대기 용접

CBT 대비 모의고사

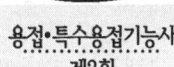

01 다음 중 기계적 접합법의 종류가 아닌 것은?
① 볼트이음 ② 리벳이음
③ 코터이음 ④ 스터드 용접

02 다음 중 용접용 홀더의 종류에 속하지 않는 것은?
① 125호 ② 160호
③ 400호 ④ 600호

03 전류가 증가하여도 전압이 일정하게 되는 특성으로 이산화탄소 아크 용접장치 등의 아크 발생에 필요한 용접기의 외부 특성은?
① 상승 특성 ② 정전류 특성
③ 정전압 특성 ④ 부저항 특성

04 용접 시공 시 발생하는 용접변형이나 잔류응력 발생을 최소화하기 위하여 용접순서를 정할 때의 유의사항으로 틀린 것은?
① 동일평면 내에 많은 이음이 있을 때 수축은 가능한 한 자유단으로 보낸다.
② 중심에 대하여 대칭으로 용접한다.
③ 수축이 적은 이음은 가능한 한 먼저 용접하고, 수축이 큰 이음은 맨 나중에 한다.
④ 리벳작업과 용접을 같이 할 때에는 용접을 먼저 한다.

05 스터드 용접 장치에서 내열성의 도기로 만

들며 아크를 보호하기 위한 것으로 모재와 접촉하는 부분은 홈이 패여 있어 내부에서 발생하는 열과 가스를 방출할 수 있도록 한 것을 무엇이라 하는가?
① 제어장치 ② 스터드
③ 용접토치 ④ 페룰

06 다음 중 가스 실드계의 대표적인 용접봉으로 비드 표면이 거칠고 스패터가 많으며 수직상진, 하진 및 위보기 용접에서 우수한 작업성을 가지고 있는 용접봉은?
① E4301 ② E4311
③ E4313 ④ E4316

07 용착법을 용접 방향, 순서, 다층 용접으로 대별할 경우 다음 중 다층 용접법에 의한 분류법에 속하지 않는 것은?
① 덧살올림법 ② 캐스케이드법
③ 전진블록법 ④ 후진법

08 다음 중 아크 용접 작업 시 용접 작업자가 감전된 것을 발견했을 때의 조치방법으로 적절하지 않은 것은?
① 빠르게 전원 스위치를 차단한다.
② 전원차단 전 우선 작업자를 손으로 이탈시킨다.
③ 즉시 의사에게 연락하여 치료를 받도록 한다.
④ 구조 후 필요에 따라서는 인공호흡 등

응급처지를 실시한다.

09 다음 중 이산화탄소 아크 용접에 대한 설명으로 옳은 것은?
① 전류밀도가 낮다.
② 비철금속 용접에만 적합하다.
③ 전류밀도가 낮아 용입이 얕다.
④ 용착금속의 기계적 성질이 좋다.

10 다음 중 용접모재와 전극 사이의 아크열을 이용하는 방법으로 용접 작업에서의 주된 에너지원에 속하는 용접열원은?
① 가스 에너지
② 전기 에너지
③ 기계적 에너지
④ 충격 에너지

11 피복 아크 용접 시 일반적으로 언더컷을 발생시키는 원인으로 가장 거리가 먼 것은?
① 용접 전류가 너무 높을 때
② 아크 길이가 너무 길 때
③ 부적당한 용접봉을 사용했을 때
④ 홈 각도 및 루트 간격이 좁을 때

12 다음 중 피복 아크 용접에 있어 용접봉에서 모재로 용융금속이 옮겨가는 상태를 분류한 것이 아닌 것은?
① 폭발 이행형
② 스프레이 이행형
③ 글로뷸러 이행형
④ 단락 이행형

13 다음 중 피복 아크 용접에 비교한 가스메탈아크용접(GMAW)법의 특징으로 틀린 것은?
① 용접봉을 교체하는 작업이 불필요하기 때문에 능률적이다.
② 슬래그가 없으므로 슬래그 제거시간이 절약된다.
③ 과도한 스패터로 인해 용접재료의 손실이 있어 용착효율이 약 60% 정도이다.
④ 전류밀도가 높기 때문에 용입이 크다.

14 다음 중 이음 형상에 따른 저항 용접의 분류에 있어 겹치기 저항 용접에 해당하지 않는 것은?
① 점 용접   ② 퍼커션 용접
③ 심 용접   ④ 프로젝션 용접

15 TIG 용접 토치의 분류 중 형태에 따른 종류가 아닌 것은?
① T형 토치
② Y형 토치
③ 직선형 토치
④ 플렉시블형 토치

16 맞대기 용접 이음에서 모재의 인장강도는 40kgf/mm^2이며, 용접 시험편의 인장강도가 45kgf/mm^2일 때 이음효율은 몇 %인가?
① 104.4   ② 112.5
③ 125.0   ④ 150.0

17 금속나트륨, 마그네슘 등과 같은 가연성 금속의 화재는 몇 급 화재로 분류되는가?
① A급 화재   ② B급 화재
③ C급 화재   ④ D급 화재

18 다음 중 표준 홈 용접에 있어 한쪽에서 용접으로 완전 용입을 얻고자 할 때 V형 홈 이음의 판 두께로 가장 적합한 것은?
① 1~10mm ② 5~15mm
③ 20~30mm ④ 35~50mm

19 산업안전보건법상 화학물질 취급장소에서의 유해·위험 경고를 알리고자 할 때 사용하는 안전·보건표지의 색채는?
① 빨간색 ② 녹색
③ 파란색 ④ 흰색

20 용접 결함 중 치수상의 결함에 해당하는 변형, 치수불량, 형상불량에 대한 방지대책과 가장 거리가 먼 것은?
① 역변형법 적용이나 지그를 사용한다.
② 습기, 이물질 제거 등 용접부를 깨끗이 한다.
③ 용접 전이나 시공 중에 올바른 시공법을 적용한다.
④ 용접조건과 자세, 운봉법을 적정하게 한다.

21 다음 중 자동 불활성가스 텅스텐 아크 용접의 종류에 해당하지 않는 것은?
① 단전극 TIG 용접형
② 전극 높이 고정형
③ 아크길이 자동 제어형
④ 와이어 자동 송급형

22 다음 중 서브머지드 아크 용접(Submerged Arc Welding)에서 용제의 역할과 가장 거리가 먼 것은?
① 아크 안정
② 용락 방지
③ 용접부의 보호
④ 용착금속의 재질 개선

23 다음 중 반자동 CO_2 용접에서 용접전류와 전압을 높일 때의 특성을 설명한 것으로 옳은 것은?
① 용접전류가 높아지면 용착률과 용입이 감소한다.
② 아크전압이 높아지면 비드가 좁아진다.
③ 용접전류가 높아지면 와이어의 용융속도가 느려진다.
④ 아크전압이 지나치게 높아지면 기포가 발생한다.

24 다음 중 일반적으로 가스 폭발을 방지하기 위한 예방 대책에 있어 가장 먼저 조치를 취하여야 할 사항은?
① 방화수 준비
② 가스 누설의 방지
③ 착화의 원인 제거
④ 배관의 강도 증가

25 일반적으로 사람의 몸에 얼마 이상의 전류가 흐르면 순간적으로 사망할 위험이 있는가?
① 5mA ② 15mA
③ 25mA ④ 50mA

26 다음 중 연강용 가스 용접봉의 길이 치수로 옳은 것은?
① 500mm ② 700mm
③ 800mm ④ 1000mm

27 아크 절단법 중 텅스텐 전극과 모재 사이에 아크를 발생시켜 모재를 용융하여 절단하는 방법으로 알루미늄, 마그네슘, 구리 및 구리합금, 스테인리스강 등의 금속재료의 절단에만 이용되는 것은?
① 티그 절단
② 미그 절단
③ 플라즈마 절단
④ 금속아크 절단

28 다음 중 용접 작업 전 예열을 하는 목적으로 틀린 것은?
① 용접 작업성의 향상을 위하여
② 용접부의 수축 변형 및 잔류 응력을 경감시키기 위하여
③ 용접금속 및 영향부의 연성 또는 인성을 향상시키기 위하여
④ 고탄소강이나 합금강 열 영향부의 경도를 높게 하기 위하여

29 다음 중 절단에 관한 설명으로 옳은 것은?
① 수중 절단은 침몰선의 해체나 교량의 개조 등에 사용되며 연료 가스로는 헬륨을 가장 많이 사용한다.
② 탄소 전극봉 대신 절단 전용의 피복을 입힌 피복봉을 사용하여 절단하는 방법을 금속 아크 절단이라 한다.
③ 산소 아크 절단은 속이 꽉 찬 피복 용접봉과 모재 사이에 아크를 발생시키는 가스 절단법이다.
④ 아크 에어 가우징은 중공의 탄소 또는 흑연 전극에 압축공기를 병용한 아크 절단법이다.

30 다음 중 수중 절단에 가장 적합한 가스로 짝지어진 것은?
① 산소-수소 가스
② 산소-이산화탄소 가스
③ 산소-암모니아 가스
④ 산소-헬륨 가스

31 다음 중 연강용 가스 용접봉의 종류인 "GB43"에서 "43"이 의미하는 것은?
① 가스 용접봉
② 용착금속의 연신율 구분
③ 용착금속의 최소 인장강도 수준
④ 용착금속의 최대 인장강도 수준

32 다음 중 수동가스 절단기에서 저압식 절단 토치는 아세틸렌가스 압력이 보통 몇 kgf/cm^2 이하에서 사용되는가?
① 0.07   ② 0.40
③ 0.70   ④ 1.40

33 정격전류 200A, 정격 사용률 40%인 아크 용접기로 실제 아크 전압 30V, 아크 전류 130A로 용접을 수행한다고 가정할 때 허용사용률은 약 얼마인가?
① 70%   ② 75%
③ 80%   ④ 95%

34 가스 용접에서 산화방지가 필요한 금속의 용접, 즉 스테인리스, 스텔라이트 등의 용접에 사용되며 금속표면에 침탄작용을 일으키기 쉬운 불꽃의 종류로 적당한 것은?
① 산화불꽃   ② 중성불꽃
③ 탄화불꽃   ④ 역화불꽃

35 다음 중 가스 용접에 사용되는 아세틸렌용 용기와 고무호스의 색깔이 올바르게 연결된 것은?
① 용기 : 녹색, 호스 : 흑색
② 용기 : 회색, 호스 : 적색
③ 용기 : 황색, 호스 : 적색
④ 용기 : 백색, 호스 : 청색

36 다음 중 아세틸렌 용기와 호스의 연결부에 불이 붙었을 때 가장 우선적으로 해야 할 조치는?
① 용기의 밸브를 잠근다.
② 용기를 옥외로 운반한다.
③ 용기와 연결된 호스를 분리한다.
④ 용기 내의 잔류가스를 신속하게 방출시킨다.

37 직류 아크 용접기로 두께가 15mm이고, 길이가 5m인 고장력 강판을 용접하는 도중에 아크가 용접봉 방향에서 한쪽으로 쏠리었다. 다음 중 이러한 현상을 방지하는 방법으로 틀린 것은?
① 이음의 처음과 끝에 엔드 탭을 이용할 것
② 용량이 더 큰 직류용접기로 교체할 것
③ 용접부가 긴 경우에는 후퇴 용접법으로 할 것
④ 용접봉 끝을 아크쏠림 반대 방향으로 기울일 것

38 다음 중 강에 함유되어 있는 수소(H_2) 가스의 영향에 대한 설명으로 옳은 것은?
① 강도를 증가시킨다.
② 경도를 증가시킨다.
③ 적열취성의 원인이 된다.
④ 헤어크랙(hair crack)의 원인이 된다.

39 다음 중 교류 아크 용접기의 종류에 있어 AW-130의 정격 사용률(%)로 옳은 것은?
① 20% ② 30%
③ 40% ④ 60%

40 피복 아크 용접봉의 피복 배합제 성분 중 고착제에 해당하는 것은?
① 산화티탄 ② 규소철
③ 망간   ④ 규산나트륨

41 다음 중 용접부품에서 일어나기 쉬운 잔류 응력을 감소시키기 위한 열처리법은?
① 완전 풀림(full annealing)
② 연화 풀림(softening annealing)
③ 확산 풀림(diffusion annealing)
④ 응력제거 풀림(stress relief annealing)

42 다음 중 탄소강의 표준 조직이 아닌 것은?
① 페라이트   ② 펄라이트
③ 시멘타이트 ④ 마텐자이트

43 다음 중 스테인리스강의 조직에 있어 비자성 조직에 해당하는 것은?
① 페라이트계   ② 마텐자이트계
③ 석출경화제   ④ 오스테나이트계

44 다음 중 황동의 자연균열(season cracking) 방지책과 가장 거리가 먼 것은?
① Zn 도금을 한다.
② 표면에 도료를 칠한다.
③ 암모니아, 탄산가스 분위기에 보관한다.

④ 180~260℃에서 응력제거 풀림을 한다.

45 금속 침투법 중 표면에 아연을 침투시키는 방법으로 표면에 경화층을 얻어 내식성을 좋게 하는 것은?
① 세라다이징(sheradizing)
② 크로마이징(chromizing)
③ 칼로라이징(calorizing)
④ 실리코나이징(siliconizing)

46 다음 중 주강에 관한 설명으로 틀린 것은?
① 주철로서는 강도가 부족되는 부분에 사용된다.
② 철도 차량, 조선, 기계 및 광산 구조용 재료로 사용된다.
③ 주강 제품에는 기포나 기공이 적당히 있어야 한다.
④ 탄소함유량에 따라 저탄소 주강, 중탄소 주강, 고탄소 주강으로 구분한다.

47 다음 중 주철의 용접성에 관한 설명으로 틀린 것은?
① 주철은 연강에 비하여 여리며 급랭에 의한 백선화로 기계가공이 어렵다.
② 주철은 용접 시 수축이 많아 균열이 발생할 우려가 많다.
③ 일산화탄소 가스가 발생하여 용착 금속에 기공이 생기지 않는다.
④ 장시간 가열로 흑연이 조대화된 경우 용착이 불량하거나 모재와의 친화력이 나쁘다.

48 다음 중 용융점이 가장 높은 금속은?
① 철(Fe) ② 금(Au)
③ 텅스텐(W) ④ 몰리브덴(Mo)

49 다음 중 피절삭성이 양호하여 고속절삭에 적합한 강으로 일반 탄소강보다 P, S의 함유량을 많게 하거나 Pb, Se, Zr 등을 첨가하여 제조한 강은?
① 쾌삭강 ② 레일강
③ 선재용 탄소강 ④ 스프링강

50 다음 중 Al의 성질에 관한 설명으로 틀린 것은?
① 가볍고 전연성이 우수하다.
② 전기 전도도는 구리보다 낮다.
③ 전기, 열의 양도체이며 내식성이 좋다.
④ 기계적 성질은 순도가 높을수록 강하다.

51 다음 중 원호의 길이를 나타내는 치수기호로 올바른 것은?
① **R**50 ② □50
③ 50 ④ ⌢50

52 그림과 같은 제3각 정투상도의 정면도와 평면도에 가장 적합한 우측면도는?

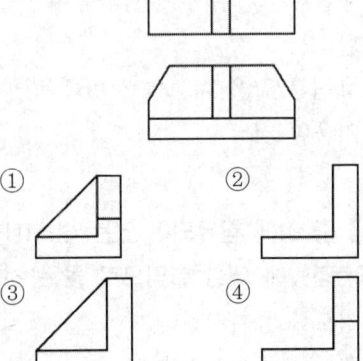

53 그림과 같은 입체도에서 화살표가 정면일 경우 제3각 정투상도로 올바르게 나타낸 것은?

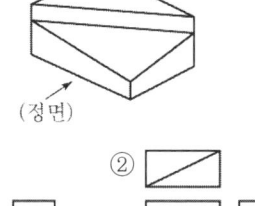

54 특정 부위의 도면이 작아 치수기입 등이 곤란할 경우 그 해당 부분을 확대하여 그린 투상도는?
① 회전 투상도   ② 국부 투상도
③ 부분 투상도   ④ 부분 확대도

55 도면의 양식에서 반드시 마련해야 할 사항이 아닌 것은?
① 윤곽선   ② 중심 마크
③ 표제란   ④ 비교 눈금

56 다음 판금 가공물의 전개도를 그릴 때 각 부분별 전개도법으로 가장 적당한 것은?

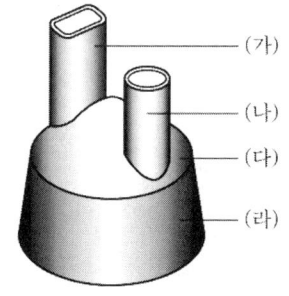

① (가)는 방사선을 이용한 전개도법
② (나)는 삼각형을 이용한 전개도법
③ (다)는 평행선을 이용한 전개도법
④ (라)는 삼각형을 이용한 전개도법

57 기계제도에서 평면인 것을 나타낼 필요가 있을 경우에는 다음 중 어떤 선의 종류로 대각선을 그려서 나타내는가?
① 굵은 실선
② 가는 실선
③ 가는 1점 쇄선
④ 가는 2점 쇄선

58 다음 용접 기호 중 플러그 용접에 해당하는 것은?

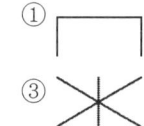
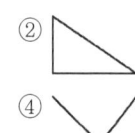

59 그림과 같이 철판에 구멍이 뚫려 있는 도면의 설명으로 올바른 것은?

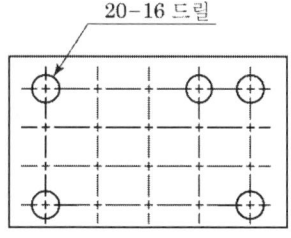

① 구멍지름 16mm, 구멍수량 20개
② 구멍지름 20mm, 구멍수량 16개
③ 구멍지름 16mm, 구멍수량 5개
④ 구멍지름 20mm, 구멍수량 5개

60 배관의 간략도시방법 중 환기계 및 배수계의 끝장치 도시방법의 평면도에서 그림과 같이 도시된 것의 명칭은?

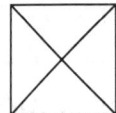

① 배수구
② 환기관
③ 벽붙이 환기 삿갓
④ 고정식 환기 삿갓

CBT 대비 모의고사

01 다음 중 용접 결함의 보수 용접에 관한 사항으로 가장 적절하지 않은 것은?
① 재료의 표면에 있는 얕은 결함은 덧붙임 용접으로 보수한다.
② 언더컷이나 오버랩 등은 그대로 보수 용접을 하거나 정으로 따내기 작업을 한다.
③ 결함이 제거된 모재 두께가 필요한 치수보다 얕게 되었을 때에는 덧붙임 용접으로 보수한다.
④ 덧붙임 용접으로 보수할 수 있는 한도를 초과할 때에는 결함부분을 잘라내어 맞대기 용접으로 보수한다.

02 다음 중 용접 작업에서 전류 밀도가 가장 높은 용접은?
① 피복금속 아크 용접
② 산소-아세틸렌 용접
③ 불활성 가스 금속 아크 용접
④ 불활성 가스 텅스텐 아크 용접

03 다음 중 수평 필릿 용접 시 이론 목두께는 필릿 용접의 크기(다리길이)의 약 몇 % 정도인가?
① 50   ② 70
③ 160 ④ 180

04 다음 중 용제와 와이어가 분리되어 공급되고 아크가 용제 속에서 일어나며 잠호 용접이라 불리는 용접은?
① MIG 용접
② 일렉트로 슬랙 용접
③ 심 용접
④ 서브머지드 아크 용접

05 다음 중 목재, 섬유류, 종이 등에 의한 화재의 급수에 해당하는 것은?
① A급   ② B급
③ C급   ④ D급

06 용접 결함을 구조상 결함과 치수상 결함으로 분류할 때 다음 중 치수상 결함에 해당하는 것은?
① 융합 불량   ② 슬래그 섞임
③ 언더컷   ④ 형상 불량

07 다음 중 TIG 용접에서 나타나는 용접부의 결함으로 볼 수 없는 것은?
① 균열(crack)
② 기공(porosity)
③ 슬래그 혼입(slag inclusion)
④ 비금속 개재물(nonmetallic inclusion)

08 15℃, 1kgf/cm^{2}하에서 사용 전 용해 아세틸렌병의 무게가 50kgf이고, 사용 후 무게가 45kgf일 때 사용한 아세틸렌의 양은 약 몇 L인가?
① 2715   ② 3178

③ 3620　　　　④ 4525

09 TIG 용접 작업에서 아크 부근의 풍속이 일반적으로 몇 m/s 이상이면 보호가스 작용이 흩어지므로 방풍막을 설치하는가?
① 0.05　　　② 0.1
③ 0.3　　　　④ 0.5

10 서브머지드 아크 용접에서 용제를 사용하는 경우 다음 중 용제의 작용으로 틀린 것은?
① 누전 방지
② 능률적인 용접작업
③ 용입의 용이
④ 열에너지의 발산 방지

11 다음 중 용접부 시험방법에 있어 충격시험의 방식에 해당하는 것은?
① 브리넬식　　② 로크웰식
③ 샤르피식　　④ 비커스식

12 다음 중 전자 빔 용접에 관한 설명으로 틀린 것은?
① 박판 용접을 주로 하며, 용입이 낮아 후판 용접에는 적용이 어렵다.
② 성분 변화에 의하여 용접부의 기계적 성질이나 내식성의 저하를 가져올 수 있다.
③ 가공재나 열처리에 대하여 소재의 성질을 저하시키지 않고 용접할 수 있다.
④ $10^{-4} \sim 10^{-6}$ mmHg 정도의 높은 진공실 속에서 음극으로부터 방출된 전자를 고전압으로 가속시켜 용접을 한다.

13 다음 중 MIG 용접 시 크레이터 처리 기능에 의해 낮아진 전류가 서서히 줄어들면서 아크가 끊어지는 기능으로 이면 용접부가 녹아내리는 것을 방지하는 기능과 가장 관련이 깊은 것은?
① 스타트 시간(start time)
② 번 백 시간(burn back time)
③ 슬로우 다운 시간(slow down time)
④ 크레이터 충전 시간(crate fill time)

14 다음 중 테르밋 용접의 특징에 관한 설명으로 틀린 것은?
① 전기가 필요 없다.
② 용접 작업이 단순하다.
③ 용접 시간이 길고, 용접 후 변형이 크다.
④ 용접기구가 간단하고, 작업장소의 이동이 쉽다.

15 다음 중 연납용 용제가 아닌 것은?
① 붕산(H_3BO_3)
② 염화아연($ZnCl_2$)
③ 염산(HCl)
④ 염화암모늄(NH_4Cl)

16 다음 중 용접 작업 시 감전재해의 예방대책으로 틀린 것은?
① 용접작업 중 용접봉 끝부분이 충전부에 접촉되지 않도록 한다.
② 파손된 용접홀더는 신품으로 교체하여 사용한다.
③ 피복이 손상된 용접 홀더선은 절연 테이프로 수리한 후 사용한다.
④ 본체와 연결부는 비절연 테이프로 감아

서 사용한다.

17 다음 중 CO_2 가스 아크 용접에서 복합 와이어에 관한 설명으로 틀린 것은?
① 비드 외관이 깨끗하고 아름답다.
② 양호한 용착금속을 얻을 수 있다.
③ 아크가 안정되어 스패터가 많이 발생한다.
④ 용제에 탈산제, 아크 안정제 등 합금 원소가 첨가되어 있다.

18 다음 중 아크 용접에서 아크를 중단시켰을 때, 중단된 부분이 납작하게 파여진 모습으로 남는 부분을 무엇이라 하는가?
① 스패터   ② 오버랩
③ 슬래그 섞임   ④ 크레이터

19 다음 중 전기저항 용접에서 모재를 맞대어 놓고 동일 재질의 박판을 대고 가압하여 심(seam)하는 용접방법은?
① 맞대기 심 용접
② 겹치기 심 용접
③ 포일 심 용접
④ 매시 심 용접

20 다음 중 용접작업에 있어 언더컷이 발생하는 원인으로 가장 적절한 경우는?
① 전류가 너무 낮은 경우
② 아크 길이가 너무 짧은 경우
③ 용접 속도가 너무 느린 경우
④ 부적당한 용접봉을 사용한 경우

21 다음 중 용접방법과 시공방법을 개선하여 비용을 절감하는 방법에 대한 설명으로 틀린 것은?
① 적당한 아크길이와 용접 전류를 유지한다.
② 피복 아크 용접을 할 경우 가능한 한 용접봉이 긴 것을 사용한다.
③ 사용 가능한 용접방법 중 용착속도가 최대인 것을 사용한다.
④ 모든 용접에 안전을 고려하여 과도한 덧살 용접을 한다.

22 다음 중 용접이음에 대한 설명으로 틀린 것은?
① 필릿 용접에서는 형상이 일정하고, 미용착부가 없어 응력분포상태가 단순하다.
② 맞대기 용접이음에서 시점과 크레이터 부분에서는 비드가 급랭하여 결함을 가져오기 쉽다.
③ 전면 필릿 용접이란 용접선의 방향이 하중의 방향과 거의 직각인 필릿 용접을 말한다.
④ 겹치기 필릿 용접에서는 루트부에 응력이 집중되기 때문에 보통 맞대기 이음에 비하여 피로강도가 낮다.

23 다음 중 TIG 용접에 있어 직류 정극성에 관한 설명으로 틀린 것은?
① 용입이 깊고, 비드 폭은 좁다.
② 극성의 기호를 DCSP로 나타낸다.
③ 산화피막을 제거하는 청정 작용이 있다.
④ 모재에는 양(+)극을, 홀더(토치)에는 음(-)극을 연결한다.

24 다음 중 산소용기에 표시된 기호 "TP"가

나타내는 뜻으로 옳은 것은?
① 용기의 내용적
② 용기의 내압시험압력
③ 용기의 중량
④ 용기의 최고충전압력

25 다음 중 가스 절단 결과에 영향을 미치는 예열 불꽃의 세기가 강할 때 현상으로 틀린 것은?
① 드래그가 증가한다.
② 절단면이 거칠어진다.
③ 모서리가 용융되어 둥글게 된다.
④ 슬래그 중의 철 성분의 박리가 어려워진다.

26 두께가 3.2mm인 박판을 CO_2 가스 아크 용접법으로 맞대기 용접을 하고자 한다. 용접전류 100A를 사용할 때, 이에 가장 적합한 아크 전압[V]의 조정 범위는?
① 10~13[V] ② 18~21[V]
③ 23~26[V] ④ 28~31[V]

27 다음 중 가스 용접에서 역화의 원인과 가장 거리가 먼 것은?
① 팁이 과열되었을 때
② 팁 구멍이 막혔을 때
③ 팁과 모재가 멀리 떨어졌을 때
④ 팁 구멍이 확대 변형되었을 때

28 다음 중 피복 아크 용접봉에서 피복제의 역할이 아닌 것은?
① 아크의 안정
② 용착금속에 산소공급
③ 용착금속의 급랭 방지
④ 용착금속의 탈산 정련작용

29 다음 중 산소-아세틸렌가스 용접의 단점이 아닌 것은?
① 열효율이 낮다.
② 폭발할 위험이 있다.
③ 가열시간이 오래 걸린다.
④ 가열할 때 열량의 조절이 제한적이다.

30 다음 중 가동 철심형 교류 아크 용접기의 특성으로 틀린 것은?
① 광범위한 전류 조정이 쉽다.
② 미세한 전류 조정이 가능하다.
③ 가동 부분의 마멸로 철심의 진동이 생긴다.
④ 가동 철심으로 누설 자속을 가감하여 전류를 조정한다.

31 다음 중 피복제가 습기를 흡습하기 쉽기 때문에 사용하기 전에 300~350℃로 1~2시간 정도 건조해서 하는 용접봉은?
① E4301 ② E4311
③ E4316 ④ E4340

32 다음 중 용접법의 분류에 있어 금속전극을 사용한 아크 용접에서 보호 아크를 사용하는 용접법이 아닌 것은?
① 와이어 아크 용접
② 피복 금속 아크 용접
③ 이산화탄소 아크 용접
④ 서브머지드 아크 용접

33 15℃, 15기압에서 50L 아세틸렌 용기에 아세톤 21L가 포화, 흡수되어 있다. 이 용

기에는 약 몇 L의 아세틸렌을 용해시킬 수 있는가?

① 5875 ② 7375
③ 7875 ④ 8385

34 다음 중 스카핑(scarfing)에 관한 설명으로 옳은 것은?

① 용접 결함부의 제거, 용접 홈의 준비 및 절단, 구멍뚫기 등을 통틀어 말한다.
② 침몰선의 해체나 교량의 개조, 항만과 방파제 공사 등에 주로 사용된다.
③ 용접 부분의 뒷면 또는 U형, H형의 용접 홈을 가공하기 위해 둥근 홈을 파는 데 사용되는 공구이다.
④ 강재 표면의 홈이나 개재물, 탈탄층 등을 제거하기 위하여 가능한 한 얇게 표면을 깎아내는 가공법이다.

35 다음 중 연강용 가스 용접봉의 성분이 모재에 미치는 영향으로 틀린 것은?

① 인(P) : 강에 취성을 주며 가연성을 잃게 한다.
② 규소(Si) : 기공은 막을 수 있으나 강도가 떨어지게 된다.
③ 탄소(C) : 강의 강도를 증가시키지만 연신율, 굽힘성이 감소된다.
④ 유황(S) : 용접부의 저항력은 증가하지만 기공 발생의 원인이 된다.

36 다음 중 용접용 케이블을 접속하는 데 사용되는 것이 아닌 것은?

① 케이블 러그(cable lug)
② 케이블 조인트(cable joint)
③ 용접 고정구(welding fixture)
④ 케이블 커넥터(cable connector)

37 다음 중 아크 용접기에 전격방지기를 설치하는 가장 큰 이유로 옳은 것은?

① 용접기의 효율을 높이기 위하여
② 용접기의 역률을 높이기 위하여
③ 작업자를 감전 재해로부터 보호하기 위하여
④ 용접기의 연속 사용 시 과열을 방지하기 위하여

38 다음 중 KS상 용접봉 홀더의 종류가 200호일 때 정격 용접전류는 몇 A인가?

① 160 ② 200
③ 250 ④ 300

39 판 두께가 20mm인 스테인리스강을 220A 전류와 2.5kgf/cm²의 산소 압력으로 산소 아크 절단하고자 할 때 다음 중 가장 알맞은 절단 속도는?

① 85mm/min ② 120mm/min
③ 150mm/min ④ 200mm/min

40 다음 중 용접 시 용접균열이 발생할 위험성이 가장 높은 재료는?

① 저탄소강 ② 중탄소강
③ 고탄소강 ④ 순철

41 다음 중 불변강(invariable steel)에 속하지 않는 것은?

① 인바(invar)
② 엘린바(elinvar)
③ 플래티나이트(platinite)

④ 선플래티넘(sun-platinum)

42 다음 중 고강도 황동으로 델타 메탈(delta metal)의 성분을 올바르게 나타낸 것은?
① 6 : 4 황동에 철을 1~2% 첨가
② 7 : 3 황동에 주석을 3% 내의 첨가
③ 6 : 4 황동에 망간을 1~2% 첨가
④ 7 : 3 황동에 니켈을 9% 내의 첨가

43 탄소강에 특정한 기계적 성질을 개선하기 위해 여러 가지 합금원소를 첨가하는데 다음 중 탈산제로의 사용 이외에 황의 나쁜 영향을 제거하는 데도 중요한 역할을 하는 것은?
① 크롬(Cr)   ② 니켈(Ni)
③ 망간(Mn)   ④ 바나듐(V)

44 다음 중 60~70% 니켈(Ni) 합금으로 내식성, 내마모성이 우수하여 터빈날개, 펌프 임펠러 등에 사용되는 것은?
① 콘스탄탄(Constantan)
② 모넬메탈(Monel metal)
③ 큐프로니켈(Cupro nickel)
④ 문쯔메탈(Muntz metal)

45 다음 중 철강재료의 기초적인 열처리 4가지에 해당하지 않는 것은?
① annealing   ② normalizing
③ tempering   ④ creeping

46 다음 중 작업자가 연강판을 잘라 슬래그 해머(Hammer)를 만들어 담금질을 하였으나, 경도가 높아지지 않았을 때 가장 큰 이유에 해당하는 것은?

① 단조를 하지 않았기 때문이다.
② 탄소함유량이 적었기 때문이다.
③ 망간의 함유량이 적었기 때문이다.
④ 가열온도가 맞지 않았기 때문이다.

47 다음 중 재료의 온도상승에 따라 강도는 저하되지 않고 내식성을 가지는 PH형 스테인리스강은?
① 석출경화형 스테인리스강
② 오스테나이트계 스테인리스강
③ 마텐자이트계 스테인리스강
④ 페라이트계 스테인리스강

48 다음 중 탄소량의 증가에 따라 감소되는 것은?
① 비열   ② 열전도도
③ 전기저항   ④ 항자력

49 다음 중 공정 주철의 탄소함유량으로 가장 적합한 것은?
① 1.3%C   ② 2.3%C
③ 4.3%C   ④ 6.3%C

50 다음 중 화염경화 처리의 특징과 가장 거리가 먼 것은?
① 설비비가 싸다.
② 담금질 변형이 적다.
③ 가열온도의 조절이 쉽다.
④ 부품의 크기나 형상에 제한이 없다.

51 그림과 같은 입체도에서 화살표 방향으로 본 투상도로 적합한 것은?

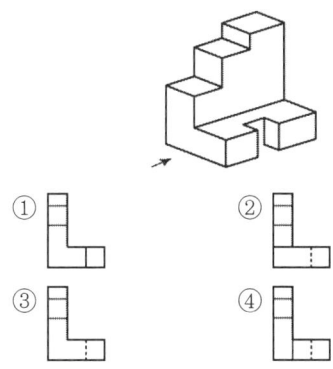

① ② ③ ④

52 그림에서 A부분의 대각선으로 그린 "X" (가는 실선) 부분이 의미하는 것은?

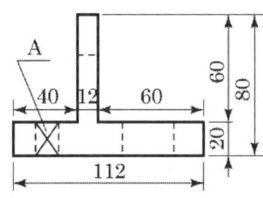

① 사각뿔 ② 평면
③ 원통면 ④ 대칭면

53 위쪽이 보기와 같이 경사지게 절단된 원통의 전개방법으로 가장 적당한 것은?

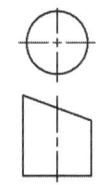

① 삼각형 전개법
② 방사선 개법
③ 평행선 전개법
④ 사변형 전개법

54 기계제도에서 가상선의 용도에 해당하지 않는 것은?
① 인접부분을 참고로 표시하는 데 사용
② 도시된 단면의 앞쪽에 있는 부분을 표시하는 데 사용
③ 가동하는 부분을 이동한계의 위치로 표시하는 데 사용
④ 부분 단면도를 그릴 경우 절단위치를 표시하는 데 사용

55 그림과 같은 배관 도시기호에서 계기표시가 압력계일 때 원 안에 사용하는 글자 기호는?

① A ② P
③ T ④ F

56 용접부 표면 또는 용접부 형상의 설명과 보조기호 연결이 틀린 것은?
① ─── : 평면
② ⌢ : 볼록형
③ ⌣ : 토우를 매끄럽게 함
④ M : 제거 가능한 이면 판재 사용

57 단면도의 표시에 대한 설명으로 틀린 것은?
① 상하 또는 좌우 대칭인 물체는 외형과 단면을 동시에 나타낼 수 있다.
② 기본 중심선이 아닌 곳을 절단면으로 표시할 수는 없다.
③ 단면도를 나타낼 시 같은 절단면상에 나타나는 같은 부품의 단면에는 같은 해칭(또는 스머징)을 한다.
④ 원칙적으로 축, 볼트, 리브 등은 길이 방향으로 절단하지 아니한다.

58 그림과 같은 제3각 투상도의 입체도로 가장 적합한 것은?

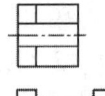

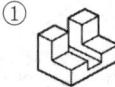 ①　　　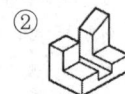 ②

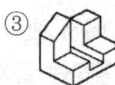 ③　　　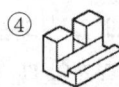 ④

59 기계제도에서 폭이 50mm, 두께가 7mm, 길이가 1000mm인 등변 ㄱ형강의 표시를 바르게 나타낸 것은?

① L 7×50×50−1000
② L×7×50×50−1000
③ L 50×50×7−1000
④ L−50×50×7−1000

60 핸들, 바퀴의 암과 림, 리브, 훅, 축 등은 주로 단면의 모양을 90° 회전하여 단면 전후를 끊어서 그 사이에 그리거나 하는데 이러한 단면도를 무엇이라고 하는가?

① 부분 단면도　　② 온 단면도
③ 한쪽 단면도　　④ 회전도시 단면도

CBT 대비 모의고사

01 순철의 자기 변태점은?
① A_1 ② A_2
③ A_3 ④ A_4

02 스터드(stud) 용접 시 불활성 가스를 사용해야 하는 금속은?
① Al   ② Cu
③ Bs   ④ Sc

03 연강용 가스 용접봉 GA46-SR의 기호 설명으로 틀린 것은?
① G는 가스 용접봉을 의미한다.
② A는 용착 금속의 변형률을 의미한다.
③ 46은 용착 금속의 최저 인장 강도가 $46kgf/mm^2$ 이상인 것
④ SR은 응력을 제거하지 않은 것을 의미한다.

04 직류역극성을 사용하는 것은?
① 아크 에어 가우징
② 탄소 아크 절단
③ 금속 아크 절단
④ 산소 아크 절단

05 피복아크용접에서 홀더로 잡을 수 있는 용접봉 지름(mm)이 5.0~8.0일 경우 사용하는 용접봉 홀더의 종류로 옳은 것은?
① 125호   ② 160호
③ 300호   ④ 400호

06 모재의 홈 가공을 V형으로 했을 경우 엔드 탭(end-tap)은 어떤 조건으로 하는 것이 가장 좋은가?
① I형 홈 가공으로 한다.
② V형 홈 가공으로 한다.
③ X형 홈 가공으로 한다.
④ 홈 가공이 필요 없다.

07 관의 끝부분의 표시방법에서 용접식 캡을 나타내는 것은?

08 용접 금속에 수소가 잔류하면 헤어 크랙(hear Crack)의 원인이 된다. 용접 시 수소의 흡수가 가장 많은 강은?
① 저탄소 킬드강   ② 세미킬드강
③ 고탄소 림드강   ④ 림드강

09 로봇용접의 분류 중 동작 기구로부터의 분류 방식이 아닌 것은?
① PTB 좌표 로봇
② 직각 좌표 로봇
③ 극좌표 로봇
④ 관절 로봇

10 면심입방격자의 어떤 성질이 가공성을 좋게 하는가?
① 취성
② 내식성
③ 전연성
④ 전기전도성

11 문쯔메탈(muntz metal)에 대한 설명으로 옳은 것은?
① 90% Cu-10% Zn 합금으로 톰백의 대표적인 것이다.
② 70% Cu-30% Zn 합금으로 가공용 황동의 대표적인 것이다.
③ 70% Cu-30% Zn 황동에 주석(Sn)을 1% 함유한 것이다.
④ 60% Cu-40% Zn 합금으로 황동 중 아연 함유량이 가장 높은 것이다.

12 AW300인 교류 아크 용접기로 쉬지 않고 계속적으로 용접작업을 진행할 수 있는 용접전류는 약 몇 암페어(A) 이하인가? (단, 이때 허용사용률은 100%이며, 이 용접기의 정격사용률은 40%이다.)
① 138A 이하
② 154A 이하
③ 189A 이하
④ 226A 이하

13 교류 아크 용접기 종류 중 AW-500의 정격 부하 전압은 몇 V인가?
① 28V
② 32V
③ 36V
④ 40V

14 용접봉에서 모재로 용융금속이 옮겨가는 이행형식이다. 이에 해당하지 않는 것은?
① 단락형
② 글로불러형
③ 스프레이형
④ 철심형

15 가스 절단에서 절단용 산소에 불순물이 증가되면 발생되는 결과가 아닌 것은?
① 절단면이 거칠어진다.
② 절단속도가 빨라진다.
③ 슬래그 이탈성이 나빠진다.
④ 산소의 소비량이 많아진다.

16 다음 중 초음파 탐상법의 종류에 해당하지 않는 것은?
① 투과법
② 펄스 반사법
③ 관통법
④ 공진법

17 다음 중 8~12% Sn에 1~2% Zn을 함유한 구리합금을 무엇이라 하는가?
① 포금(gun metal)
② 톰백(tombac)
③ 켈밋 합금(kelmet alloy)
④ 델타 메탈(delta metal)

18 알루미늄과 마그네슘의 합금으로 바닷물과 알칼리에 대한 내식성이 강하고 용접성이 매우 우수하여 주로 선박용 부품, 화학장치용 부품 등에 쓰이는 것은?
① 실루민
② 하이드로날륨
③ 알루미늄 청동
④ 애드미럴티 황동

19 플래시 용접(flash welding)법의 특징으로 틀린 것은?
① 가열 범위가 좁고 열영향부가 작으며 용접속도가 빠르다.
② 용접면에 산화물의 개입이 적다.
③ 종류가 다른 재료의 용접이 가능하다.

④ 용접면의 끝맺음 가공이 정확하여야 한다.

20 균열에 대한 감수성이 좋아서 두꺼운 판, 구조물의 첫 층 용접 혹은 구속도가 큰 구조물과 고장력강 및 탄소나 황의 함유량이 많은 강의 용접에 가장 적합한 용접봉은?
① 일미나이트계(E4301)
② 고셀룰로오스계(E4311)
③ 고산화티탄계(E4313)
④ 저수소계(E4316)

21 구리합금 중에서 가장 높은 강도와 경도를 가진 청동은?
① 규소 청동   ② 니켈 청동
③ 베릴륨 청동 ④ 망간 청동

22 서브머지드 아크용접에서 동일한 전류 전압의 조건에서 사용되는 와이어 지름의 영향 설명 중 옳은 것은?
① 와이어의 지름이 크면 용입이 깊다.
② 와이어의 지름이 작으면 용입이 깊다.
③ 와이어의 지름과 상관이 없이 같다.
④ 와이어의 지름이 커지면 비드 폭이 좁아진다.

23 직류 아크용접기와 비교하여 교류 아크용접기에 대한 설명으로 가장 올바른 것은?
① 무부하 전압이 높고 감전의 위험이 많다.
② 구조가 복잡하고 극성변화가 가능하다.
③ 자기쏠림 방지가 불가능하다.
④ 아크 안정성이 우수하다.

24 가스 절단 장치에 관한 설명으로 틀린 것은 어느 것인가?
① 프랑스식 절단 토치의 팁은 동심형이다.
② 중압식 절단 토치는 아세틸렌가스 압력이 보통 $0.07kgf/cm^2$ 이하에서 사용된다.
③ 독일식 절단 토치의 팁은 이심형이다.
④ 산소나 아세틸렌 용기 내의 압력이 고압이므로 그 조정을 위해 압력 조정기가 필요하다.

25 구리 용접에서 TIG 용접법에 대한 설명 중 틀린 것은?
① 판 두께 6mm 이하에 많이 사용한다.
② 전극으로는 토륨이 들어 있는 텅스텐봉을 사용한다.
③ 전극은 직류정극성(DCSP)을 사용한다.
④ 예열 온도는 100~200℃ 정도로 한다.

26 열과 전기의 전도율이 가장 좋은 금속은?
① Cu   ② Al
③ Ag   ④ Au

27 나사의 감김 방향의 지시 방법 중 틀린 것은?
① 오른나사는 일반적으로 감김 방향을 지시하지 않는다.
② 왼나사는 나사의 호칭 방법에 약호 "LH"를 추가하여 표시한다.
③ 동일 부품에 오른나사와 왼나사가 있을 때는 왼나사에만 약호 "LH"를 추가한다.
④ 오른나사는 필요하면 나사의 호칭 방법에 약호 "RH"를 추가하여 표시할 수 있다.

28 열처리의 종류 중 항온열처리 방법이 아닌 것은?
① 마퀜칭　② 어닐링
③ 마템퍼링　④ 오스템퍼링

29 다음 중 침탄법이 질화법보다 좋은 점을 설명한 것으로 옳은 것은?
① 경화에 의한 변형이 없다.
② 경화 후 수정이 가능하다.
③ 후처리로 열처리가 필요 없다.
④ 매우 높은 경도를 가질 수 있다.

30 구상흑연주철에서 구상화를 촉진하는 원소가 아닌 것은?
① 마그네슘　② 세륨
③ 칼슘　④ 아연

31 보기 도면은 제3각법으로 정투상한 정면도와 평면도이다. 우측면도로 가장 적합한 것은?

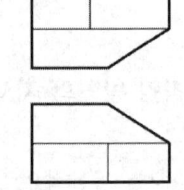

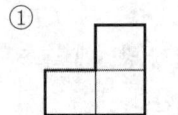 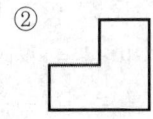

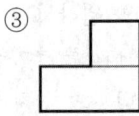 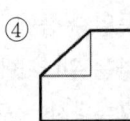

32 용접 후 변형을 교정하는 방법이 아닌 것은?
① 박판에 대한 점 수축법
② 형재(形材)에 대한 직선 수축법
③ 가스 가우징법
④ 롤러에 거는 방법

33 아크용접에서 피닝을 하는 목적으로 가장 알맞은 것은?
① 용접부의 잔류응력을 완화시킨다.
② 모재의 재질을 검사하는 수단이다.
③ 응력을 강하게 하고 변형을 유발시킨다.
④ 모재표면의 이물질을 제거한다.

34 다음 중 어느 부분이나 균일하고 불연속적이며, 경계된 부분으로 되어 있는 분자와 원자의 집합 상태인 것을 무엇이라 하는가?
① 계(system)
② 상(phase)
③ 상률(phase rule)
④ 농도(concentration)

35 용착법을 용접 방향, 순서, 다층 용접으로 대별할 경우 다음 중 다층 용접법에 의한 분류법에 속하지 않는 것은?
① 덧살올림법　② 캐스케이드법
③ 전진블록법　④ 후진법

36 피복 아크 용접용 기구가 아닌 것은?
① 용접 홀더　② 토치 라이터
③ 케이블 커넥터　④ 접지 클램프

37 다음 중 아크 용접 결함의 종류에 대한 발생 원인을 설명한 것으로 틀린 것은?
① 균열 : 모재에 탄소, 망간 등의 합금원

소 함량이 많을 때
② 기공 : 용접 분위기 가운데 수소 또는 일산화탄소가 과잉될 때
③ 용입 불량 : 이음 설계에 결함이 있을 때
④ 스패터 : 건조된 용접봉을 사용했을 때

38 용접부의 연성결함을 조사하기 위하여 사용되는 시험법은?
① 브리넬 시험 ② 비커스 시험
③ 굽힘 시험   ④ 충격 시험

39 용접은 여러 가지 용도로 다양하게 이용이 되고 있다. 다음 중 용접의 용도만으로 묶어진 것은?
① 교량, 항공기, 컨테이너, 농기구
② 철탑, 배관, 조선, 시멘트관 접합
③ 농기구, 교량, 자동차, 시멘트관 접합
④ 철탄, 건물, 철도차량, 시멘트관 접합

40 용접 결함과 그 원인을 조사한 것 중 틀린 것은?
① 오버랩-운봉법 불량
② 균열-모재의 유황 함유량 과다
③ 슬래그 섞임-용접 이음 설계의 부적당
④ 언더컷-용접 전류가 너무 낮을 때

41 표면층을 가공경화에 의해 경도를 높이는 표면 경화법은?
① 금속 침투법   ② 숏 피닝
③ 하드 페이싱   ④ 질화법

42 다음 중 안전·보건표지의 색채에 따른 용도에 있어 지시를 나타내는 색채로 옳은 것은?

① 빨간색 ② 녹색
③ 노란색 ④ 파란색

43 다음 중 부하전류가 변하여도 단자 전압은 거의 변화하지 않는 용접기의 특성은?
① 수하 특성   ② 하향 특성
③ 정전압 특성 ④ 정전류 특성

44 주철의 성장을 방지하는 방법이 아닌 것은?
① 흑연의 미세화로 조직을 치밀하게 한다.
② 편상흑연을 구상흑연화시킨다.
③ 반복 가열 냉각에 의한 균열 처리를 한다.
④ 탄소 및 규소의 양을 적게 한다.

45 보기와 같은 도면이 나타내는 단면은 어느 단면도에 해당하는가?

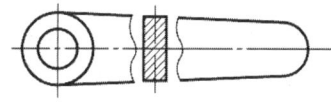

① 한쪽 단면도
② 회전 도시 단면도
③ 예각 단면도
④ 온 단면도(전단면도)

46 잔류 응력을 완화시켜주는 방법이 아닌 것은?
① 응력 제거 어닐링
② 저온 응력 완화법
③ 기계적 응력 완화법
④ 케이블 커넥터법

47 그림과 같은 배관 도면에서 도시기호 S는 어떤 유채를 나타내는 것인가?

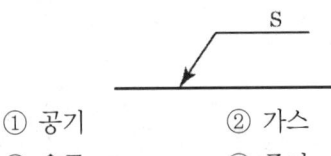

① 공기 ② 가스
③ 유류 ④ 증기

48 플라즈마 아크 용접에서 아크의 종류가 아닌 것은?
① 관통형 아크 ② 반이행형 아크
③ 이행형 아크 ④ 비이행형 아크

49 아세틸렌용 호수(도관)의 색깔로 올바른 것은?
① 백색 ② 노란색
③ 녹색 ④ 빨간색

50 TIG 용접에 사용하는 텅스텐 전극봉에는 몇 %의 토륨이 함유되어 있는가?
① 4~5% ② 1~2%
③ 0.3~0.8% ④ 6~7%

51 다음 중 비중이 가장 높은 금속은?
① 크롬 ② 바나듐
③ 망간 ④ 구리

52 그림의 도면에서 X의 거리는?

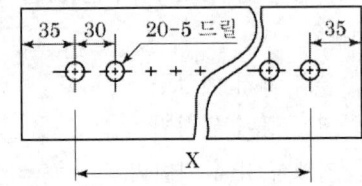

① 510mm ② 570mm
③ 600mm ④ 630mm

53 용접 이음 설계 시 충격하중을 받는 연강의 안전율은?
① 12 ② 8
③ 5 ④ 3

54 그림과 같은 KS 용접기호의 해석으로 올바른 것은?

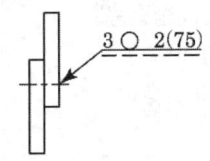

① 지름이 2mm이고 피치가 75mm인 플러그 용접이다.
② 폭이 2mm이고 길이가 75mm인 심 용접이다.
③ 용접 수는 2개이고, 피치가 75mm인 슬롯 용접이다.
④ 용접 수는 2개이고, 피치가 75mm인 스폿(점) 용접이다.

55 플라즈마 아크의 종류가 아닌 것은?
① 이행형 아크 ② 비이행형 아크
③ 중간형 아크 ④ 탠덤형 아크

56 각각의 단독 용접공정(each welding process)보다 훨씬 우수한 기능과 특성을 얻을 수 있도록 두 종류 이상의 용접 공정을 복합적으로 활용하여 서로의 장점을 살리고 단점을 보완하여 시너지 효과를 얻기 위한 용접법을 무엇이라 하는가?
① 하이브리드 용접
② 마찰교반 용접
③ 천이액상확산 용접
④ 저온용 무연 솔더링 용접

57 불활성 가스가 아닌 것은?
① C_2H_2 ② Ar
③ Ne   ④ He

58 배관설비 도면에서 보기와 같은 관이음의 도시기호가 의미하는 것은?

① 신축관 이음
② 하프 커플링
③ 슬루스 밸브
④ 플렉시블 커플링

59 불활성 가스 아크 용접에서 티그(TIG)용접의 전극봉은?
① 니켈   ② 탄소강
③ 텅스텐   ④ 저합금강

60 맞대기용접 이음에서 모재의 인장강도는 40kgf/mm^{2}이며, 용접 시험편의 인장강도가 45kgf/mm^{2}일 때 이음효율은 몇 %인가?
① 88.9   ② 104.4
③ 112.5   ④ 125.0

CBT 대비 모의고사

용접·특수용접기능사 제5회

01 피복 아크 용접봉의 용융 속도는 어느 식으로 결정되는가?
① 아크 전류×용접봉 쪽 전압 강하
② 아크 전류×모재 쪽 전압 강하
③ 아크 전압×용접봉 쪽 전압 강하
④ 아크 전압×모재 쪽 전압 강하

02 납땜할 때 염산이 피부에 튀었을 경우의 조치로 옳은 것은?
① 빨리 물로 세척한다.
② 외상이 나타나지 않는 한 그대로 둔다.
③ 손으로 문질러 둔다.
④ 머큐로크롬을 바른다.

03 용접부의 시험법 중 기계적 시험법에 해당하는 것은?
① 부식 시험
② 육안조직 시험
③ 현미경 조직 시험
④ 피로시험

04 다음 중 두께 20mm인 강판을 가스 절단하였을 때 드래그(drag)의 길이가 5mm이었다면 드래그 양은 몇 %인가?
① 4.0%   ② 20%
③ 25%   ④ 100%

05 다음 냉동장치의 배관 도면에서 팽창 밸브는?

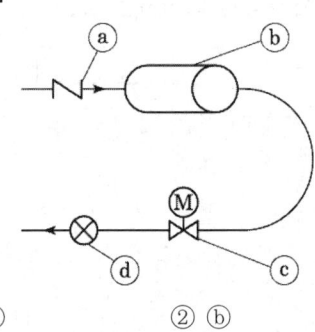

① ⓐ   ② ⓑ
③ ⓒ   ④ ⓓ

06 직류 아크 용접의 정극성을 바르게 설명한 것은?
① 용접봉(-), 모재(+)
② 용접봉(+), 모재(-)
③ 용접봉(-), 모재(-)
④ 용접봉(+), 모재(+)

07 다음 중 일반적으로 순금속이 합금에 비해 가지고 있는 우수한 성질로 가장 적절한 것은?
① 주조성이 우수하다.
② 전기전도도가 우수하다.
③ 압축강도가 우수하다.
④ 경도 및 강도가 우수하다.

08 공석강의 탄소(C) 함량은 얼마인가?
① 0.02%   ② 0.77%
③ 2.11%   ④ 6.68%

09 산소-아세틸렌의 불꽃 구성에서 완전 연소가 될 때 다음 중 속불꽃의 온도는?
① 1500℃
② 3200~3500℃
③ 3500~4000℃
④ 5000℃

10 기호를 기입한 위치에서 먼 면에 카운터 싱크가 있으며, 공장에서 드릴 가공 및 현장에서 끼워 맞춤을 나타내는 리벳의 기호 표시는?

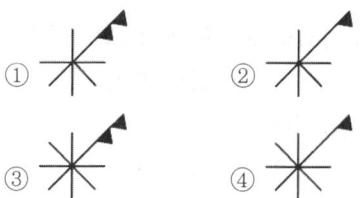

11 용접 구조용 압연강재의 재료의 표시기호 "SM 490B"에서 490이 나타내는 것은?
① 최저인장강도
② 강재 종류 번호
③ 최대 항복강도
④ 압연강 분류 번호

12 그림과 같은 도면의 해독으로 잘못된 것은?

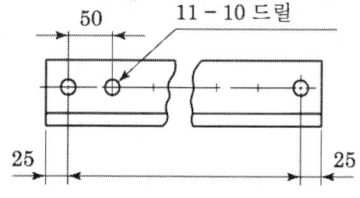

① 구멍 사이의 피치는 50mm
② 구멍의 지름은 10mm
③ 전체 길이는 600mm
④ 구멍의 수는 11개

13 도면의 표제란과 부품란 중 일반적으로 부품란에 기재되는 사항인 것은?
① 도면   ② 척도
③ 무게   ④ 제도일자

14 보기 입체도의 화살표 방향 투상도로 가장 적합한 것은?

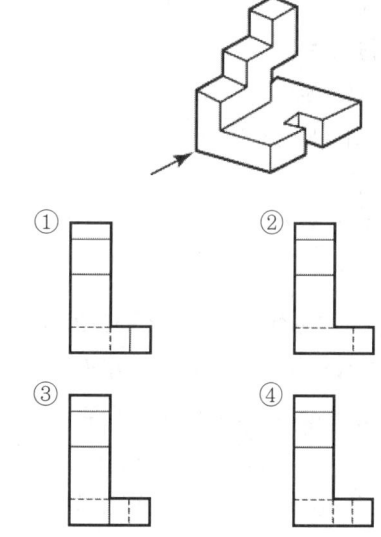

15 용접기의 아크 발생을 8분간 하고 2분간 쉬었다면, 사용률은 몇 %인가?
① 25   ② 40
③ 65   ④ 80

16 아크 용접에서 아크 쏠림 방지 대책으로 맞는 것은?
① 용접봉 끝을 아크 쏠림 방향으로 기울인다.
② 접지점을 용접부에 가까이 한다.
③ 아크 길이를 길게 한다.
④ 직류 대신 교류를 사용한다.

17 알루미늄 합금 용접 시 청정 작용이 잘 되는 것은?
① Ar가스 사용, DCSP
② He가스 사용, DCSP
③ Ar가스 사용, ACHF
④ He가스 사용, ACHF

18 치수에 사용하는 기호와 그 설명이 잘못 연결된 것은?
① 정사각형의 변-□
② 구의 반지름-R
③ 지름-ϕ
④ 45° 모떼기-C

19 다음 중 오스테나이트계 스테인리스강 용접 시 유의해야 할 사항이 아닌 것은?
① 층간 온도를 350℃ 이상으로 한다.
② 짧은 아크 길이를 유지한다.
③ 낮은 전류로 용접하여 용접 입열을 억제한다.
④ 예열을 하지 말아야 한다.

20 가는 2점 쇄선을 사용하는 가상선의 용도가 아닌 것은?
① 단면도의 절단된 부분을 나타내는 것
② 가공 전·후의 형상을 나타내는 것
③ 인접부분을 참고로 나타내는 것
④ 가동 부분을 이동 중의 특정한 위치 또는 이동한계의 위치로 표시하는 것

21 금속나트륨, 마그네슘 등과 같은 가연성 금속의 화재는 몇 급 화재로 분류되는가?
① A급 화재
② B급 화재
③ C급 화재
④ D급 화재

22 일반구조용 강재의 용접 응력 제거를 위해 노내 및 국부 풀림의 유지 온도로 적당한 것은?
① 825±25℃
② 625±25℃
③ 525±25℃
④ 325±25℃

23 용접부 비파괴 시험 기호 중 자분탐상 시험 기호는?
① VT
② RT
③ JT
④ MT

24 철강 재료에 포함된 인(P)의 영향에 대한 설명이다. 이 중 잘못된 것은?
① 결정립을 조대화시킨다.
② 연신율을 감소시킨다.
③ 강도, 경도를 증가시킨다.
④ 고온 취성의 원인이 된다.

25 다음 중 열간 압연 강판 및 강대에 해당하는 재료 기호는?
① SPCC
② SPHC
③ STS
④ SPB

26 지름이 10cm인 단면에 8000kgf의 힘이 작용할 때 발생하는 응력은 약 몇 kgf/cm² 인가?
① 89
② 102
③ 121
④ 158

27 다음 중 이산화탄소 아크 용접에 대한 설명으로 옳은 것은?
① 전류밀도가 낮다.
② 비철금속 용접에만 적합하다.

③ 전류밀도가 낮아 용입이 얕다.
④ 용착금속의 기계적 성질이 좋다.

28 다음 투상도법 중 제1각법과 제3각법이 속하는 투상도법은?
① 정투상법
② 등각 투상법
③ 사투상법
④ 부등각 투상법

29 제도 용지의 크기는 한국산업규격에 따라 사용하고 있다. 일반적으로 큰 도면을 접을 경우 다음 중 어느 크기로 접어야 하는가?
① A2
② A3
③ A4
④ A5

30 표준 불꽃에서 프랑스식 가스 용접 팁의 용량은?
① 1시간에 소비하는 아세틸렌가스의 양
② 1분에 소비하는 아세틸렌가스의 양
③ 1시간에 소비하는 산소 가스의 양
④ 1분에 소비하는 산소 가스의 양

31 내용적 40리터의 산소병에 110kgf/cm^{2}의 압력이 게이지에 표시되었다면 산소병에 들어 있는 산소량은 몇 리터인가?
① 2,400
② 3,200
③ 4,400
④ 5,800

32 아크 용접봉의 피복제 중에서 아크 안정 성분은?
① 산화티탄
② 붕사
③ 페로망간
④ 니켈

33 다음 중 호의 길이 42mm를 나타낸 것은?

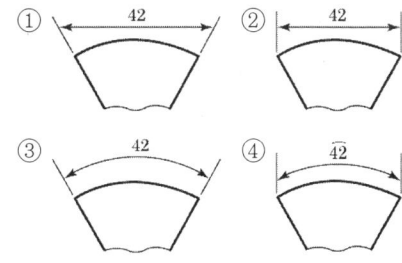

34 산소-프로판 가스 용접 작업에서 산소와 프로판 가스의 최적 혼합비는?
① 프로판 1 : 산소 2.5
② 프로판 1 : 산소 4.5
③ 프로판 2.5 : 산소 1
④ 프로판 4.5 : 산소 1

35 전격의 방지 대책으로 적합하지 않은 것은?
① 용접기의 내부는 수시로 열어서 점검하거나 청소한다.
② 홀더나 용접봉은 절대로 맨손으로 취급하지 않는다.
③ 절연 홀더의 절연부분이 파손되면 즉시 보수하거나 교체한다.
④ 땀, 물 등에 의해 습기 찬 작업복, 장갑, 구두 등은 착용하지 않는다.

36 다음이 설명하고 있는 현상은?

> 알루미늄 용접에서는 사용 전류에 한계가 있어 용접 전류가 어느 정도 이상이 되면 청정 작용이 일어나지 않아 산화가 심하게 생기며 아크 길이가 불안정하게 변동되어 비드 표면이 거칠게 주름이 생기는 현상

① 번 백(burn back)
② 퍼커링(puckering)
③ 버터링(buttering)
④ 멜트 백킹(melt backing)

37 피복 아크 용접 시 용접선상에서 용접봉을 이동시키는 조작을 말하며 아크의 발생, 중단, 재아크, 위빙 등이 포함된 작업을 무엇이라 하는가?
① 용입　　　　② 운봉
③ 키홀　　　　④ 용융지

38 홈 가공에 관한 설명 중 옳지 않은 것은?
① 능률적인 면에서 용입이 허용되는 한 홈 각도는 작게 하고 용착 금속량도 적게 하는 것이 좋다.
② 용접 균열이라는 관점에서 루트 간격은 클수록 좋다.
③ 자동 용접의 홈 정도는 손 용접보다 정밀한 가공이 필요하다.
④ 피복 아크 용접에서의 홈 각도는 54~70° 정도가 적합하다.

39 용접 전 꼭 확인해야 할 사항이 아닌 것은?
① 예열·후열의 필요성 여부를 검토한다.
② 용접 전류, 용접 순서, 용접 조건을 미리 정해둔다.
③ 양호한 용접성을 얻기 위해서 용접부에 물을 분무한다.
④ 이음부에 페인트, 기름, 녹 등의 불순물을 제거한다.

40 7 : 3 황동에 1(%) 주석을 넣은 것은?
① 애드미럴티 황동
② 네이벌 황동
③ 알브락
④ 델타메탈

41 플라즈마 아크 용접장치에서 아크 플라즈마의 냉각가스로 쓰이는 것은?
① 아르곤+수소의 혼합 가스
② 아르곤+산소의 혼합 가스
③ 아르곤+질소의 혼합 가스
④ 아르곤+공기의 혼합 가스

42 이산화탄소 아크 용접의 보호가스 설비에서 저전류 영역의 가스유량은 약 몇 L/min 정도가 가장 적당한가?
① 1~5　　　　② 6~9
③ 10~15　　　④ 20~25

43 피복 아크 용접에 의한 맞대기 용접에서 개선 홈과 판 두께에 관한 설명으로 틀린 것은?
① I형 : 판 두께 6mm 이하 양쪽용접에 적용
② V형 : 판 두께 20mm 이하 한쪽용접에 적용
③ U형 : 판 두께 40~60mm 양쪽용접에 적용
④ X형 : 판 두께 15~40mm 양쪽용접에 적용

44 심(seam) 용접법에서 용접전류의 통전방법이 아닌 것은?
① 직·병렬 통전법
② 단속 통전법
③ 연속 통전법
④ 맥동 통전법

45 다음 중 아르곤 용기를 나타내는 색깔은?
① 황색　　　　② 녹색

③ 회색　　　　④ 흰색

46 18-4-1형 고속도강의 성분이 그 순서대로 옳은 것은?
① W, Cr, Ni
② W, Cr, Cu
③ W, V, Co
④ W, Cr, V

47 아세틸렌은 각종 액체에 잘 용해되는데 벤젠에서는 몇 배의 아세틸렌가스를 용해하는가?
① 4　　　　② 14
③ 6　　　　④ 25

48 용착 금속 중의 수소량이 다른 용접봉에 비해 1/10 정도로 적어 사용 전에 약 300~350℃에서 1~2시간 건조시켜 사용하는 용접봉은?
① E4301　　　② E4303
③ E4313　　　④ E4316

49 철에 Al, Ni, Co를 첨가한 합금으로 잔류 자속밀도가 크고 보자력이 우수한 자성 재료는?
① 퍼멀로이　　② 센더스트
③ 알니코 자석　④ 페라이트 자석

50 혼합가스 연소에서 불꽃 온도가 가장 높은 것은?
① 산소-수소 불꽃
② 산소-프로판 불꽃
③ 산소-아세틸렌 불꽃
④ 산소-부탄 불꽃

51 가스 용접의 특징으로 틀린 것은?
① 응용 범위가 넓으며 운반이 편리하다.
② 전원 설비가 없는 곳에서도 쉽게 설치할 수 있다.
③ 아크 용접에 비해서 유해 광선의 발생이 적다.
④ 열집중성이 좋아 효율적인 용접이 가능하여 신뢰성이 높다.

52 철강 인장시험 결과 시험편이 파괴되기 직전 표점거리 62mm, 원표점거리 50mm일 때 연신율은?
① 12%　　　② 24%
③ 31%　　　④ 36%

53 보기와 같은 제3각 정투상도에서 누락된 우측면도로 가장 적합한 것은?

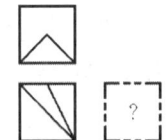

54 보기와 같은 KS 용접 기호의 해독으로 틀린 것은?

① 화살표 반대쪽 스폿 용접
② 스폿부의 지름 6mm
③ 용접부의 개수(용접 수) 5개

④ 스폿 용접한 간격은 100mm

55 그림과 같은 도면에서 A부의 길이는 얼마인가?

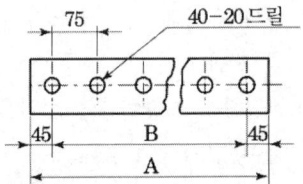

① 3000mm ② 3015mm
③ 3090mm ④ 3185mm

56 용접 진행 방향과 용착 방향이 서로 반대가 되는 방법으로 잔류 응력은 다소 적게 발생하나 작업의 능률이 떨어지는 용착법은?
① 전진법 ② 후진법
③ 대칭법 ④ 스킵법

57 물과 얼음, 수증기가 평형을 이루는 3중점 상태에서의 자유도는?
① 0 ② 1
③ 2 ④ 3

58 다음 중 다층 용접 시 적용하는 용착법이 아닌 것은?
① 빌드업법 ② 캐스케이드법
③ 스킵법 ④ 전진블록법

59 아크 용접 작업 중 감전이 되었을 때 전류가 몇 mA 이상이 인체에 흐르면 심장마비를 일으켜 순간적으로 사망할 위험이 있는가?
① 5 ② 10
③ 15 ④ 50

60 다음 중 급열, 급랭에 의한 열응력이나 변형, 균열을 방지하기 위해 용접 전에 실시하는 작업은?
① 예열 ② 청소
③ 가공 ④ 후열

CBT 대비 모의고사

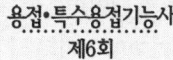

01 금속과 금속을 충분히 접근시키면 그들 사이에 원자간의 인력이 작용하여 서로 결합한다. 이 결합을 이루기 위해서는 원자들을 몇 cm 정도까지 접근시켜야 하는가?
① $1Å = 10^{-7}$cm
② $1Å = 10^{-8}$cm
③ $1Å = 10^{-6}$cm
④ $1Å = 10^{-9}$cm

02 서브머지드 아크 용접에서 다전극 방식에 의한 용접 장치의 분류 중 두 개의 와이어를 독립된 전원(교류 또는 직류)에 접속하여 용접선에 따라 전극의 간격을 10~30mm 정도로 하여 2개의 전극 와이어를 동시에 녹게 함으로써 한꺼번에 많은 양의 용착 금속을 얻을 수 있는 용접법은?
① 탠덤식
② 횡 병렬식
③ 횡 직렬식
④ 유니언식

03 직류 아크용접기의 종류별 특징 중 올바르게 설명된 것은?
① 전동 발전형 용접기는 완전한 직류를 얻을 수 없다.
② 전동 발전형 용접기는 구동부와 발전기부로 되어 있고, 보수와 점검이 어렵다.
③ 정류기형 용접기는 보수와 점검이 어렵다.
④ 정류기형 용접기는 교류를 정류하므로 완전한 직류를 얻을 수 있다.

04 용접 설계상 주의사항으로 틀린 것은?
① 부재 및 이음은 될 수 있는 대로 조립 작업, 용접 및 검사를 하기 쉽도록 한다.
② 부재 및 이음은 단면적의 급격한 변화를 피하고 응력 집중을 받지 않도록 한다.
③ 용접 이음은 가능한 한 많게 하고 용접선을 집중시키며, 용착량도 많게 한다.
④ 용접은 될 수 있는 한 아래보기 자세로 하도록 한다.

05 용접부의 시험 및 검사의 분류에서 수소 시험은 무슨 시험에 속하는가?
① 기계적 시험
② 낙하 시험
③ 화학적 시험
④ 압력 시험

06 응급 처치의 3대 요소가 아닌 것은?
① 상처 보호
② 쇼크 방지
③ 기도 유지
④ 응급 후송

07 다음 중 굵은 실선 또는 가는 실선의 용도가 아닌 것은?
① 외형선
② 파단선
③ 절단선
④ 치수선

08 가는 2점 쇄선을 사용하는 가상선의 용도가 아닌 것은?
① 단면도의 절단된 부분을 나타내는 것
② 가공 전·후의 형상을 나타내는 것
③ 인접부분을 참고로 나타내는 것

④ 가동 부분을 이동 중의 특정한 위치 또는 이동한계의 위치로 표시하는 것

09 대상물의 일부를 파단한 경계 또는 일부를 떼어낸 경계를 표시하는 데 사용하는 선은?
① 가상선 ② 파단선
③ 절단선 ④ 외형선

10 산업안전보건법 시행규칙상 안전·보건 표지의 색채 중 금지를 나타내는 색채는?
① 빨강 ② 녹색
③ 파랑 ④ 흰색

11 다음 중 γ선원으로 사용되지 않는 원소는?
① 이리듐 192 ② 코발트 60
③ 세슘 134 ④ 몰리브덴 30

12 용접부의 표면이 좋고 나쁨을 검사하는 것으로 가장 많이 사용하고 있으며 간편하고, 경제적인 검사방법은?
① 자분 검사 ② 외관 검사
③ 초음파 검사 ④ 침투 검사

13 기계제도에서 사용하는 파단선의 설명으로 올바른 것은?
① 가는 1점 쇄선이다.
② 불규칙한 파형의 가는 실선이다.
③ 굵기는 외형선과 같다.
④ 아주 굵은 실선으로 그린다.

14 일반적으로 치수선을 표시할 때 치수선 양 끝에 치수가 끝나는 부분임을 나타내는 형상으로 사용하는 것이 아닌 것은?

①
②
③
④

15 X선 투과시험법으로 검출이 가장 곤란한 결함은 무엇인가?
① 기공(blow hole)
② 슬래그(slag) 혼입
③ 미소 균열(micro crack)
④ 용입 불량

16 용접부의 시험과 검사에서 부식시험은 어느 시험법에 속하는가?
① 방사선 시험법 ② 기계적 시험법
③ 물리적 시험법 ④ 화학적 시험법

17 전기적 점화원의 종류가 아닌 것은?
① 유도열 ② 정전기
③ 저항열 ④ 마모열

18 보기의 그림은 투상법의 기호이다. 몇 각법을 나타내는 기호인가?

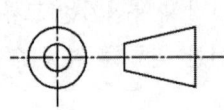

① 제1각법 ② 제2각법

③ 제3각법 ④ 제4각법

19 다음 투상도법 중 제1각법과 제3각법이 속하는 투상도법은?
① 정투상법 ② 등각투상법
③ 사투상법 ④ 부등각투상법

20 제3각법에 대한 설명 중 틀린 것은?
① 평면도는 배면도의 위에 배치된다.
② 저면도는 정면도의 아래에 배치된다.
③ 정면도 위쪽에 평면도가 배치된다.
④ 우측면도는 정면도의 우측에 배치된다.

21 제3각법에 의한 정투상도에서 배면도의 위치는?
① 정면도의 위
② 좌측면도의 좌측
③ 정면도의 아래
④ 우측면도의 우측

22 제3각법과 제1각법의 도면 배치상의 차이 설명으로 옳은 것은?
① 평면도의 위치는 동일하나 좌·우측면도의 위치는 서로 반대이다.
② 정면도의 위치는 동일하나 저면도와 평면도의 위치는 서로 반대이다.
③ 평면도의 위치는 동일하나 좌·우측면도 및 저면도와 정면도의 위치는 서로 반대이다.
④ 좌·우측면도의 위치는 서로 반대이나 다른 도면의 배치는 변함없다.

23 보기와 같은 입체도에서 화살표 방향이 정면일 때 정면도로 가장 적합한 것은?

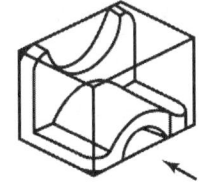

①  ②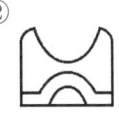

③ 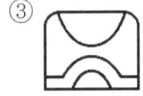 ④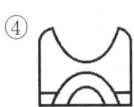

24 안전을 위하여 장갑을 사용할 수 있는 작업은?
① 드릴링 작업 ② 선반 작업
③ 용접 작업 ④ 밀링 작업

25 공장 내에 안전 표지판을 설치하는 가장 주된 이유는?
① 능동적인 작업을 위하여
② 통행을 통제하기 위하여
③ 사고 방지 및 안전을 위하여
④ 공장 내의 환경 정리를 위하여

26 화재 및 폭발의 방지 조치사항으로 틀린 것은?
① 용접 작업 부근에 점화원을 두지 않는다.
② 인화성 액체의 반응 또는 취급은 폭발 한계범위 이내의 농도로 한다.
③ 아세틸렌이나 LP가스 용접 시에는 가연성 가스가 누설되지 않도록 한다.
④ 대기 중에 가연성 가스를 누설 또는 방출시키지 않는다.

27 화재 및 폭발의 방지책에 관한 사항으로 틀린 것은?
① 인화성 액체의 반응 또는 취급은 폭발 범위 이외의 농도로 한다.
② 필요한 곳에 화재를 진화하기 위한 방화설비를 설치한다.
③ 정전에 대비하여 예비전원을 설치한다.
④ 배관 또는 기기에서 가연성 가스는 대기 중에 방출시킨다.

28 전류를 통하여 자화가 될 수 있는 금속재료 즉 철, 니켈과 같이 자기변태를 나타내는 금속 또는 그 합금으로 제조된 구조물이나 기계부품의 표면부에 존재하는 결함을 검출하는 비파괴시험법은?
① 맴돌이 전류시험 ② 자분 탐상시험
③ γ선 투과시험 ④ 초음파 탐상시험

29 초음파 탐상법의 특징 설명으로 틀린 것은?
① 초음파의 투과 능력이 작아 얇은 판의 검사에 적합하다.
② 결함의 위치와 크기를 비교적 정확히 알 수 있다.
③ 검사 시험체의 한 면에서도 검사가 가능하다.
④ 감도가 높으므로 미세한 결함을 검출할 수 있다.

30 용접 이음을 설계할 때의 주의 사항으로서 틀린 것은?
① 용접 구조물의 제 특성 문제를 고려한다.
② 강도가 강한 필릿 용접을 많이 하도록 한다.
③ 용접성을 고려한 사용 재료의 선정 및 열영향 문제를 고려한다.
④ 구조상의 노치부를 피한다.

31 용접부 부근의 모재는 용접할 때 아크열에 의해 조직이 변하여 재질이 달라진다. 열영향부의 기계적 성질과 조직변화의 직접적인 요인으로 관계가 없는 것은?
① 용접기의 용량
② 모재의 화학성분
③ 냉각 속도
④ 예열과 후열

32 보기와 같은 입체도에서 화살표 방향이 정면일 경우 좌측면도로 가장 적합한 것은?

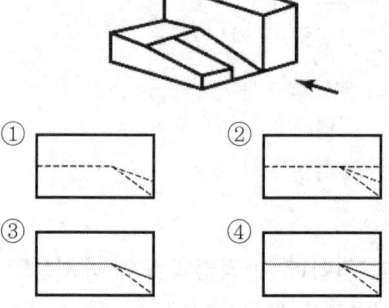

33 용접 전 꼭 확인해야 할 사항이 틀린 것은?
① 예열·후열의 필요성을 검토한다.
② 용접 전류, 용접 순서, 용접 조건을 미리 선정한다.
③ 양호한 용접성을 얻기 위해서 용접부에 물로 분무한다.
④ 이음부에 페인트, 기름, 녹 등의 불순물이 없는지 확인 후 제거한다.

34 용접 자세를 나타내는 기호가 틀리게 짝지어진 것은?

① 위보기자세 : O
② 수직자세 : V
③ 아래보기자세 : U
④ 수평자세 : H

35 이음 홈 형상 중에서 동일한 판 두께에 대하여 가장 변형이 적게 설계된 형상은?
① I형 ② V형
③ U형 ④ X형

36 정류기형 직류 아크용접기의 종류가 아닌 것은?
① 리액턴스 정류기(reactance rectifier)
② 셀렌 정류기(selenium rectifier)
③ 실리콘 정류기(silicon rectifier)
④ 게르마늄 정류기(germanium rectifier)

37 용접용 가스의 구비 조건에 대한 설명으로 틀린 것은?
① 연소 온도가 높을 것
② 연소 속도가 느릴 것
③ 용융금속과 화학반응을 일으키지 않을 것
④ 발열량이 클 것

38 알루미늄-규소계 합금은?
① 세슘(Cs) ② 란탄(La)
③ 안티몬(Sb) ④ 실루민(Silumin)

39 산소-프로판 가스 용접 작업에서 산소와 프로판 가스의 최적 혼합비는?
① 프로판 1 : 산소 2.5
② 프로판 1 : 산소 4.5
③ 프로판 2.5 : 산소 1
④ 프로판 4.5 : 산소 1

40 스터드(stud) 용접 시 불활성가스를 사용해야 하는 금속은?
① Al ② Cu
③ Bs ④ Sc

41 원자와 분자의 유도방사현상을 이용한 빛에너지를 이용하여 모재의 열 변형이 거의 없고 이종금속의 용접이 가능하며 미세하고 정밀한 용접을 비접촉식 용접방식으로 할 수 있는 용접법은?
① 전자빔 용접법
② 플라즈마 용접법
③ 레이저 용접법
④ 초음파 용접법

42 모재의 홈 가공을 V형으로 했을 경우 엔드탭(end-tap)은 어떤 조건으로 하는 것이 가장 좋은가?
① I형 홈 가공으로 한다.
② V형 홈 가공으로 한다.
③ X형 홈 가공으로 한다.
④ 홈 가공이 필요 없다.

43 KS에서 규정한 방사선 투과시험 필름 판독에서 제3종 결함은?
① 둥근 블로홀 및 이와 유사한 결함
② 슬래그 섞임 및 이와 유사한 결함
③ 갈라짐 및 이와 유사한 결함
④ 노치 및 이와 유사한 결함

44 화재 발생 시 사용하는 소화기에 대한 설명으로 틀린 것은?
① 전기로 인한 화재(C급)는 포말 소화기를 사용한다.
② 분말 소화기는 기름 화재(B급)에 적합하다.
③ CO_2 가스 소화기는 소규모의 인화성 액체화재나 전기설비 화재의 초기 진화에 좋다.
④ 보통 화재(A급)에는 포말, 분말, CO_2 소화기를 사용한다.

45 B급 화재는 어느 경우의 화재인가?
① 일반 화재 ② 유류 화재
③ 전기 화재 ④ 금속 화재

46 작업장에 따라 작업 특성에 맞는 적당한 조명을 하여야 한다. 보통 작업 시 조도기준으로 적합한 것은?
① 750Lux 이상 ② 75Lux 이상
③ 150Lux 이상 ④ 300Lux 이상

47 탄소강의 기본 열처리 방법 중 소재를 일정온도에서 가열 후 공랭시켜 표준화하는 것은?
① 불림 ② 뜨임
③ 담금질 ④ 침탄

48 그림과 같이 제3각법으로 정투상한 도면의 입체도로 가장 적합한 것은?

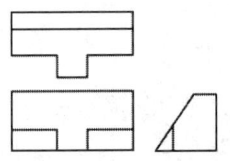

① 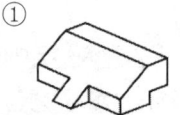 ②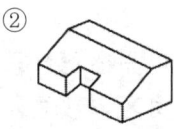

③ 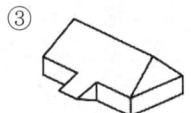 ④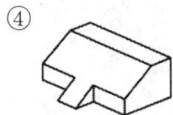

49 재해와 숙련도 관계에서 사고가 많이 발생하는 경향이 있는 것으로 가장 알맞은 것은?
① 경험이 1년 미만인 근로자
② 경험이 3년인 근로자
③ 경험이 5년인 근로자
④ 경험이 10년인 근로자

50 통행과 운반관련 안전조치로 가장 거리가 먼 것은?
① 뛰지 말 것이며 한눈을 팔거나 주머니에 손을 넣고 걷지 말 것
② 기계와 다른 시설물 사이의 통행로 폭은 30cm 이상으로 할 것
③ 운반차는 규정 속도를 지키고 운반 시 시야를 가리지 않게 할 것
④ 통행로와 운반차, 기타 시설물에는 안전표지색을 이용한 안전표지를 할 것

51 연소의 난이성에 대한 설명이 틀린 것은?
① 화학적 친화력이 큰 물질일수록 연소가 잘 된다.
② 발열량이 큰 것일수록 산화반응이 일어나기 쉽다.

③ 예열하면 착화 온도가 낮아져서 착화하기 쉽다.
④ 산소와의 접촉 면적이 좁을수록 온도가 떨어지지 않아 연소가 잘 된다.

52 방사선 투과 검사의 특징에 대한 설명으로 틀린 것은?
① 모든 용접 재질에 적용할 수 있다.
② 모재가 두꺼워지면 검사가 곤란하다.
③ 내부 결함 검출이 용이하다.
④ 검사의 신뢰성이 높다.

53 용접물이 청수, 해수, 유기산, 무기산 및 알칼리 등에 접촉되어 받는 부식 상태에 대해 시험하는 부식시험에 속하지 않는 것은?
① 습 부식시험   ② 건 부식시험
③ 응력 부식시험 ④ 시간 부식시험

54 다음 중 용접부의 비파괴 시험에 속하는 것은?
① 인장시험   ② 화학분석시험
③ 침투시험   ④ 용접균열시험

55 현미경 시험용 부식제 중 알루미늄 및 그 합금용에 사용되는 것은?
① 초산 알코올액 ② 수산화칼륨액
③ 연화철액   ④ 피크린산

56 용접부의 완성 검사에 사용되는 비파괴 시험이 아닌 것은?
① 방사선 투과 시험
② 형광 침투 시험
③ 자기 탐상법
④ 현미경 조작 시험

57 맞대기 용접 홈 모양 중에서 가장 얇은 박판에 사용하는 홈 모양은?
① I형 홈   ② V형 홈
③ H형 홈   ④ J형 홈

58 판 두께가 보통 6mm 이하인 경우에 사용되고 루트간격을 좁게 하면 용착금속의 양도 적어져서 경제적인 면에서는 우수하나 두께가 두꺼워지면 완전용입이 어려운 용접 이음은?
① I형   ② V형
③ U형   ④ X형

59 다음 그림에서 루트 간격을 표시하는 것은?

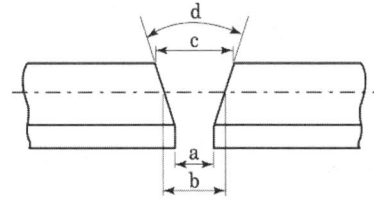

① a   ② b
③ c   ④ d

60 파장이 같은 빛을 렌즈로 집광하여 높은 열을 얻고, 이것을 열원으로 하여 용접하는 방법은?
① 레이저 빔 용접
② 테르밋 용접
③ 일렉트로 슬래그 용접
④ 플라즈마 아크 용접

CBT 대비 모의고사

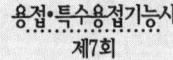

01 연소가 잘 되는 조건 중 틀린 것은?
① 공기와의 접촉 면적이 클 것
② 가연성 가스 발생이 클 것
③ 축적된 열량이 클 것
④ 물체의 내화성이 클 것

02 그림과 같은 입체도에서 화살표 방향을 정면으로 하여 제3각법 투상도로 가장 적합한 것은?

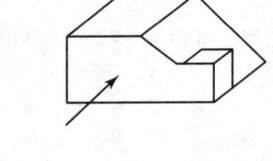

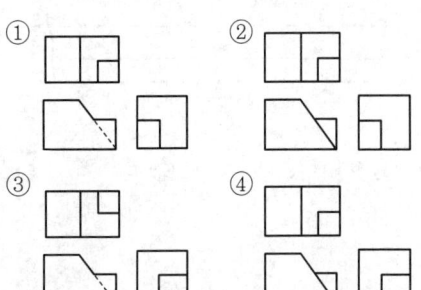

03 화상의 응급 처치 및 주의 사항으로 옳지 않은 것은?
① 화상자의 의복은 벗기지 않는다.
② 화상부를 온수에 담가 화기를 뺀다.
③ 물집을 터트리지 않는다.
④ 환자가 갈증을 느낄 때에는 소다를 탄 냉수를 조금씩 마시게 한다.

04 연소 온도에 가장 큰 영향을 미치는 것은?
① 공기비
② 연료의 발열량
③ 연료의 통풍력
④ 연료의 착화 온도

05 텅스텐, 몰리브덴 같은 대기에서 반응하기 쉬운 금속도 용이하게 용접할 수 있으며 고진공 속에서 음극으로부터 방출되는 전자를 고속으로 가속시켜 충돌에너지를 이용하는 용접방법은?
① 레이저 용접
② 전자 빔 용접
③ 테르밋 용접
④ 일렉트로 슬래그 용접

06 다음 중 알코올이 연소하는 것을 가장 올바르게 설명한 것은?
① 가연성 증기가 발생하여 점화원에 의해 연소한다.
② 액체가 분해되어 점화원에 의해 연소한다.
③ 산소만 있으면 그대로 연소한다.
④ 액체가 그대로 연소한다.

07 가연물의 자연발화를 방지하는 방법을 설명한 것 중 틀린 것은?
① 공기의 유통이 잘 되게 할 것
② 가연물의 열 축적이 용이하지 않도록

할 것
③ 공기와의 접촉면을 크게 할 것
④ 저장실의 온도를 낮게 유지할 것

08 사람이 몸에 얼마 이상의 전류가 흐르면 심장마비를 일으켜 사망할 위험이 있는가?
① 50mA 이상
② 30mA 이상
③ 20mA 이상
④ 10mA 이상

09 불티가 바람에 날리거나 혹은 튀어서 발화점에서 떨어진 곳에 있는 대상물에 착화하여 연소되는 현상을 무슨 연소라고 하는가?
① 접염 연소
② 대류 연소
③ 복사 연소
④ 비화 연소

10 전자빔 용접의 특징으로 틀린 것은?
① 정밀 용접이 가능하다.
② 용입이 깊어 다층용접도 단층용접으로 완성할 수 있다.
③ 유해가스에 의한 오염이 적고 높은 순도의 용접이 가능하다.
④ 용접부의 열 영향부가 크고 설비비가 적게 든다.

11 용접에서 X형 맞대기 이음을 나타내는 것은?

① 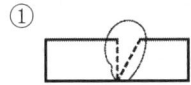 ②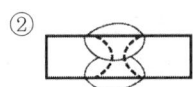

③ 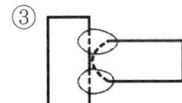 ④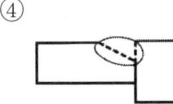

12 내식성을 필요로 하며 고도의 기밀, 유밀을 필요로 하는 내압 용기 제작에 가장 적당한 용접법은?
① 아크 스터드 용접
② 일렉트로 슬래그 용접
③ 원자 수소 아크 용접
④ 아크 점용접

13 초음파 용접에 대한 설명으로 잘못된 것은?
① 주어지는 압력이 작으므로 용접물의 변형이 작다.
② 표면 처리가 간단하고 압연한 그대로의 재료도 용접이 가능하다.
③ 판의 두께에 따른 용접 강도의 변화가 없다.
④ 극히 얇은 판도 쉽게 용접이 된다.

14 가연성 가스가 가져야 할 성질 중 맞지 않는 것은?
① 불꽃의 온도가 높을 것
② 용융 금속과 화학 반응을 일으키지 않을 것
③ 연소 속도가 느릴 것
④ 발열량이 클 것

15 폭발 위험성이 가장 큰 산소와 아세틸렌의 혼합비(%)는?
① 40 : 60
② 15 : 85
③ 60 : 40
④ 85 : 15

16 용접용 가스의 구비 조건에 대한 설명으로 옳지 않은 것은?
① 연소 온도가 높을 것
② 연소 속도가 느릴 것

③ 용융금속과 화학반응을 일으키지 않을 것
④ 발열량이 클 것

17 산소의 성질에 관한 설명으로 틀린 것은?
① 다른 물질의 연소를 돕는 조연성 기체이다.
② 아세틸렌과 혼합 연소시켜 용접, 가스 절단에 사용한다.
③ 산소 자체가 연소하는 성질이 있다.
④ 무색, 무취, 무미의 기체이다.

18 그림과 같이 제3각법으로 나타낸 정투상도에 대한 입체도로 적합한 것은?

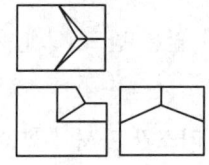

① 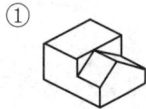 ②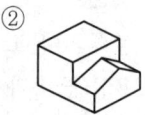
③ 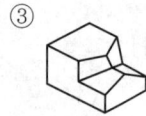 ④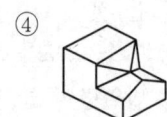

19 산소는 대기 중의 공기 속에 약 몇 % 함유되어 있는가?
① 11%   ② 21%
③ 31%   ④ 41%

20 피복 아크 용접에서 전기가 없는 곳에서 사용할 수 있는 용접기는?
① 정류기형 직류 아크용접기
② 엔진구동형 용접기
③ AC-DC 아크용접기
④ 가포화 리액터형 교류 아크용접기

21 이음 홈의 형상 중 두꺼운 판의 양면 용접을 할 수 없는 경우에 가공하는 방법으로 한쪽 용접에 의해 충분한 용입을 얻을 수 있지만 홈 가공이 다소 어려운 것이 단점인 홈 형상으로 가장 적합한 것은?
① I형   ② V형
③ U형   ④ J형

22 다음 중 용접 이음의 종류가 아닌 것은?
① 겹치기 용접   ② 모서리 용접
③ 라운드 용접   ④ T형 필릿 용접

23 홈 가공에 관한 설명 중 옳지 않은 것은?
① 능률적인 면에서 용입이 허용되는 한 홈 각도는 작게 하고 용착 금속량도 적게 하는 것이 좋다.
② 용접 균열이라는 관점에서 루트 간격은 클수록 좋다.
③ 자동 용접의 홈 정도는 손 용접보다 정밀한 가공이 필요하다.
④ 피복 아크 용접에서의 홈 각도는 54~70° 정도가 적합하다.

24 수평 필릿 용접 시 목의 두께는 각장(다리 길이)의 약 몇 % 정도가 적당한가?
① 50   ② 160
③ 70   ④ 180

25 하중의 방향에 따른 필릿 용접 이음의 구분이 아닌 것은?

① 전면 필릿 용접 ② 측면 필릿 용접
③ 경사 필릿 용접 ④ 슬롯 필릿 용접

26 KS 용접 신호 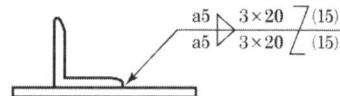로 도시되는 용접부 명칭은?
① 플러그 용접 ② 수직 용접
③ 필릿 용접 ④ 스폿 용접

27 다음 중 직류 아크용접기는?
① 탭전환형 ② 정류기형
③ 가동 코일형 ④ 가동 철심형

28 직류 발전형 아크용접기의 특징을 올바르게 나타낸 것은?
① 완전한 직류 전원을 얻는다.
② 직류를 얻는 데 소용이 없다.
③ 고장이 비교적 적다.
④ 보수와 점검이 용이하다.

29 용접은 여러 가지 용도로 다양하게 이용이 되고 있다. 다음 중 용접의 용도만으로 묶어진 것은?
① 교량, 항공기, 컨테이너, 농기구
② 철탑, 배관, 조선, 시멘트관 접합
③ 농기구, 교량, 자동차, 시멘트관 접합
④ 철탄, 건물, 철도차량, 시멘트관 접합

30 금속 아크 용접법의 개발자는?
① 톰슨 ② 푸세
③ 슬라비아노프 ④ 베르나도스

31 발전(모터, 엔진)형 직류 용접기와 비교하여 정류기형 직류 용접기를 설명한 것 중 잘못된 것은?

① 소음이 나지 않는다.
② 취급이 간단하고 가격이 싸다.
③ 정류기 파손에 주의한다.
④ 완전한 직류를 얻는다.

32 아래 KS 용접 기호를 올바르게 해독한 것은?

① 용접 피치는 20mm
② 전체 용접 길이는 600mm
③ 화살표 쪽의 목두께는 5mm
④ 지그재그 용접, 화살표 반대쪽의 용접부 길이는 15mm

33 직류 아크용접기에 대한 설명으로 맞는 것은?
① 발전형과 정류기형이 있다.
② 구조가 간단하고 보수도 용이하다.
③ 누설 자속에 의하여 전류를 조정한다.
④ 용접 변압기의 리액턴스에 의하여 수하 특성을 얻는다.

34 산소의 성질을 설명한 것으로 틀린 것은?
① 산소는 공기와 물의 주성분이다.
② 성질은 무색, 무취, 무미의 기체이다.
③ 1L의 중량은 0℃, 1기압에서 1.429g이다.
④ 산소의 비중은 0.806이다.

35 절단용 산소 중에 불순물이 증가되면 나타나는 결과가 아닌 것은?
① 절단 속도가 늦어진다.
② 산소의 소비량이 적어진다.

③ 절단 개시 시간이 길어진다.
④ 절단 홈의 폭이 넓어진다.

36 보호가스의 공급 없이 와이어 자체에서 발생한 가스에 의해 아크 분위기를 보호하는 용접 방법은?
① 일렉트로 슬래그 용접
② 플라즈마 용접
③ 논 가스 아크 용접
④ 테르밋 용접

37 논 가스 아크 용접(Non gas welding)의 장점에 대한 설명으로 틀린 것은?
① 아크의 빛과 열이 강렬하다.
② 용접 장치가 간단하며 운반이 편리하다.
③ 바람이 있는 옥외에서도 작업이 가능하다.
④ 피복 가스 용접봉의 저수소계와 같이 수소의 발생이 적다.

38 연소의 3요소에 해당하지 않는 것은?
① 가연물
② 무촉매
③ 산소공급원
④ 점화에너지 열원

39 다음 중 확산 연소를 옳게 설명한 것은?
① 수소, 메탄, 프로판 등과 같은 가연성 가스가 버너 등에서 공기 중으로 유출해서 연소하는 경우이다.
② 알코올, 에테르 등 인화성 액체의 연소에서처럼 액체의 증발에 의해서 생긴 증기가 착화하여 화염을 발하는 경우이다.
③ 목재, 석탄, 종이 등의 고체 가연물 또는 지방유와 같이 고비점(高沸點)의 액체 가연물이 연소하는 경우이다.
④ 화약처럼 그 물질 자체의 분자 속에 산소를 함유하고 있어 연소 시 공기 중의 산소를 필요로 하지 않고 물질 자체의 산소를 소비해서 연소하는 경우이다.

40 다음 중 연소를 가장 바르게 설명한 것은?
① 물질이 열을 내며 탄화한다.
② 물질이 탄산가스와 반응한다.
③ 물질이 산소와 반응하여 환원한다.
④ 물질이 산소와 반응하여 열과 빛을 발생한다.

41 가연물을 가열할 때 반사열만을 가지고 연소가 시작되는 최저 온도는?
① 인화점　　② 발화점
③ 연소점　　④ 융점

42 그림과 같은 입체도의 화살표 방향을 정면도로 할 때 우측면도로 가장 적합한 것은?

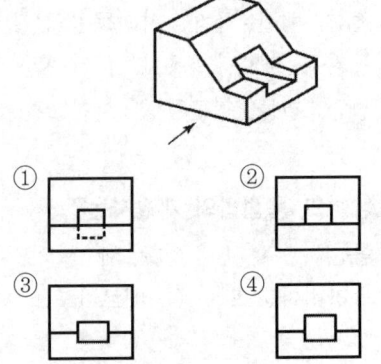

43 연소한계의 설명을 가장 올바르게 정의한 것은?

① 착화온도의 상한과 하한
② 물질이 탈 수 있는 최저온도
③ 완전연소가 될 때의 산소공급 한계
④ 연소에 필요한 가연성 기체와 공기 또는 산소와의 혼합 가스 농도 범위

44 안전모의 착용에 대한 설명으로 틀린 것은?
① 턱조리개는 반드시 조이도록 할 것
② 작업에 적합한 안전모를 사용할 것
③ 안전모는 작업자 공용으로 사용할 것
④ 머리 상부와 안전모 내부의 상단과의 간격을 25mm 이상 유지하도록 조절한 것

45 일반적으로 가스 폭발을 방지하기 위한 예방대책 중 제일 먼저 조치를 취하여야 할 것은?
① 방화수 준비
② 가스 누설의 방지
③ 착화의 원인 제거
④ 배관의 강도 증가

46 다음 중 플라스틱(plastic) 용접 방법만으로 조합된 것은?
① 마찰 용접, 아크 용접
② 고주파 용접, 열풍 용접
③ 플라즈마 용접, 열기구 용접
④ 업셋 용접, 초음파 용접

47 용접부의 형상에 따른 필릿 용접의 종류가 아닌 것은?
① 연속 필릿
② 단속 필릿
③ 경사 필릿
④ 단속 지그재그 필릿

48 용접 결함 중 균열의 보수 방법으로 가장 옳은 방법은?
① 작은 지름의 용접봉으로 재용접한다.
② 굵은 지름의 용접봉으로 재용접한다.
③ 전류를 많게 하여 재용접한다.
④ 정지 구멍을 뚫어 균열 부분은 홈을 판 후 재용접한다.

49 필릿 용접에서 그림과 같은 용접 변형의 명칭은?

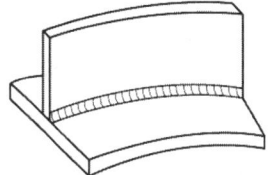

① 세로 수축
② 가로 수축
③ 세로 굽힘 변형
④ 가로 굽힘 변형

50 다음 중 특히 두꺼운 판을 맞대기 용접에 의해 충분한 용입을 얻으려고 할 때 가장 적합한 홈의 형상은?
① H형
② V형
③ U형
④ I형

51 가스 용접 작업에 관한 안전사항으로서 틀린 것은?
① 산소 및 아세틸렌병 등 빈병을 섞어서 보관한다.
② 호스의 누설 시험 시에는 비눗물을 사용한다.
③ 용접 시 토치의 끝을 긁어서 오물을 털지 않는다.
④ 아세틸렌병 가까이에서는 흡연하지 않는다.

52 보기는 제3각법의 정투상도로 나타낸 정면도 우측면도이다. 평면도로 가장 적합한 것은?

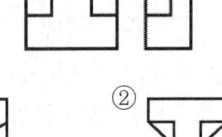

53 용강을 주형에 주입하여 만들고, 용융점이 높고 수축률이 크며, 주조 후에는 완전 풀림을 실시해야 하는 것은?
① 구리　　　② 주철
③ 연강　　　④ 주강

54 프로판가스 저장실의 통풍용 환기 구멍이 아래쪽에 위치하는 가장 큰 이유는?
① 가스를 조절하기 쉬우므로
② 공기보다 무거우므로
③ 구멍뚫기가 쉬우므로
④ 물이 잘 빠지게 하기 위하여

55 가연성 가스로 스파크 등에 의한 화재에 대하여 가장 주의해야 할 가스는?
① LPG　　　② CO_2
③ He　　　　④ O_2

56 귀마개를 착용하고 작업하면 안 되는 작업자는?
① 조선소의 용접 및 취부작업자
② 자동차 조립공장의 조립작업자
③ 판금작업장의 타출 판금작업자
④ 강재 하역장의 크레인 신호자

57 산소 용기 취급에 대한 설명이 잘못된 것은?
① 산소병 밸브, 조정기 등은 기름천으로 잘 닦는다.
② 산소병 운반 시에는 충격을 주어서는 안 된다.
③ 산소 밸브의 개폐는 천천히 해야 한다.
④ 가스 누설의 점검을 수시로 한다.

58 다음 여러 작업에 대한 행동 중에서 가장 안전한 것은?
① 용접 장갑을 끼고 중량물을 운반하였다.
② 면장갑을 끼고 그라인더 가공을 하였다.
③ 아크 발생 중 전류를 올렸다.
④ 맨손으로 해머 작업을 하였다.

59 필릿 용접에서는 용접선의 방향과 응력의 방향이 이루는 각도에 따라 분류한다. 그림과 같은 필릿 용접은?

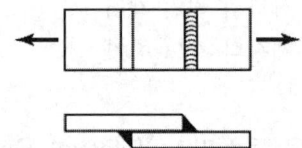

① 측면 필릿 용접　② 경사 필릿 용접
③ 전면 필릿 용접　④ T형 필릿 용접

60 혼합가스 연소에서 불꽃온도가 가장 높은 것은?
① 산소 : 수소 불꽃
② 산소 : 프로판 불꽃
③ 산소 : 아세틸렌 불꽃
④ 산소 : 부탄 불꽃

용접·특수용접기능사 제8회 CBT 대비 모의고사

01 철강의 분류는 무엇으로 하는가?
① 성질   ② 탄소량
③ 조직   ④ 제작 방법

02 킬드강을 제조할 때 사용하는 탈산제는?
① C, Fe-Mn   ② C, Al
③ Fe-Mn, S   ④ Fe-Si, Al

03 정련된 용강을 노 내에서 Fe-Mn, Fe-Si, Al 등으로 완전 탈산시킨 강은?
① 킬드강   ② 세미킬드강
③ 림드강   ④ 캡드강

04 필릿 용접에서 이론 목 길이 a와 용접 다리 길이 z의 관계를 옳게 나타낸 것은?
① $a ≒ 0.3z$ ② $a ≒ 0.5z$
③ $a ≒ 0.7z$ ④ $a ≒ 0.9z$

05 보기 입체도의 제3각법 정투상도로 가장 적합한 것은?

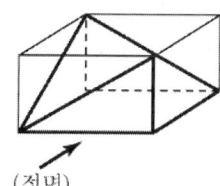
(정면)

①    ②

③ 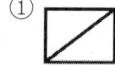   ④

06 맞대기 용접 이음에서 최대인장하중이 800kgf이고, 판 두께가 5mm, 용접선의 길이가 20cm일 때 용착 금속의 인장강도는 몇 kgf/mm^2인가?
① 0.8   ② 8
③ 80   ④ 800

07 2개의 모재에 압력을 가해 접촉시킨 다음 접촉면에 상대운동을 시켜 접촉면에서 발생하는 열을 이용하여 이음 압접하는 용접법을 무엇이라 하는가?
① 초음파 용접   ② 냉간압접
③ 마찰 용접   ④ 아크 용접

08 로봇 용접의 장점에 관한 다음 설명 중 맞지 않는 것은?
① 작업의 표준화를 이룰 수 있다.
② 복잡한 형상의 구조물에 적용하기 쉽다.
③ 반복 작업이 가능하다.
④ 열악한 환경에서도 작업이 가능하다.

09 용접을 로봇(robot)화할 때, 그 특징의 설명으로 잘못된 것은?
① 용접 결과가 일정하다.

② 제품의 정밀도가 향상된다.
③ 단순작업에서 벗어날 수 있다.
④ 생산성이 저하된다.

10 보기와 같은 입체도를 화살표 방향에서 본 투상도로 올바르게 도시된 것은?

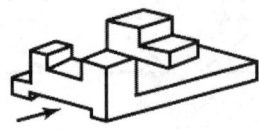

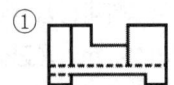　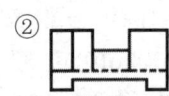

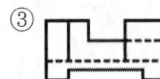　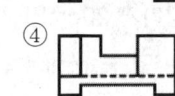

11 가스용접에 사용되는 기체의 폭발한계가 가장 큰 것은?
① 수소　② 메탄
③ 프로판　④ 아세틸렌

12 가스절단에서 프로판 가스와 비교한 아세틸렌가스의 장점에 해당하는 것은?
① 후판 절단의 경우 절단속도가 빠르다.
② 박판 절단의 경우 절단속도가 빠르다.
③ 중첩 절단을 할 때에는 절단속도가 빠르다.
④ 절단면이 거칠지 않고 곱다.

13 저항용접의 종류가 아닌 것은?
① 스폿 용접
② 심 용접
③ 업셋 맞대기 용접
④ 초음파 용접

14 용접작업을 할 때 발생할 화재 및 폭발 방지에 대한 조치 사항을 설명한 것으로 틀린 것은?
① 화재를 진화하기 위하여 방화 설비를 설치할 것
② 용접 작업 부근에 점화원을 두지 않도록 할 것
③ 배관 및 기기에서 가스 누출이 되지 않도록 할 것
④ 가연성 가스는 항상 옆으로 뉘어서 보관할 것

15 제3각법으로 정투상한 그림과 같은 정면도와 우측면도에 가장 적합한 평면도는?

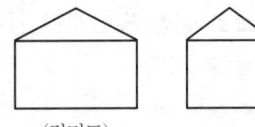

(정면도)

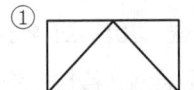　

16 주조, 단조, 압연, 용접 및 열처리에 의하여 생긴 열응력과 기계 가공에 의해 생긴 내부 응력을 제거하기 위한 풀림 온도는 다음 중 몇 ℃인가?
① 150~600　② 700~800
③ 900~1,000　④ 1,100~1,200

17 아크 용접 작업에 대한 설명 중 옳은 것은?
① 아크 빛은 용접 재해 요소가 되지 않는다.
② 교류용접기를 사용할 때에는 반드시 비

피복 용접봉을 사용한다.
③ 가죽 장갑은 감전의 위험이 크므로 면 장갑을 착용한다.
④ 아크 발생 도중에는 용접 전류를 조정 하지 않는다.

18 높은 곳에서 용접작업 시 지켜야 할 사항이 아닌 것은?
① 용접작업과 도장작업을 같이 해도 관계 없다.
② 족장이나 발판이 견고하게 조립되어 있는지 확인한다.
③ 주변에 낙하물건 및 작업 위치 아래에 인화성 물질이 없는지 확인한다.
④ 고소작업장에서 용접작업 시 안전벨트 착용 후 안전 로프를 핸드 레일에 고정 시킨다.

19 용접 작업 중 전격 방지 대책으로 틀린 것은?
① 용접기의 내부에 함부로 손을 대지 않는다.
② 홀더의 절연 부분이 파손되면 보수하거나 교체한다.
③ 홀더나 용접봉은 반드시 맨손으로 취급한다.
④ 용접 작업이 끝났을 때는 반드시 스위치를 차단한다.

20 용접 작업 시 주의 사항으로 거리가 가장 먼 것은?
① 좁은 장소 및 탱크 내에서의 용접은 충분히 환기한 후에 작업한다.
② 훼손된 케이블은 용접 작업 종료 후에 절연 테이프로 보수한다.

③ 전격 방지가 설치된 용접기를 사용하여 작업한다.
④ 안전모, 안전화 등 보호 장구를 착용한 후 작업한다.

21 전기저항용접의 특징에 대한 설명으로 올바르지 않은 것은?
① 산화 및 변질 부분이 적다.
② 다른 금속간의 접합이 쉽다.
③ 용제나 용접봉이 필요 없다.
④ 접합 강도가 비교적 크다.

22 저항용접의 3요소가 아닌 것은?
① 가압력   ② 통전 시간
③ 통전 전압   ④ 전류의 세기

23 용접 시험편에서 P=최대 하중, D=재료의 지름, A=재료의 최초 단면적일 때, 인장 강도를 구하는 식으로 옳은 것은?
① $\dfrac{P}{\pi D}$ ② $\dfrac{P}{A}$
③ $\dfrac{P}{A^2}$ ④ $\dfrac{A}{P}$

24 맞대기 이음에서 판 두께 10mm, 용접선의 길이 200mm, 하중 9,000kgf에 대한 인장응력(σ)은?
① $4.5 kgf/mm^2$ ② $3.5 kgf/mm^2$
③ $2.5 kgf/mm^2$ ④ $1.5 kgf/mm^2$

25 연강의 인장시험에서 하중 100kgf, 시험편의 최초 단면적 $20mm^2$일 때 응력은 다음 중 어느 것인가?
① $5 kgf/mm^2$ ② $10 kgf/mm^2$

③ $15kgf/mm^2$ ④ $20kgf/mm^2$

26 보기 입체도의 화살표 방향 투상도로 가장 적합한 것은?

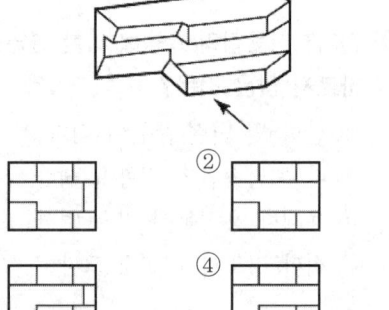

27 맞대기 용접 이음에서 최대 인장 하중이 80kgf이고, 판 두께가 5mm, 용접선의 길이가 20mm일 때 용착금속의 인장 강도는 얼마인가?
① $0.8kgf/mm^2$
② $8kgf/mm^2$
③ $8 \times 10^4 kgf/mm^2$
④ $8 \times 10^5 kgf/mm^2$

28 연강재의 용접 이음부에 충격 하중이 작용할 때 안전율은 다음 중 얼마가 적당한가?
① 3   ② 5
③ 8   ④ 12

29 플러그 용접에서 전단강도는 일반적으로 구멍의 면적당 용착금속 인장강도의 몇 % 정도로 하는가?
① 20~30   ② 40~50
③ 60~70   ④ 80~90

30 용착 금속의 인장강도가 $45kgf/mm^2$이고 안전율이 9일 때 용접 이음의 허용 응력은 몇 kgf/mm^2인가?
① 5   ② 36
③ 53   ④ 405

31 점 용접의 3대 요소에 해당하지 않는 것은?
① 용접 전류   ② 전기 가압력
③ 용접 전압   ④ 통전 시간

32 보기 입체도의 화살표 방향 투상도로 가장 적합한 것은?

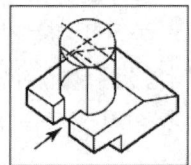

① 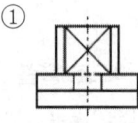   ②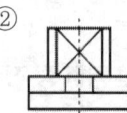

③ 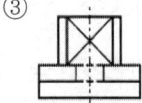   ④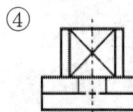

33 탄소강의 충격치가 0에 가깝게 되어 저온취성의 현상이 나타나는 온도는 몇 ℃인가?
① -100   ② -70
③ -30   ④ 0

34 소재를 일정온도(A_3)로 가열한 후 공랭시켜 표준화하는 열처리 방법은?
① 불림   ② 풀림
③ 담금질 ④ 뜨임

35 기밀, 수밀을 필요로 하는 탱크의 용접이나 배관용 탄소강관의 관 제작 이음 용접에 가장 적합한 접합법은?
① 심 용접 ② 스폿 용접
③ 업셋 용접 ④ 플래시 용접

36 용해 아세틸렌 취급 시 주의사항 중 틀린 것은?
① 저장 장소는 통풍이 양호해야 한다.
② 용기는 충격을 가하지 말고 눕혀서 보관한다.
③ 저장실의 전기 스위치, 전동 등은 방폭 구조여야 한다.
④ 가스 누설 검사는 비눗물을 사용하여 검사하여야 한다.

37 아세틸렌(C_2H_2) 가스의 폭발성에 해당되지 않는 것은?
① 406~408℃가 되면 자연발화한다.
② 마찰, 진동, 충격 등의 외력이 작용하면 폭발 위험이 있다.
③ 은, 수은 등과 접촉하면 이들과 화합하여 120℃ 부근에서 폭발성이 있는 화합물을 생성한다.
④ 아세틸렌 85%, 산소 15% 부근에서 가장 폭발 위험이 크다.

38 직류 용접기와 비교하여 교류용접기의 특징을 잘못 서술한 것은?
① 아크가 불안정하다.
② 고장이 적고, 값이 싸다.
③ 취급이 손쉽다.
④ 감전의 위험이 적다.

39 델타메탈(delta metal)에 속하는 것은?
① 7 : 3 황동에 Fe 1~2%를 첨가한 것
② 7 : 3 황동에 Sn 1~2%를 첨가한 것
③ 6 : 4 황동에 Sn 1~2%를 첨가한 것
④ 6 : 4 황동에 Fe 1~2%를 첨가한 것

40 직류 아크용접기와 비교한 교류 아크용접기의 특징을 올바르게 나타낸 것은?
① 아크의 안정성이 약간 떨어진다.
② 값이 비싸고 취급이 어렵다.
③ 고장이 많아 보수가 어렵다.
④ 무부하 전압이 낮아 전격의 위험이 적다.

41 심 용접에서 사용하는 통전 방법이 아닌 것은?
① 포일 통전법 ② 단속 통전법
③ 연속 통전법 ④ 맥동 통전법

42 용착법의 설명으로 틀린 것은?
① 한 부분에 대해 몇 층을 용접하다가 다음 부분의 층으로 연속시켜 용접하는 것이 스킵법이다.
② 잔류응력이 다소 적게 발생하고 용접진행방향과 용착방향이 서로 반대가 되는 방법이 후진법이다.
③ 각 층마다 전체의 길이를 용접하면서 다층용접을 하는 방식이 덧살 올림법이다.
④ 한 개의 용접봉으로 살을 붙일 만한 길이로 구분해서 홈을 한 부분씩 여러 층으로 쌓아 올린 다음 다른 부분으로 진행하는 용접방법이 전진 블록법이다.

43 프로젝션 용접의 용접 요구조건에 대한 설명으로 틀린 것은?
① 전류가 통한 후에 가압력에 견딜 수 있을 것
② 상대 판에 충분히 가열될 때까지 녹지 않을 것
③ 성형 시 일부에 전단 부분이 생기지 않을 것
④ 성형에 의한 변형이 없고 용접 후 양면의 밀착이 양호할 것

44 용접에서 안전 작업 복장을 설명한 것 중 틀린 것은?
① 작업 특성에 맞아야 한다.
② 기름이 묻거나 더러워지면 세탁하여 착용한다.
③ 무더운 계절에는 반바지를 착용한다.
④ 고온 작업 시에는 작업복을 벗지 않는다.

45 피복 배합제의 성질 중 아크를 안정시켜주는 것은?
① 탄산나트륨(Na_2CO_3)
② 붕산(H_3BO_3)
③ 마그네슘(Mg)
④ 구리(Cu)

46 아크 용접 시 광선에 의하여 초기에 인체에 일어나기 쉬운 가장 타당한 재해는?
① 광선 관계로 수정체에 자극을 주어 근시가 된다.
② 자외선 때문에 각막과 망막에 자극을 주어 결막염을 일으킨다.
③ 강렬한 광선 때문에 시신경이 피로해져 맹인이 된다.
④ 강렬한 가시광선 때문에 수정체에 영향을 주어 난시가 된다.

47 용접 작업에서 안전에 대해 설명한 것 중 틀린 것은?
① 높은 곳에서 용접 작업할 경우 추락, 낙하 등의 위험이 있으므로 항상 안전벨트와 안전모를 착용한다.
② 용접 작업 중에 여러 가지 유해 가스가 발생하기 때문에 통풍 또는 환기 장치가 필요하다.
③ 가연성의 분진, 화약류 등 위험물이 있는 곳에서는 용접을 해서는 안 된다.
④ 가스 용접은 강한 빛이 나오지 않기 때문에 보안경을 착용하지 않아도 된다.

48 전기용접 작업 시 감전으로 인한 재해의 원인에 대한 설명으로 틀린 것은?
① 1차측과 2차측의 케이블의 피복 손상부에 접촉되었을 경우
② 피용접물에 붙어 있는 용접봉을 떼려다 몸에 접촉되었을 경우
③ 용접기기의 보수 중에 입출력 단자가 절연된 곳에 접촉되었을 경우
④ 용접작업 중 홀더에 용접봉을 물릴 때나, 홀더가 신체에 접촉되었을 경우

49 용해 아세틸렌 용기 취급 시 주의사항이다. 잘못된 것은?
① 동결 부분은 50℃ 이상의 온수로 녹여야 한다.
② 저장 장소는 통풍이 양호해야 한다.
③ 운반 시 용기의 온도는 40℃ 이하로 유지하며 반드시 캡을 씌워야 한다.

④ 용기는 전락, 전도, 충격을 가하지 말고 신중히 취급해야 한다.

50 연소 범위가 가장 큰 가스는?
① 수소　　　　② 메탄
③ 프로판　　　④ 아세틸렌

51 용접 작업 시 안전수칙에 관한 내용으로 틀린 것은?
① 용접헬멧, 용접보호구, 용접장갑은 반드시 착용해야 한다.
② 땀에 젖은 작업복을 착용하고 용접해도 무방하다.
③ 미리 소화기를 준비하여 작업 중에는 만일의 사고에 대비한다.
④ 환기가 잘 되게 한다.

52 제품의 한쪽 또는 양쪽에 돌기를 만들어 이 부분에 용접 전류를 집중시켜 압접하는 방법은?
① 프로젝션 용접　② 점용접
③ 전자빔 용접　　④ 심용접

53 맞대기용접 이음에서 모재의 인장강도는 $45kgf/mm^2$이며, 용접 시험편의 인장강도가 $47kgf/mm^2$일 때 이음효율은 약 몇 %인가?
① 104　　　　② 96
③ 60　　　　　④ 69

54 모재의 열팽창계수에 따른 용접성에 대한 설명으로 옳은 것은?
① 열팽창계수가 작을수록 용접하기 쉽다.
② 열팽창계수가 높을수록 용접하기 쉽다.
③ 열팽창계수와는 관련이 없다.
④ 열팽창계수가 높을수록 용접 후 급랭해도 무방하다.

55 금속의 공통적 특성이 아닌 것은?
① 상온에서 고체이며 결정체이다.(단, Hg은 제외)
② 열과 전기의 양도체이다.
③ 비중이 크고 금속적 광택을 갖는다.
④ 소성 변형이 없어 가공하기 쉽다.

56 다음에서 공통적으로 설명하고 있는 원소는?
- 면심입방격자이다.
- 백색의 가벼운 금속으로 비중이 약 2.7이다.
- 염산 중에는 매우 빨리 침식되나 진한 질산에는 잘 견딘다.

① Al　　　　② Cu
③ Mg　　　　④ Zn

57 대칭형 물체의 1/4을 잘라내어 물체의 바깥과 안쪽을 동시에 나타내는 단면 방법은?
① 온단면도
② 한쪽 단면도
③ 회전 도시 단면도
④ 계단 단면도

58 용접부의 시험법 중 기계적인 시험법이 아닌 것은?
① 인장시험　　② 경도시험
③ 굽힘시험　　④ 현미경시험

59 황동의 합금명에서 6 : 4 황동을 바르게 나타낸 것은?

① 레드 브라스(Red Brass)
② 문쯔메탈(Muntz Metal)
③ 로우 브라스(Low Brass)
④ 톰백(Tombac)

60 시험편에 V형 또는 U형 등의 노치(notch)를 만들고 충격적인 하중을 주어서 파단시키는 시험법은?

① 인장시험   ② 굽힘시험
③ 충격시험   ④ 경도시험

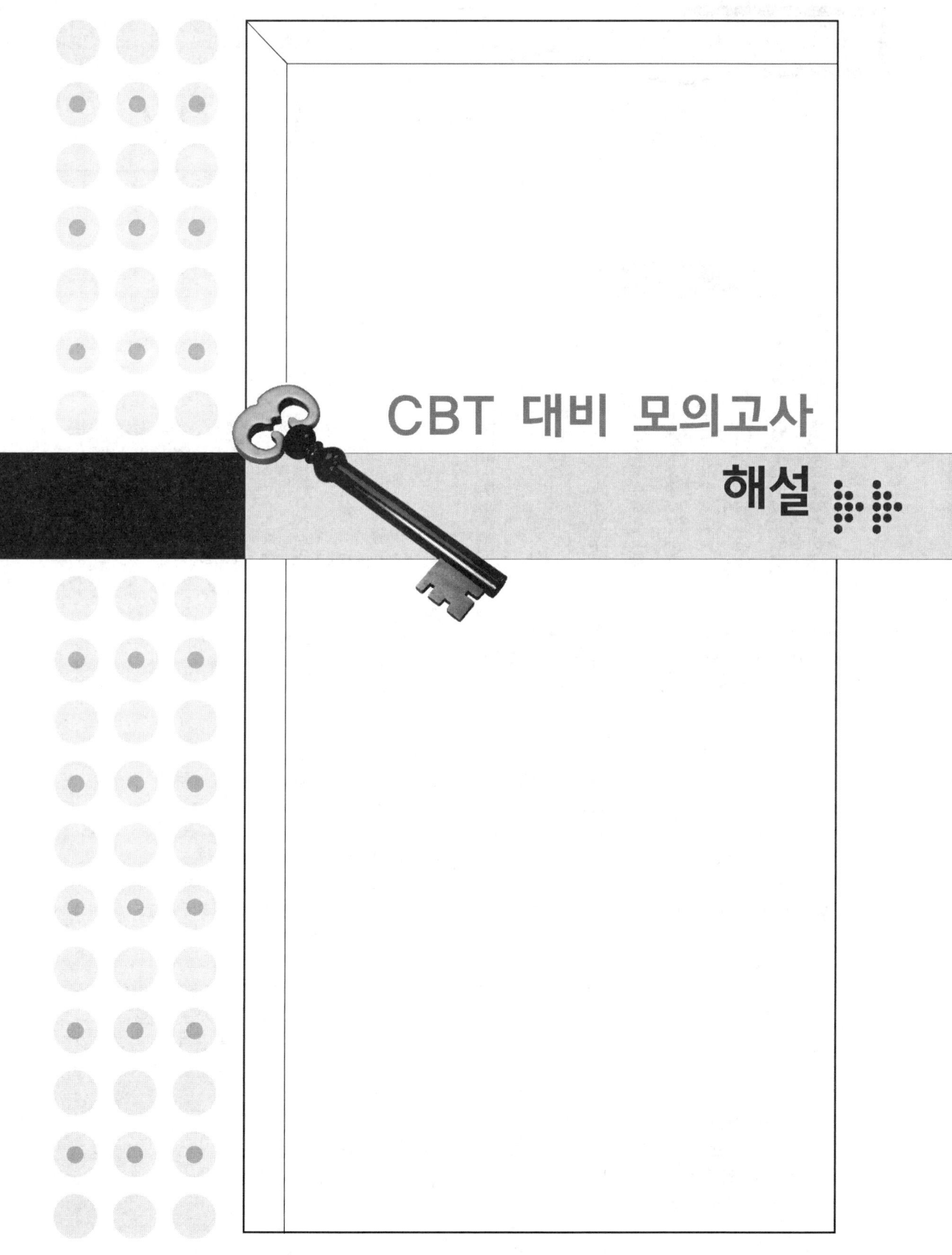

모의고사 해설 및 정답

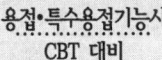

제1회

01	02	03	04	05	06	07	08	09	10
①	④	①	①	③	①	①	③	③	③
11	12	13	14	15	16	17	18	19	20
③	④	①	④	②	②	①	③	④	③
21	22	23	24	25	26	27	28	29	30
②	④	①	①	④	③	②	③	①	②
31	32	33	34	35	36	37	38	39	40
①	③	③	④	④	①	③	④	②	①
41	42	43	44	45	46	47	48	49	50
②	③	③	③	②	④	②	④	④	①
51	52	53	54	55	56	57	58	59	60
③	①	③	①	②	③	③	②	④	①

01 직류정극성(DCSP)과 직류역극성(DCRP)의 비교

직류정극성(DCSP)	직류역극성(DCRP)
모재(+극), 용접봉(-극)	모재(-극), 용접봉(+극)
모재의 용입이 깊다	모재의 용입이 얕다.
용접봉의 녹음이 느리다	용접봉의 녹음이 빠르다.
비드 폭이 좁다	비드 폭이 넓다.
일반적으로 많이 사용된다.	박판, 주철, 비철금속의 용접에 사용된다.
열분배 : 모재(+) : 70%, 용접봉(-) 30%	열분배 : 모재(-) : 30%, 용접봉(+) 70%

02 피복제의 역할
① 아크를 안정시킨다.
② 중성 또는 환원성 분위기를 만들어 대기 중의 산화, 질화의 해를 방지하며 용착금속을 보호한다.
③ 용융금속의 용적을 미세화하여 용착 효율을 높인다.
④ 용착금속의 냉각속도를 느리게 하여 급랭을 방지한다.
⑤ 용착금속에 탈산정련작용을 하며, 용융점이 낮은 적당한 점성의 가벼운 슬래그를 만든다.
⑥ 슬래그를 제거하기 쉽게 하고 파형이 고운 비드를 만든다.
⑦ 모재 표면의 산화물을 제거하고 양호한 용접부를 만든다.
⑧ 스패터의 발생을 적게 한다.
⑨ 용착금속에 필요한 합금원소를 첨가하고 전기절연작용을 한다.

03 용접 시 아크의 길이는 용접봉 심선의 지름과 같은 길이로 유지하거나 그보다 작은 길이를 유지하는 것이 가장 바람직하다.

05 아세틸렌 용해도는 물에는 1배, 석유에 2배, 벤젠에 4배, 알코올에 6배, 아세톤에 25배 용해된다.

06 용접입열
용접입열이란 용접 시 외부에서 주어지는 열량을 말하며 일반적으로 모재에 약 75~85%의 열량이 흡수된다.

07 스트롱 백
용접 시에 아크열에 의해 모재에 변형이 생기는 것을 방지하기 위해 고정시켜주는 장치이다.

08 수하특성
아크길이를 일정하게 유지하기 어려운 수동용접에 필요한 특성으로 안정적인 아크 유지를 위해 필요한 용접기 특성이다.

09 아크 에어 가우징이란 탄소아크절단에 압축공기를 병용하여 전극 홀더의 구멍에서 탄소 전극봉에 나란히 분출하는 고속의 공기를 분출시켜 좁고 긴 홈을 파는 작업으로 용접내부결함 제거, 용접홈의 준비 등에 쓰인다.

10 가스용접봉은 모재와 같은 용융온도를 가지며 충분한 강도를 줄 수 있어야 한다.

11 토치를 통해 절단산소를 불어주며 홈을 파는 작업을 하는 것으로 가스 가우징이다.

12 팁의 재료로는 열전도율이 좋은 동합금을 사용하는데 동의 함량이 62%를 넘어서는 안 된다.

13 전진법과 후진법의 비교(산소-아세틸렌 용접)

항목	전진법	후진법
열이용률	나쁘다	양호하다
용접속도	늦다.	빠르다.
비드모양	미려하다.	거칠다.
홈 각도	크다(80° 정도)	작다(60° 정도)
용접변형	심하다.	적다.
용접가능 판 두께	얇다(5mm까지)	두껍다.
산화의 정도	심하다.	약하다.
용착 금속의 조직	거칠어진다.	미세해진다.
용착금속의 냉각도	빠르다.(급랭)	느리다.(서냉)

14 가연성가스(용해아세틸렌)용기는 내부에 다공성물질을 포함하고 있으므로 용기를 뉘어서 보관할 시에는 다공성물질로 인해 용기입구가 막힐 수 있다. 따라서 반드시 세워서 보관한다.

15 산소-수소 불꽃은 폭발의 위험이 상대적으로 적어서 수중절단용 가스로 주로 사용된다.

16 산소가스에 불순물 포함 시 나타나는 영향
① 절단면이 거칠어진다.
② 절단속도가 늦어진다.
③ 산소 소비량이 많아진다.
④ 절단 개시 시간이 길어진다.
⑤ 슬래그의 이탈성이 나빠진다.
⑥ 절단 홈의 폭이 넓어진다.

17 핸드그라인더, 치핑해머, 용접집게, 전류계, 용접케이블, 퓨즈는 용접 시 사용되는 보조공구이며 용접기는 장비에 속한다.

18 허용사용률을 구하는 공식은 (정격2차전류)^2 / (실제사용전류)^2×사용률(%)이다. 그러므로 이 공식에 대입하여 100% 이상인 최초의 값을 구하면 된다. 문항별 전류를 대입하여 허용사용률을 구해 보면 ①항의 허용사용률은 189%, ②항은 152%, ③항은 100.7%, ④항은 70.5%이므로 정답은 ③이다.

19 AW-200 → 28V, AW-300 → 32V, AW-400 → 36V, AW-500 → 40V

20 용접봉의 이행형식은 단락형, 스프레이형, 글로뷸러형으로 구분
① 단락형 : 표면장력의 작용으로 모재로 이행하는 형태로 맨 용접봉이나 저수소계 용접봉 사용 시
② 스프레이형 : 미세한 입자의 용적이 스프레이와 같이 날려서 모재로 이행되는 형식으로 피복아크 용접봉에서 나타난다.

22 피닝법
모재의 잔류응력을 완화하기 위한 방법으로 구면의 해머로 용접부를 두드려준다.

23 • 마찰교반 용접 : 마찰교반용접은 1991년 영국 TWI(용접 연구소)에서 개발된 것으로 마찰툴을 대고 회전시킬 때 생기는 열이 재료를 반고체상태로 녹이면 마찰툴의 회전으로 재료들이 섞이면서 용접이 완성됨
• 천이액상확산 용접 : 접합하고자 하는 두 모재 사이에 모재의 특성을 고려한 삽입재를 넣고 압력을 가한 상태에서 열을 가하여 삽입재를 녹여서 접합하는 방법
• 저온용 무연 솔더링 용접 : 솔더링은 납땜의 일종으로 무연 솔더링이란 땜납재의 성분 중 납을 사용하지 않는 납땜을 의미한다.

24 • 이행형 아크 : 플라즈마 아크 방식이라고도 하며 파일럿 아크가 지속적으로 발생한다.
• 비이행형 아크 : 플라즈마 제트 방식이라고도 한다.
• 반이행형 아크 : 중간형 아크 방식이라고 하며 이행형과 비이행형을 병용한 방법이다.

25 엔드 탭
용접의 시작점과 끝나는 지점에 부착하는 모재와 동일한 재질의 물체로 시작점과 끝나는 지점의 결함 발생을 방지하기 사용되며 용접 후에는 제거한다.

26 이산화탄소 가스 아크 용접은 연강에 주로 사용되며 비철금속 용접에는 부적당하다.

27
- 가스용접 : 산소와 가연성가스를 이용한 용접법으로 얇은 연강판이나 동합금 등의 용접에 주로 사용된다.
- 플래시 버트 용접 : 저항용접의 일종으로 용접할 2개의 금속단면을 가볍게 접촉시켜 대전류를 통하여 용접하는 방법으로 예열 - 플래시 -업셋의 3단계를 거쳐 용접이 완성된다.
- 프로젝션 용접 : 저항용접의 일종으로 용접할 모재의 한쪽 또는 양쪽에 돌기를 만들고 이 부분에 전류를 집중시켜 용접하는 방법으로 압접에 속한다.

28 핫 스타트 장치
아크 발생 초기에 대전류를 흘려 보내 아크 발생을 용이하게 하고 초기에 발생하는 결함을 줄일 수 있는 장점이 있다.

29 면장갑은 화기에 의해 연소될 위험이 있으므로 용접용 가죽 장갑을 사용한다.

30 순수한 텅스텐 또는 텅스텐에 토륨, 란탄 등을 첨가해서 사용한다.

31
- 이산화탄소 아크 용접 : 탄산가스를 보호가스로 사용하고 릴을 통해 자동으로 공급되는 와이어와 모재 사이에 아크를 발생시켜 그 열로 용접하는 용극식 용접법이다.
- 일렉트로 슬래그 용접 : 모재 양쪽에 수냉 동판을 대어 놓고 용융 슬래그 속에서 와이어를 연속적으로 공급하며 자동으로 용접하는 단층 수직 상진용접으로 판 두께에 거의 제한이 없다.
- 불활성가스 텅스텐 아크 용접 : 불활성가스인 아르곤을 보호가스로 사용하고 텅스텐 전극봉과 모재 사이에 아크를 발생시킨 후 용가재를 첨가하며 용접하는 비용극식 용접법이다.

32 펄스 TIG 아크 용접은 안정된 아크와 안정된 용융지를 형성하며 전극봉의 소모가 다른 용접법에 비해 적다.

33 스패터
전류가 높거나 건조하지 않은 용접봉 사용 시 또는 아크길이가 길 때 발생한다.

34 전기저항용접에는 ②, ③, ④ 외에 심 용접, 플래시 버트 용접, 퍼커션 용접이 있으며 TIG 용접은 용접법이다.

35
- 스타트 시간 : 아크가 발생되는 순간 용접전류와 전압을 크게 하여 아크 발생과 모재의 융합을 돕는 핫 스타트(hot start) 기능과 와이어 송급속도를 조절해 와이어가 튀는 것을 방지하는 슬로우 다운(slow down) 기능이 있다.
- 가스 지연 유출 시간 : 용접이 끝난 후에도 5초 이상 가스가 흘러나와 크레이터 부위의 산화를 방지하는 기능이다.
- 번 백 시간(burn back time) : 크레이터 처리 기능에 의해 낮아진 전류가 서서히 줄어들면서 아크가 끊어지는 기능으로 이면 용접부가 과용융되는 것을 방지한다.

36
- 빨강색 : 방화, 금지, 정지, 고도의 위험
- 녹색 : 안전, 피난, 위생 및 구호, 진행
- 노랑색 : 주의(충돌, 추락, 걸려서 넘어지는 광고)

37
- 방사선 투과 시험 : RT
- 초음파 탐상 시험 : UT
- 자기분말 탐상 시험 : MT

38 탁상그라인더, 디스크 그라인더, 수동가스 절단 작업은 가공 시 발생하는 칩이나 스패터로부터 눈을 보호하기 위해 반드시 보안경을 착용하며 금긋기 작업에는 필요치 않다.

39 순철의 동소체는 α-철(체심입방격자), γ-철(면심입방격자), δ-철(체심입방격자)로 구성된다.

40
- 톰백 : 구리에 8~20%의 아연을 첨가한 황동으로 모조금 등으로 사용된다.
- 캘밋 합금 : 구리에 납을 30~40% 함유한 청동의 한 종류이다.
- 델타메탈 : 6 : 4 황동에 철을 1~2% 함유한 황동으로 강도가 크고 내식성이 우수하다.

41 강괴의 종류로는 킬드강(완전히 탈산시킨 강), 림드강(탈산의 정도가 충분치 않은 강), 세미킬드강(탈산의 정도가 중간인 강)으로 구분된다.

42 비틀림 강도
물체의 축 주위로 회전시키려는 힘이 작용할 때 생성되는 비틀림 파괴에 대한 저항값이다.

43 • 침탄법 : 표면경화 처리법 중 화학적 처리법으로 재료 표면에 탄소를 침투시켜 표면을 경화시키는 열처리방법이다.
• 질화법 : 표면경화 처리법 중 화학적 처리법으로 재료 표면에 질소를 침투시켜 표면을 경화시키는 열처리방법이다.

침 탄 법	질 화 법
경도는 질화법보다 낮다.	경도는 침탄층보다 높다.
침탄 후 열처리가 필요하다.	질화 후 열처리는 필요없다.
침탄 후에도 수정이 가능하다.	질화 후에는 수정이 불가능하다.
같은 깊이에서도 침탄처리 시간이 짧다.	질화층을 깊게 하려면 장시간 걸린다.
경화로 인한 변형이 생긴다.	경화로 인한 변형이 적다.

44 니켈(Ni)은 은백색의 금속으로 내산성이 강하고 전연성이 있으나 아황산가스를 품은 공기 중에서는 심하게 부식된다.

45 • 계(system) : 집단의 물체를 외계와 차단하여 그 물질 이외의 것은 어떠한 물질적 교섭이 없는 상태
• 상률(phase rule) : 계(system) 중의 상(phase)이 평형을 유지하기 위한 자유도를 규정한 법칙
• 농도 : 1개의 계(system)에서 성분물질의 서로간의 관계량 또는 그 비율

46 인(P)은 청열취성의 원인이 되며 연신율, 충격값을 감소시키고 강도, 경도를 증가시킨다.

47 • 심랭처리 : 담금질한 강의 경도를 증대시키고 시효변형을 방지하기 위하여 0℃ 이하의 저온에서 처리하는 열처리법이다.
• 금속간화합물 : 금속을 다른 금속과 함께 용해하여 합금을 만들 때, 그 금속이 가진 원자가에 대응하는 성분비로는 되지 않으나 어떤 간단한 정수비로 결합한 화합물이다.
• 소성변형 : 고체재료에 힘을 가하면 변형이 되는 성질을 이용해서 누르거나 두드려서 모양을 바꾸는 일

48 • 알브랙 : 황동에 알루미늄을 1.5~2% 첨가한 황동의 한 종류이다.
• 라우탈 : 알루미늄에 구리와 규소를 첨가한 알루미늄 합금의 한 종류이다.
• 델타메탈 : 6 : 4 황동에 1%의 Fe를 첨가한 구리 합금이다.

49 페라이트계 스테인리스강은 유기산, 질산에는 침식되지 않으나 다른 산류에는 침식된다.

56 선의 종류 및 용도
가. 외형선 : 굵은 실선으로 표시되며 물체의 보이는 부분을 표시할 때 사용됨
나. 지시선 : 가는 실선으로 표시되며 기호 등을 표시하기 위해 끌어내는 데 사용됨
다. 숨은선 : 가는 파선 또는 굵은 파선으로 표시되며 물체의 보이지 않는 부분을 표시할 때 사용됨
라. 파단선 : 불규칙한 파형의 가는 실선 또는 지그재그선으로 표시되며 대상물의 일부를 파단한 경계 또는 일부를 떼어낸 경계를 표시하는 데 사용됨
마. 치수선 : 가는 실선으로 표시되며 치수 기입을 위해 사용됨
바. 치수보조선 : 가는 실선으로 표시되며 치수를 기입하기 위해 도형으로부터 끌어내는데 사용됨
사. 중심선 : 가는 일점 쇄선으로 표시되며 도형의 중심을 표시하는데 사용됨
아. 피치선 : 가는 일점 쇄선으로 표시되며 되풀이되는 도형의 피치를 취하는 기준을 표시하는 데 사용됨
자. 가상선 : 가는 2점 쇄선으로 표시되며 인접부분의 참고, 공구, 지그 등의 위치를 참고하는 등에 사용됨

제2회

01	02	03	04	05	06	07	08	09	10
④	④	③	③	④	②	④	②	④	②
11	12	13	14	15	16	17	18	19	20
④	①	③	②	②	④	②	③	①	②
21	22	23	24	25	26	27	28	29	30
①	④	④	②	②	④	①	②	④	①
31	32	33	34	35	36	37	38	39	40
③	①	④	③	④	②	③	②	④	④
41	42	43	44	45	46	47	48	49	50
④	④	④	③	①	③	③	②	①	③
51	52	53	54	55	56	57	58	59	60
④	①	②	④	④	④	②	①	③	④

01 금속을 접합하는 방법은 기계적 접합법과 야금적 접합법으로 분류되며 야금적 접합법에는 용접이 속하며 기계적 접합법에는 나사이음, 리벳이음, 확관, 심 등이 있다.

02 용접용 홀더는 125호부터 최대 500호까지이다.

03 • 상승특성 : 전류의 증가와 더불어 전압도 약간 상승하는 특성으로 정전압특성과 함께 자동 및 반자동용접에 필요한 특성이다.
• 정전류특성 : 전압의 변화에 관계없이 전류가 거의 변하지 않는 특성, 즉 아크 길이의 변화에 관계없이 전류는 거의 일정하게 흐르는 특성으로 아크의 안정을 위해 필요한 특성이다.
• 부저항 특성 : 일반적으로 옴의 법칙과 반대되는 특성으로 전류가 증가하면 저항이 감소하고 그에 따라 전압도 감소하는 특성이다.

04 수축이 큰 이음을 먼저 용접하고 수축이 적은 이음을 후에 실시해야 응력이나 변형을 경감시킬 수 있다.

05 스터드(stud)란 스터드 용접에서 모재에 접촉되어 용접되는 것으로서 볼트나 환봉 등을 의미한다.

06 • E4301(일미나이트계) : 작업성과 용접성이 우수하고 값이 싸서 조선, 철도 차량 및 일반구조물 등에 널리 사용됨.
• E4313(고산화티탄계) : 가벼운 구조물 용접에 적합하고 아크는 안정되며 스패터가 적고 슬래그 박리성도 좋으면서 비드 표면이 매우 곱다.
• E4316(저수소계) : 작업성은 매우 불량하나 기계적 성질(내균열성, 강도 등)이 매우 우수하여 중구조물, 압력용기 등의 용접에 사용된다.

07 다층 쌓기의 종류
• 빌드업법 : 각 층마다 전체길이를 쌓아올리는 방법으로 가장 일반적이다.
• 캐스케이드법 : 한 부분의 몇 층을 용접하다가 이것을 다음 부분의 층으로 연속시켜 전체가 계단 형태로 단계를 이루도록 용착시켜 나가는 방법
• 전진블록법 : 한 개의 용접봉으로 살을 붙일 만한 길이로 구분해서, 홈을 한 부분씩 여러 층으로 쌓아올린 다음, 다른 부분으로 진행하는 방법이다.

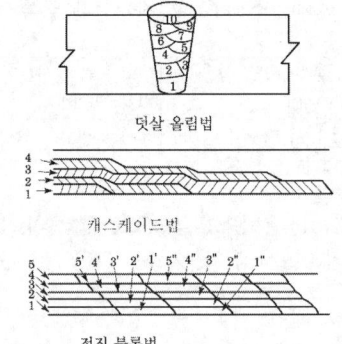

08 작업자가 감전 시 전원차단 전에는 전기가 흐르므로 작업자나 구조자의 안전을 감안해서 최우선적으로 전원을 차단한다.

09 이산화탄소 아크 용접의 특징
전류밀도가 대단히 좋으므로 용입이 깊고 용접속도가 빠르나 용접할 수 있는 재질이 철계 금속으로 한정되어 있어 비철금속 용접에는 부적합하다.

11 홈 각도 및 루트 간격이 부족할 경우 충분한 용착이 이루어지지 않으므로 용입부족 현상이 발생한다.

12 용적이행의 종류
• 단락형 : 용적이 용융지에 접촉하여 단락되고 표면장력의 작용으로 모재에 옮겨가면서 용착되는 형태로 비피복 용접봉 사용 시 나타난다.
• 스프레이형 : 피복제의 일부가 가스화하여 가스를 뿜어냄으로써 미세한 용적이 스프레이와 같이

날려 모재로 이행하는 형식으로 일미나이트를 비롯한 피복용접 시 나타난다.
- 글로뷸러형 : 비교적 큰 용적이 단락되지 않고 옮겨가는 형식이며, 서브머지드 아크 용접과 같이 대전류 사용 시에 나타나며 일명 핀치효과형이라 한다.

13 GMAW(MIG) 용접은 아크용접에 비해 스패터 발생이 적으며, 용착률 또한 98% 이상으로 아크 용접에 비해 우수하다.

14 저항용접은 이음형식에 따라 겹치기 저항용접과 맞대기 저항용접으로 구분한다. 맞대기 저항 용접으로는 퍼커션 용접, 업셋 용접, 플래시 버트 용접이 있다.

16 이음 효율(%)=용접시험편 인장강도/모재의 인장강도×100(%)이므로
45/40×100(%)=112.5%

17 A급 화재(일반화재), B급 화재(유류화재), C급 화재(전기화재), D급 화재(금속화재), E급 화재(가스화재)

18 용접홈의 형태별 모재 두께
- I형 홈 : 판두께 6mm 이하에 사용
- V형 홈 : 판두께 20mm 이하
- X형 홈 : 판두께 15~40mm 정도에 사용

19
- 녹색 : 안전, 피난, 위생, 진행
- 파란색 : 지시, 주의(보호구 착용 등 안전위생을 위한 지시)
- 흰색 : 통로, 정돈

20 습기나 이물질 제거 등은 기공을 방지하기 위한 사전조치이다.

22 서브머지드 아크 용접에서 용락을 방지하기 위해서는 0.8mm 이하의 루트간격을 유지하거나 뒷댐판을 사용한다.

23 CO_2 아크용접에서 전류가 높아지면 와이어의 송급속도가 빨라지며 용착률과 용입이 증가하고 전압이 높아지면 비드가 넓어지고 납작해진다.

24 가스누설시험으로는 비눗물을 사용한다.

25
- 1~8mA : 반응을 느끼나 위험하지는 않다.
- 8~15mA : 고통을 수반한 쇼크를 받는다. 단, 근육운동은 자유롭다.
- 15~20mA : 고통을 느끼고 가까운 근육이 저려서 움직이지 않는다.
- 20~50mA : 고통을 느끼고 강한 근육 수축이 일어나며 호흡이 곤란하다.

27
- 금속아크 절단 : 탄소 전극봉 대신 절단 전용의 특수 피복을 입힌 피복봉을 사용하여 절단하는 방법
- 플라즈마 절단 : 고온, 고속의 플라즈마를 이용한 절단법으로 금속재료는 물론 비금속재료의 절단에도 사용한다.
- 미그절단(MIG 절단) : 불활성가스를 사용하여 금속 와이어에 대전류를 흐르게 하여 절단하는 방법으로 알루미늄과 같은 산화에 강한 금속의 절단에 사용된다.

29
- 수중절단가스로는 폭발의 위험성이 상대적으로 적은 수소가스를 사용한다.
- 산소아크 절단은 속이 빈 중공(中空)의 용접봉을 사용한다.
- 아크에어 가우징은 중공(中空)의 전극봉이 아닌 속이 채워진 전극봉을 사용한다.

32 수동가스절단기로는 저압식과 중압식이 있으며 중압식은 $0.07kgf/cm^2$~$0.4kgf/cm^2$($0.007MPa$~$0.04MPa$) 정도의 기압으로 사용한다.

33 허용사용률
(정격2차전류)^2/(실제사용전류)^2×사용률(%)이므로 $(200)^2/(130)^2×40=94.6%$이다.

34 불꽃의 종류는 3가지이며 중성불꽃은 연강판, 강판, 주강에 산화불꽃은 황동, 청동의 용접에 사용된다.

37 자기불림(아크쏠림)
용접 중에 아크가 한쪽으로 쏠리는 현상을 말하는

것으로 방지책으로는
가. 직류용접기 대신 교류용접기를 사용할 것
나. 용접부가 긴 경우에는 후퇴법으로 용접할 것
다. 접지점을 용접부로부터 될 수 있는 한 멀리할 것
라. 짧은 아크를 사용할 것
마. 용접부 시작과 끝점에 엔드 탭을 부착할 것 등이다.

38 질소 함유 시 강도와 경도가 증가하며, 적열취성의 원인이 되는 원소는 황(S)이다.

39 AW-400 이하인 용접기는 정격사용률이 40%이며 AW-500인 용접기는 60%이다.

40 고착제
규산나트륨, 소맥분, 해초, 아교 등

41
- 완전풀림 : 강의 연화를 목적으로 함
- 연화풀림 : 가공경화된 재료를 균일하게 하고 소성가공을 쉽게 하기 위해서 함
- 확산풀림 : 황화물 편석방지 안정화

42
- 탄소강의 표준조직 : 페라이트, 펄라이트, 오스테나이트, 시멘타이트, 레데뷰라이트
- 강의 담금질 조직 : 마텐자이트, 트루스타이트, 소르바이트, 오스테나이트

43 오스테나이트계 스테인리스강으로 18(Cr)-8(Ni)형이 대표적이다.

44 자연균열
황동의 자연균열이란 공기 중의 암모니아, 기타의 염류에 의해 입간부식을 일으켜 상온가공에 의한 내부응력 때문에 생긴다.

45 금속침투법의 종류
- 크로마이징 : Cr을 침투
- 세라다이징 : Zn을 침투
- 칼로라이징 : Al을 침투
- 실리코나이징 : Si를 침투
- 브로마이징 : B를 침투시킨다.

46 주강 내에 기포나 기공은 균열의 원인이 된다.

48
- 철(Fe) : 1539℃
- 금(Au) : 1903℃
- 텅스텐(W) : 3410℃
- 몰리브덴(Mo) : 2610℃

50 순수한 알루미늄은 전연성이 풍부하나 강도나 경도가 약하므로, 강도, 경도를 증가시키기 위해서는 합금을 하여 사용한다.

51
- R50 : 반지름이 50mm임
- □50 : 정사각형의 한 변의 길이가 50mm임을 표시
- 50 : 실제보다 크거나 작게 그려지거나, 그림을 고치지 않고 치수를 기입해서 수정할 경우에 쓰임

56
- ①, ② : 평행선 전개법
- ③, ④ : 삼각형 전개법 또는 방사선 전개법(원뿔 전개법)

58
- ② : 필릿 용접
- ④ : V형 맞대기 용접

제3회

정답

01	02	03	04	05	06	07	08	09	10
①	③	②	④	①	④	③	④	④	①
11	12	13	14	15	16	17	18	19	20
③	①	③	③	①	④	③	④	②	④
21	22	23	24	25	26	27	28	29	30
④	①	③	②	①	②	③	②	④	①
31	32	33	34	35	36	37	38	39	40
③	①	③	④	④	④	③	②	③	③
41	42	43	44	45	46	47	48	49	50
①	③	③	④	②	①	②	①	⑤	③
51	52	53	54	55	56	57	58	59	60
③	②	③	④	③	④	②	①	③	④

01 표면의 얕은 결함은 결함을 제거한 후 덧붙임 용접으로 보수한다.

02 불활성가스 금속 아크용접의 전류 밀도는 피복아크용접의 6배, TIG용접의 약 2배이고, 잠호용접과 비슷하다.

03 필릿용접의 단면을 이등변삼각형으로 생각하면 빗변의 길이를 목두께라 한다. 그러므로 이등변삼각형의 가로나 세로의 길이를 다리길이(각장)라고 하면 목두께의 길이는 다리길이의 약 70%가 된다.

04 서브머지드 용접은 용접 중에 용제 속에서 아크가 발생되므로 아크가 보이지 않아서 잠호용접 불가시 아크 용접이라 한다.

05 A급 화재(일반화재), B급 화재(유류화재), C급 화재(전기화재), D급 화재(금속화재), E급 화재(가스화재)

06
- 성질상 결함 : 기계적 성질(강도·경도 변화, 연성 부족 등), 화학적 성질(화학성분 부적당 등)
- 치수상 결함 : 변형, 용접부 크기의 변화, 용접부 형상의 변화
- 구조상 결함 : 기공, 슬래그 섞임, 용입 불량, 언더컷, 오버랩, 균열, 융합 불량

07 TIG 용접에서는 피복봉을 사용하지 않기 때문에 슬래그 혼입은 일어나지 않는다.

08 아세틸렌가스의 양(L)=905×(사용 전 용기의 무게 - 사용 후 용기의 무게)

10 서브머지드아크용접 용제의 구비 조건
  가. 아크 발생을 안정시켜 안정된 용접을 할 수 있을 것
  나. 적당한 용융온도 특성 및 점성을 가져 양호한 비드를 얻을 수 있을 것
  다. 용착금속에 적당한 합금원소를 첨가할 것
  라. 탈산, 탈황 등의 정련 작용으로 양호한 용착금속을 얻을 수 있을 것
  마. 적당한 입도를 가져 아크의 보호성이 좋을 것
  바. 용접 후 슬래그의 이탈성이 좋을 것

11
- 충격시험 : 샤르피식과 아이조드식 두 종류가 있다.
- 경도시험 : 브리넬시험, 로크웰시험, 비커스시험, 쇼어시험

12 전자빔용접은 박판부터 후판까지 폭 넓게 사용되며 정밀한 용접이 가능하다.

13
- 스타트 시간 : 아크가 발생되는 순간 용접전류와 전압을 크게 하여 아크 발생과 모재의 융합을 돕는 핫 스타트(hot start) 기능과 와이어 송급속도를 조절해 와이어가 튀는 것을 방지하는 슬로우 다운(slow down) 기능이 있다.
- 가스 지연유출 시간 : 용접이 끝난 후에도 5초 이상 가스가 흘러나와 크레이터 부위의 산화를 방지하는 기능이다.
- 크레이터 충전시간 : 크레이터 처리를 위해 용접이 끝나는 지점에서 토치 스위치를 다시 누르면 용접 전류와 전압이 낮아져 쉽게 크레이터가 채워져 결함을 방지하는 기능이다.

14
- 테르밋용접 : 전기나 가스와 같은 외부열원을 사용하는 것이 아닌 테르밋 반응이라는 성질을 이용해 생성되는 열을 가지고 금속을 용접하는 방법
- 테르밋용접의 특징
  가. 전기가 필요없다.
  나. 용접작업이 단순하고 용접결과가 매우 좋다.
  다. 기구가 간단하며 설비비가 싸고 작업장소의 이동이 쉽다.
  라. 용접시간이 짧고 용접 후 변형이 적다.
  마. 용접비용이 싸다.

15 경납용 용제
붕사, 붕산, 붕산염, 불화물 등

16 용접기 본체와 연결부 역시 전기가 흐르므로 절연제를 이용해서 절연시켜준다.

17 복합와이어 방식은 와이어에 용제가 포함되어 있으므로 스패터가 발생하지 않아 솔리드 방식에 비해 스패터 발생이 거의 없다.

19 심 용접의 종류
  가. 맞대기 심 용접 : 주로 파이프를 만드는 방법으로 관 끝을 맞대어 가압하고 2개의 전극 롤러로 맞댄 면을 통전하여 접합하는 방법이다.

나. 메시 심 용접 : 접합부를 모재 두께 정도로 겹친 후에 겹쳐진 폭 전체를 가압하여 접합하는 방법이다.
　　다. 포일 심 용접 : 이음부에 동일 재질의 박판을 덧대고 가압하여 접합하는 방법으로 덧대진 얇은 판(박판)을 포일이라 한다.

20 언더컷 발생 이유
　　전류가 너무 높을 때, 아크 길이가 너무 길 때, 부적당한 용접봉 사용 시, 용접속도가 적당하지 않을 때, 용접봉 선택 불량 등이다.

22 필릿용접은 맞대기용접에 비해 형상이 복잡하고 응력의 분포방향이 다양하므로 사전에 세심한 접근이 필요하다.

23 TIG 용접에서 청정작용은 직류역극성이나 교류에서 발생하는 것으로 주로 산화피막이 있는 재료의 용접 시 필요하다.

24
- W : 용기의 중량
- V : 용기의 내용적
- FP : 최고충전압력
- TP : 내압시험압력

25 절단 시 불꽃 세기의 영향

예열 불꽃이 강할 때	예열 불꽃이 약할 때
절단면이 거칠어진다.	절단속도가 늦어지고 절단이 중단되기 쉽다.
슬래그 중의 철 성분의 박리가 어려워진다.	드래그가 증가한다.
모서리가 용융되어 둥글게 된다.	역화를 일으키기 쉽다.

26 이산화탄소아크 용접 시 전압
　　전압(V)=0.04×전류+15.5±1.5이다.

27 역화란 팁 끝이 모재에 닿아 순간적으로 팁 끝이 막히거나 팁의 과열, 사용가스의 압력이 부적당할 때 '펑' 하는 폭발음과 함께 불꽃이 꺼졌다가 다시 나타나는 현상이다.

28 피복제의 역할
　　가. 아크를 안정시킨다.
　　나. 중성 또는 환원성 분위기를 조성해 산화, 질화 등의 해를 방지한다.
　　다. 용융금속의 용적을 미세화하고 용착효율을 높인다.
　　라. 용착금속의 냉각속도를 느리게 하여 급랭을 방지한다.
　　마. 탈산정련 작용을 하며 융점이 낮은 적당한 점성의 가벼운 슬래그를 만든다.
　　바. 슬래그 제거를 쉽게 하고 파형이 고운 비드를 만든다.
　　사. 모재 표면의 산화물을 제거하고 양호한 용접부를 만든다.
　　아. 스패터의 발생을 적게 한다.
　　자. 용착금속에 필요한 합금원소를 첨가시킨다.
　　차. 전기 절연작용을 한다.

29 산소-아세틸렌 가스용접의 장점
　　가. 전기가 없는 곳에서 사용 가능하다.
　　나. 열량조절이 자유롭다.
　　다. 감전의 위험이 없다.

30 가동철심형 교류아크용접기의 특징
　　가. 가동철심으로 누설자속을 가감하여 전류를 조정한다.
　　나. 광범위한 전류 조정이 어렵다.
　　다. 미세한 전류 조정이 가능하다.
　　라. 중간 이상 철심이 빠지면 누설 자속의 영향으로 아크가 불안정하게 되기 쉽다.
　　마. 철심의 진동으로 인한 소음발생이 있다.

31 용접봉의 건조온도 및 시간
　　가. E4316(저수소계) : 300~350℃ 1~2시간
　　나. E4316을 제외한 나머지 아크 용접봉 : 70~100℃로 30~60분

32
- 보호아크 용접법 : 피복아크용접, 스터드 용접, 서브머지드 용접, 가스 텅스텐 아크 용접, 가스 메탈 아크 용접
- 맨 아크 용접법 : 와이어 아크 용접

33 아세틸렌은 15℃ 1기압에서 아세톤에 약 25배가 용해되므로,　15(기압)×25(배)×21(리터)=7875

리터의 아세틸렌가스가 용해되어 있다.

35 황 : 절삭성은 증가시키지만 취성(적열취성)의 원인이 된다.

36 용접 고정구는 지그(Jig)로서 주로 용접물(모재)을 고정시키는 데 사용된다.

37 교류아크용접기의 무부하전압은 70V 이상이므로 전격의 위험이 매우 높다. 전격방지기란 용접을 하지 않고 있을 때 무부하전압을 20~30V로 유지해서 작업자를 감전의 위험으로부터 보호하기 위한 장치이다.

38 교류아크용접에서 용접봉 홀더에 따른 사용 가능한 전류값은 숫자에 따른다. 예를 들어 200호이면 200A까지 사용이 가능하다.

40 탄소의 함유량이 높은 금속일수록 균열 발생위험이 높아지므로 적당한 예열 및 후열처리와 가능한 한 낮은 전류로 용접한다.

41 불변강의 종류
인바, 엘린바, 슈퍼인바, 플래티나이트

42 델타메탈
6 : 4 황동에 Fe를 1~2% 첨가한 것으로 고강도 황동에 속한다.

43 망간(Mn)은 황(S)과 화학적으로 결합하면 MnS라는 화합물을 형성해서 황으로 인해 발생하는 취성을 방지할 수 있다.

44 • 콘스탄탄 : 40~50%의 니켈합금으로 통신기, 전열선 등에 사용된다.
• 커프로메탈(백동) : 10~30%의 니켈합금으로 화폐, 열 교환기 등에 사용된다.
• 문쯔메탈 : 아연이 40% 내외인 6 : 4 황동으로 인장강도가 커서 열 교환기, 열간단조에 사용된다.

45 일반열처리의 종류
가. 담금질(quenching) : 강의 강도, 경도를 증대시키고자 할 때
나. 풀림(annealing) : 강의 내부응력을 제거하고자 할 때
다. 불림(normalizing) : 강을 표준상태로 하고자 할 때
라. 뜨임(tempering) : 강에 인성을 부여하고자 할 때

46 슬래그 해머와 같은 공구의 재질은 고탄소강으로 제작하는데 연강은 저탄소강에 속하므로 원하는 정도의 경도를 얻기에는 탄소의 함유량이 부족하다.

48 탄소함유량이 증가하면 강도, 경도는 증가하나, 연신율, 전지전도도, 열전도도, 용융점 등은 저하한다.

49 탄소함유량에 따른 주철의 분류
가. 아공정 주철 : 2.0~4.3%의 탄소를 함유
나. 공정주철 : 4.3%의 탄소를 함유
다. 과공정주철 : 4.3~6.67%의 탄소를 함유

50 표면경화열처리의 종류
가. 물리적인 방법 : 숏 피닝, 화염경화법, 고주파경화법, 하드페이싱
나. 화학적인 방법 : 침탄법, 질화법, 금속침투법, 청화법

54 ④는 절단선을 설명하는 것으로 가는 일점쇄선을 사용하며 끝부분 및 방향이 변하는 부분은 굵게 한다.

55 T : 온도지시계, F : 유량지시계,

56 ④ : 영구적인 덮개판을 사용

60 • 부분단면도 : 일부분을 잘라내고 필요한 내부 모양을 그리기 위한 단면도
• 온단면도(전단면도) : 절단하고자 하는 물체를 1/2로 잘라서 절단면을 빼놓지 않고 표시한 단면도
• 한쪽 단면도(반 단면도) : 주로 대칭인 물체의 중심선을 기준으로 내부 모양과 외부 모양을 동시에 표시하는 단면도

제4회

정답

01	02	03	04	05	06	07	08	09	10
②	①	④	①	④	②	③	①	③	①
11	12	13	14	15	16	17	18	19	20
④	③	④	④	②	③	①	②	④	④
21	22	23	24	25	26	27	28	29	30
③	②	①	②	④	②	③	②	②	④
31	32	33	34	35	36	37	38	39	40
①	③	①	②	②	④	③	①	①	①
41	42	43	44	45	46	47	48	49	50
②	③	③	②	④	④	①	④	②	③
51	52	53	54	55	56	57	58	59	60
④	②	①	④	④	①	①	③	②	③

01
① A_1 : 철의 공석변태
② A_2 : 철의 자기변태
③ A_3, A_4 : 철의 동소변태

02 Al 표면의 산화막 제거를 위해 불활성 가스를 사용한다.

03 SR은 응력을 제거한 것, NSR은 응력을 제거하지 않은 것이다.

04 아크 에어 가우징은 직류역극성의 정전류특성의 용접기가 사용된다.

05
• 125호 : 1.6~3.2mm
• 160호 : 3.2~4.0mm
• 200호 : 3.2~5.0mm
• 250호 : 4.0~6.0mm
• 300호 : 4.0~6.0mm
• 400호 : 5.0~8.0mm
• 500호 : 6.4~10.0mm

06 엔드 탭은 기본적으로 모재와 동일한 형상의 홈 형태를 유지한다.

07
① 막힌 플랜지
② 나사 박음식 캡 및 플러그

09 로봇의 분류
일반적인 로봇, 제어적인 로봇, 동작기구 형태의 로봇

① 일반적인 로봇 : 조종 로봇, 시퀀스 로봇, 플레이백 로봇, 수치 제어 로봇, 지능 로봇, 감각제어 로봇, 적응제어 로봇, 학습제어 로봇
② 제어적인 로봇 ; 서보 제어 로봇, 논 서보 제어 로봇, CP 제어 로봇, PTP 제어 로봇
③ 동작기구 형태의 로봇 : 직각 좌표 로봇, 극좌표 로봇, 원통 좌표 로봇, 다관절 로봇

11
• 톰백 : 구리+아연(8~20%)의 합금으로 모조금으로 사용한다.
• commercial bronze : 구리(90%)+아연(10%)의 합금
• 애드미럴티 황동 : 7 : 3 황동에 주석을 1% 첨가한 황동

12 허용사용률을 구하는 공식은 (정격2차전류)^2/(실제사용전류)^2×사용률(%)이다. 그러므로 이 공식에 대입하여 100% 이상인 최초의 값을 구하면 된다. 문항별 전류를 대입하여 허용사용률을 구해보면 ①항은 138A의 전류 사용 시 허용사용률은 189%, ②항은 152%, ③항은 100.7%, ④항은 70.5%이므로 정답은 ③이다.

14
① 단락형 : 저수소계 용접봉
② 글로뷸러형 : 대전류 사용 시 나타나는 이행형식 (잠호용접)
③ 스프레이형 : 4316을 제외한 일반용접봉

15 산소에 불순물이 증가하면 절단면이 거칠고, 절단 속도가 늦어지며, 산소의 소비량이 많아지고, 절단 개시 시간이 길어지며, 슬래그의 이탈성이 나쁘고, 절단 홈의 폭이 넓어진다.

16 초음파 탐상법의 종류
• 투과법 : 시험체 속에 초음파의 연속파를 투과하여 뒷면에서 이를 수신하여 결함 여부 검사
• 펄스 반사법 : 초음파의 펄스를 시험체의 한쪽 면으로부터 송신하여 그 결함에서 반사되는 반사파의 형태로 결함 여부 판정
• 공진법 : 시험체의 한쪽 면에서 초음파의 연속파를 입사시키면 시험체 두께가 이 파 파장의 1/2 정수배에 해당할 때 공진이 일어나는데, 공진상태에서 결함의 유무나 재질, 두께 등을 측정하는 방법

17 ② 톰백 : 구리에 8~20%의 아연을 첨가한 황동으로 모조금 등으로 사용된다.
　③ 켈밋 합금 : 구리에 납을 30~40% 함유한 청동의 한 종류이다.
　④ 델타메탈 : 6 : 4 황동에 철을 1~2% 함유한 황동으로 강도가 크고 내식성이 우수하다.

18 • 실루민 : 주조용 알루미늄으로 Al+Si계이며 알팩스라고도 한다.
　• 알루미늄 청동 : 구리에 알루미늄을 첨가한 Cu-Al계 합금으로 조성은 보통 Al 5~12% 정도이며 용도로는 모조금, 열 교환기 등에 사용된다.
　• 애드미럴티황동 : 7 : 3 황동에 약 1%의 주석을 첨가한 황동

19 플래시 용접
저항용접의 한 종류로 용접할 2개의 단면을 가볍게 접촉시켜 대전류를 흘려 용접면을 고르게 가열한 후 압력을 주어 용접하는 방법이므로 용접면이 정밀하지 않아도 좋은 결과를 얻을 수 있다.(플래시 용접의 3단계 : 예열 → 플래시 → 업셋)

20 저수소계는 수소의 함량이 타 용접봉의 1/10이므로 내균열성이 매우 우수하다.

21 베릴륨 청동의 인장강도는 $133kg/mm^2$로 청동합금 중 가장 높다.

23 직류 및 교류용접기의 비교

비교 항목	직류용접기	교류용접기
아크의 안정성	우수	약간 떨어짐
비피복봉 사용	가능	불가능
극성 변화	가능	불가능
자기쏠림 방지	불가능	가능 (거의 없음)
무부하 전압	낮다. (40~60V)	높다. (70~85V)
전격의 위험	낮다.	높다.
역률	양호	불량

24 중압식 절단 토치는 아세틸렌가스 압력이 $0.07kgf/cm^2$ ~$1.3kgf/cm^2$이다.

25 TIG 용접 시 구리의 예열온도는 500℃ 정도, MIG 용접의 경우는 300~600℃이다.

26 금속의 열전도율
Ag > Cu > Au > Al > Mg > Zn > Ni > Fe

27 동일 부품에 오른 나사와 왼나사가 있을 때는 각각 쌍방에 표시한다.

28 어닐링(annealing)은 풀림으로 일반 열처리법의 한 가지로 내부응력을 제거하는 데 목적이 있다.

30 구상화 촉진제는 세륨, 마그네슘, 규소, 칼슘 등이다.

32 가스 가우징은 용접부 내의 결함을 제거하기 위한 절단가공법의 일종이다.

33 피닝
끝이 구면인 특수한 피닝 해머로써 용접부를 연속적으로 때려 용접 표면상에 소성 변형을 주는 방법으로 인장응력을 완화하는 방법이다.

34 ① 계(system) : 집단의 물체를 외계와 차단하여 그 물질 이외의 것은 어떠한 물질적 교섭이 없는 상태
　③ 상률(phase rule) : 계(system) 중의 상(phase)이 평형을 유지하기 위한 자유도를 규정한 법칙
　④ 농도 : 1개의 계(system)에서 성분물질의 서로 간의 관계량 또는 그 비율

36 토치 라이터는 가스용접에서 불꽃을 점화할 때 사용하는 기구이다.

37 스패터
전류가 높거나 건조하지 않은 용접봉 사용 시 또는 아크길이가 길 때 발생한다.

38 • 브리넬 시험, 비커스 시험 : 경도를 알아보기 위한 검사법
　• 충격 시험 : 인성 및 취성을 알아보기 위한 검사법으로 샤르피 충격시험, 아이조드 충격시험이 있다.

39 용접은 금속의 이음에 주로 사용된다.

40 ① 언더컷 : 용접 전류가 너무 높을 때
② 오버랩 : 용접 전류가 너무 낮을 때

41 금속 침투법, 하드 페이싱, 질화법은 화학적인 방법이고, 숏 피닝은 강철볼로 표면을 고속으로 타격해서 가공경화에 의해 경화층을 얻는 방법이다.

42 ① 빨강색 : 방화, 금지, 정지, 고도의 위험
② 녹색 : 안전, 피난, 위생 및 구호, 진행
③ 노랑색 : 주의(충돌, 추락, 걸려서 넘어지는 광고)

43 • 수하 특성 : 부하전류(아크전류)가 증가하면 단자 전압이 저하하는 특성으로 아크의 안정을 위해 필요하다.
• 정전류 특성 : 아크길이의 변화로 인한 전압의 변동과 관계없이 전류는 거의 변화하지 않는 특성으로 수하특성과 함께 수동용접기에 필요한 특성이다.

44 주철의 성장을 방지하는 방법에는 흑연의 미세화, Fe_3C의 흑연화 방지, 편상흑연의 구상화, 규소의 양을 저하시키는 것 등이다.

45 바퀴의 암, 림, 리브, 후크 등의 단면의 모양을 90° 회전시켜서 나타낸 단면도를 회전단면도라 한다.

46 잔류 응력 완화 방법으로는 풀림법, 저온 응력 완화법, 기계적 응력 완화법, 피닝법이 있다.

47 공기 : A, 가스 : G, 유류 : O

49 ① 아세틸렌 호스 : 적색
② 산소 : 녹색

50 TIG 용접에서 직류정극성 사용 시 토륨이 1~2% 함유된 전극봉을 사용한다.

51 크롬 : 7.19,   바나듐 : 6.1,
망간 : 7.43,   구리 : 8.96

52 구멍 사이의 간격은 30mm이고 구멍의 개수가 20개이므로 30×19는 570mm이며, 전체의 길이는 570+70이므로 630mm이다.

53 하중에 따른 안전율

하중의 종류	정하중	동하중		충격하중
		단진응력	교변응력	
안전율	3	5	8	12

54 "3"은 스폿 용접의 용접부 지름을 나타낸다.

55 • 이행형 아크 : 텅스텐 전극 수냉 구속 노즐 사이에 작동 가스를 보내고 고주파 발생장치에 의해 텅스텐 전극과 컨스트릭팅 노즐에 이온화된 전류 통로가 만들어져 파일럿 아크가 지속적으로 흐르고, 이 아크열에 의해 플라즈마가 발생하는 방식으로 플라즈마 아크방식이라고도 한다.
• 비이행형 아크 : 아크 전극이 토치 내에 있어서 텅스텐 전극과 컨스트릭팅 노즐 사이에서 아크가 발생되어 오리피스를 통해 나오는 가열된 고온의 플라즈마를 이용하는 방식으로 모재에 전극을 연결하지 않으므로 부전도체 물질의 용접도 가능하며 플라즈마 제트 방식이라고도 한다.
• 중간형 아크 : 이행형 아크 방식과 비이행형 아크 방식을 병용한 방식이다.

56 ① 마찰교반 용접 : 1991년 영국 TWI(용접 연구소)에서 개발된 것으로 마찰툴을 대고 회전시킬 때 생기는 열이 재료를 반고체 상태로 녹이면 마찰툴의 회전으로 재료들이 섞이면서 용접이 완성된다.
② 천이액상확산 용접 : 접합하고자 하는 두 모재 사이에 모재의 특성을 고려한 삽입재를 넣고 압력을 가한 상태에서 열을 가하여 삽입재를 녹여서 접합하는 방법
③ 저온용 무연 솔더링 용접 : 솔더링은 납땜의 일종으로 무연 솔더링이란 땜납재의 성분 중 납을 사용하지 않는 납땜을 의미한다.

57 불활성 가스로는 Ar(아르곤), He(헬륨), Ne(네온)이 있으며 이 중 주로 Ar을 활용한 불활성 가스 용접으로는 TIG, MIG 용접이 있다.

58 신축관 이음이란 관내에 뜨거운 유체나 공기가 흐를 때 내·외부의 심한 온도 차이로 인해 관이 파손되는 것을 방지하기 위해 시공하는 관이음 방법을 말한다.

59 TIG 용접 시 사용하는 전극봉의 주재료는 텅스텐이다.

60 이음 효율
=용접 시험편의 인장강도/모재의 인장강도×100(%)
$= \dfrac{45}{40} \times 100 = 112.5$

제5회

01	02	03	04	05	06	07	08	09	10
①	①	④	③	④	①	②	②	②	②
11	12	13	14	15	16	17	18	19	20
②	③	④	④	④	④	③	②	②	④
21	22	23	24	25	26	27	28	29	30
④	②	④	④	②	②	①	③	③	④
31	32	33	34	35	36	37	38	39	40
③	①	④	②	①	②	②	④	②	①
41	42	43	44	45	46	47	48	49	50
①	②	③	③	④	①	②	③	③	②
51	52	53	54	55	56	57	58	59	60
④	②	②	③	②	②	③	④	②	①

01 피복 아크 용접봉의 용융 속도는 아크 전류와 관계가 있으며 아크 전압과는 관계가 없다.

02 화상의 염려가 있으므로 재빠르게 물로 세척한 후 의사의 진찰을 받는다.

03 ① 기계적 시험법 : 인장시험, 굽힘시험, 경도시험, 충격시험, 피로시험
② 화학적 시험법 : 화학 분석 시험, 부식 시험, 함유 수소 시험
③ 야금학적 시험범 : 육안조직 시험, 현미경조직 시험, 파면 시험, 설퍼 프린트 시험

04 드래그(%)=드래그 길이(mm)/판 두께(mm)×100
=(5/20)×100=25%

06 DCSP는 모재(+극), 용접봉(-극)이며, 역극성은 반대이고 교류는 극성 구분이 없다.

07 ① 순금속의 특징 : 전기전도도 및 열전도율이 높고 용융점이 높으며 전연성이 우수하다.
② 합금의 특징 : 강도, 경도 증가, 내마모성, 내식성 증가, 주조성 증가, 내열성 증가, 열처리 양호하나 반면에 전기전도도 감소, 용융점 감소, 가단성이 감소한다.

08 ① 0.038~0.77% : 아공석강
② 0.77% : 공석강
③ 0.77~1.7% : 과공석강

09 ① 불꽃심 : 1,500℃
② 속불꽃 : 3,200~3,500℃

10 ① 현장드릴, 현장 끼워 맞춤으로 먼 면에 카운터싱크 있음
③ 현장드릴, 현장 끼워 맞춤으로 양 면에 카운터싱크 있음
④ 공장드릴, 현장 끼워 맞춤으로 양 면에 카운터싱크 있음

11 최저인장강도가 490N/mm^{2}임을 나타낸다.

12 첫째 구멍과 마지막 구멍 사이의 거리는 500mm이다. 왜냐하면 구멍의 개수가 11개이므로 10곳의 간격이 존재한다. 따라서 전체길이는 500+50(양 끝단의 합)으로 550mm이다.

13 ① 표제란에 기재하는 사항 : 도면 번호, 도명, 척도, 투상법, 제도한 곳, 도면작성 연월일, 제도자 이름 등
② 부품란에 기재하는 사항 : 품번, 품명, 재질, 수량, 무게, 공정, 비고란 등

15 사용률
=아크 발생시간/총 작업시간(아크 발생시간+휴식시간)
=(480/600)×100
=80

16 ① 아크 쏠림 방지책은 직류 대신 교류를 사용할 것
② 접지점을 용접부로부터 멀리할 것
③ 짧은 아크를 사용할 것
④ 엔드탭을 사용할 것
⑤ 용접봉 끝을 아크 반대 방향으로 향할 것 등이다.

17 아르곤가스를 사용하여 고주파교류(ACHF) 용접을 실시할 경우 청정작용이 매우 우수하다.(DCSP : 직류정극성)

18 R : 원의 반지름, sR : 구의 반지름

19 층간 온도가 320℃ 이상을 넘어서는 안 된다.

20 단면도의 절단된 부분을 나타내는 선을 해칭선이라 하며 가는 실선으로 표시한다.

21 화재의 분류
① A급 화재(일반화재) : 연소 후 재를 남기는 화재 (종이, 목재 등)
② B급 화재(유류화재) : 액상 또는 기체상의 연료성 화재(휘발유, 벤젠 등)
③ C급 화재(전기화재) : 전기 에너지가 발화원이 되는 화재
④ D급 화재(금속화재) : 금속 칼륨, 금속 나트륨, 유황 등의 화재
⑤ E급 화재(가스 화재) : 가연성 가스에 의해 발화원이 되는 화재

22 판 두께가 25mm인 일반구조용 강재의 경우 625±25℃로 1시간 정도 풀림한다.

23 ① VT : 육안검사
② RT : 방사선검사
④ MT : 자분탐상검사

24 인(P)은 저온 취성의 원인이 되고, 황(S)은 고온 취성의 원인이 된다.

25 • SPCC : 냉간압연강판
• STS : 합금공구강

26 σ (응력)=W(하중)/A(단면적)이다. 여기서 지름이 10cm인 원의 단면적은 πr^2에 의해 $3.14 \times 5 \times 5 = 78.5$이므로, $8000/78.5 = 101.9 kgf/cm^2$이다.

27 이산화탄소 아크 용접의 특징
전류밀도가 대단히 좋으므로 용입이 깊고 용접속도가 빠르나 용접할 수 있는 재질이 철계 금속으로 한정되어 있어 비철금속 용접에는 부적합하다.

28 정투상도법은 물체의 위치에 따라 1각법과 3각법으로 구분한다.

29 도면을 접어서 보관할 경우에는 항상 A4 크기로 접어서 보관한다.

30 프랑스식은 아세틸렌 소비량을, 독일식은 용접 가능한 판 두께를 표시한다.

31 대기 중 산소량=내용적×게이지 압력
=40×110
=4,400

32 아크 안정제로는 산화티탄, 규산나트륨, 석회석, 규산칼륨 등이 주로 사용된다.

33 ② : 현의 길이, ③ : 각도(°), ④ : 호의 길이

34 산소-프로판 최적 혼합비 4.5 : 1이다.

35 용접기 내부는 전기가 흐르므로 취급 시 매우 주의하여야 한다.

36 • 번백 시간(burn back time) : 크레이터 처리 기능에 의해 낮아진 전류가 서서히 줄면서 아크가 끊어지는 기능으로 이면 용접부가 녹아내리는 것을 방지한다.
• 용락 받침(melt backing) : 용접 시 용융금속의 용락을 방지하기 위해 뒷댐판을 사용하는 것으로 금속 뒷댐판, 불활성 가스 뒷댐판, 용제 뒷댐판 등이 있다.
• 버터링(buttering) : 맞대기 용접 시 모재의 열영

향을 방지하기 위해 홈 면과 모재를 다른 종류의 금속으로 덧살 용접하는 것을 말한다.

37
- 용입 : 용접에 의해 모재가 녹은 깊이
- 키홀 : 이면 용접 시 뒤쪽에 비드를 형성하기 위한 위빙(운봉) 시 생기는 열쇠구멍과 같은 홀
- 용융지 : 모재와 용접봉이 녹아서 생기는 쇳물 부분

38 용락 방지와 용접 균열을 적게 발생시키기 위해서는 루트 간격을 작게 한다.

39 용접부에 물을 분무할 경우 습기에 의해 기공이 발생할 수 있다.

40
① 7 : 3 황동에 주석 1%→애드미럴티 황동
② 6 : 4 황동에 주석 1%→네이벌 황동

41 플라즈마 아크 용접 시 아르곤+수소 또는 아르곤+헬륨을 사용한다.

42
- 저전류 영역 : 10~15리터/min
- 고전류 영역 : 15~20리터/min

43 U형 홈
U형 홈 용접은 판 두께에 거의 제한이 없다.

45
- 산소용기 : 녹색
- 아세틸렌 : 황색
- 아르곤 : 회색
- 수소 : 흰색

46 고속도강의 표준형은 W(18)-Cr(4)-V(1)이다.

47 아세틸렌 용해도는 물에는 1배, 석유에 2배, 벤젠에 4배, 알코올에 6배, 아세톤에 25배 용해된다.

48 E4316은 저수소계 용접봉으로 수소량이 타 용접봉에 비해 적은 관계로 내균열성이 우수하다.

49
- 퍼멀로이 : 니켈+철의 합금으로 고투자율 합금이다.
- 센더스트 : 철+규소+알루미늄 합금으로 고투자율 합금이다.
- 페라이트 자석 : 망간, 코발트, 니켈 등의 산화물과 철의 혼합으로 제작되는 영구자석으로 일상에 널리 사용된다.

50
- 산소-수소 : 2982℃
- 산소-프로판 : 2926℃
- 산소-아세틸렌 : 3230℃
- 산소-부탄 : 2926℃

51 가스 용접은 열 집중성이 아크 용접에 비해 나쁘므로 변형이 심하며 잔류응력 또한 많아지므로 아크 용접에 비해 효율이 떨어진다.

52 연신율
늘어난 길이/원래의 길이이므로 12/50×100(%)은 24%이다.

54 화살표 쪽 스폿용접으로서 스폿부의 지름은 6mm이고, 용접 개수는 5개이며, 용접 간격은 100mm이다.

55 구멍 사이의 간격이 75mm이고, 구멍의 개수가 40개이므로 "B"부의 치수는 75×39=2925mm이다. 그러므로 2925+45+45=3015mm이다.

56 용착법의 종류
① 전진법 : → : 한 끝에서 다른 끝을 향해 연속적으로 진행하는 용착법
② 후진법 : ④③②① : 용접진행 방향과 용착 방향이 서로 반대가 되는 용착법으로 잔류응력 감소효과가 있으나 작업 능률이 다소 떨어진다.
③ 대칭법 : ③②①④ : 용접부의 중앙으로부터 양끝을 향해 대칭적으로 용접해 나가는 방법으로 이음의 수축에 의한 변형이 서로 대칭이 되게 할 경우에 사용된다.
④ 비석법(스킵법) : ①③②④ : 용접 길이를 짧게 나누어 간격을 두면서 용접하는 방법으로 변형이나 잔류응력 발생을 적게 하는 용착법이다.

57 자유도(F)=n+2-P(여기서 n : 성분수, P : 상의 수)이다. 물, 얼음, 수증기는 모두 성분(n)은 같으면서 상(P)은 3상이므로 F=1+2-3은 0이다. 즉 자유도는 0이다.

58 다층 쌓기의 종류
- 빌드업법 : 각 층마다 전체길이를 쌓아 올리는 방법으로 가장 일반적이다.
- 캐스케이드법 : 한 부분의 몇 층을 용접하다가 이것을 다음 부분의 층으로 연속시켜 전체가 계단형태로 단계를 이루도록 용착시켜 나가는 방법
- 전진블록법 : 한 개의 용접봉으로 살을 붙일 만한 길이로 구분해서, 홈을 한 부분씩 여러 층으로 쌓아 올린 다음, 다른 부분으로 진행하는 방법이다.

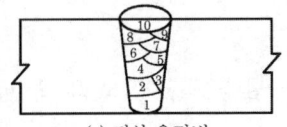
(a) 덧살 올림법

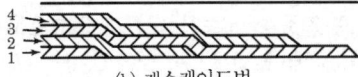
(b) 캐스케이드법

(c) 전진 블록법(용접중심선 단면도)

59 ① 1~8mA : 반응을 느끼나 위험하지는 않다.
② 8~15mA : 고통을 수반한 쇼크를 받는다. 단, 근육운동은 자유롭다.
③ 15~20mA : 고통을 느끼고 가까운 근육이 저려서 움직이지 않는다.
④ 20~50mA : 고통을 느끼고 강한 근육 수축이 일어나며 호흡이 곤란하다.
⑤ 50~100mA : 순간적으로 사망할 위험이 있다.

제6회

정답

01	02	03	04	05	06	07	08	09	10
②	①	②	③	③	④	③	①	②	①
11	12	13	14	15	16	17	18	19	20
④	②	②	④	③	④	④	③	①	①
21	22	23	24	25	26	27	28	29	30
④	②	③	④	③	④	②	③	③	②
31	32	33	34	35	36	37	38	39	40
①	③	③	④	③	④	②	④	②	④
41	42	43	44	45	46	47	48	49	50
③	②	③	①	②	③	①	④	③	②
51	52	53	54	55	56	57	58	59	60
④	②	④	③	②	④	①	①	①	①

01 Å(옹스트롬)=10^{-8}cm=1억분의 1cm

02 탠덤식으로 비드 폭이 좁고 용입이 깊으며 단전극에 비해 용접속도가 2배 빠르다.

03

발전형(엔진형, 모터형)	정류기형
완전한 직류를 얻는다.	완전한 직류를 얻지 못한다.
회전부가 있어 고장이 잦고 소음이 크다.	소음이 없고 취급이 간단하며 가격이 싸다
구동부, 발전부가 있어 비싸다.	온도에 따른 정류기의 파손에 주의해야 한다.
보수와 점검이 어렵고 비싸다.	보수와 점검이 간단하다.
옥외나 전원이 없는 곳에서 사용이 가능하다.(엔진형)	

04 용착량 과다, 용접선 집중, 용접이음량 과다 등은 잔류응력을 증가시키는 원인이 된다.

05 수소 시험은 부식시험, 화학분석 등과 함께 화학적 시험 방법의 한 종류이다.

07 절단선은 가는 일점 쇄선을 사용한다.

08 ①는 해칭선으로 가는 실선을 사용한다.

09 ① 가상선 : 인접부분을 참고로 표시하는 데 사용

② 절단선 : 단면도에서 절단위치를 대응하는 그림을 표시하는 데 사용
③ 외형선 : 대상물의 보이는 부분을 나타내는 데 사용

10 ① 빨강 : 방화, 금지, 정지
② 녹색 : 안전, 피난, 위생
③ 파랑 : 지시, 주의
④ 흰색 : 통로, 정돈

11 γ-선원은 X-선으로는 검사하기가 어려운 두꺼운 판의 검사에 적합하다.

12 외관시험으로는 비드모양, 언더컷, 오버랩, 용입 불량, 표면균열, 기공 등을 검사할 수 있다.

13 파단선은 물체의 일부를 파단한 경계 또는 일부를 떼어낸 경계를 표시하는 데 사용한다.

15 미소 균열
외부 결함으로 침투탐상시험법을 적용한다.

17 전기적 점화원
전기불꽃(아크), 유도열, 유전열, 저항열, 정전기 등

18 투상도법에는 제3각법과 제1각법이 있으며, 제3각법은 눈-투상-물체의 순이다. 즉 제3각법은 정면도의 좌측에 좌측면도, 우측에는 우측면도가 위치한다.

19 정투상도법은 물체의 위치에 따라 제1각법과 제3각법으로 구분한다.

20 평면도는 정면도의 위에 위치하고 배면도는 우측면도의 우측에 위치한다.

21 제3각법에서 배면도의 위치는 우측면도의 우측에, 제1각법에서는 좌측면도의 우측에 위치한다.

22 제3각법과 제1각법은 정면도를 기준으로 나머지는 서로 반대에 위치한다.

24 기계가공작업에서는 장갑을 착용할 경우 회전체에 말려 들어갈 염려가 있으므로 맨손으로 작업을 실시한다.

25 사고 방지 및 안전을 위하여 정해진 규격에 따라 설치한다.

26 ① 인화성 액체의 반응이나 취급은 폭발 한계범위 이외의 농도로 할 것
② 필요한 곳에 화재를 진화하기 위한 방화 설비를 설치할 것
③ 배관부분에서 가연성 증기의 누출여부를 철저히 점검할 것 등이다.

28 자분 탐상시험은 철, 니켈, 코발트와 같은 강자성체 금속만 시험이 가능하다.

29 투과 능력이 우수해서 수 미터 정도의 두꺼운 부품도 검사가 가능하다.

30 가능한 한 맞대기 이음을 선택한다.

33 용접부에 물을 분무할 경우 용접 시 발생하는 수증기에 의해 기공발생의 원인이 될 수 있다.

34 아래보기 자세 : F(flat position)

35 X형은 양면에서 실시하는 용접법이므로 변형이 가장 적다.

36 정류기형 용접기의 정류자로는 Se, Si, Ge이 사용된다.

37 연소 속도가 빠르고 연속적인 연소가 이루어져야 한다.

38 실루민을 일명 알팩스라고도 한다.

39 ① 산소-프로판 : 4.5 : 1
② 산소-수소 : 0.5 : 1
③ 산소-아세틸렌 : 1.7 : 1

40 Al 표면의 산화막 제거를 위해 불활성가스를 사용한다.

42 엔드탭은 원칙적으로 모재의 홈과 같은 홈을 취한다.

43 ① 1종 결함 : 기공 및 이와 유사한 둥근 결함
② 2종 결함 : 가는 슬래그 섞임 및 이와 유사한 결함
③ 3종 결함 : 갈라짐(터짐) 및 이와 유사한 결함

44 전기로 인한 화재는 분말 소화기를 사용한다.

45 ① A급 화재 : 일반 화재
② B급 화재 : 유류 화재
③ C급 화재 : 전기 화재
④ D급 화재 : 금속 화재
⑤ E급 화재 : 가스 화재

46 ① 초정밀작업 : 700LUX 이상
② 정밀작업 : 300~700LUX
③ 거친 작업 : 150~300LUX

47 • 뜨임 : 강인성 부여
• 담금질 : 강도, 경도 증가
• 침탄 : 표면경화 열처리

50 기계와 시설물 사이의 통행로 폭은 80cm 이상으로 할 것

51 연소를 도와주는 산소와의 접촉 면적이 넓을수록 연소가 잘 된다.

52 방사선 투과 검사는 모재의 두께에 거의 제한이 없다.

53 용접물의 화학적 시험 방법에는 부식시험 및 수소시험이 있다.

54 비파괴 시험법의 종류로는 침투시험, 방사선시험, 초음파시험 등이 있다.

55 ① 초산 알코올액 : 철강용
② 연화철액 : 구리합금용

③ 피크린산 : 철강용

56 현미경 시험은 금속학적인 파괴시험방법으로 용접부를 부식시켜 50배 이상의 현미경으로 조직이나 미세결함 등을 검사한다.

57 판 두께가 6mm 이하일 경우 I형 홈을 이용하여 용접한다.

58 ① I형홈 : 6mm 이하
② V형홈 : 6~20mm
③ X형홈 : 15~40mm
④ U형홈 : X형과 비슷함

60 레이저 빔 용접은 강렬한 에너지를 가진 집속성이 강한 단색광선을 이용하는 방법으로 작은 물체, 가는 선, 박판의 용접에 적용된다.

제7회

01	02	03	04	05	06	07	08	09	10
④	①	②	①	②	①	③	①	④	④
11	12	13	14	15	16	17	18	19	20
②	③	③	③	④	③	④	①	②	②
21	22	23	24	25	26	27	28	29	30
③	③	②	③	④	③	②	①	①	③
31	32	33	34	35	36	37	38	39	40
④	①	④	④	③	①	②	①	①	④
41	42	43	44	45	46	47	48	49	50
②	③	④	③	②	③	④	③	①	④
51	52	53	54	55	56	57	58	59	60
①	④	④	②	①	④	①	④	③	③

03 화상부위는 냉찜질이나 붕산수로 찜질한다.

04 공기가 적을 경우 불완전연소로 탄화물 발생이 많다.

06 액체연료인 알코올은 액체 그 자체가 연소되는 것이 아니라 증발된 가스가 연소되는 형태이다.

07 공기와 접촉 시 공기 중의 산소와 혼합되면 폭발성

이 증가한다.

08 ① 15~20mA : 고통을 느낌
② 20~50mA : 호흡 곤란
③ 50~100mA : 사망 위험
④ 100mA 이상 : 확실히 사망

09 ① 접염연소 : 불꽃이 물체에 직접 닿아서 타는 현상
② 대류연소 : 열기류가 가연물을 가열하면서 끝내는 그 물질에 불이 붙은 현상
③ 복사연소 : 공간 속에 존재하는 매개물에 관계없이 열이 직접 이동해서 가연물이 불꽃의 접촉 없이도 연소하는 현상

11 ① : 한쪽 면 K형 맞대기 이음
③ : 양면 K형 맞대기 이음
④ : 부분 용입 한쪽 면 K형 맞대기 이음

12 원자 수소 아크 용접은 고도의 기밀, 수밀 및 내식성을 필요로 하는 곳에 쓰인다.

13 초음파 용접은 재료에 초음파 진동을 가하여 용접하는 방법으로 주로 얇은판, 얇은선 등의 용접에 주로 사용되며 판두께에 따라 강도변화가 크다.

14 가연성 가스는 연속된 절단을 위해 연소 속도가 빨라야 한다.

15 산소 85%와 아세틸렌 15%일 때 폭발 위험이 가장 크다.

16 연소온도가 높고 연소속도가 빨라야 한다.

17 산소는 자체가 연소하지 않고 연소를 도와주는 지연성(조연성) 가스이다.

19 산소는 대기 중에 약 17~21% 함유되어 있다.

20 엔진구동형 용접기는 엔진을 구동시켜 직접 발전을 하므로 전기시설이 없는 곳에서 사용이 가능하다.

21 U형 홈은 한쪽 용접에 의해 충분한 용입을 얻을 수 있고, V형 홈에 비해 홈의 폭이 좁아도 되지만 홈가공이 다소 어려운 단점이 있다.

22 용접이음으로는 맞대기 이음, 모서리 이음, 변두리 이음, 겹치기 이음, 필릿 이음, 십자 이음 등이 있다.

23 용락방지와 용접균열을 적게 발생시키기 위해서는 루트 간격을 작게 한다.

24 필릿 용접 시 각장은 보통 판 두께와 같게 하고, 목두께는 각장의 70%로 한다.

25 ① 전면 필릿 용접 : 용접선과 하중의 방향이 동일
② 측면 필릿 용접 : 용접선과 하중의 방향이 직각일 때
③ 경사 필릿 용접 : 용접선과 하중의 방향이 경사져 있는 용접

27 직류 아크용접기는 정류기형과 구동형으로 구분하며, 구동형은 모터구동형과 엔진구동형이 있다.

28 모터구동이나 엔진구동을 통해 발전하므로 완전한 직류를 얻는다.

29 용접은 금속의 이음에 주로 사용된다.

30 ① 톰슨 : 전기저항용접
② 푸세 : 가스용접
② 베르나도스 : 탄소아크용접

31 정류기형은 교류전원을 정류자를 통해 직류로 바꾸어 주므로 완전한 직류를 얻지 못한다.

32 ① a5 : 목두께
② 3×20 : 용접수 3개에 용접길이 20mm
③ (15) : 용접부 간의 거리 15mm

33 구조가 복잡하여 보수가 어렵고, 발전기 또는 모터구동을 통해 전류를 얻는다.

34 산소의 비중은 1.105로 공기보다 무겁고 타는 것을 도와주는 조연성(지연성) 가스이다.

35 산소에 불순물이 많이 함유되었을 경우 소비량이 증가한다.

37 아크 빛과 열이 강렬하며, 와이어의 가격이 비싼 점은 이 용접법의 단점이다.

38 가연성 물질, 산소, 점화원을 연소의 3요소라 한다.

41 물질을 공기 중에서 가열할 때 발화하거나 폭발을 일으키는 최저온도로 착화점이라고도 함

44 안전모는 체형에 맞는 것으로 개인별로 지급한다.

45 첫째로 누설을 방지하고 착화의 원인을 제거한다.

47 경사 필릿은 하중의 작용 방향에 따른 분류방법이다.

48 균열부분 양 끝에 정지구멍(stop hole)을 뚫은 후 재용접한다.

50 ① I형 홈 : 판 두께 6mm 이하
② V형 홈 : 판 두께 20mm 이하

51 가연성 가스는 별도의 저장고에 보관하고 다른 가스와 섞이지 않도록 한다.

53 주강은 주철로서는 강도가 부족한 부분에 쓰이는 주물용 철강재이다.

54 공기보다 무거운 가스(LPG, 프로판)는 통풍구를 아래에 뚫어야 한다.

57 인화의 위험성이 있으므로 기름을 사용하는 것을 금지한다.

58 중량물 이동 시 면장갑을 착용하고, 아크 발생 중에는 전류조정을 하지 않는다.

59 전면 필릿 용접은 용접선과 하중의 방향이 90°이고, 측면 필릿 용접은 용접선과 하중이 방향이 일직선이며, 경사 필릿 용접은 용접선과 하중의 방향이 경사지게 작용한다.

60 ① : 2900℃ ② : 2820℃
③ : 3430℃ ④ : 2850℃

제8회

01	02	03	04	05	06	07	08	09	10
②	④	①	②	②	①	③	②	④	④
11	12	13	14	15	16	17	18	19	20
④	②	④	④	③	①	④	①	③	②
21	22	23	24	25	26	27	28	29	30
②	③	②	①	①	③	①	④	③	①
31	32	33	34	35	36	37	38	39	40
③	①	②	①	②	②	②	④	④	①
41	42	43	44	45	46	47	48	49	50
①	①	③	③	①	①	④	③	①	④
51	52	53	54	55	56	57	58	59	60
②	①	①	①	④	①	②	④	②	③

01 철강은 탄소량에 따라 순철, 강, 주철로 구분한다.

02 킬드강은 Fe-Si, Al을 사용하며, 림드강은 Fe-Mn을 탈산제로 사용한다.

04 필릿 이음에서는 이론 목 두께를 다리길이(=판두께)의 70%가 되게 한다.

06 인장응력(σ) = P/A
∴ 800/5×200 = 0.8kgf/mm²

08 단순하고 용접선이 직선인 경우에 적용하기 쉽고 능률적이다.

11 폭발한계 순서
아세틸렌-수소-메탄-프로판의 순이다.

12 박판 절단 시에는 아세틸렌가스의 절단속도가 빠르고, 후판 절단 시 프로판 가스의 절단속도가 빠르다.

13 저항용접은 이외에 프로젝션 용접, 플래시 맞대기 용접 등이 있다

14 가스 누출의 염려가 있으므로 가스는 반드시 세워서 보관한다.

16 응력제거를 위한 풀림으로는 노 내 풀림과 국부풀림 두 가지가 쓰인다.

17 아크광선은 결막염을 발생시킬 수 있는 유해광선이며, 감전 방지를 위해서는 가죽장갑을 착용하고 교류용접기는 반드시 피복봉을 사용한다.

18 용접작업과 도장작업을 병행할 경우 화재의 위험이 있다.

19 홀더나 용접봉을 맨손으로 취급할 경우 감전의 위험이 매우 높아진다.

20 훼손된 케이블은 교체해서 사용한다.

21 전기저항용접은 동질 금속의 용접에 사용되며 이종 금속간 접합은 곤란하다.

22 전류의 세기, 통전 시간, 모재를 눌러 주는 압력을 저항용접의 3요소라 한다.

24 인장응력(σ) = P/A
∴ $9000/10 \times 200 = 4.5 kgf/mm^2$

25 인장응력 = 하중/단면적이다.

26 ②

27 인장강도 = $80/5 \times 20 = 0.8 kgf/mm^2$

28 ① 정하중 : 3
② 동하중 : 5(단진하중)와 8(교번하중)
③ 충격하중 : 12

29 플러그 용접이란 겹치기 용접의 일종으로 한쪽판에 구멍을 뚫어 구멍을 채우는 용접법이다.

30 안전율 = 인장강도/허용응력이므로, 허용응력 = 인장강도/안전율이다.

31 점 용접의 3요소는 전류의 세기, 통전 시간, 가압력이다.

32 도면의 윗부분 중심에 ×표시는 면이 평면임을 표시하는 기호이다.

33 강의 경도를 증가시키고 시효변형을 방지하기 위해 -80℃에서 하는 열처리를 심랭처리라 한다.

34 ① 불림 : 강의 표준화
② 풀림 : 내부응력 제거
③ 담금질 : 강도, 경도 증가
④ 뜨임 : 인성 부여

35 저항용접에서 기밀이나 수밀을 요하는 용접에는 심 용접이 가장 적합하다.

36 용해 아세틸렌 용기를 눕힐 경우 다공성 물질이 흘러 분출구가 막힐 수가 있다.

37 산소 85%, 아세틸렌 15%에서 가장 폭발 위험이 크다.

38 교류용접기는 무부하전압이 높으므로 직류 용접기에 비해 감전의 위험이 높다.

39 ① 애드미럴티 황동 : 7 : 3 황동에 Sn 1% 첨가
② 네이벌 황동 : 6 : 4 황동에 Sn 1% 첨가
③ 철 황동(델타메탈) : 6 : 4 황동에 철 1~2% 첨가

40 교류 아크용접기는 전류와 전압이 사이클을 형성하고 흐르기 때문에 아크가 직류에 비해 불안하다.

41 심 용접의 통전법은 단속, 연속, 맥동이 있으며, 이중 단속 통전법이 가장 많이 사용된다.

42 ①는 캐스케이드법이다.

43 프로젝션은 전류가 통하기 전의 가압력에 견딜 수 있어야 한다.

44 스패터 발생 또는 감전의 위험을 방지하기 위해 항상 긴 옷을 착용한다.

45 아크안정제로는 탄산나트륨, 산화티탄, 규산나트륨, 석회석, 규산칼륨 등이 있다.

46 결막염 발생 시 냉습포를 이용해 응급치료를 실시한다.

47 가스 용접 시 4~8번 정도의 보안경을 착용한다.

49 산소용기가 얼었을 경우에는 따뜻한 물로 녹여야 한다.

50 아세틸렌 > 수소 > 메탄 > 프로판

52 한 번에 여러 부분을 동시에 접합하는 압접법으로 프로젝션 용접이라 한다.

53 용접 이음효율
시험편의 인장강도/모재의 인장강도×100%

55 전연성이 풍부하고 소성가공이 용이하다.

56 Al은 면심입방격자로 비중이 2.7이며, 용융점은 660℃이다. 금속 중 은-구리-금 다음으로 전기전도율이 좋다.

57 온단면도는 물체의 1/2을, 반단면도(한쪽 단면도)는 1/4을 절단해서 표시한다.

58 현미경시험은 금속학적 시험방법에 속한다.

60 충격시험
인성 및 취성을 알아보기 위한 시험 방법

용접·특수용접기능사 필기

1판 1쇄 발행	2010년 1월 10일	11판 1쇄 발행	2020년 1월 5일
2판 1쇄 발행	2011년 2월 10일	12판 1쇄 발행	2021년 1월 5일
3판 1쇄 발행	2012년 1월 5일	13판 1쇄 발행	2022년 1월 5일
4판 1쇄 발행	2013년 1월 25일		
5판 1쇄 발행	2014년 1월 5일		
6판 1쇄 발행	2015년 1월 5일		
7판 1쇄 발행	2016년 1월 5일		
8판 1쇄 발행	2017년 1월 15일		
9판 1쇄 발행	2018년 1월 20일		
10판 1쇄 발행	2019년 1월 5일		

지은이 용접문제연구회
펴낸이 김 주 성
펴낸곳 도서출판 엔플북스
주 소 경기도 구리시 체육관로 113번길 45. 114-204(교문동, 두산)
전 화 (031)554-9334
F A X (031)554-9335

등 록 2009. 6. 16 제398-2009-000006호

저자와의
협의하에
생략

정가 21,000원
ISBN 978-89-6813-364-0 13550

※ 파손된 책은 교환하여 드립니다.
　본 도서의 내용 문의 및 궁금한 점은 저희 카페에 오셔서 글을 남겨주시면 성의껏 답변해 드리겠습니다.
　http : //cafe.daum.net/enplebooks